현장 기술자를 위한

도면 보는 법·그리는 법

고마치 히로시 지음 | 김하룡 옮김

BM 주식회사 도서출판 성안당

日本옴사 · 성안당공동출간

현장 기술자를 위한

도면 보는 법 · 그리는 법

Original Japanese edition
ETOKI KIKAIZUMEN NO YOMIKATA KAKIKATA
by Hiroshi Komachi

Published by Ohmsha, Ltd.

This Korean language edition co-published by Ohmsha, Ltd. and Sung An Dang, Inc.

머 리 말

오늘날 우리들이 누릴 수 있는 풍요로운 생활은 과학 기술의 진보 때문이다. 그 중에서도 기계 기술에 의한 것이 많으며, 주변에 가까운 가정용품부터 교통기관, 산업기계, 로봇을 위시하여 스페이스 셔틀(space shuttle)의 비행 등 모든 분야에 기계 기술이 널리 응용되고 있다.

기술의 진보는 한 나라에 의해서만 이루어지는 것이 아니고, 국제적인 기술의 교류를 통해 비로소 이루어지는 것이다. 기술에는 이론적인 것과 물질적인 것이 있으나, 기계 기술은 문장(이론) 뿐만 아니라 형태를 나타내기 위해서 도면(물질)을 필요로 할 때가 더 많다. 도면은 하나의 문장과 같이 설계자의 생각이 완전히 표현되어 있기 때문에 그 도면을 보면 설계자의 생각을 어떤 보충 설명 없이도 이해할 수 있다.

도면은 규칙에 따라서 그려진다. 그 규칙은 각 나라에 따라 다소의 차이는 있으나, 공통적으로 이해하는 데는 무리가 없기 때문에 도면은 세계 공통의 산업 언어라 할 수 있다. 따라서, 기계 기술의 진보·발전에 도면이 갖는 역할이 대단히 크므로 그 중요성을 충분히 이해해야 할 것이다.

이와 같은 생각에서, 이 책은 기계 도면을 배우려는 여러분에게 알기 쉽고 학습하기 쉽도록 그림 풀이 본위로 쓰여져 있다. 그 요점은 다음과 같다.

(1) 우선, 기계 도면을 처음 보는 사람이 그 도면은 무엇이 어떻게 그려져 있는가를 이해할 수 있도록 그림 풀이로 설명하고 있다.

(2) 도면을 보고 그 내용을 잘못 읽는 일이 없도록 기초 습득을 고려하고 있다.

(3) 그러한 도면을 어떻게 표현하는가에 대한 그림 그리는 순서를 그림으로 풀어 설명하고 있다.

(4) 그래서 이 책에서는 앞으로 설계자, 제도자, 도면을 이용하는 관련 업무에 종사할 사람을 대상으로 알기 쉽게 그림으로 설명하고 있다.

본서의 초고 작성에 도움이 된 참고 문헌의 저자분들 및 옴사의 여러분께 진심으로 감사의 말씀을 드리는 바입니다.

小町 弘

목 차

부 록

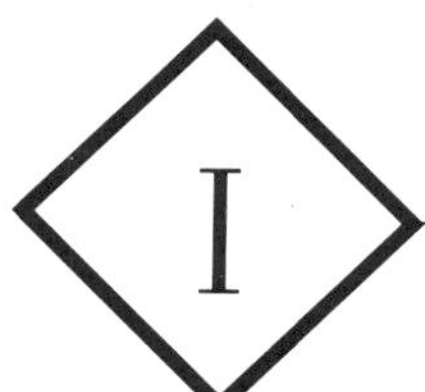

기계 도면이란

우리들은 자기의 의사를 타인에게 전달하려고 할 때, 언어·문장·악보·그림 등을 사용한다. 물체의 모양이나 크기를 나타낼 때 그림만으로는 불충분하므로 도면을 사용하면 정확하고 편리하다. 그러므로 기계를 제작할 때, 기계를 취급할 때, 기계를 설명할 때 등은 도면을 사용한다.

옛날부터 물체의 모양이나 크기를 정확하고 알기 쉽게 나타내는 방법을 찾는 노력을 해 왔으며, BC 250년경 그리이스의 아르키메데스(Archimedes)나 아폴로니우스(Apollonius)에 의해서 구의 투영과 스테레오 투영의 개념이 발표되고, 18세기 말에는 프랑스 사람인 가스파르 몽쥬(Gaspard Monge, 1746~1818)가 「도법기하학」을 처음으로 발표했다. 이것에 의하면 도면은 공간에 있는 점과 선(입체는 선에 의하여 구성된다)의 위치나 크기를 서로 수직인 두개의 평면 위에 내린 수선의 발(foot of perpe- ndicular)에 의하여 정할 수 있다. 이것이 제도사상 획기적인 제1각법에 의한 투영법이다. 기계 도면의 작도(作圖)나 독도(讀圖)를 더욱 쉽게 한 것이 현재 사용하고 있는 제3각법에 의한 투영인 것이다.

도면을 정확하게 그리거나 올바르게 읽을 수 있도록, 도면에 관한 지식이나 기술에 대하여 기초를 확실히 습득해야 한다.

1. 도면(圖面)이란

사전에 의하면, 도면이란 「토목·건축·기계 등의 구조·설계 등 사물의 관계를 명확하게 한 화도(畵圖)」라고 되어 있으나, 여기에서는 기계 도면에 대하여 설명한다.

도면의 작성부터 이용할 때까지를 자동차를 예로 생각해 보자. 새로운 자동차를 설계하는 사람은 우선 승차 인원수에 따라 차체의 크기를 결정하고, 그 다음 차체 모양을 결정한다. 엔진은 배기량이나 기구를 결정한 다음에, 바퀴·브레이크·핸들 등의 관련 사항을 결정하여 계획도를 작성한다. 그것을 기반으로 자동차의 부품을 제작하기 위한 제작도를 작성하고, 각 부품을 맞춘 조립도를 완성한다. 필요하면 취급용 설명도 등도 작성한다. 지금까지 설명한 것이 도면을 작성하는 사람의 역할이다.

다음으로 도면을 이용하는 사람의 입장에서는 제작도를 보면서 부품을 생산하며, 조립도를 보고 각 부품을 조립한다. 또 자동차 판매에서는 설명서를 보면서 사용자에게 취급 방법을 설명한다. 또한 점검이나 수리 등의 정비에도 이용한다. 도면은 이와 같이, 도면을 작성하는 사람(설계·제도자), 도면을 보고 기계를 제작하는 사람(부품 제작자·조립자), 도면을 사용해서 기계를 운전·조작·정비하는 사람(사용자) 등 여러 사람들에 의해서 이용되고 있는 것을 알 수 있다. 이와 같이 보면, 도면은 읽는 사람쪽이 더 많기 때문에 도면을 작성할 때에는 설계자의 의도를 제작자나 사용자가 정확하게 이해할 수 있도록 그려야 한다. 도면은 정보 전달의 한 수단인 것이다.

2. 제도(製圖)란

도면을 작성하는 것을 제도라 하고, 기계에 관한 제도를 기계 제도 또는 기계 도면이라고 한다. 기계 도면의 지식을 얻기 위해서는 기계를 제작할 때 기본이 되는 제작도를 정확하게 그려야 하고 착오없이 해독할 수 있어야 한다. 제작도에는 제품의 명칭·형상·치수·재료 등 제작에 필요한 사항은 빠짐없이 기입해야 한다.

도면은 설계자의 생각을 확실하게 제작자에게 전달하지 않으면 안되기 때문에 제도에는 여러 가지 약속이 정해져 있다. 제도에 관한 약속을 규격으로 제정하고 그 규격에 따라서 도면을 작성한다.

기술의 근대화·고도화, 특히 국제화 시대인 오늘날, 기술의 국제어로 국제 산업 규격(ISO)이 제정되어 있다. 우리 나라를 비롯한 일본에서도 기술의 진보·발전을 도모할 목적으로 산업 규격(KS, JIS)을 정하고 있다. 제도의 규격에는 여러 가지가 있으나 국내의 경우 KS A 0005, 일본의 경우 JIS Z 8310가 있다. 제도 통칙에는 규격의 체계, 각 규격 제정의 의의와 그 사용법, 각 규격의 상호 관계에 대하여 규정하고 있다. 일본의 경우 JIS B 0001 기계 제도의 규격에는 기본적인 사항이 규정되어 있다. 이 책도 주로 이 규격에 의하여 설명한다(괄호 안의 국내 규격을 참조할 것). 이 제도 총칙을 기본으로 해서 만들어진 것이 기계 제도 규격 JIS B 0001(KS B 0001)이다.

Ⅱ

도면을 읽는 법·그리는 법의 기초 지식

도면에는 설계자의 의도가 정확히 표현되어야 한다는 것은 1장에서 설명한 바 있다. 그려진 도면의 내용이 누구에게나 착오없이 전달되기 위해서는 도면을 그릴 때 선의 종류, 치수의 표시 방법, 각종 기호나 부호 등이 그리는 사람에 따라 다르면 도면을 읽거나 그릴 때마다 설명이 필요하게 되어 곤란하다. 그래서 기본적인 것에 관해서는 누구에게나 통용되는 공통적인 약속이 필요하게 되는데 이 약속을 표준화한 것이 JIS(KS)의 제도 총칙이다. 이 제도 총칙을 근원으로 해서 만들어진 것이 기계 제도 규격 JIS B 0001(KS B 0001)이다.

이 장에서는 기계 제도 규격의 기초적인 부분에 대하여 어떤 용구를 어떻게 사용해서, 어떤 종류의 선으로, 어떤 크기의 그림으로, 어떠한 투영법으로, 어떤 도면의 양식에 따라서 그려야 하는가를 설명한다.

1. 제도 용구·용품과 사용법

기계 제도를 그릴 때의 자세는 우선 정확히·빨리·깨끗이 하는 것을 기본으로 해야 하며, 그러기 위해서는 제도 용구의 올바른 취급법과 제도법의 기본을 충분히 이해하고 습득해야 한다. 그렇게 함으로써 또한 도면을 정확하게 읽는 능력을 키울 수 있다.

〔1〕 제도 용구의 종류와 사용법

도면을 그리는 데는 컴퍼스·디바이더·제도용 펜 등의 제도기, 제도 기계나 제도판, T자·삼각자·자·운형자·템플릿 등의 용구들이 사용된다. 또, 컴퓨터를 이용한 CAD(Computer aided design and drawing)를 사용하는 경우도 있다.

(1) 제도기와 제도 기계

제도기에는 각종 컴퍼스, 디바이더, 오구, 제도용 펜 등이 있다(그림 2.1).

제도 기계는 제도대에 부착된 제도판·T자·삼각자·분도기·자의 기능을 갖고 있으며 직각으로 설치된 자가 제도판 위를 좌우·전후(상하)·경사진 방향으로 어느 곳으로나 정확하게 이동할 수 있어 능률적으로 제도할 수 있다(그림 2.2).

제도판은 합판제가 많이 사용되며 크기는 제도 용지의 크기에 맞는 것을 선택한다(BO, AO 등). 표면에 마그넷 시트를 붙인 것도 있다.

(2) 자의 종류

① T자는 제도 기계의 보급에 따라 점점 이용도가 줄고 있다. 수평선을 긋거나 삼각자의 안내 역할로서 쓰이며, 제도판의 크기에 맞추어 450~1200mm 길이의 여러 종류에서 골라 이용한다.

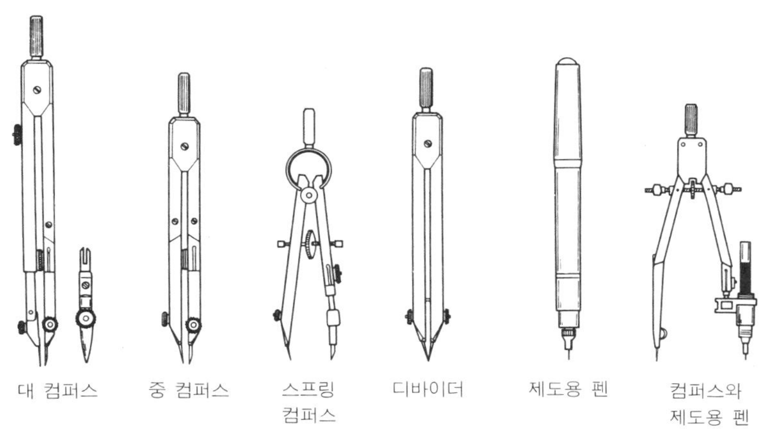

그림 2.1 제도기

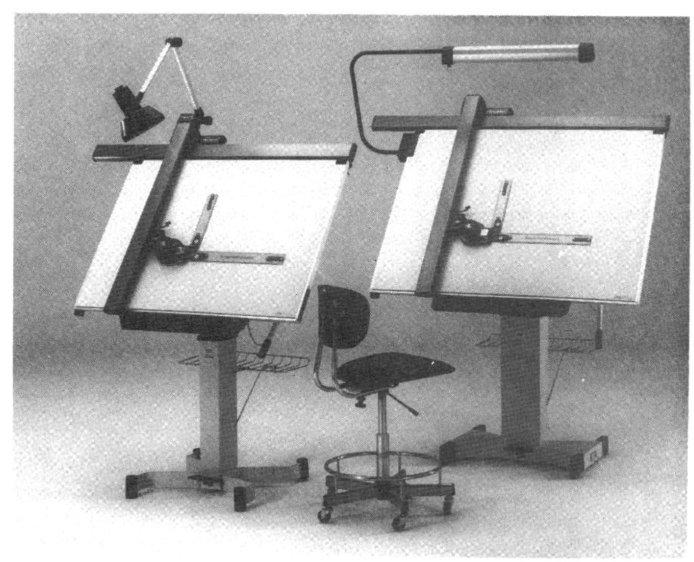

그림 2.2 제도 기계

② **삼각자**는 아크릴 제품이 많고, 크기는 120~600mm 정도인 것이 2개가 세트로 되어 있다.

③ **운형자**는 컴퍼스로 그릴 수 없는 불규칙한 곡선을 긋는 데 사용하며 주로 아크릴

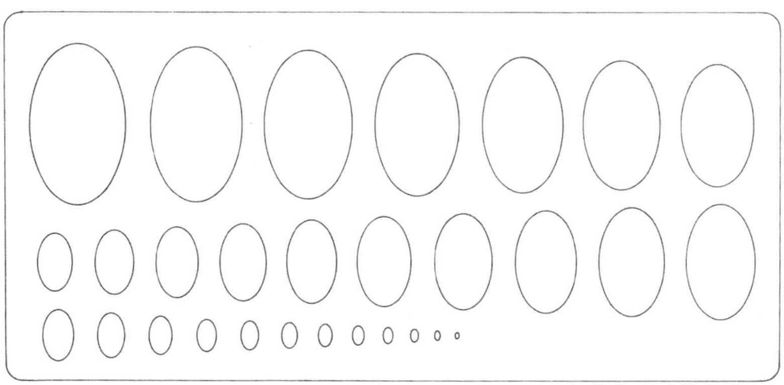

(a) 타원자(템플릿)

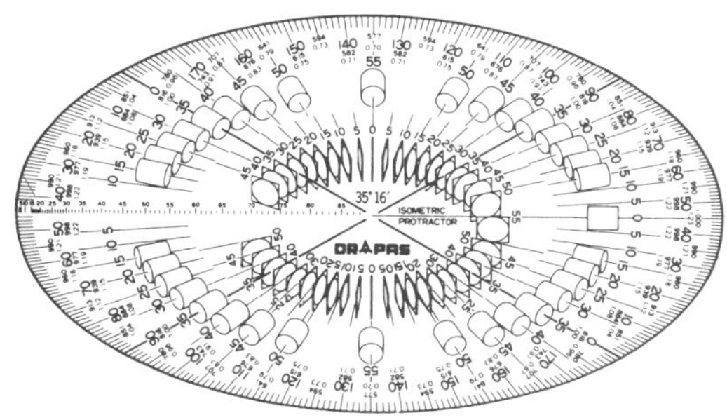

(b) 입체 분도기

그림 2.3 입체 제도용 자

제품이 많다. 크기는 180~300mm 정도인 것이 6, 12개가 세트로 되어 있다(p. 11 그림 2. 8 참조).

④ **분도기**는 원형·반원형의 아크릴 제품으로서, 크기는 지름 90~240mm 정도이고 30′단위의 눈금이 매겨져 있다.

⑤ **입체 제도용 자**는 입체도의 곡선을 그릴 때 사용하는 타원자와 입체 분도기가 있다(그림 2. 3).

⑥ **자**는 길이 30cm~100cm, 0.5mm까지의 눈금이 있는 대나무 제품 · 플라스틱 제품이 있다. 또, 5종류의 축적이 매겨진 삼각자도 있다.

(3) 용구의 사용법

좋은 도면을 그리기 위해서는 좋은 제도 용구를 올바른 사용법으로 충분히 습득하여 기술을 몸에 익히도록 한다.

① **치수 잡는 법** : 컴퍼스나 디바이더의 끝을 벌릴 수 있는 범위 안에서는 자로 직접 치수를 잡지만, 범위를 넘는 정도의 큰 치수는 자를 직접 제도 용지에 대고 치수를 잡는다(그림 2. 4).

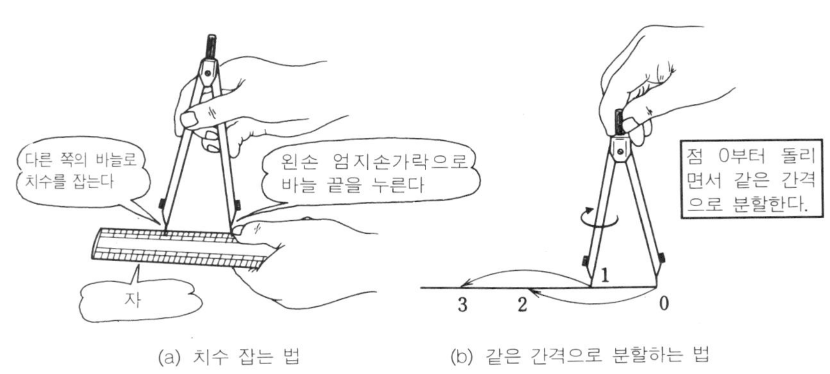

(a) 치수 잡는 법 (b) 같은 간격으로 분할하는 법

그림 2. 4 디바이더 사용 방법

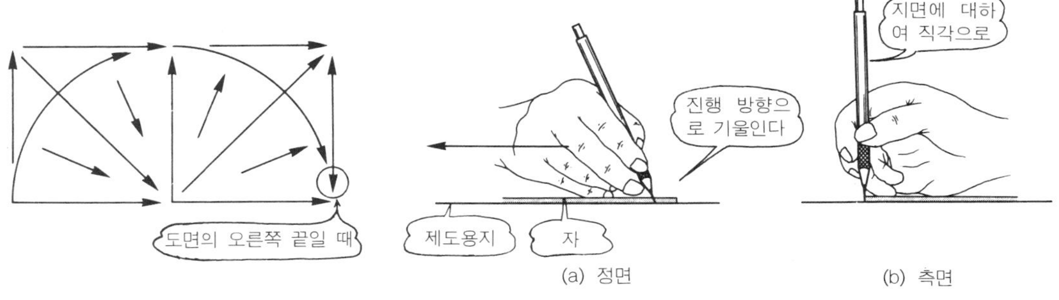

(a) 정면 (b) 측면

그림 2. 5 선 긋는 방향

그림 2. 6 직선 긋는 방법

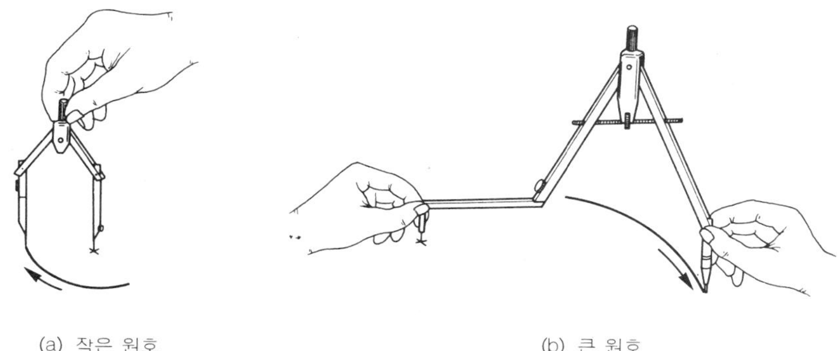

(a) 작은 원호　　(b) 큰 원호

그림 2.7 컴퍼스로 원호 그리는 법

그림 2.8 운형자 사용법

② **직선 긋는 법** : 직선을 긋는 방향은 원칙적으로 그림 2.5의 화살표 방향으로 긋는다. 이때 연필 끝을 자의 모서리에 대고 속도와 누르는 힘을 일정하게 유지하며 굵기나 농도에 차이가 없도록 긋는다(그림 2.6).

③ **곡선 그리는 법** : 컴퍼스로 원이나 원호를 그릴 때는 반지름 지면의 크기에 적합한 컴퍼스를 사용하고, 컴퍼스의 양쪽 다리는 가급적 지면에 수직으로 세우고, 항상 일정한 힘을 주면서 그린다(그림 2.7).

운형자를 사용해서 곡선을 그릴 때는, 그리려고 하는 곡선에 맞는 운형자를 고르고 한번에 그릴 수 없을 때는 따로 운형자를 골라서 그려야 하는데 특히 연결 부분은 매끈한 곡선이 되도록 주의해서 연결한다(그림 2.8).

〔2〕 제도 용품의 종류

제도 용품에는 제도 용지 · 연필 · 샤프 펜슬 · 홀더 · 지우개 · 테이프 · 날개 솔 · 제도용 잉크 등이 있다.

(1) 제도 용지

제도 용지에는 트레이스지 · 켄트지 · 방안지 · 사안지 등이 있다. 제도 용지의 크기는

표 2.1 도면의 크기와 윤곽의 치수 　　단위 〔mm〕

*A*열 사이즈		연장 사이즈		*c* 최소	*d* 최소
호칭	치수*a*×*b*	호칭	치수*a*×*b*	(철하지 않는 경우는 *d*=*c*)	(철하는 경우)
—	—	A 0×2	1189×1682	20	25
A 0	841×1 189	A 1×3	841×1783		
A 1	594×841	A 2×3 A 2×4	594×1261 594×1682		
A 2	420×594	A 3×3 A 3×4	420×891 420×1189	10	
A 3	297×420	A 4×3 A 4×4 A 4×5	297×630 297×841 297×1051		
A 4	210×297	—	—		

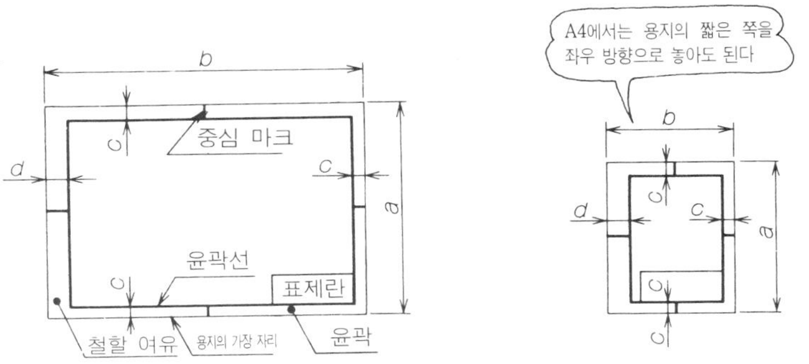

JIS B 0001 (KS B 0001)

도형의 크기 · 도형의 수로 결정한다. 도면의 크기는 기계 제도에서는 JIS(KS)에 의하여 표 2.1과 같이 A열 사이즈를 사용하고 필요할 때는 연장 사이즈를 사용한다.

도면은 긴 쪽을 좌우 방향으로 놓고 쓴다. 그러나 A4는 짧은 쪽을 좌우 방향으로 놓아도 된다.

도면에는 표 2.1에 나타나는 치수에 따라, 굵기 0.5mm 이상의 윤곽선을 그린다. 그리고, 용지의 4개 변의 각 중앙에 윤곽선부터 용지의 가장자리까지 0.5mm 굵기로 중앙 마크를 긋는다.

(2) 기타 제도 용품

필기 용구는 샤프 펜슬과 홀더가 많이 사용되며 특히 샤프 펜슬은 연필심의 지름이 0.3mm, 0.5mm, 0.7mm 등이 널리 사용되고 있다. 심은 HB, F, H의 농도가 사용되고 있으나 용지의 종류에 따라 골라서 사용한다.

2. 도면 그리는 법의 기초

도면을 정확히 읽기 위해서는 우선 그림 그리는 방법을 올바르게 알아야 한다. 여기서는 도면상의 약속 사항(JIS, KS 규격)에 대해 설명한다.

〔1〕 도면에 사용되는 선과 문자

(1) 선의 모양과 종류

도면에 사용되는 선의 모양은 표 2.2와 같이 실선·파선·1점 쇄선·2점 쇄선의 4종류가 있다. 또 굵기(선의 폭)는 가는 선·굵은 선·아주 굵은 선의 세 종류로 구분되어 있

표 2.2 선의 모양·굵기·용도 명칭

종류(비율)	선의 형태(치수는 눈대중)	용도에 따른 명칭
실선 〔굵은선 : 2〕	————	외형선
실선 〔가는선 : 1〕	————	치수선 지시선 등
파선 〔굵은선 : 2〕	3~4, 1 — — — —	은선
파선 〔가는선 : 1〕	— — — —	
1점 쇄선〔가는선 : 1〕	1:1:1 ——-——	중심선 등
2점 쇄선〔가는선 : 1〕	1:1:1:1 ——--——	가상선 등

입체도

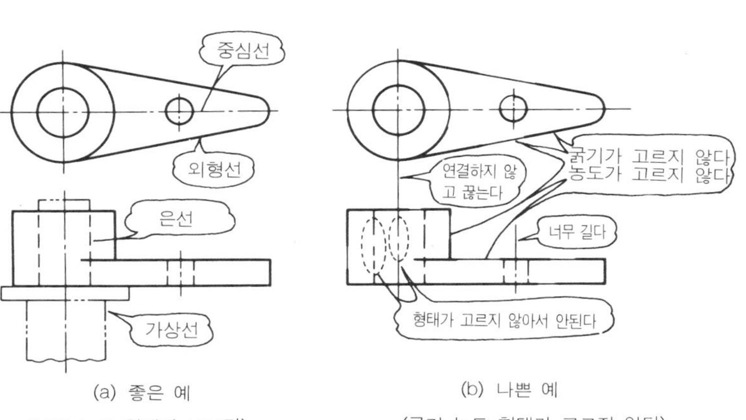

(a) 좋은 예
(굵기·농도·형태가 고르다)

(b) 나쁜 예
(굵기. 농도. 형태가 고르지 않다)

그림 2.9 선의 사용법

* p35 표 2.7 참조

고, 그 굵기의 비율은 1:2:4로 정해져 있다. 선의 굵기의 기준은 0.18mm, 0.25mm, 0.35mm, 0.5mm, 0.7mm, 1mm이고, 가는 선을 0.25mm로 하면 굵은 선은 0.5mm, 아주 굵은 선은 1mm로 굵기의 비율을 정하면 된다. 선의 굵기는

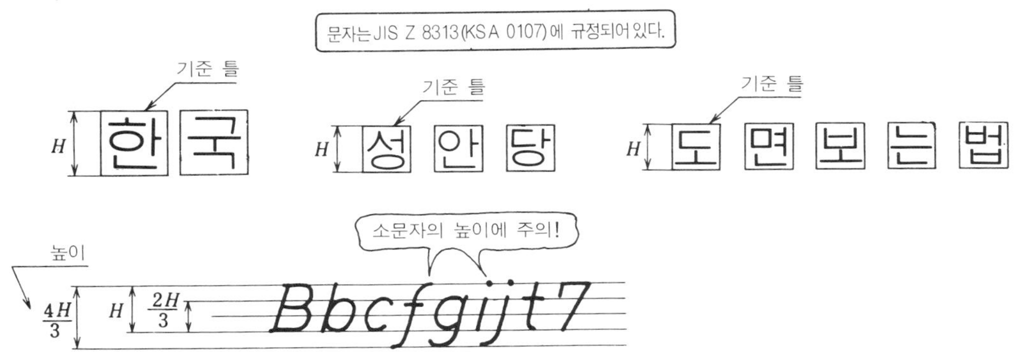

그림 2.10 문자의 기준 틀·기준 높이·표준 서체

크기 9 mm 断面詳細矢視側図計画組

크기 6.3 mm 断面詳細矢視側図計画組

크기 4.5 mm 断面詳細矢視側図計画組

크기 3.15 mm 断面詳細矢視側図計画組

그림 2.11 한자 서체의 크기

크기 9mm 가 나 다 라

크기 6.3mm 가 나 다 라

크기 4.5mm 가 나 다 라

크기 3.15mm 가 나 다 라

크기 2.24mm 가 나 다 라

그림 2.12 한글 서체의 크기

	(a) J형 사체	(b) B형 사체
크기 6.3 mm	1234567890	1234567890
크기 3.15 mm	1234567890	1234567890
크기 4.5 mm	A B C D E F G H I J	ABCDEFGHIJ
	K L M N O P Q R	KLMNOPQR
	S T U V W X Y Z	STUVWXYZ
	a b c d e f g h i j k l m	abcdefghijklm
	n o p q r s t u v w x y z	nopqrstuvwxyz

(a) J형 사체 (b) B형 사체

그림 2.13 아라비아 숫자·영문자의 서체와 크기

그림의 대소나 복잡한 정도에 따라서 구분해서 사용하면 된다. 그러나 같은 도면 속에서의 굵은 선이나 가는 선은 각각 굵기나 농도에 차이가 나지 않도록 주의해야 한다. (그림 2.9) 도면에 사용되는 선은 형태·굵기·용도에 따라서 명칭도 정해져 있다*.

(2) 문자 쓰는 법

도면에는 도형과 함께 치수, 가공상의 지정, 부품명 등의 정보를 문자나 기호로 기입한다. 문자나 기호를 CAD · 레터링 머신 등에 의하지 않고 손으로 쓸 때에는 개인차에 의한 해독의 착오가 없도록 JIS(KS)에서는 한자·한글·아라비아 숫자·영문자에 대해서 크기나 서체를 규정하고 있다.

문자 크기의 규정은 다음과 같다. 한자·한글은 기준틀의 높이로, 숫자와 영문자는 기준 높이에 의한 호칭으로 표시된다(그림 2.10).

〔문자·문장을 쓸 때의 주의〕

① 한자·한글의 글씨체는 그림 2.11, 그림 2.12에 준하는 것이 좋다.

② 아라비아 숫자·영문자는 원칙적으로 J형 사체·B형 사체중 어느 하나를 사용하고, 동일 도면에서는 혼용하지 않는다(그림 2.13).

〔2〕 도면의 성립

(1) 도면의 양식

기계는 여러 가지 부품을 조립하여 만든 것이다. 따라서 기계를 도면으로 표시할 때는 부품의 형태·크기를 작게 그린 부품도와 각 부품의 조립 위치 관계를 표시한 조립도가 필요하게 된다(그림 2.14).

부품도에 기입되는 것에는 그림 2.14(b)와 같이 형태·치수는 물론이고, 치수의 허

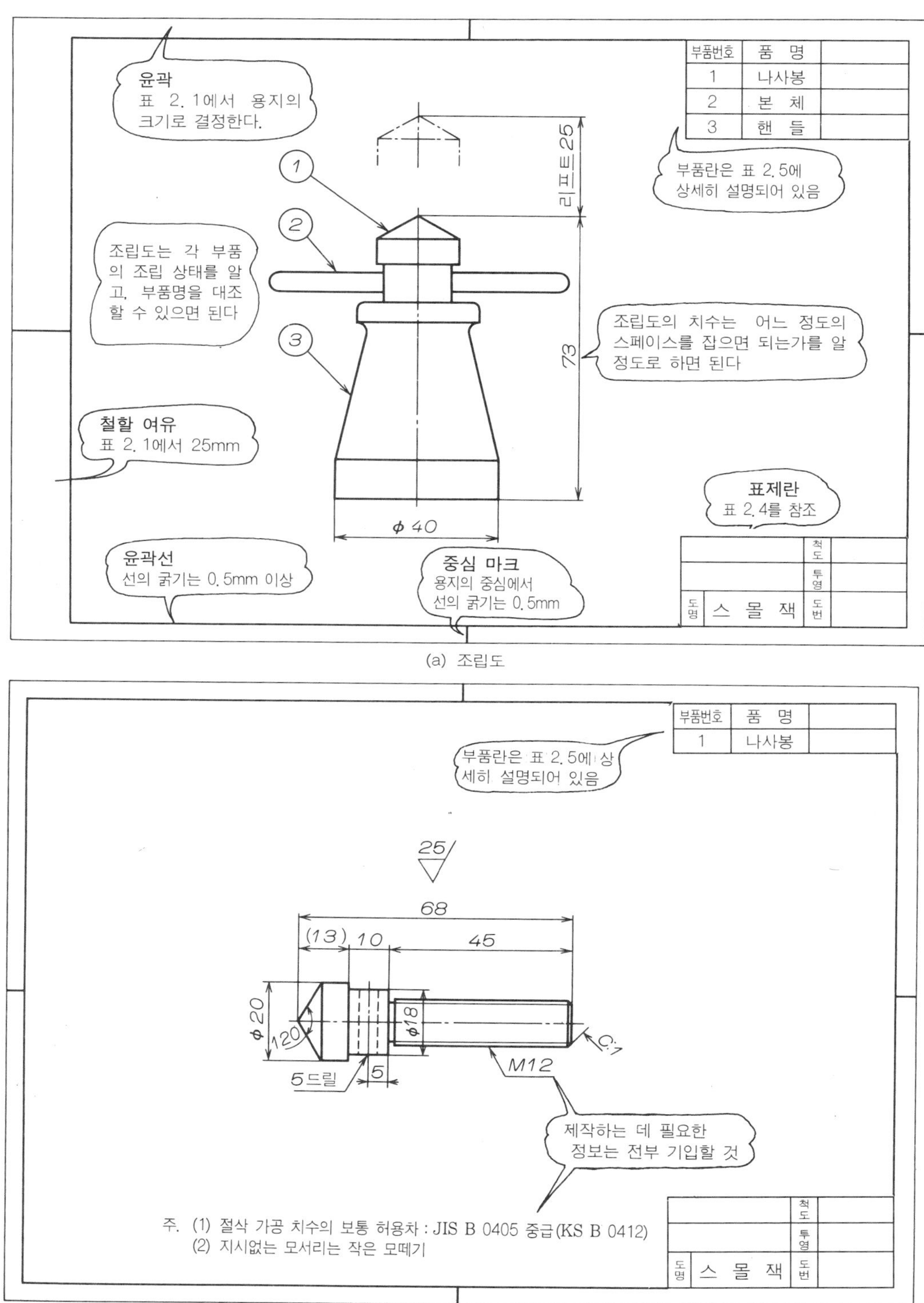

그림 2. 14 조립도와 부품도

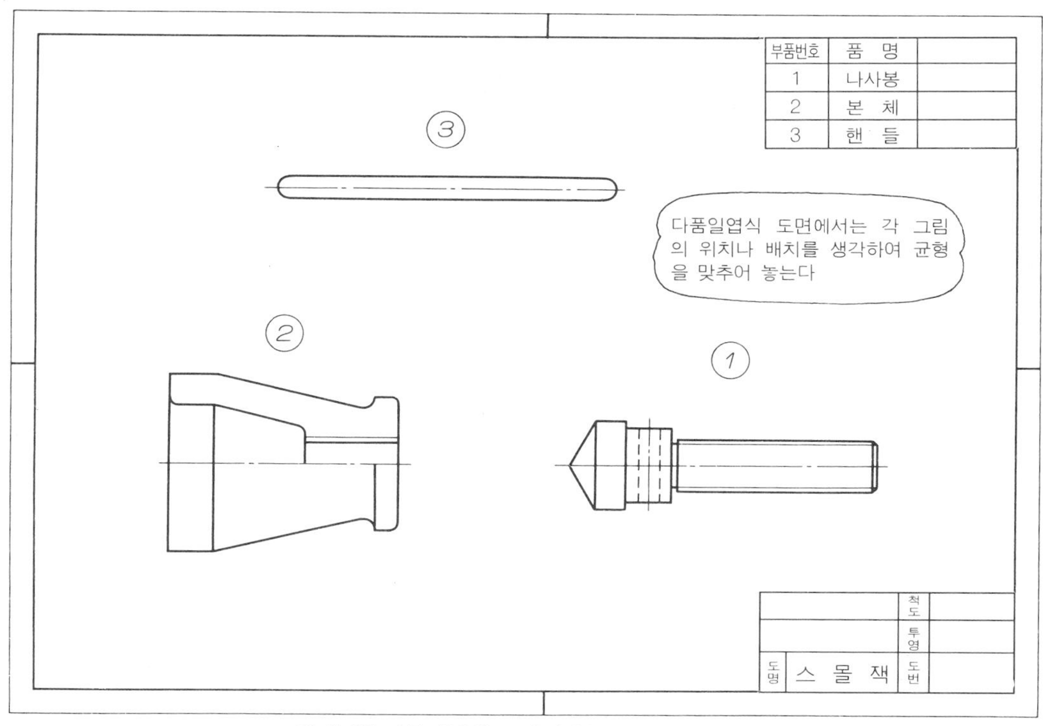

그림 2.15 다품일엽식 도면 (치수는 생략되어 있음)

표 2.3 축척, 현척 및 배척의 비율

척도의 종류	란	비 율
축 척	1	1 : 2(도형의 크기 A : 실물의 크기 B) 1 : 5 1 : 10 1 : 20 1 : 50 1 : 100 1 : 200
	2	1 : $\sqrt{2}$ 1 : 2.5 1 : 2$\sqrt{2}$ 1 : 3 1 : 4 1 : 5$\sqrt{2}$ 1 : 25 1 : 250
현 척	—	1 : 1(A : B) 도형과 실물이 같은 크기
배 척	1	2 : 1(A : B) 5 : 1 10 : 1 20 : 1 50 : 1
	2	$\sqrt{2}$: 1 2.5$\sqrt{2}$: 1 100 : 1

비고) 1란의 척도를 우선하여 사용한다.

용 범위, 면의 바탕(다듬질면의 만듦새), 가공법, 재료, 제작 수량 등이 있으며 부품의 제작에 가장 중요한 정보가 기입된다.

조립도는 그림 2.14(a)와 같이 조립 상태를 표시하고, 기계의 길이·높이·폭 등 주요 치수와 조립에 특히 필요한 치수를 기입하고 있다.

일품일엽식 도면은 한 개의 부품을 한 장의 도면에 그리는 방식으로 부품의 제작 과정의 계획·중량 계산·원가 계산·도면을 관리하는 경우 등에 편리하다(그림 2.14(b)).

다품일엽식 도면은 여러 개의 부품을 한 장의 도면에 그리는 방식으로, 부품의 수가 적은 간단한 기계·기구나 부품의 관련을 대조해야 할 때 편리하다(그림 2.15).

표 2.4 표제란의 예

<table>
<tr><td rowspan="2">교 명</td><td rowspan="2" colspan="2">학년 조
이 름</td><td colspan="2">제 도</td><td colspan="2">사 도</td></tr>
<tr><td colspan="2"></td><td colspan="2"></td></tr>
<tr><td rowspan="2">도명</td><td rowspan="2">미끄럼 베어링</td><td>척도</td><td>1 : 2</td><td>투영법</td><td colspan="2"></td></tr>
<tr><td>도번</td><td colspan="4">B30003</td></tr>
</table>

<table>
<tr><td rowspan="2" colspan="2">○ ○ 회 사</td><td>설 계</td><td>제 도</td><td>사 도</td><td>검 도</td></tr>
<tr><td>• •</td><td>• •</td><td>• •</td><td>• •</td></tr>
<tr><td>형식</td><td></td><td>척도</td><td>1 : 20</td><td>투영법</td><td></td></tr>
<tr><td>도명</td><td>수 관 보 일 러</td><td>도번</td><td colspan="3">WTB－210001</td></tr>
</table>

표 2.5 부품란의 내용을 보는 법

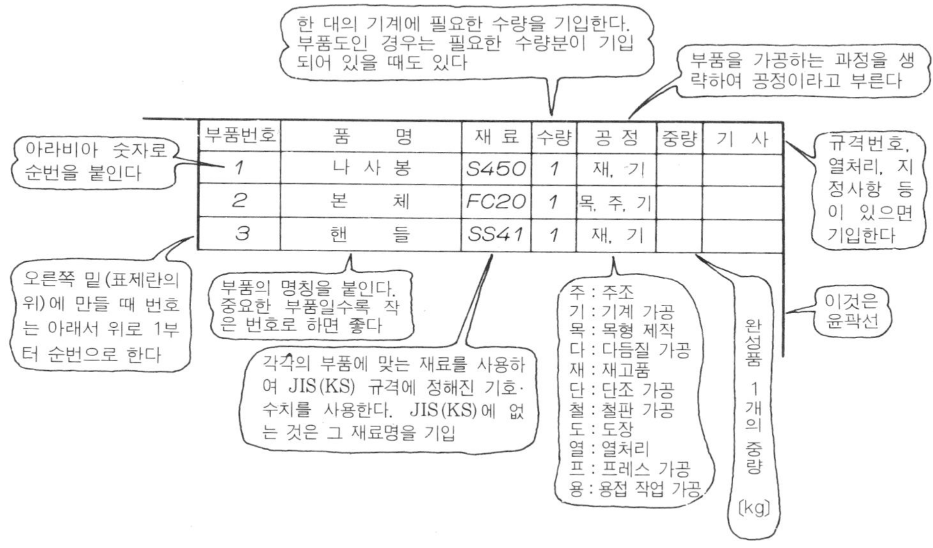

(2) 척 도

대상물(기계나 그 부품)을 도면으로 그릴 때 실물 크기를 그대로 그릴 수는 없다. 즉, 전차처럼 크거나 IC처럼 작은 것을 실물 크기로 제도하기는 어렵다. 그래서 도면 위에 축소하거나 확대하여 그릴 때의 길이의 비율을 척도라 한다. 척도는 A : B로 표시한다. A는 도형의 길이, B는 실물의 길이로 한다.

척도는 현척(실물 크기)이 이상적이지만 큰 물건은 축척, 작은 물건이나 복잡한 형태의 물건은 배척으로 그린다. 척도의 종류·비율은 표 2.3에 따른다.

척도는 표제란에 기입한다. 동일 도면에 다른 척도를 사용할 때는 필요에 따라서 그 그림의 주변에 척도를 기입한다.

(3) 표제란과 부품란

표제란은 도면의 오른쪽 아래 구석에 그린다. 그 양식은 정해져 있지 않으나 도면

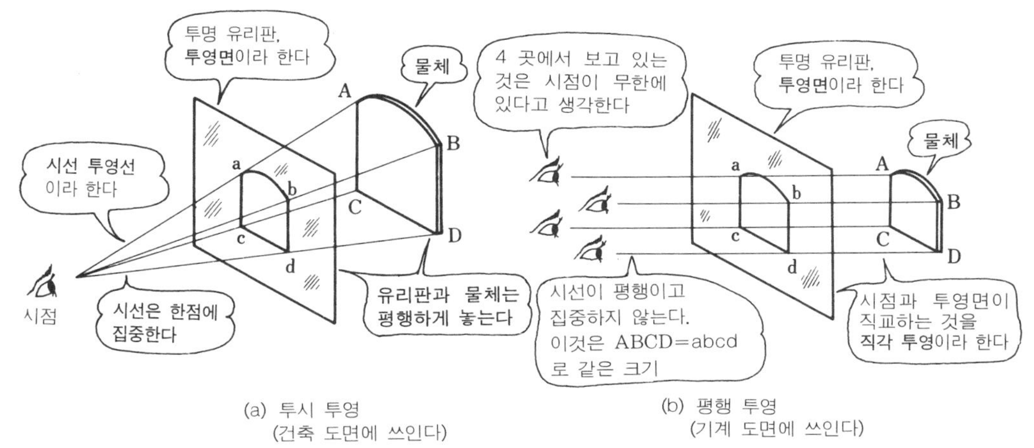

(a) 투시 투영
(건축 도면에 쓰인다)

(b) 평행 투영
(기계 도면에 쓰인다)

그림 2.16 투영 (a b c d의 그림을 투영도라 한다)

관리상 필요한 사항, 내용에 관한 사항 등을 모아서 기입한다. 도면 번호, 도명, 기업명(단체명), 책임자 서명, 도면 작성 연월일, 척도 및 투상법을 기입한다.

도면 번호는 도면 한장마다 붙인 번호로, 생략하여 도번이라고 하며, 아라비아 숫자나 영문자와 합해서 붙일 때도 있다. 표제란 속에 칸을 만들어 기입하거나, 표제란 이외의 적당한 곳에 기입해도 된다. 이것으로 어느 기계의 도면인가를 판단할 수 있다.

부품란은 도면의 오른쪽 위의 구석이나 오른쪽 아래의 표제란 위에 만든다. 그 내용은 도면에 그려져 있는 부품의 부품 번호(품번), 부품명(품명), 재료, 수량, 공정, 중

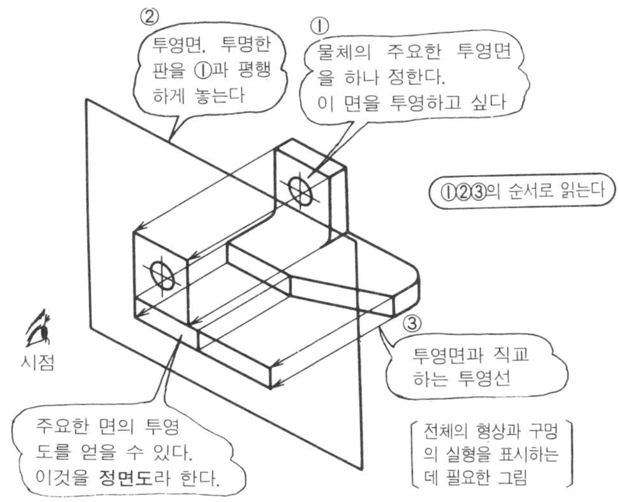

투영 방법
그림(a)와 같이 물체와 시점 사이에 투명한 판(투영면)을 놓고, 물체에서 투영면에 직각으로 교차할 수 있는 평행인 시선을 화살표와 같이 늘린다

(a)정면도

그림 2.17

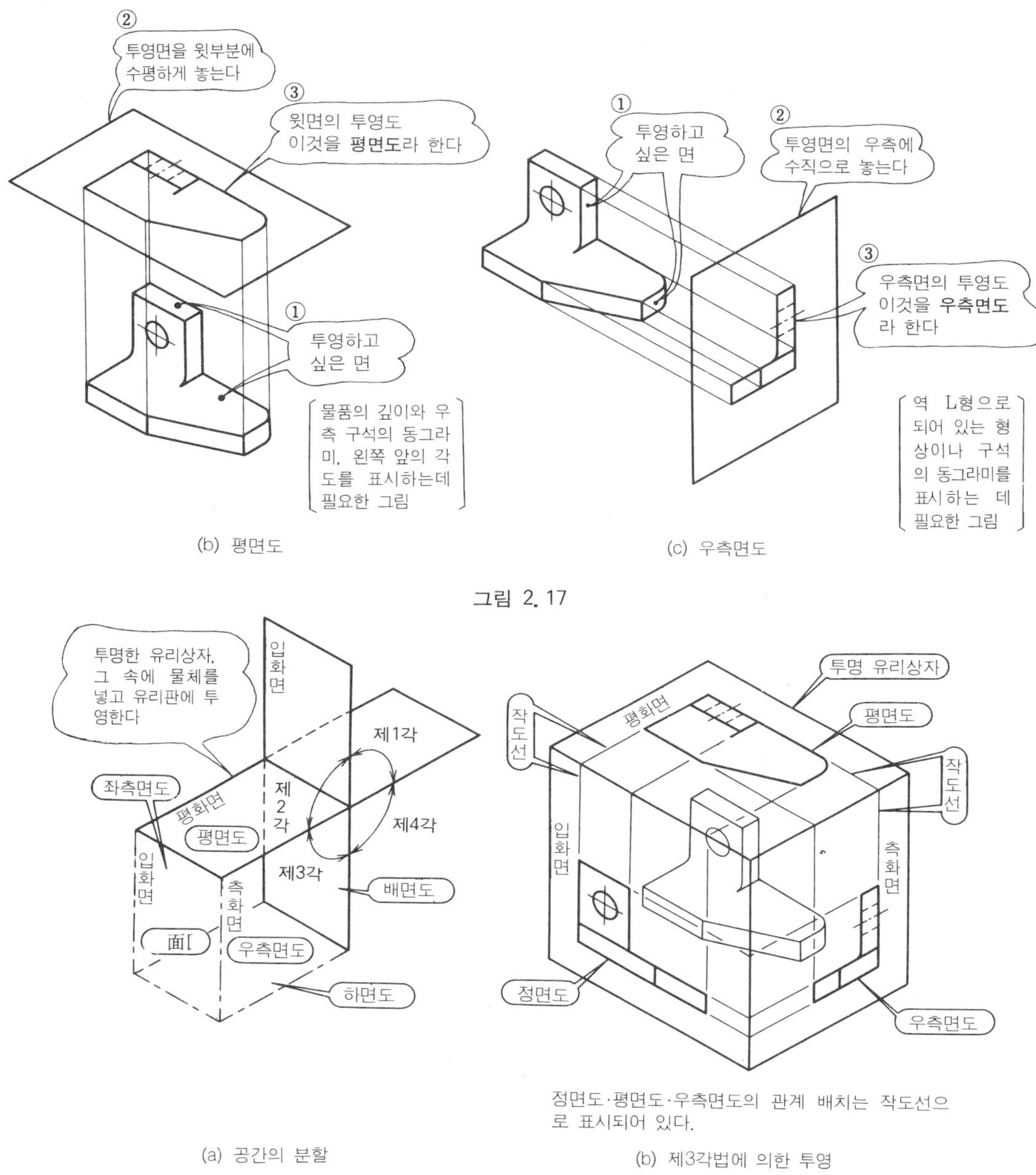

(b) 평면도

(c) 우측면도

그림 2. 17

(a) 공간의 분할

(b) 제3각법에 의한 투영

그림 2. 18 제3각법의 유리 상자

량, 비고란 등을 기입한다. 부품란의 형식은 정해져 있지 않으나, 크기는 표제란과 같은 것이 좋다.

〔3〕 입체를 평면적으로 표시하는 법

(1) 투영법

기계 도면에서는 입체적인 물체를 평면 위에 표시한 도면을 사용하는 경우가 많다.

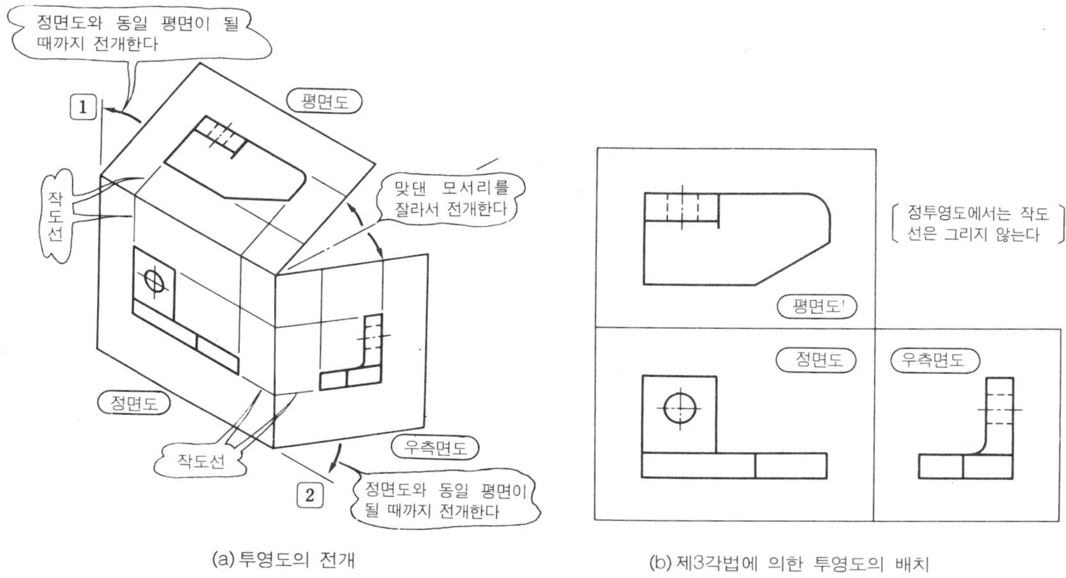

(a) 투영도의 전개　　(b) 제3각법에 의한 투영도의 배치

그림 2. 19 제3각법

물체를 평면에 그려내는 것을 투영이라고 하며, 투영법에는 여러 가지 방법이 있다.

도면을 그릴 때는 입체를 평면적으로 그리는 기술이 필요하고, 읽을 때는 평면적인 도면에서 입체를 상상해 내는 능력이 요구된다.

투영에는 그림 2. 16(a)와 같이 시선이 한 점으로 모여 있는 것을 **투시 투영**이라 하고, 이 투영에 따라서 긋는 그림을 **투시도**라 한다. 그림 2. 16(b)와 같이 시선이 평행이고 한 점에 모여 있지 않은 것을 **평행 투영**이라 하고, 물체와 투영면이 평행(투영선과 투영면이 직각)인 것을 **직각 투영**이라고 한다

(2) 정투영도

기계 도면은 직각 투영에 의한다. 물체의 주된 한 면을 투영면에 평행하게 놓았을 때의 투영을 정투영이라 한다. 정투영에 의하면, 그림 2. 16(b)처럼 투영도는 실물 크기가 되고 정확하게 표시된다.

그림 2. 17과 같은 물체에서는 한 개의 투영도만으로는 모든 형태를 표시할 수 없으므로, 그림(a), (b), (c)의 3개의 투영면을 선택하여, 정투영법에 의하여 **정면도·평면도·우측면도**를 그린다. 이 3개의 그림을 조합하면 입체적인 물체의 형태를 완전히 평면적인 도면으로 표시할 수 있다. 이것이 **정투영도**이다.

(3) 투영도의 배열

기계 도면에서는 그림 2. 17과 같이 입체의 투영도를 각각 분리시키는 것이 아니고, 그림 2. 18(a)와 같이 공간을 입화면과 평화면으로 4개로 구별하고, 오른쪽 위의 것을

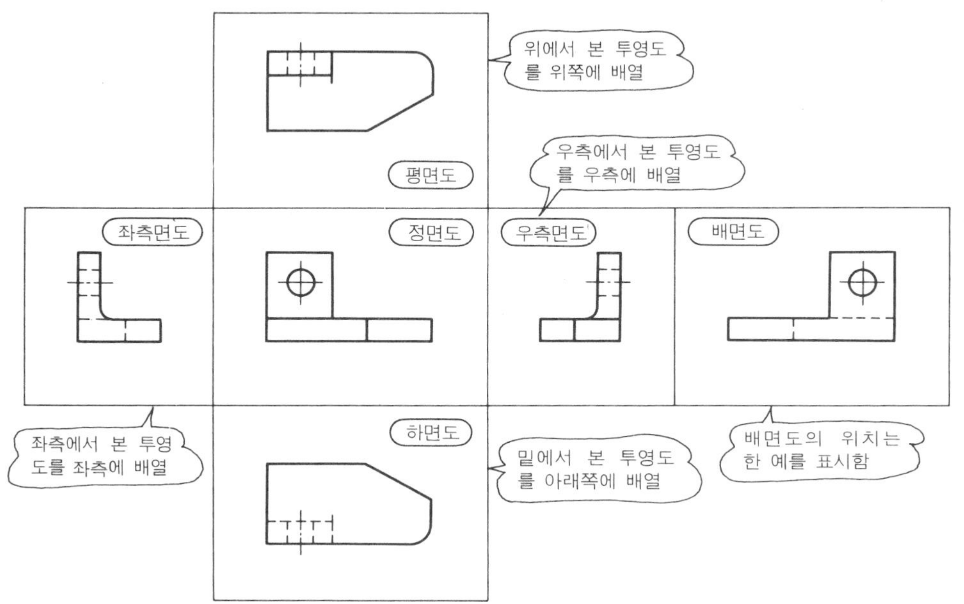

그림 2.20 제3각법에 의한 6개 투영도의 배열

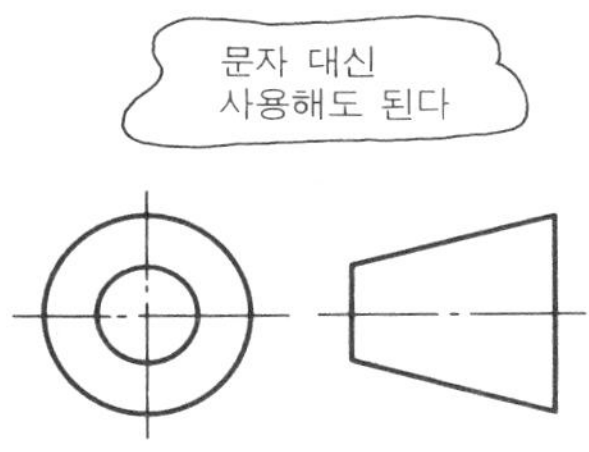

그림 2.21 제3각법의 기호

제1각이라 하고 시계 반대 방향으로 차례대로 제2각, 제3각, 제4각이라 부르고, 제3각의 위치에 투명한 유리상자를 만들어 이 안에 물체를 놓는다. 그림 2.18(b)는 투명한 유리 상자 속에 놓인 물체를 입화면·평화면·측화면에 투영하고 있다. 이와 같이 제3각을 이용한 투영을 **제3각법**이라고 한다.

그림 2.18(b)와 같이 유리 상자 속의 물체를 유리판에 투영한 평면도와 우측면도를 **그림 2.19**(a)에 표시한 바와 같이 ①과 ②까지 전개하면 그림(b)와 같은 투영도의 배치가 된다. 이것이 제3각법에 의한 정투영도이고, JIS B 0001(KS B 0001) 기계 제도에서는 제3각법을 사용하게 되어 있다.

6면으로 만든 완전한 상자에서 그림 2.18(a)에 표시한 바와 같이 정면의 뒤쪽에 **배면도**, 평면도의 바로 밑에 **하면도**, 우측면도의 반대쪽에 **좌측면도**가 배열된다. 이들의 투영면을 펼쳐서 전개한 것이 **그림 2.20**이다.

지면의 형편으로 투상도를 제3각법에 의한 정확한 위치를 그리지 못하는 경우, 또는 그림의 일부가 (제3각법에 의한 위치에 그리면) 오히려 도형을 이해하기 곤란하게 되는 경우에는 상호 관계를 화살표와 문자를 사용하여 표시하고, 그 글자는 투상의 방향과 관계없이 전부 위쪽 방향으로 명백하게 쓴다.

제3각법에 의한 투영도에는 **그림 2.21**의 투영법의 기호를 표제란 또는 도면 가까이

* 외국에서는 제1각법도 사용되고 있다. ISO에는 제3각법·제1각법을 같이 채택하여 쓰고 있다.

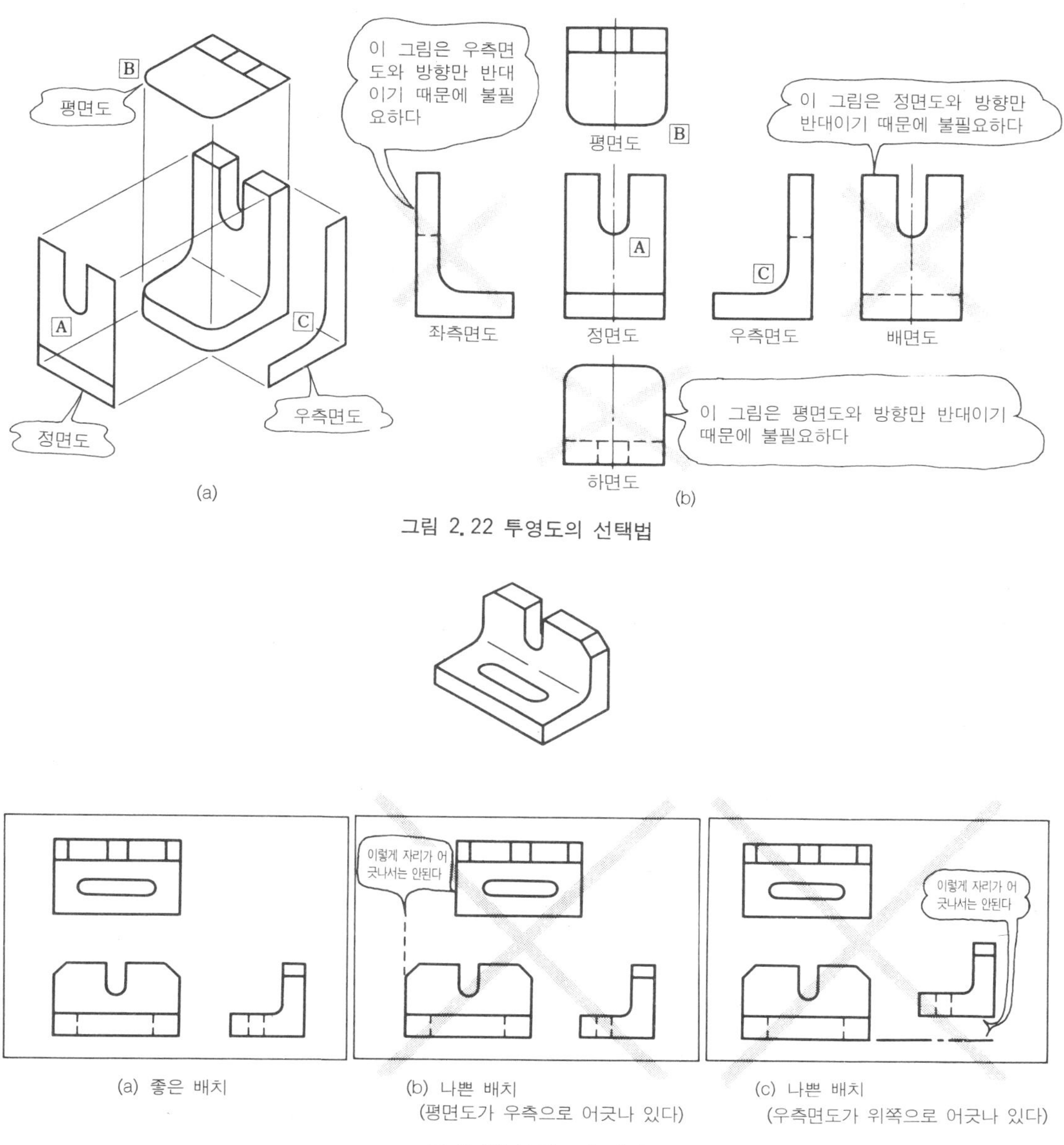

그림 2.22 투영도의 선택법

그림 2.23 투영도의 배치

표시 한다.

(4) 투영할 때의 유의점

기계 도면에서는 대상물(물체)의 형태나 크기를 알면 필요한 최소한의 투영도만 있으면 된다. 투영도 수를 결정할 때에는 그 물체의 특징을 가장 잘 표시할 수 있는 면을 정면도로 하고, 정면도만으로 부족할 때는 측면도·평면도 등으로 보충한다.

그림 2.22의 물체에 대하여 생각해 보자.

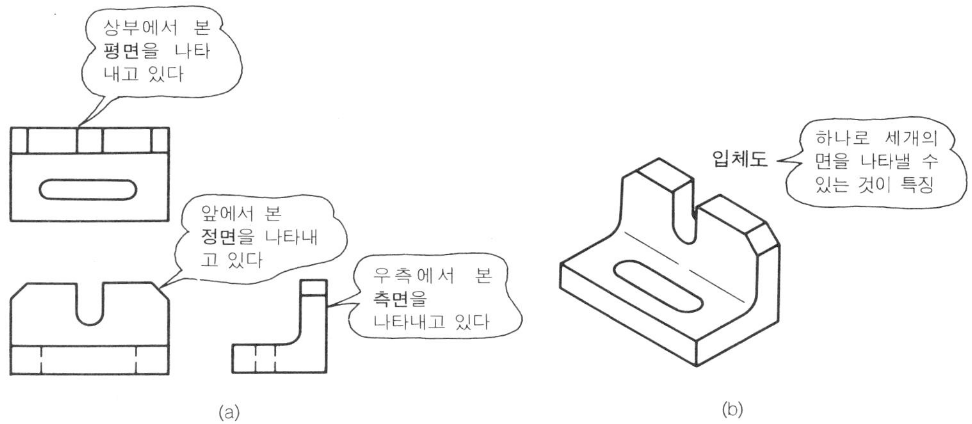

그림 2.24 입체도와 정투영도의 관계

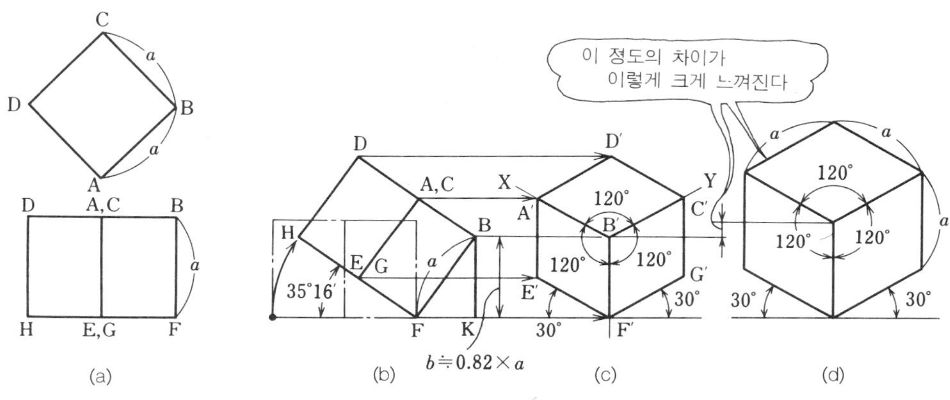

그림 2.25 등각 투영도와 등각도

① 정면도는 세워 있는 부분의 폭과 높이, 홈 부분의 폭과 깊이 그리고 곡선Ⓐ의 형태를 완전히 표시하고 있다.

② 평면도는 앞에서 뒤 끝까지의 거리와 두 개의 모서리의 둥근 부분의 곡선Ⓑ의 형태를 완전히 표시하고 있다.

③ 우측면도는 직각과 두께와 구석의 둥근 부분 곡선Ⓒ의 형태를 완전히 표시하고 있다.

따라서 그림 2.22에서는 정면도·평면도·우측면도의 3개의 그림으로 형태는 완전하게 할 수 있으므로, 하면도·좌측면도·배면도는 필요없게 된다. 투영도의 배치에 관하여, 그림 2.19(a)의 투영도의 전개에서는 정면도·평면도·우측면도를 작도선으로 연결하고 있고 그림 2.19(b)의 제3각법에 의한 투영도에서는 작도선은 그리지 않기로 되어 있다.

그러므로 그림 2.23(b), (c)와 같이 투영도의 배치에 어긋남이 없도록 주의하는 것이 중요하다.

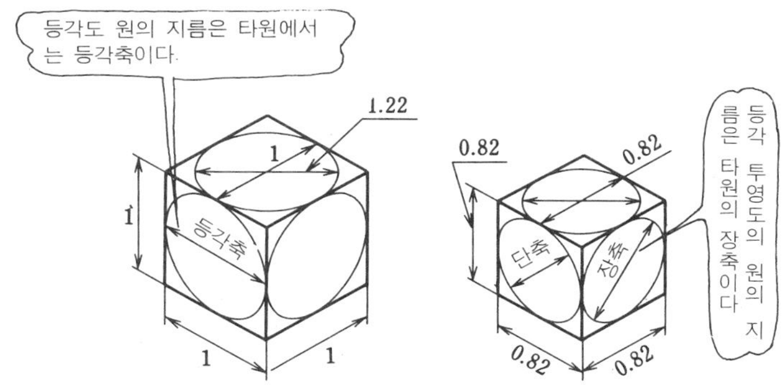

그림 2.26 입방체와 내접원

〔4〕 입체를 입체적으로 표시하는 법

기계 도면에서는 입체적인 대상물(물체)을 평면적인 투영도로 표시하거나, 반대로 투영도를 보고 입체를 상상하는 능력 등이 요구된다.

기계 부품을 제작할 때 사용하는 제작도에는 그 형태나 치수 등의 모든 정보를 기입하지 않으면 안되기 때문에, 입체적인 그림(입체도)으로는 기입하기 어려울 뿐만 아니라 무리도 따른다. 그래서 정투영도를 사용한다. 그러나, 카탈로그의 설명도 · 기계의 조립 상태나 조립 순서 등을 표시하는 그림으로서는 입체도가 형상도 알기 쉽고, 이해하기도 쉽다.

입체도는 **그림 2.24**와 같이 한개의 투영도로 세면의 형상을 표시할 수 있어서 편리하다. 여기서는 등각 투영도(등각도)와 사투영도(비닛도)에 대하여 배우기로 한다.

(1) 등각 투영도 (isometric projection)

그림 2.25(a)에 표시한 입방체를 그림(b)와 같이 F를 지점으로 하여 H를 순서대로 누른 다음, 수평면과 FH가 35°16′이 되면, 그림(C)와 같이 수평면과 E′F′, F′G′는 다같이 30°가 된다. 그리고 X, Y, Z축은 다같이 120°의 등각으로 교차한다. 그래서, 이 투영도를 **등각 투영도**라고 한다.

등각 투영도에서는 A′B′=B′C′=B′F′와 같이 투영 길이는 같게 되지만, 각 변의 길이는 그림(a)의 실제 길이보다 BK와 같이 짧게 된다. 이 짧게 되는 비율을 **수축율**이라 하고, 각 변 모두 같은 a=1에 대하여 b≒0.82*가 된다. 등각 투영도를 그리는 데는 실제길이의 0.82배의 **등측척도**(Isometric scale)가 필요하다.

입체도는 입체 형상이 보기 쉽고 이해하기 쉽다. 이용면에서는 제3각법에 의한 투영도와 같이 척도에 제한이 없기 때문에 확대나 축소가 자유롭다. 따라서, 입체도에서는 수축율을 고려하지 않고 실치수로 그리는 경우가 많다. 실치수에서는 일반 자가 그대로 이용되기 때문에 편리하다. 이 실치수로 그려진 입체도를 **등각도**(Isometric

* B′F′=BK=cos 35°16′=0.8175≒0.82(수축율)

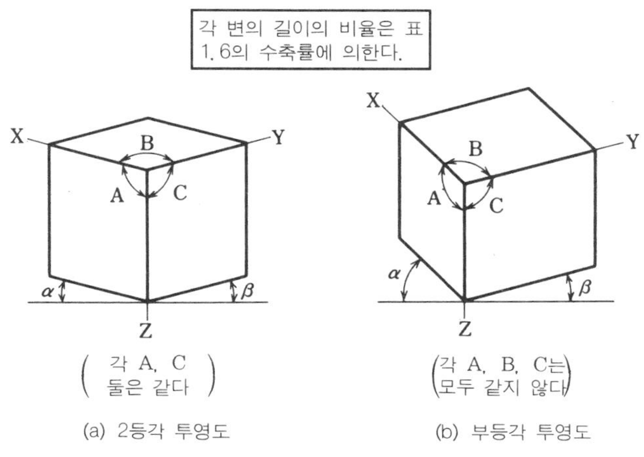

(a) 2등각 투영도 (b) 부등각 투영도

그림 2.27 축측 투영도

drawing)라 하고, 등각 투영도와 구분하고 있다. 그림(c)의 등각 투영도와 그림(d)의 등각도를 비교하면 그림(d)쪽이 1.22배 크게 된다.

입방체의 평면상에 내접하는 원은 **그림 2.26**과 같이 등각도에서의 원의 지름은 타원의 기울어진 축이 되고, 등각 투영도에서는 타원의 장축으로서 표시된다. 따라서, 등각축은 0.82배가 된다.

입체 제도는 **테크니컬 일러스트레이션**(Technical Illustration)을 생략하여 TI제도라 부르며, 산업용 삽화로 널리 이용되고 있다.

(2) 2등각 투영도 (다이메트릭 투영도)

2등각 투영도는 **그림 2.27**(a)와 같이 입방체 저면의 2변이 수평면과 각도 α, β가 되게 기울인다. 이때 각 A, B, C 중에서 어느 두개의 각이 같은 값이 되도록 놓은 입방체의 투영도를 **2등각 투영도**라 한다. 일반적인 α, β의 조합과 그 수축율은 **표 2.6**에 표시한다.

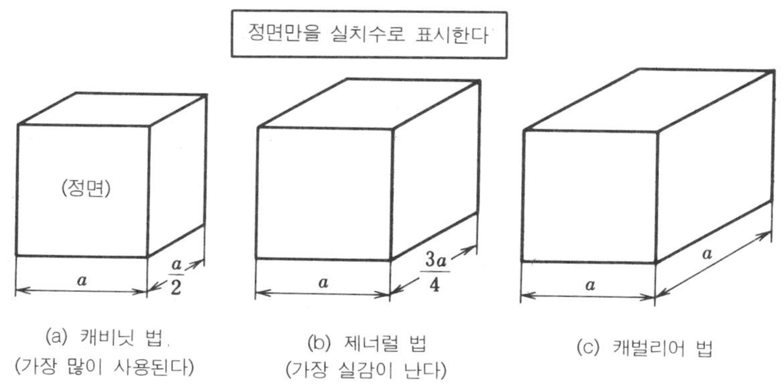

(a) 캐비닛 법 (가장 많이 사용된다) (b) 제너럴 법 (가장 실감이 난다) (c) 캐벌리어 법

그림 2.28 사투영도

표 2.6 투영각과 수축율

투영법	투영각 α	투영각 β	수축율(%) X축	수축율(%) Y축	수축율(%) Z축
등각 투영도	30	30	82	82	82
2등각 투영도	15	15	73	73	96
	35	15	86	86	71
	40	10	54	92	92
부등각 투영도	20	10	64	83	97
	30	15	65	86	92
	30	20	72	83	89
	35	25	77	85	83
	45	15	65	92	86

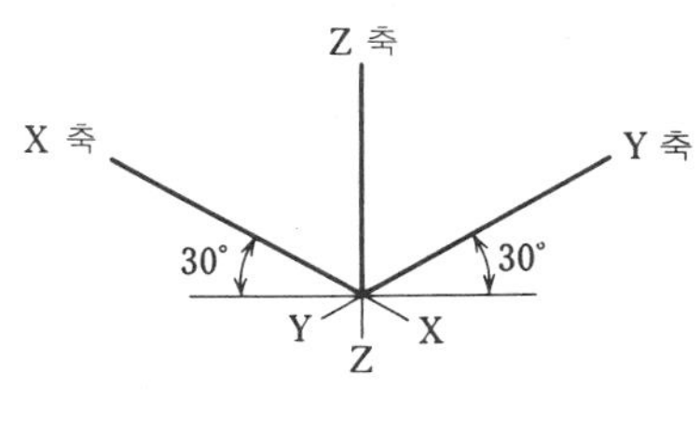

그림 2.29 등각도의 등각축

(3) 부등각 투영도 (트리메트릭 투영도)

부등각 투영도에서는 그림 2.27(b)와 같이 입방체의 각 A, B, C가 각각 다른 값이 되도록 각 α, β의 경각을 잡는다. 이 투영도를 부등각 투영도라 하는데 부등각 투영도에서는 각 α, β의 값은 항상 다르며 각 변의 수축율은 3종류를 필요로 한다. 일반적인 α, β의 조합과 그 수축율은 표 2.6에 표시한다.

(4) 사투영도 (캐비닛도, Cabinet projection drawing)

한개의 투영도로 입체의 형상을 나타내는 것은 등각 투영법과 같다. 사투영도는 물체의 정면 형태만은 정투영도를 그릴 때와 같게(수축율 등을 적용시키지 않고) 실치수로 그리고, 앞쪽에서 뒤끝까지는 경사지게 그린 그림이다. 사투영도는 물체의 한면을 정확하게 표시하고 싶을 때 사용하는 투영법으로 바르게 나타내고 싶은 면을 정면으로 한 투영도이다.

사투영도에는 캐비닛법(cabinet), 제너럴법(general), 캐벌리어법(cavalier) 등

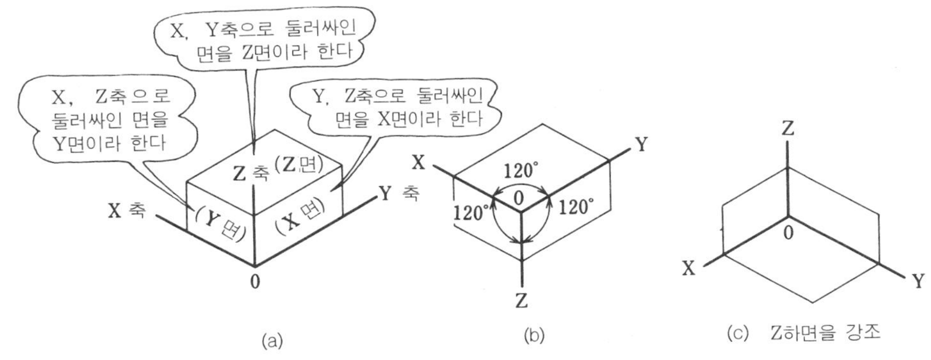

그림 2.30 등각축과 물체의 방향

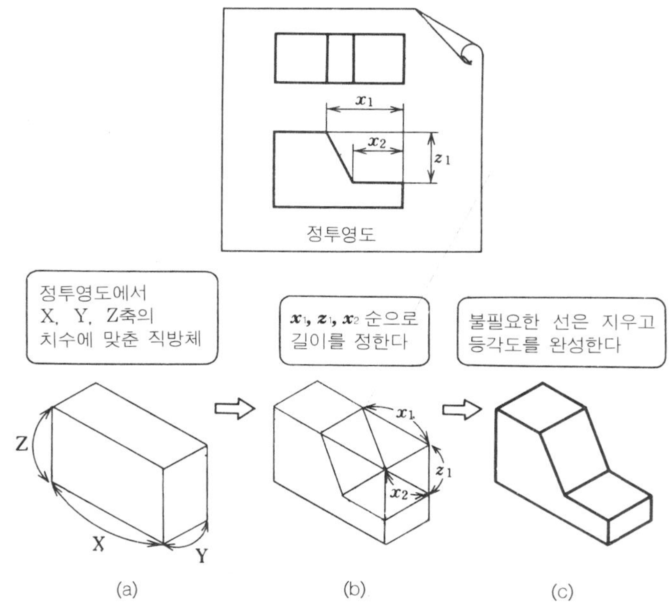

그림 2.31 평면으로 만들어진 물체의 등각도를 그리는 방법

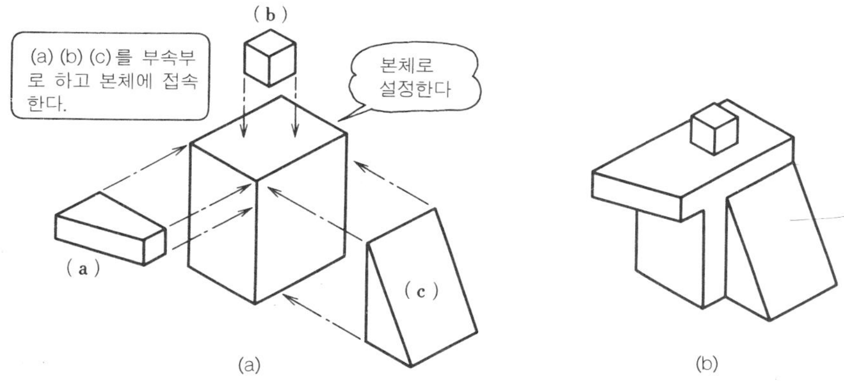

그림 2.32 돌출부를 갖는 물체를 등각도로 그리는 방법

의 종류가 있다. 그림 2.28은 각변의 길이가 모두 a인 입방체이다. 측면의 변의 경사각은 수평선에 대하여 30°, 45°, 60° 등으로 한다. 그림 2.28은 30°의 예이다.

(5) 등각도의 표시 방법

등각도를 표시하는 데는 **그림 2.29**와 같이 X, Y, Z의 3축을 등각축으로 한다. 그리고 이 등각축의 사용 방법에 따라서 **그림 2.30**과 같이 물체의 높이·폭·앞면에서 속까지의 거리를 잡는 방법이 달라지고, 나타내고 싶은 3면을 여러 가지로 바꿀 수 있다.

등각도를 그리는 데는 사안지를 사용하면 대단히 편리하다.

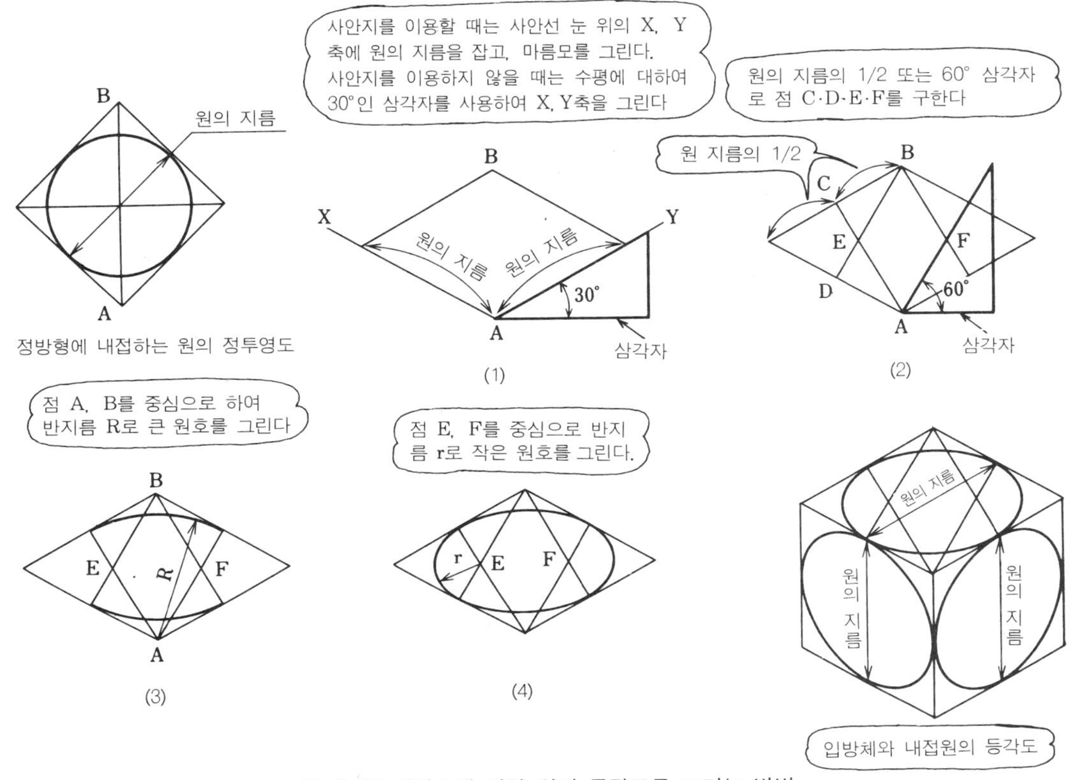

그림 2.33 컴퍼스에 의한 원의 등각도를 그리는 방법

① 평면으로된 물체의 등각도 : 그림 2.31의 정투영도와 같은 물체를 등각도로 그릴 때는 그림 (a) ~ (c)의 순서로 한다. 이 물체는 돌출부가 없고, 간단한 형상이므로 그림 (a)와 같이 X, Y, Z의 각 변에 해당하는 상자를 가는 선으로 엷게 그리고, 다음에 그림 (b)와 같이 X_1, X_2, Z_1의 치수를 정한 뒤, 사면과 밑부분의 선을 긋고, 불필요한 선은 지우고, 굵은 실선으로 그림 (c)를 완성시킨다.

돌출부가 있는 물체를 그릴 때는 그림 2.32와 같이 주된 부분을 본체로 정하고, 돌출부를 부속부로 하여 접속시켜서 등각도를 완성시키면 된다. 이것을 접속법이라 한다.

② 곡면이 있는 물체의 등각도 : 정투영도에서의 원이나 원호는 타원이나 타원호로 표시하게 된다. 그림 2.33은 컴퍼스로 유사한 타원을 그리는 순서를 표시한 것이다.

그림 2.34는 정투영도로 표시한 물체를 그림 2.33의 방법에 따라서 등각도로 그린 것이다.

③ 기계 부품의 등각도 : 기계 부품과 같은 물체의 등각도는 그림 2.34와 같은 마름모를 그려서 완성시키려면 시간이 걸리므로, 일반적으로 그림 2.35와 같은 타원 템플릿을 사용한다.

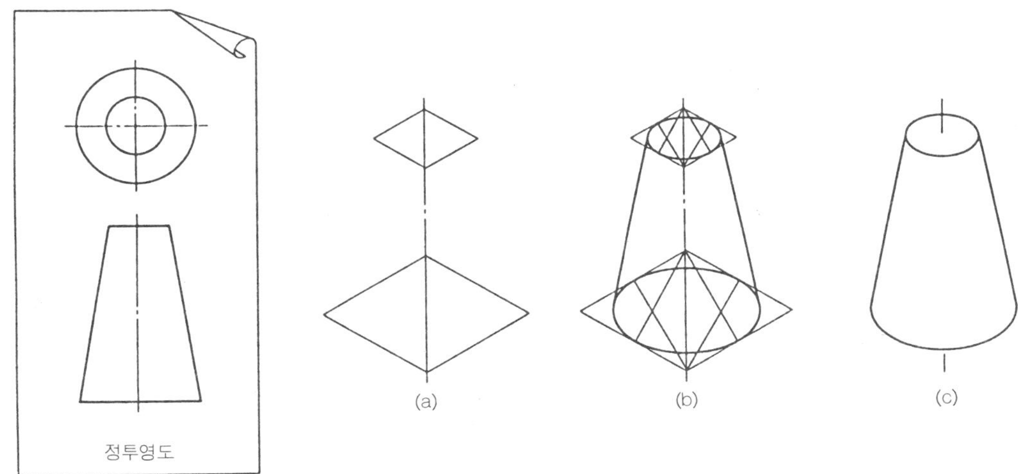

그림 2.34 곡면이 있는 물체의 등각도

그림 2.36의 평와셔의 등각도는 Y축을 수평선에 대해 30°로 잡고 있으나, 사안지를 사용할 때는 사안지의 선 위에 두께 t를 잡으면 된다. 타원은 탬플릿을 사용한다.

그림 2.37의 6각 볼트의 등각도에서는, 특히 그림(d)의 머리 부분의 모떼기부의 각도가 15°~30°이기 때문에 정확하게 측정할 수 없으므로 약도로 그린다. 6각 너트도 볼트의 경우를 응용한다.

다각형이나 기어 등을 그릴 때는 원을 등분할 필요가 있다. 이와 같이 각도를 결정

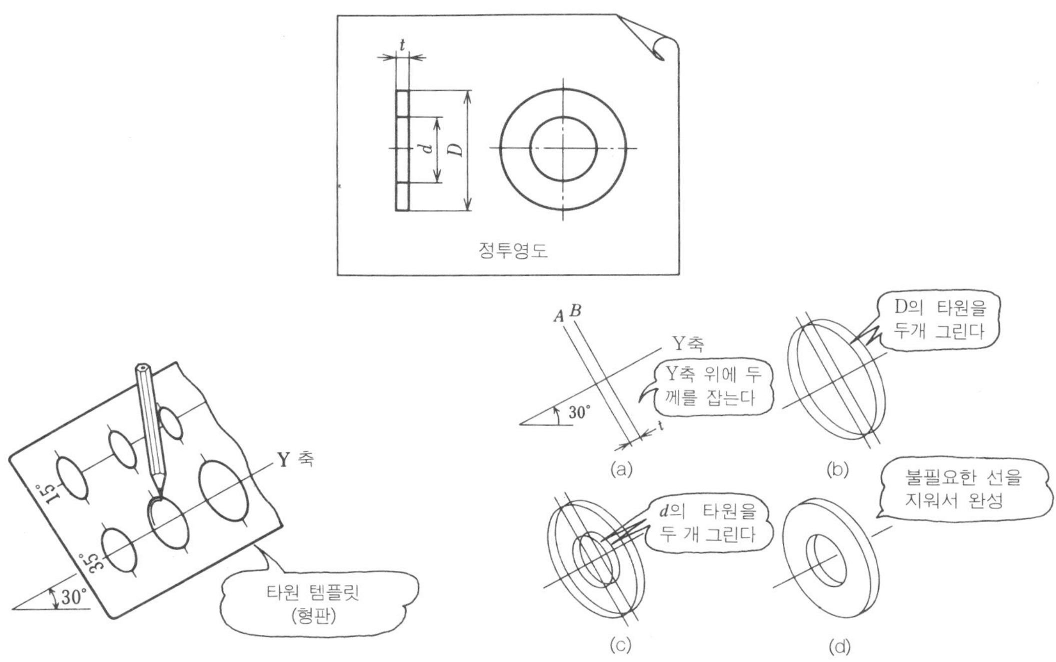

그림 2.35 타원 템플릿을 사용하는 방법

그림 2.36 평와셔의 등각도

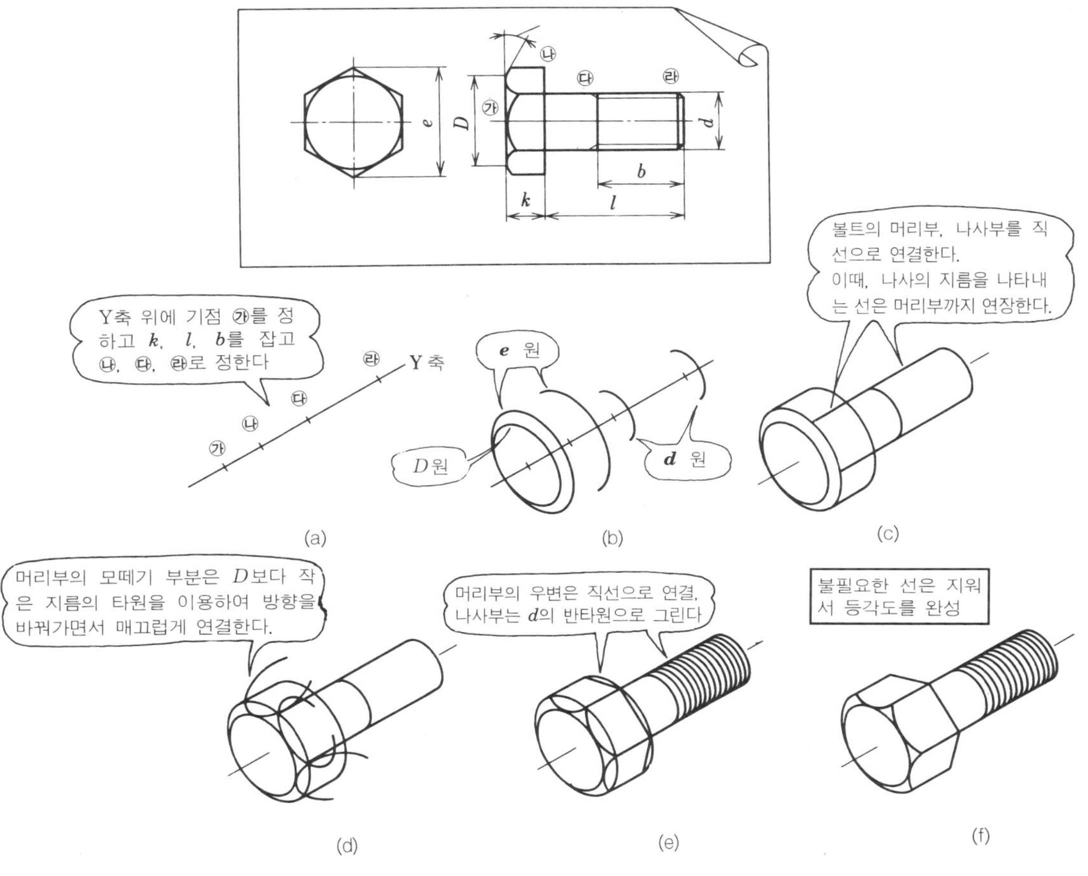

그림 2.37 6각 볼트의 등각도

하는 데는 입체 분도기를 사용한다.

그림 2.38은 Y축상에 있는 원주를 6분할하는 예이다. (a)에서는 타원 템플릿으로 필요한 치수의 타원을 그리고 (b), (c)와 같이 이것을 35°16′용의 입체 분도기로 6분할하고, (d)와 같이 점 A~F를 차례로 이어서 완성한다. 물체를 등각도로 표시할 때 주의할 점은 등각도에서는 물체의 내부를 은선으로 그리는 것은 별로 하지 않으므로, 복잡한 형태의 면을 X면, Y면, Z면으로 표시할 수 있는 방향을 고려해야 한다.

〔5〕 선의 종류와 사용법

선의 형태·굵기·사용 방법은 표 2.2, 그림 2.9에 나타내고 있고, 이것들을 조합하여 표 2.7(33페이지)은 선의 종류를 분류했다. 그림 2.39는 그 선을 사용한 예이다.

도면에서 두 종류 이상의 선이 같은 곳에서 겹칠 때는 다음에 표시한 우선 순위에 따라서 그린다.

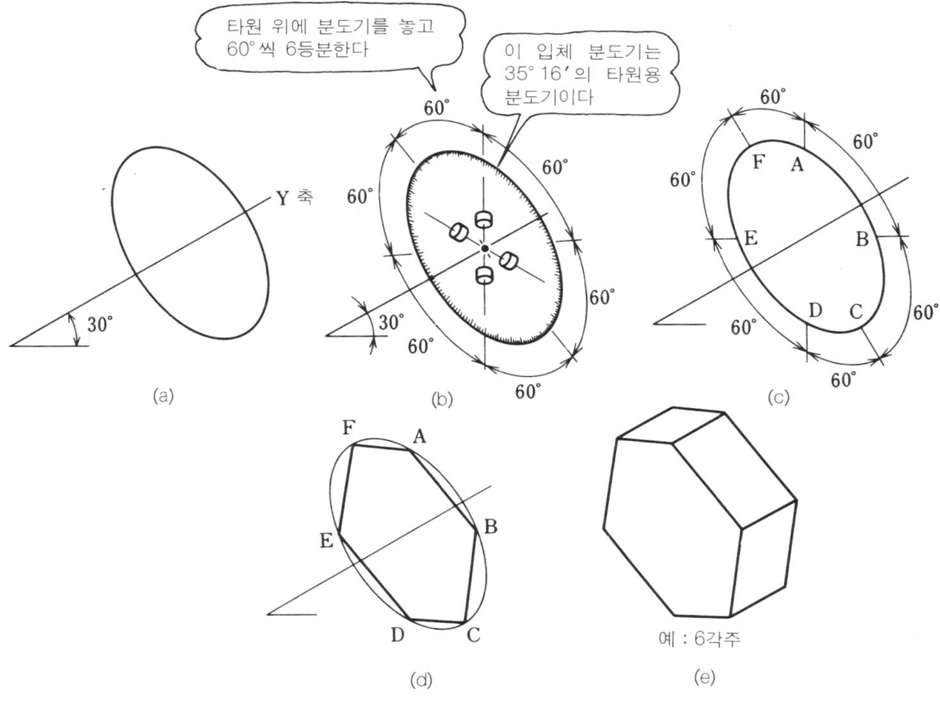

그림 2.38 Y축 위의 원에 내접하는 6각(6분할)

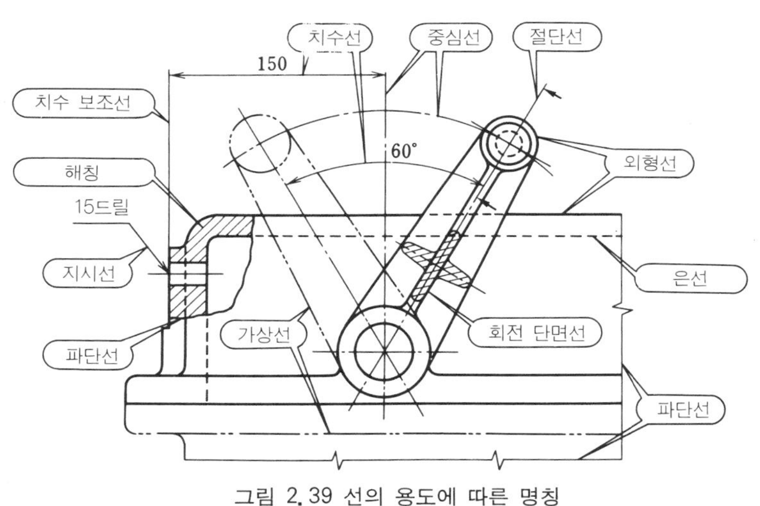

그림 2.39 선의 용도에 따른 명칭

① 외형선	④ 중심(中心)선
② 은선	⑤ 중심(重心)선
③ 절단선	⑥ 치수 보조선

기계류는 여러 가지 부품을 나사 등으로 죄어 붙여 만들어져 있다. 이 조립된 기계를 그린 도면이 조립도이다. **조립도**는 각 부품의 조립 관계 위치·조립 방향 등의 상관

표 2.7 선의 종류와 용도 및 굵기

용도에 의한 명칭	선의 종류		선의 용도
외형선	굵은 실선		대상물의 보이는 부분의 모양을 표시하는데 쓰인다
치수선	가는 실선		치수를 기입하기 위하여 쓰인다
치수 보조선			치수를 기입하기 위하여 도형으로부터 끌어내는데 쓰인다
지시선			기술·기호 등을 표시하기 위하여 끌어내는데 쓰인다
회전 단면선			도형내에 그 부분의 끊은 곳을 90° 회전하여 표시하는데 쓰인다
중심선			도형의 중심선을 간략하게 표시하는데 쓰인다
수준면선			수면, 유면 등의 위치를 표시하는데 쓰인다
은선	가는 파선 또는 굵은 파선		대상물의 보이지 않는 부분의 모양을 표시하는데 쓰인다
중심선	가는 1점 쇄선		(1) 도형의 중심을 표시하는데 쓰인다 (2) 중심이 이동한 중심궤적을 표시하는데 쓰인다
기준선			특히 위치 결정의 근거가 된다는 것을 명시할 때 쓰인다
피치선			되풀이 하는 도형의 피치를 취하는 기준을 표시하는데 쓰인다
특수 지정선	굵은 1점 쇄선		특수한 가공을 하는 부분 등 특별한 요구사항을 적용할 수 있는 범위를 표시하는데 사용한다
가상선	가는 2점 쇄선		(1) 인접부분을 참고로 표시하는데 사용한다 (2) 공구, 지그 등의 위치를 참고로 나타내는데 사용한다 (3) 가동부분을 이동 중의 특정한 위치 또는 이동한계의 위치로 표시하는데 사용한다 (4) 가공전 또는 가공 후의 모양을 표시하는데 사용한다 (5) 되풀이 하는 것을 나타내는데 사용한다 (6) 도시된 단면의 앞쪽에 있는 부분을 표시하는데 사용한다
무게 중심선			단면의 무게 중심을 연결한 선을 표시하는데 사용한다
파단선	불규칙한 파형의 가는 실선 또는 지그재그선		대상물의 일부를 파단한 경계 또는 일부를 떼어낸 경계를 표시하는데 사용한다
절단선	가는 1점 쇄선으로 끝부분 및 방향이 변하는 부분을 굵게 한 것		단면도를 그리는 경우, 그 절단 위치를 대응하는 그림에 표시하는데 사용한다
해칭	가는 실선으로 규칙적으로 줄을 늘어 놓은 것		도형의 한정된 특정 부분을 다른 부분과 구별하는데 사용한다. 보기를 들면 단면도의 절단된 부분을 나타낸다
특수한 용도의 선	가는 실선		(1) 외형선 및 은선의 연장을 표시하는데 사용한다 (2) 평면이란 것을 나타내는데 사용한다 (3) 위치를 명시하는데 사용한다
	아주 굵은 실선		얇은 부분의 단선 도시를 명시하는데 사용한다

주) ① 가상선은 투영법상으로는 도형에 나타나지 않지만 편의상 필요한 형상을 나타내는 데 사용한다. 또, 기능상·공작상의 이해를 돕기 위해 도형을 보조적으로 나타낼 때도 사용한다
② 다른 용도와 혼용할 우려가 없을 때는 끝부분 및 방향이 바뀌는 부분을 굵게 할 필요는 없다

비고) ① 가는선, 굵은선 및 아주 굵은선의 굵기의 비율은 1 : 2 : 4로 한다
② 이 표에 없는 선을 사용할 때는 그 선의 용도를 도면에 기입한다

관계가 표시된다. 또, 부품을 도면으로 그린 것이 **부품도**이다. 이 부품을 제작하는 데 사용하는 도면을 **제작도**라 한다.

선의 종류에는, 실선·파선·1점 쇄선·2점 쇄선 등이 있는데, 동일 도면 속에서는 그

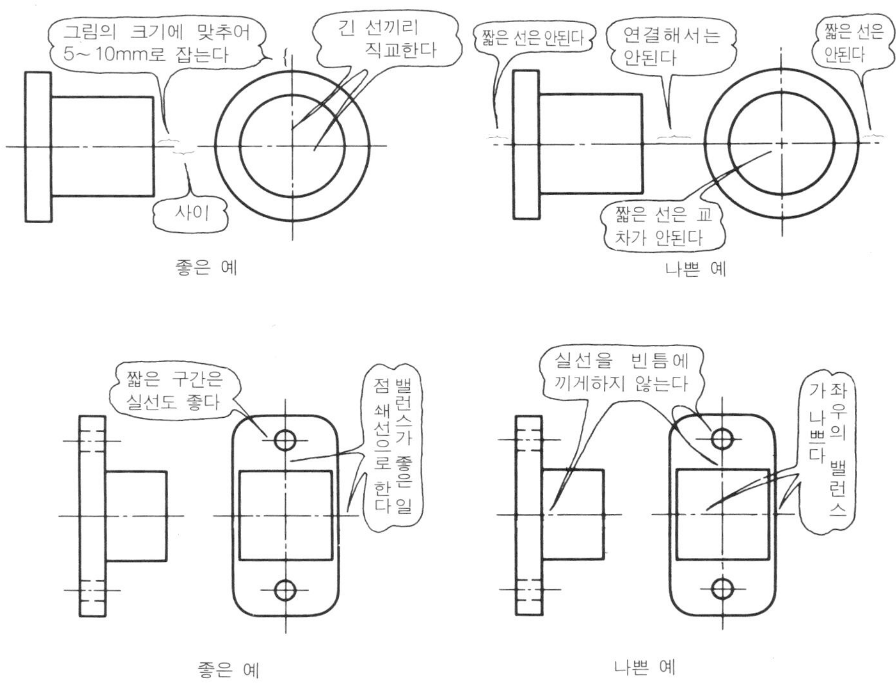

그림 2.40 중심선을 긋는 방법

굵기·농도·모양 등을 바꿔서는 안된다.

(1) 중심선을 긋는 방법

도형의 중심이나 대칭 도형의 중심 등이 있을 때는 반드시 중심선을 기입해야 한다. 중심선은 특별한 경우 이외는 1점 쇄선을 사용한다. 그림 2.40은 좋은 예와 나쁜 예를 표시한 것이다. 중심선의 양끝은 긴선으로 하며 직교하는 곳도 긴선으로 한다. 두 개의 투영도 사이의 중심선은 연결하지 않는다. 짧은 구간에 긋는 중심선은 실선이어도 된다. 실선과 교차할 때는 빈틈사이로 실선이 지나서는 안되며 균형에 맞는 1점 쇄선으로 한다.

(2) 은선을 긋는 방법

은선은 물체의 보이지 않는 부분을 표시하는 데 사용한다. 은선은 실선에 비해 그리는 데에 시간이 걸리고 깨끗하게 그리려면 숙련을 필요로 하므로, 투영도에서는 가급적 외형선으로 표시할 수 있도록 배려한다.

한개의 투영도 속에 은선을 많이 그으면 도면이 복잡해 지므로, 도형을 이해할 수 있는 최소한도 내에서 그리는 것이 좋다. 파선의 형태는 표 2.2에 표시하고 있으나,

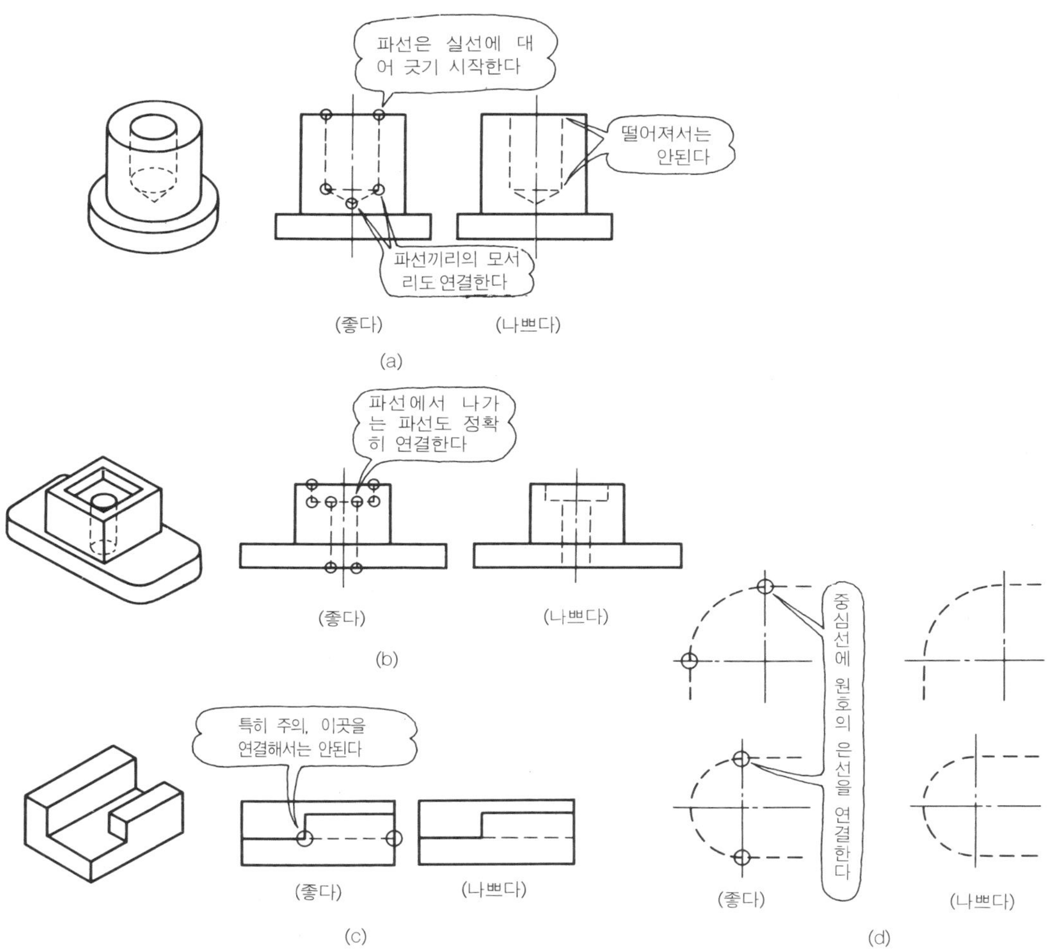

그림 2.41 은선을 긋는 방법

도형의 크기에 맞추어서 약 3～4mm의 짧은 선을 약 1mm의 간격을 두고 보기 좋게 이어 긋는다. 그림 2.41은 은선을 그을 때의 주의 사항이고, ○표가 붙어 있는 곳은 좋은 예이다.

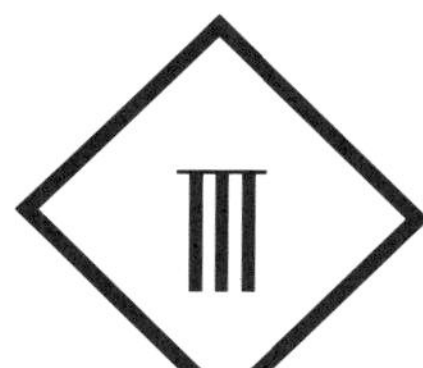

기계 도면을 읽는 법·그리는 법

자신이 도면을 보고 물품을 만들기 위해서는, 우선 도면을 정확히 읽을 수 있어야 한다. 또, 타인에게 물품을 만들어 달라고 할 때는 간단한 형태의 것이라면 말로도 설명할 수 있으나, 복잡한 기구를 갖는 기계라면 물품의 형태·크기·구조 등을 도면으로 정확히 표시할 필요가 있다. 도면을 읽는 방법을 습득하기 위해서는 그리는 능력을 몸에 익히는 것이 지름길이다.

도면의 표시 방법은 공통적인 약속에 의하여 그려진다. 그렇게 함으로써, 누가 그려도, 또 누가 읽어도 정확하게 도면 속의 정보를 상대방에게 전달할 수가 있다.

기초적인 도면의 표시 방법은 이미 학습한 바 있으나 이 장에서는 도형의 표시 방법, 도시(圖示)의 연구 등 KS에 규정된 도면에 관한 규격에 관하여 배우도록 한다.

1. 이해하기 쉬운 도시법의 여러 가지

도형을 그리는 데에는 물체(대상물)의 형상·기능을 가장 뚜렷하게 표시할 수 있는 면을 정하고, 그 면을 투영하여 그린 것을 **주투영도**라 한다. 주투영도만으로 물체의 형상이나 치수를 다 표시할 수 없을 때 사용하는 그림을 **주투영도를 보충하는 다른 투영도**라고 한다.

여기에서 주투영도는 정면도이고, 보충하는 투영도에는 측면도·평면도·저면도·배면도 등이 있다.

〔1〕 주투영도의 선택법

주투영도로 물체를 표시할 때는 도면의 사용 목적에 따라, 사용 상태와 가공할 때 물체를 놓는 상태로 표시하는 두가지 방법이 있다.

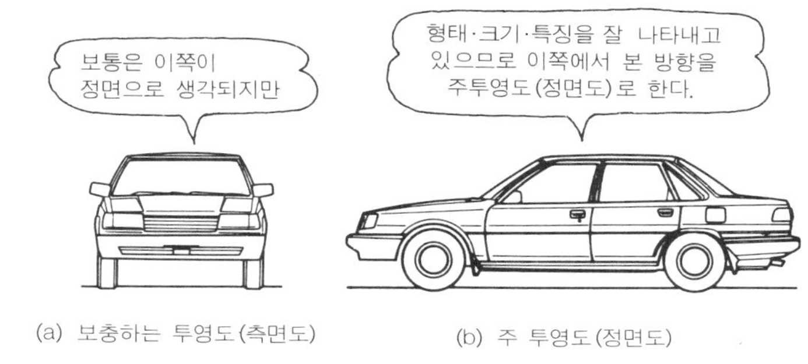

(a) 보충하는 투영도(측면도) (b) 주 투영도(정면도)

그림 3.1 주투영도(정면도)의 선택법(1)

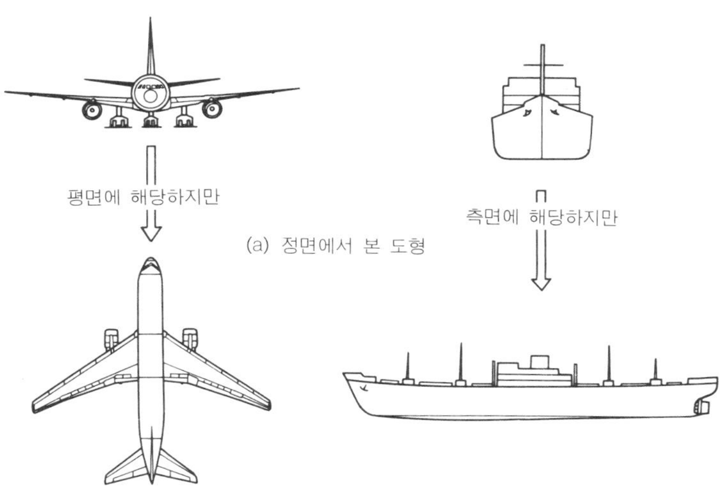

(b) 형상을 가장 잘 나타내고 있으므로 주투영도(정면도)로 한다

그림 3.2 주투영도의 선택법 (2)

부분 조립도나 조립도와 같이 주로 기능을 나타내는 도면에서는 물품을 사용하는 상태를 주투영도로 표시한다(그림 3. 1).

자동차나 전차는 일반적으로 측면이 그 형상이나 특징을 잘 나타내고 있으므로, 이것을 주투영면으로 하여 정면도로 표시하는 경우가 많다. 따라서, 일반적으로 정면이라고 불리는 면은 보충하는 투영도가 된다.

〔2〕 투영도의 수를 정하는 법

주투영도만으로 물체의 형상이나 치수를 완전히 표시할 수 없을 때, 주투영도를 보충하는 다른 투영도를 사용한다. 그러나, 그 보충하는 투영도의 수는 가급적 적도록 그림 3. 3, 그림 3. 4에 나타낸 것과 같이 하도록 한다.

그림 3. 5는 정면도 외에 평면도와 우측면도를 더한 것인데, 형상을 잘 표현하고 있는 그림은 정면도와 평면도이고, 각부의 치수도 이 두개의 그림으로 충분히 표시할 수 있다. 따라서, 우측면도는 필요 없게 된다. 그림 3. 6에서, 정면도와 평면도는 똑같은

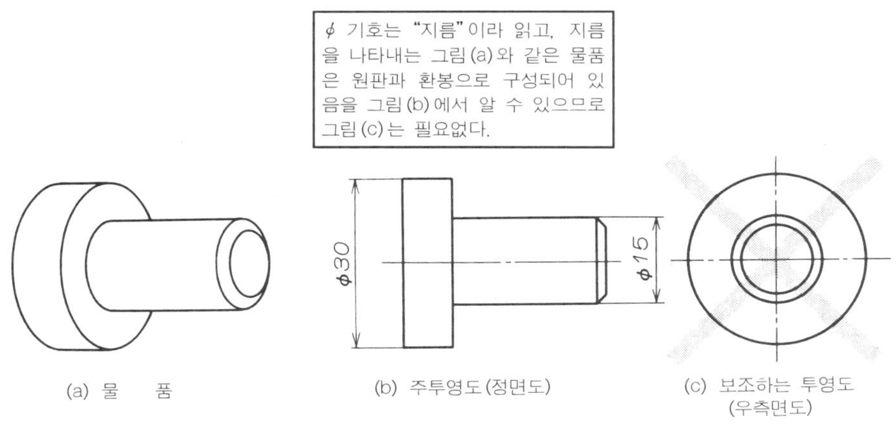

그림 3. 3 주투영도만으로 표시되는 그림의 예 (1)

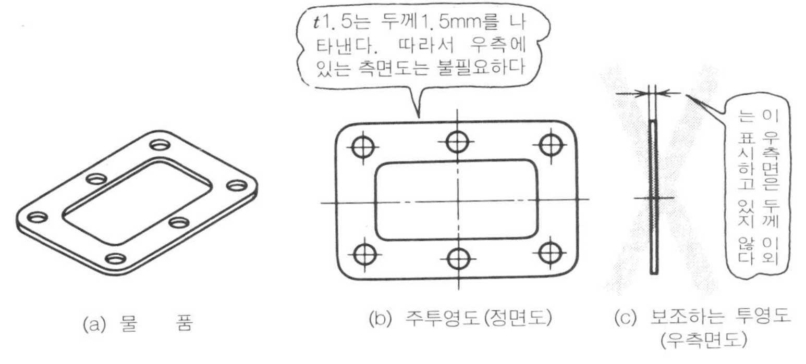

그림 3. 4 주투영도만으로 나타낼수 있는 그림의 예 (2)

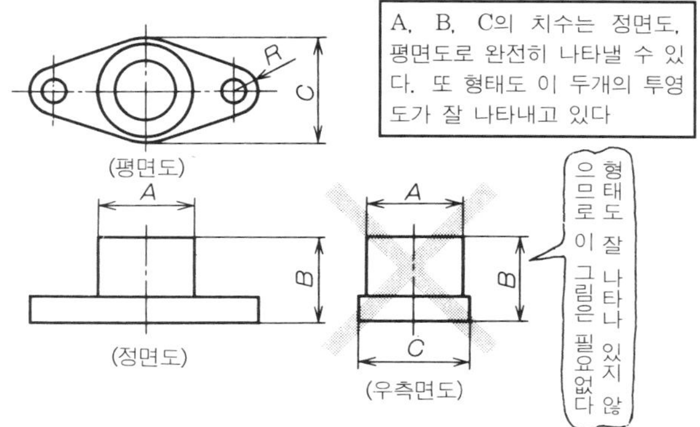

그림 3.5 정면도와 평면도로 나타낼 수 있는 그림의 예

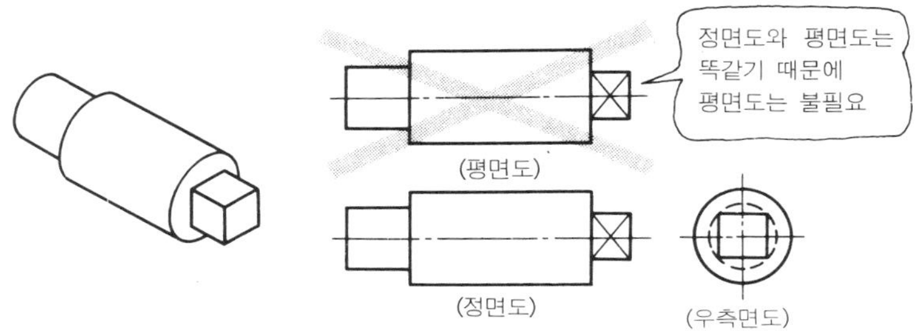

그림 3.6 정면도와 우측면도로 나타낼 수 있는 그림의 예

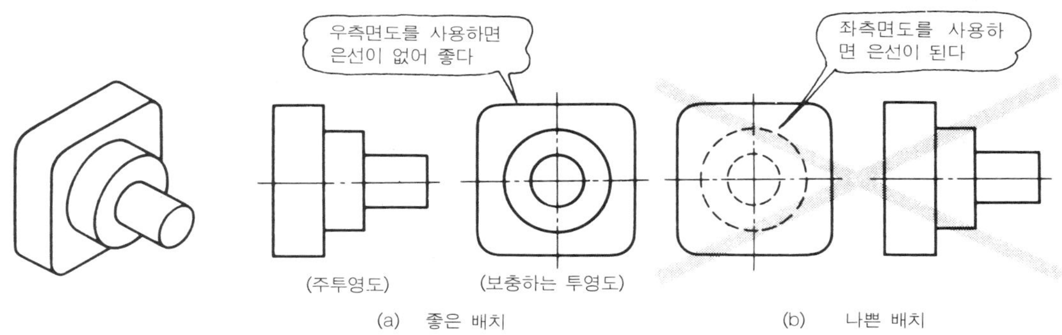

그림 3.7 주투영도를 보충하는 투영도의 배치의 좋고 나쁨

그림이 되므로 평면도는 필요 없게 된다.

보충하는 다른 투영도는 은선을 가급적 사용하지 않아도 되도록 **그림 3.7**에 나타낸 바와 같이 그림의 배치에 대하여 연구해야 한다.

〔3〕 투영도의 방향을 정하는 법

부품도나 제작도 등을 가공할 때 사용하는 도면은 그 물체를 가공할 때의 설치상태나 가공할 때의 방향 등을 고려하여 표시하는 것이 가장 좋다(**그림 3.8**, **그림 3.9**).

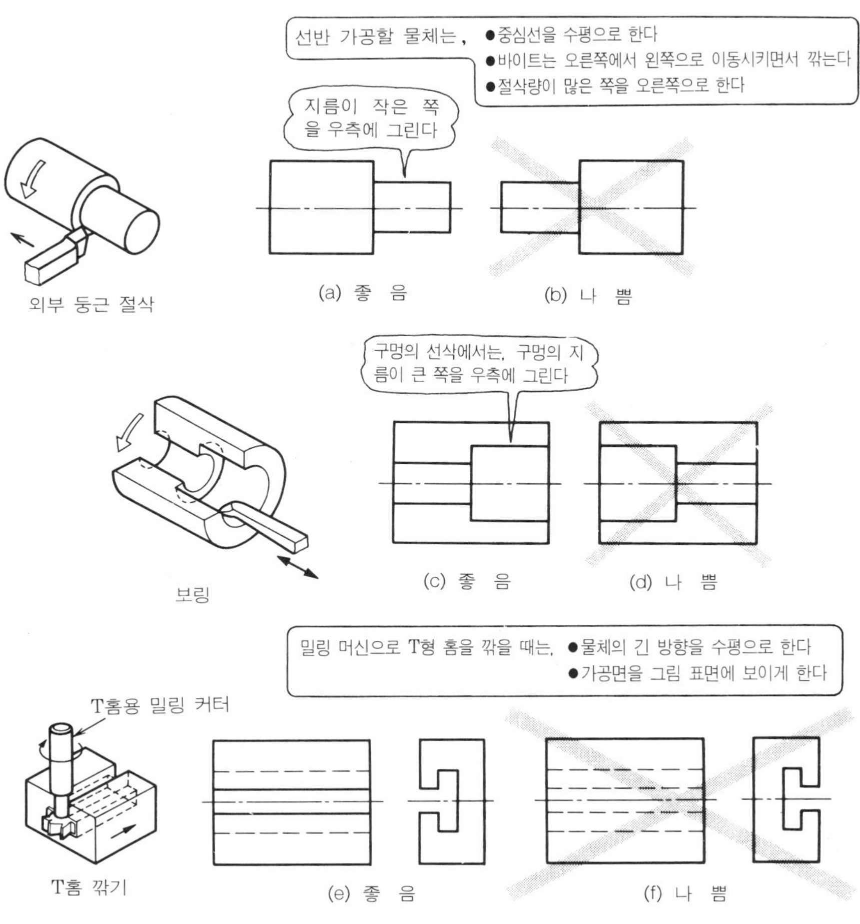

그림 3.8 가공을 고려한 주투영도의 선택법

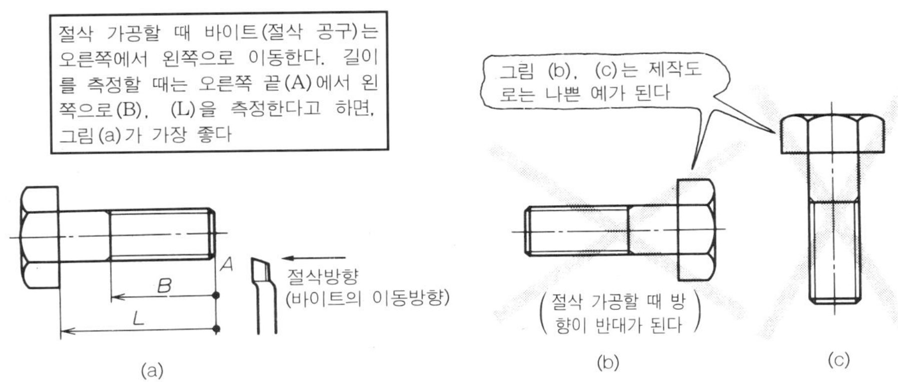

그림 3.9 투영도의 방향을 정하는 법

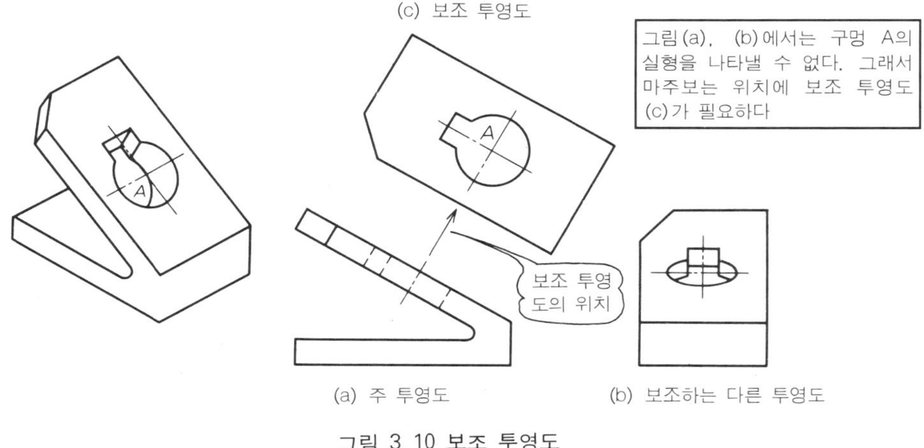

그림 3.10 보조 투영도

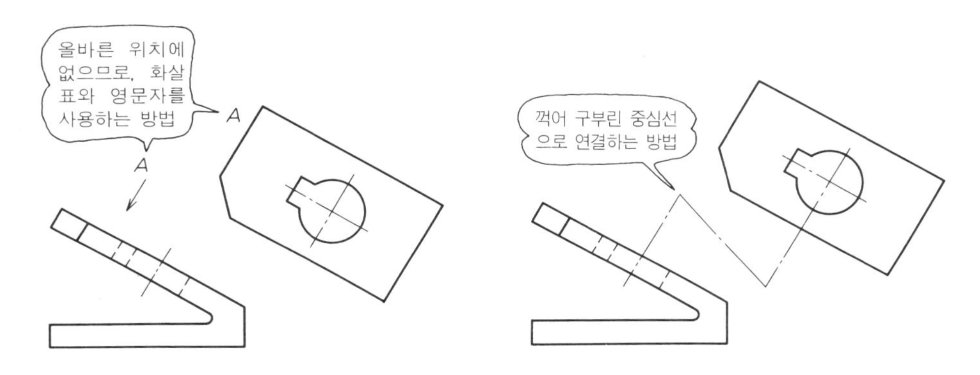

그림 3.11 경사면과 마주보는 위치에 배치할 수 없는 보조 투영도

〔4〕 다른 투영도의 표시법

(1) 보조 투영도

경사면이 있는 물체에서 경사면의 실형(실제의 형상)을 표시할 필요가 있을 때는 그림 3.10과 같이 그 경사면과 마주보는 위치에 **보조 투영도**를 그리고, 지면 관계 등으로 보조 투영도를 경사면과 마주보는 위치에 배치할 수 없을 때는, 그림 3.11과 같이 화살표와 영문자, 구부린 중심선 등을 사용하여 대응 관계를 표시해도 된다.

(2) 회전 투영도

물체의 일부분이 투영면에 대하여 경사져 있어서 그 실형이 나타나지 않을 때는, 그 부분을 회전하여 그 실형을 표시할 수가 있다. 이것을 **회전 투영도**라 한다(그림 3.12). 또한, 잘못 볼 우려가 있을 경우에는 작도에 사용한 선을 남긴다.

(3) 부분 투영도

주투영도에 보충하는 다른 투영도의 전체를 그리지 않고 일부만 표시해도 알 수 있

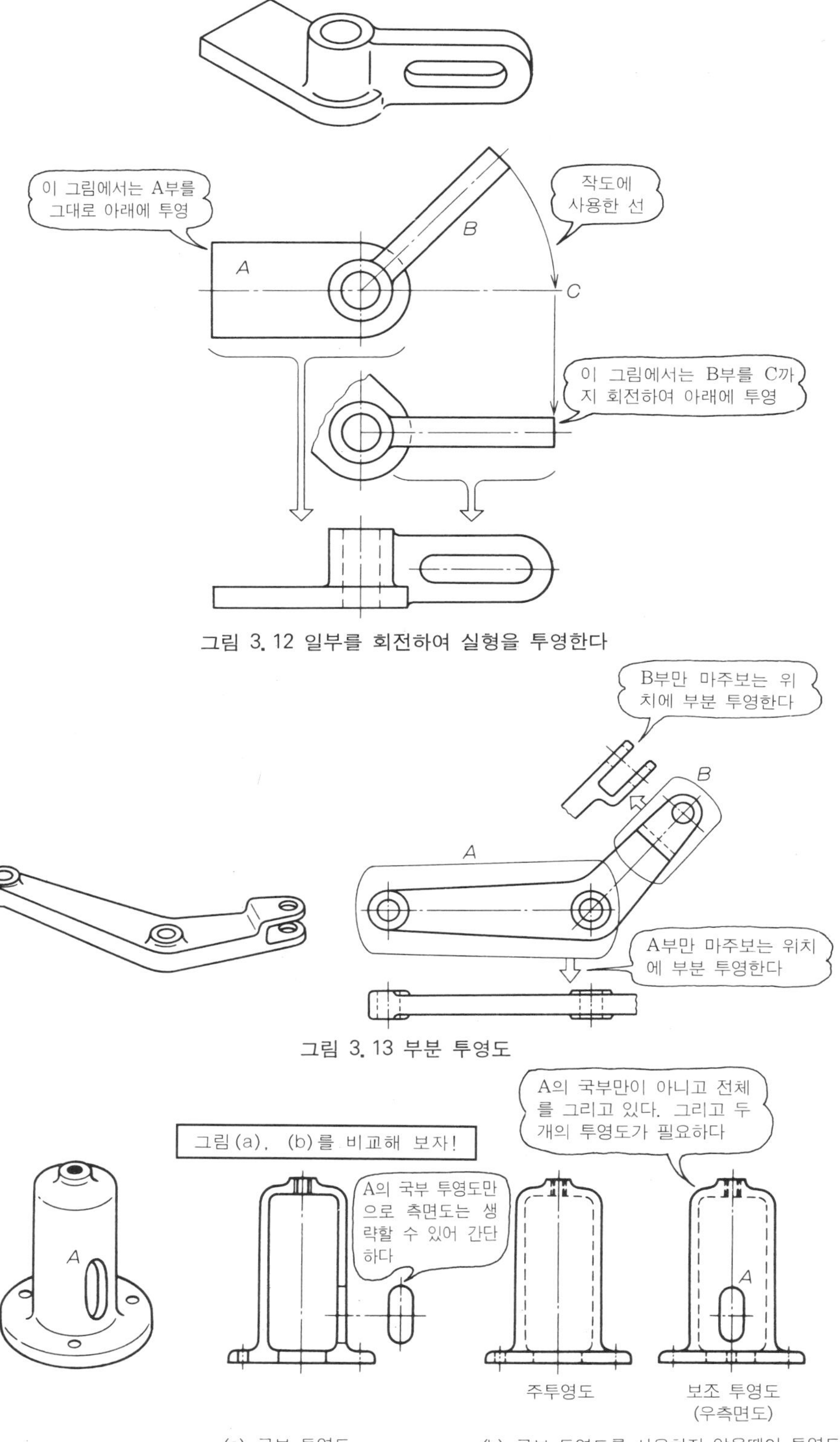

그림 3. 12 일부를 회전하여 실형을 투영한다

그림 3. 13 부분 투영도

그림 3. 14 국부 투영도

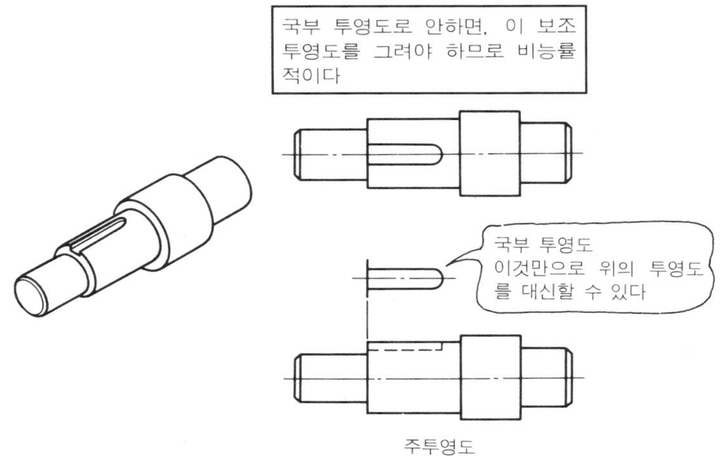

그림 3. 15 키 홈의 국부 투영도의 예

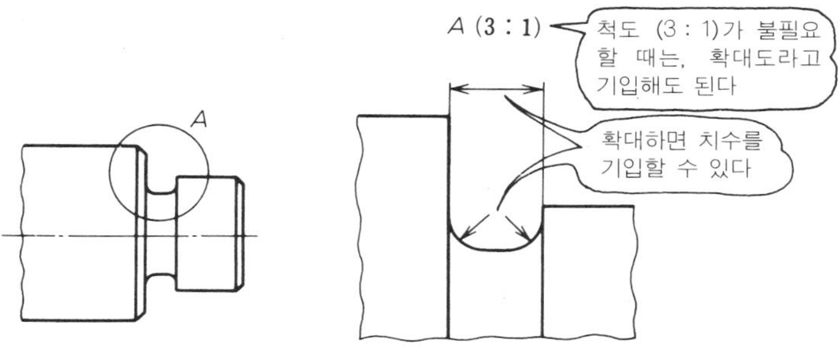

그림 3. 16 부분 확대도

는 경우에는 그 필요한 부분만 그리는 것이 좋다. 이것을 부분 투영도라고 한다(그림 3. 13).

(4) 국부 투영도

물체의 구멍, 홈 등 한 부분만을 그리면 알 수 있는 경우에는 그 필요 부분만을 그리고, 다른 부분은 생략하여 그리지 않는다. 이것을 국부 투영도라 한다(그림 3. 14, 그림 3. 15). 투영 관계를 나타내기 위하여 원칙으로 주된 그림에 중심선, 기준선, 치수 보조선 등으로 연결한다.

(5) 부분 확대도

물체의 한 부분이 작아서 그 부분의 상세한 도시나 치수를 기입할 수 없을 때는 그 부분을 다른 곳에 확대하여 그리고, 표시하는 문자와 척도를 기입한다(그림 3. 16 참조).

2. 여러 가지 도시의 연구

지금까지는 대칭물의 외형 제도에 관하여 설명했다. 이제는 대칭물 내부의 숨은 부분을 도시하는 것에 대하여 알아보자. 숨은 부분의 형상을 도시하는 데는 은선을 사용하여 표시한다. 그러나 내부가 복잡한 형상의 대상물에서는 은선이 많아져서 **그림 3. 18**(a)와 같이 그림이 보기 어렵고 형상도 이해하기 어려워 진다. 이럴 때는 그림(b)와 같이 내부의 표시하고 싶은 부분을 잘 나타낼 수 있는 면으로 절단하고, 그 **절단면**의 앞부분을 제거하면 나머지 부분은 실선으로 도시할 수 있게 되어 내부의 형상을 명확하게 나타낼 수 있다. 이 방법을 **단면 표시**라 하고, 그려진 그림을 **단면도**라 한다.

〔1〕 단면 표시 방법의 원칙

단면을 표시할 때는 절단면의 위치나 단면도를 표시하기 위하여 원칙적으로 **그림**

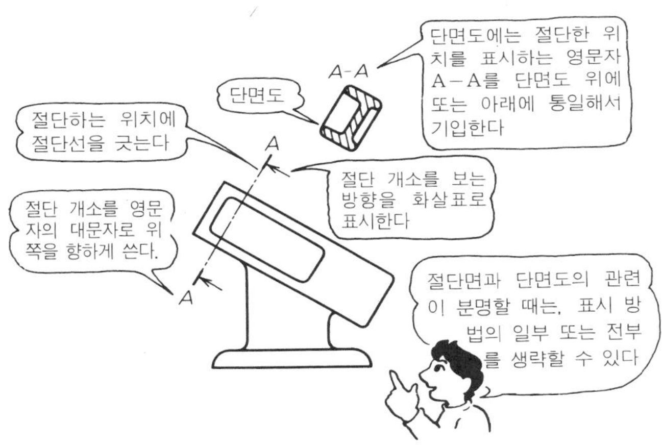

그림 3. 17 절단의 위치와 단면도 표시법

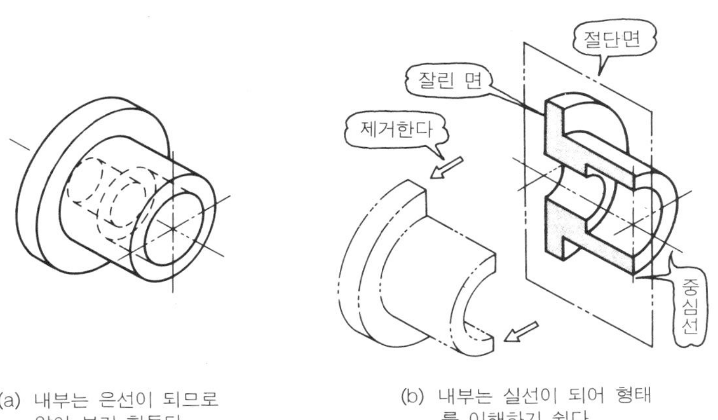

(a) 내부는 은선이 되므로 알아 보기 힘들다.

(b) 내부는 실선이 되어 형태를 이해하기 쉽다.

그림 3. 18 절단면과 잘린면

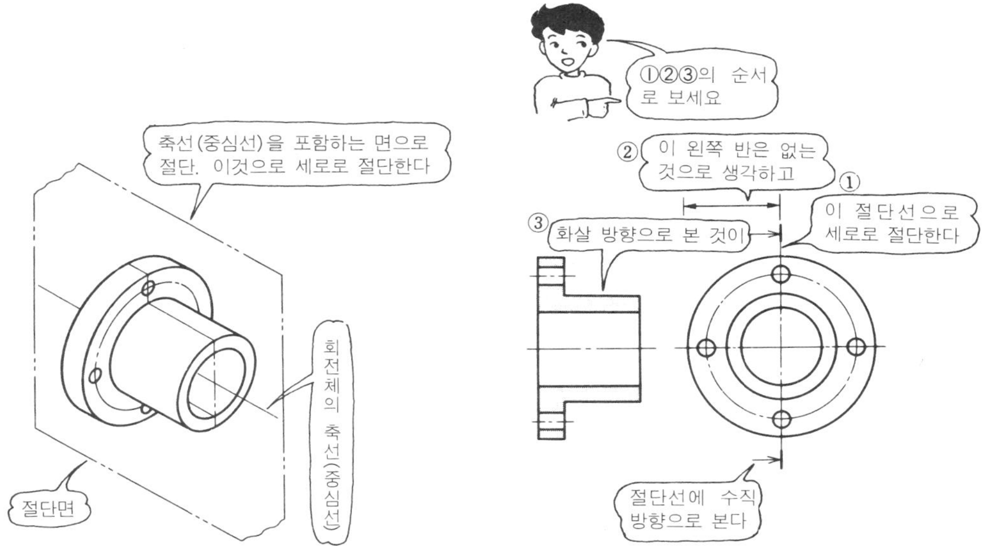

그림 3.19 전단면도(중심선을 포함하는 한 평면으로 절단)

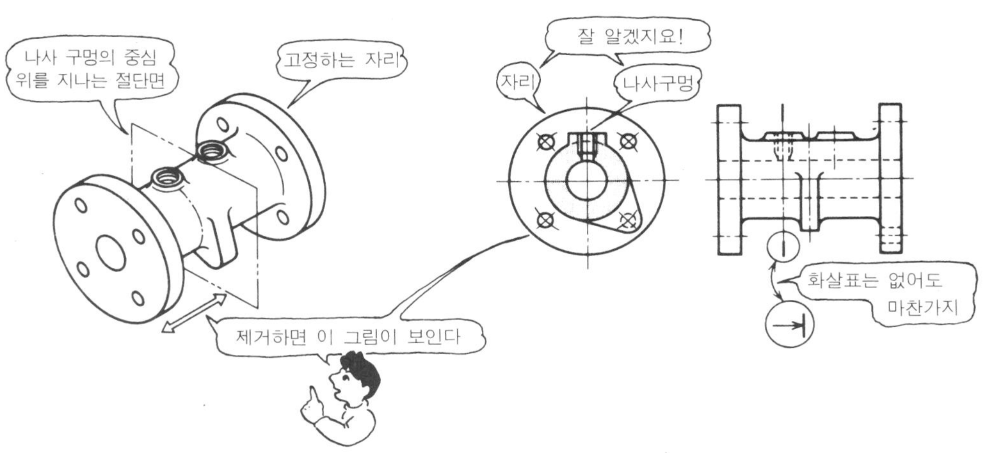

그림 3.20 전단면도 (특정 부분의 형상을 잘 나타내기 위한 절단)

3.17과 같이 표시한다. 단, 절단면과 단면도와의 관련이 확실할 때는 표시의 일부 또는 전부를 생략해도 된다.

〔2〕 단면의 종류와 표시법

단면도에는 그림 3.18에 표시한 바와 같이, 중심선을 포함하는 면을 절단면으로 절단한 단면도를 그릴 때가 많다. 그러나, 복잡한 형상의 대칭물에는 여러 가지 절단 방법이 있다.

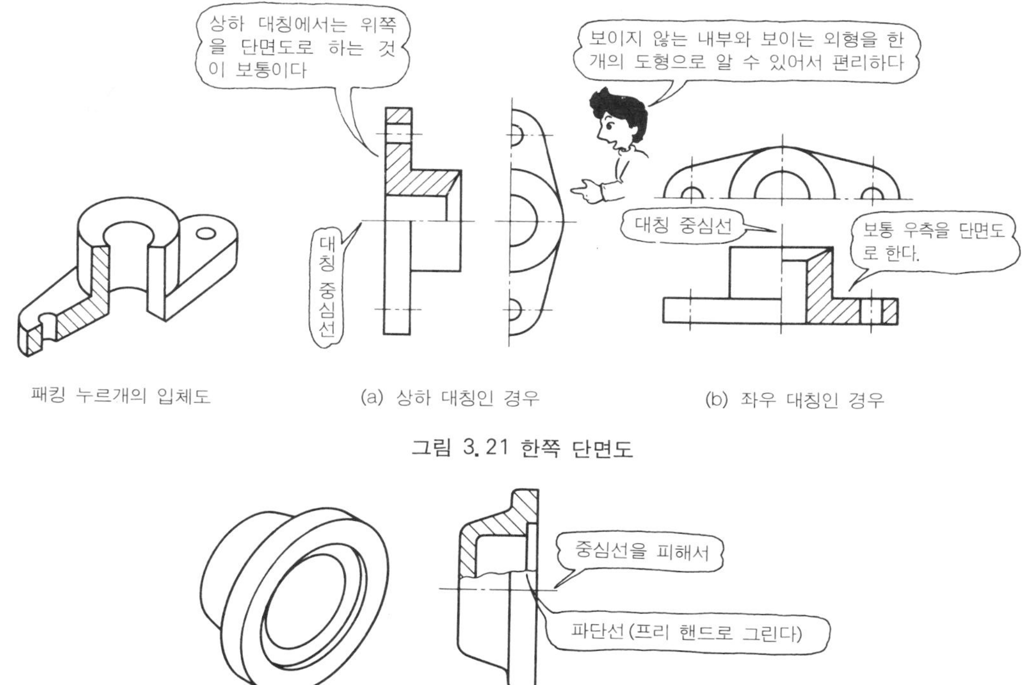

그림 3.21 한쪽 단면도

그림 3.22 부분 단면도

(1) 전단면도

대칭물을 한 평면으로 절단하여, 그 절단면에 수직인 방향에서 보았을 때의 형상을 전부 그린 단면도를 **전단면도**라 한다. 일반적인 대칭물은 그의 기본이 되는 형상을 가장 잘 나타내도록 절단면을 정해서 그린다. **그림 3.19**와 같은 회전체에서는 축선을 포함하는 평면으로 절단한 그림이 전단면도가 된다. 이때는 절단면의 위치가 분명하기 때문에 절단선은 기입하지 않는다. **그림 3.20**은 특정한 부분(나사 구멍과 자리)의 형상를 잘 나타내기 위하여 절단한 전단면도 이다. 이때는 절단선으로 절단면의 위치를 표시하고, 본 방향을 화살표로 표시하면 좋다.

(2) 한쪽 단면도

수평 또는 수직인 중심선에 대하여, 상하 또는 좌우가 각각 대칭 형상인 대상물에서는 그 대칭 중심선의 한쪽만을 단면도로 하고, 반대쪽은 외형도 그대로 나타내는 단면도를 한쪽 단면도라 한다. 한쪽 단면도로 하면 **그림 3.21**과 같이 내부의 형상과 외부의 형상을 동일 도면으로 알 수 있어 편리하다.

(3) 부분 단면도

외형도에서 필요한 곳의 일부만을 **부분 단면도**로 표시할 수 있다.

이 경우, **그림 3.22**와 같이 파단선에 의하여 그 경계를 표시한다. 따라서, **그림**

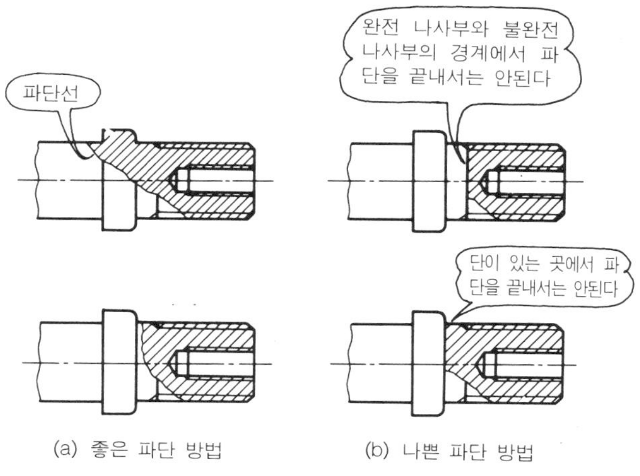

그림 3.23 부분 단면도의 파단선의 사용법

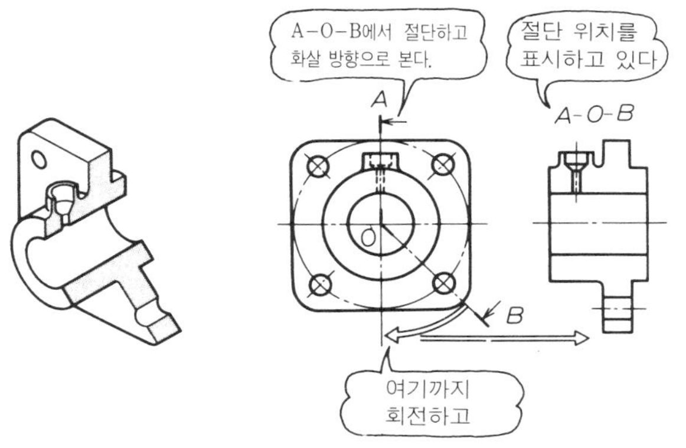

그림 3.24 서로 교차하는 두 평면으로 절단하는 단면도

3.23과 같은 부분 단면은 그림(b)와 같이 단이나 이음매 등의 외형선을 경계로 해서는 안된다.

(4) 조합에 의한 단면도

두개 이상의 절단면을 연속적으로 조합하여 단면도를 표시할 수 있다.

① 서로 교차하는 두 평면으로 절단하는 경우 : 그림 3.24와 같은 대칭형 또는 대칭형에 가까운 형상의 대상물에서 동일 평면상에 없는 연속된 두개의 절단면을 단면 도시하는 경우에는, 수직인 중심선의 윗부분에서는 A−O, 아랫 부분에서는 어느 각도를 잡아 O−B와 같이 절단면으로 절단할 수 있다. 단면도로서는 아랫 부분의 O−B를 A−O의 절단면까지 회전하여 동일 평면 위에 도시한다.

② 평행인 두 평면으로 절단하는 경우 : 그림 3.25와 같이 A−A, B−B의 평행인 두 평면을 절단면으로 할 수 있고 이때 절단선에 의해 절단의 위치를 나타내고, 조합

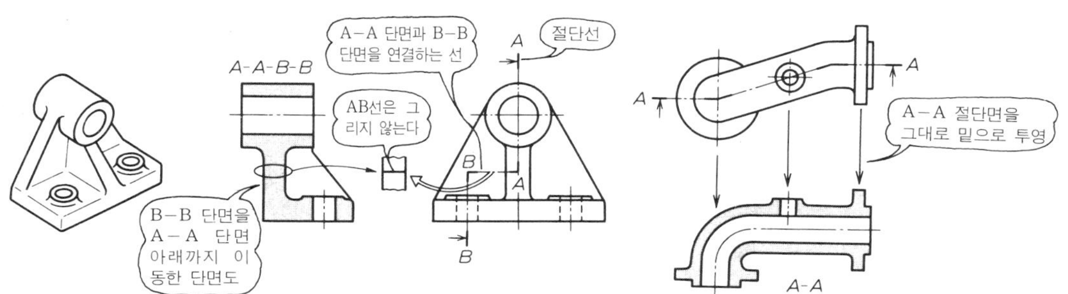

그림 3.25 평행인 두 평면으로 절단한 단면도　　그림 3.26 구부림에 따른 중심면으로 절단한 단면도

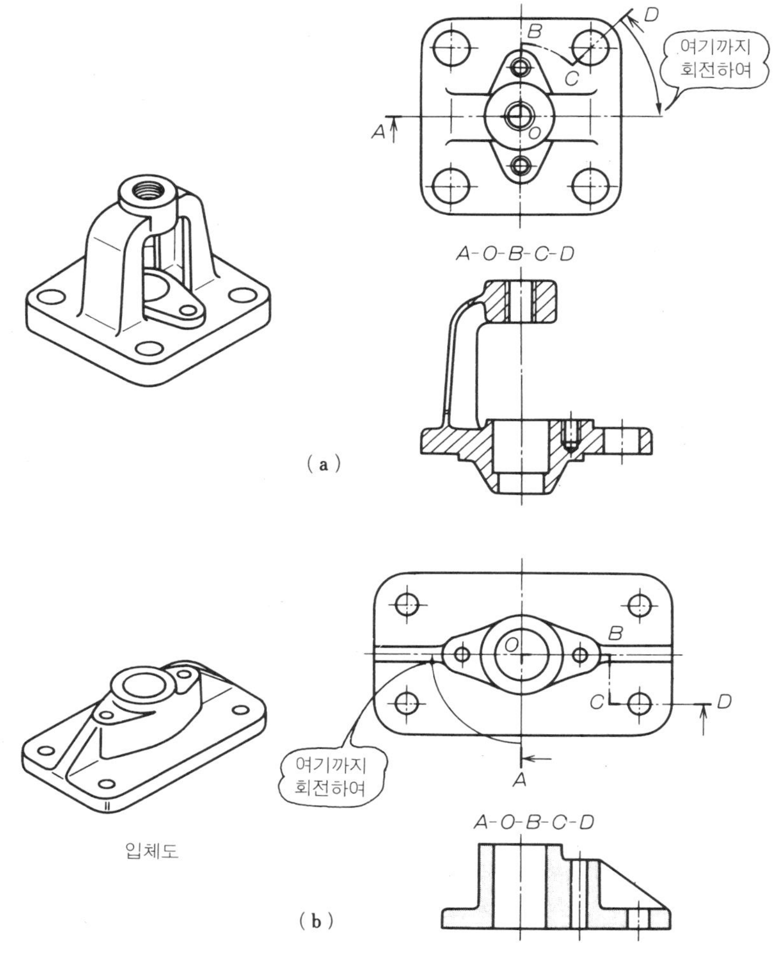

그림 3.27 복잡한 절단면의 조합

에 의한 단면도임을 나타내기 위하여 두개의 절단선 A－A, B－B는 이어 놓는다. 이때, 이론적으로는 A, B를 연결한 선(위치)이 단면도에 나타나야 하지만, 이것은 그리지 않기로 되어 있다.

③ 구부림에 따른 중심면으로 절단하는 경우 : 구부러진 관 등의 단면도는 **그림 3. 26** 과 같이 구부러진 중심선을 포함하는 평면으로 절단해서 그리는데, 이때 곡면으로 잘라낸 단면의 방향에 관계없이 대상물의 투영면에 수직으로 투영한 단면을 단면도로 한다.

④ 복잡한 절단면에 의한 단면도 : 필요에 따라 여러 가지 방법을 조합해서 나타내도 된다. **그림 3. 27**(a)는 A－O－B는 90°, B－C－D는 45° 회전시켜서 절단한 단면도이고, 그림 3. 27(b)는 90° 에서 절단한 단면을 조합한 단면도이다.

⑤ 복잡한 형상의 대상물을 표시하는 경우 : 필요에 따라 다수의 단면도를 그려도 된

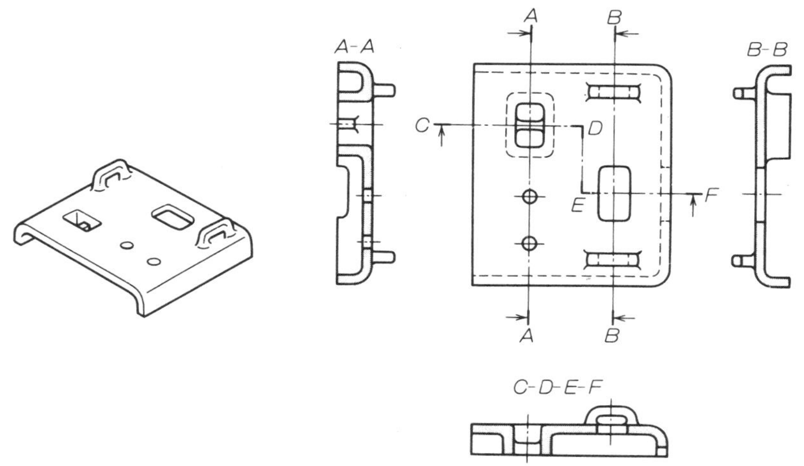

그림 3. 28 여러 개의 단면도를 필요로 하는 경우

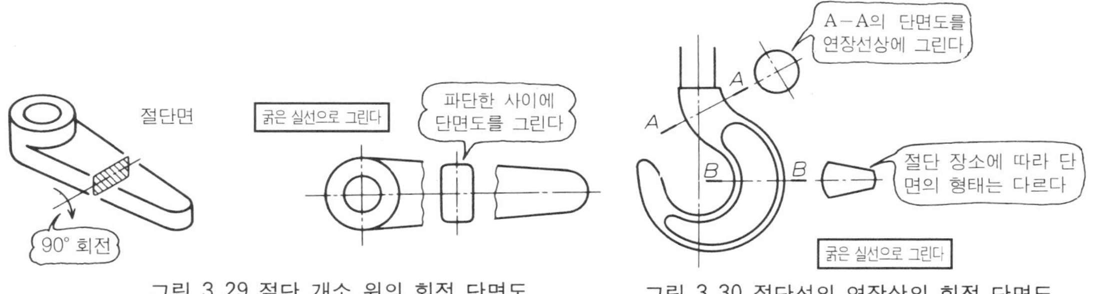

그림 3. 29 절단 개소 위의 회전 단면도

그림 3. 30 절단선의 연장상의 회전 단면도

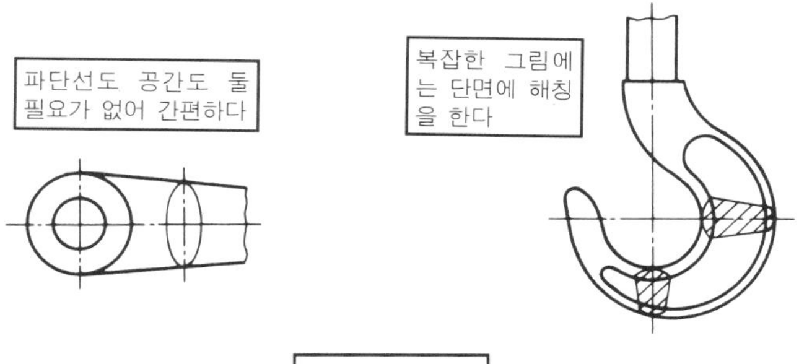

그림 3. 31 도형속에 겹쳐서 그린 회전 단면도

다. 이때, 단면도는 **그림 3.28**과 같이 투영의 방향에 맞춰서 배치하는 것이 좋다.

(5) 기타의 단면 도시

① 회전 단면 도시 : 핸들이나 바퀴류 등의 암(arm) 및 림(rim), 리브(rib), 훅(hook), 축, 구조물의 부재 등의 잘린면은 각각의 장소에서 90° 회전하여 도시할 수도 있다. 이것은 물체의 앞쪽에서 뒤끝까지의 형상을 표시하기 위한 것이다.

㉠ **그림 3.29**는 절단 개소의 전후를 판단하여 그 사이에 회전 단면도를 외형선으로 그린 것이다. 이것은 긴 물체로서, 중간에 형상 변화가 없거나 적은 것 등에 적합하다.

㉡ **그림 3.30**은 절단선의 연장선 위에 회전 단면도를 외형선으로 그린 것이다. 이것은 형상 변화가 많은 물체로, 파단선으로 중간을 절단할 수 없는 것에 적합하다.

㉢ **그림 3.31**은 도형 내의 절단 개소에 회전 단면도를 겹쳐 가는 실선으로 그린 것이다. 이것은 전항의 ㉠, ㉡ 보다 간단하고 제도상 능률도 좋기 때문에 널리 사용한다.

② 두께가 얇은 부분의 단면 도시 : 개스킷(gasket)·박판·형강 등 잘린 면이 얇을 때에는 **그림 3.32**(a)와 같이 잘린면을 검게하거나 그림(b)와 같이 실제의 치수와는 관계없이 한개의 아주 굵은 실선으로 표시한다. 그리고 이들 잘린면이 인접하고 있을 때는 도형 사이에 0.7mm 이상의 틈새를 둔다.

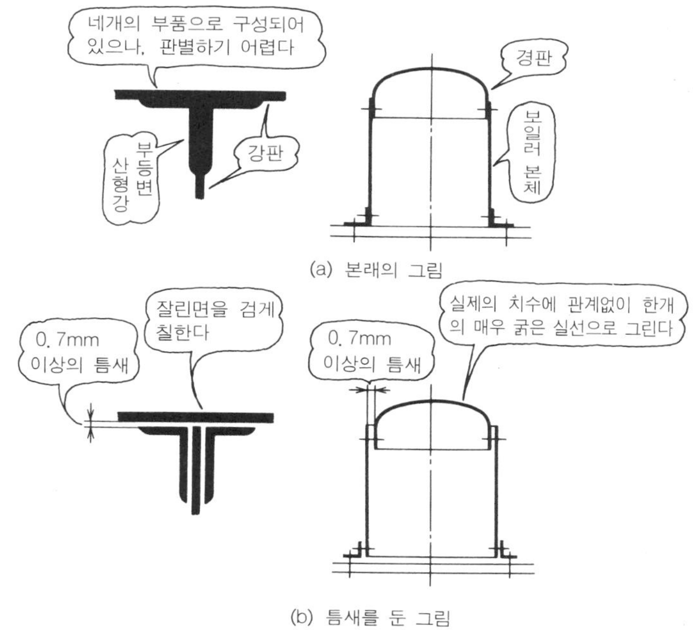

그림 3.32 얇은 두께 부분의 단면도

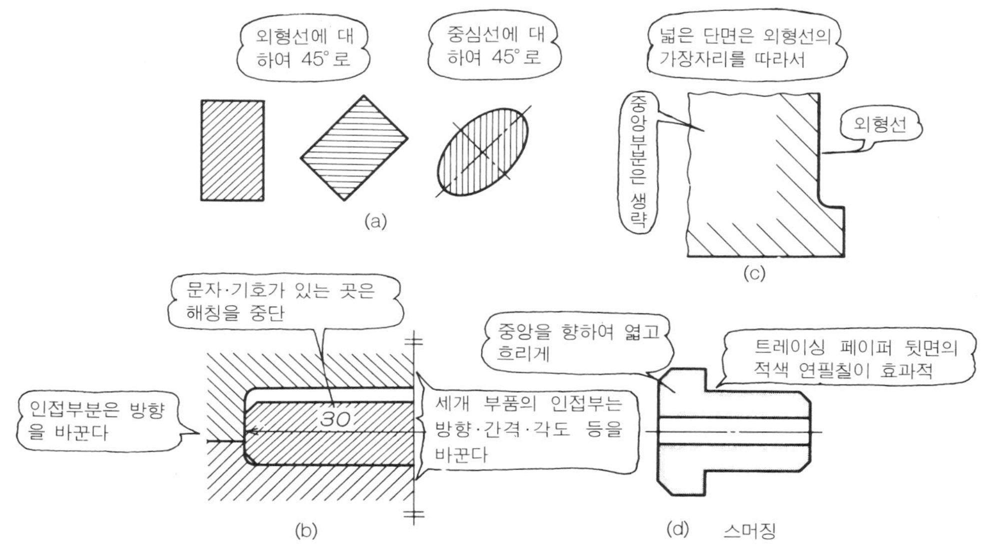

그림 3.33 해칭과 스머징하는 법

③ 해칭 : 절단면을 알기 쉽게 하기 위하여, 절단면의 잘린면에 **해칭**(hatching), 또는 **스머징**(smudging)을 할 수가 있다.

㉠ 해칭은 **그림 3.33**(a)와 같이 중심선 또는 외형선에 대하여 45° 로 기울여 가는 실선으로 같은 간격으로 그린다.

㉡ 해칭선의 간격은 단면도의 잘린면의 크기에 따라서 보통 2~4mm로 한다.

㉢ 같은 부품의 잘린면에는 같은 간격의 해칭을 한

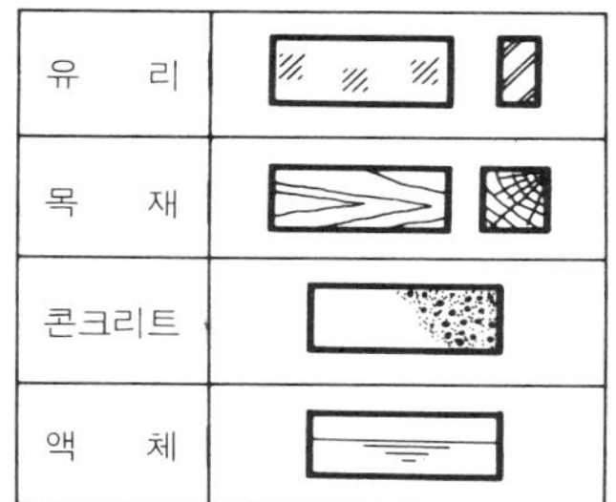

그림 3.34 비금속 재료의 표시

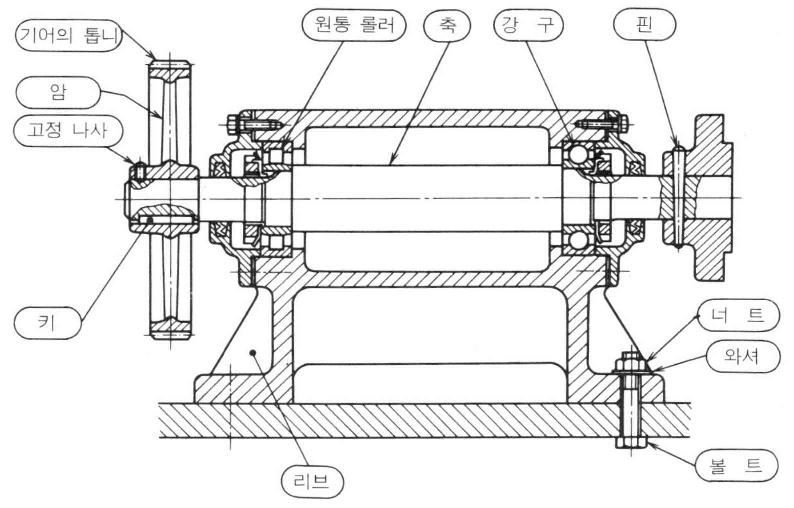

그림 3.35 긴 반향으로 절단하지 않는 것

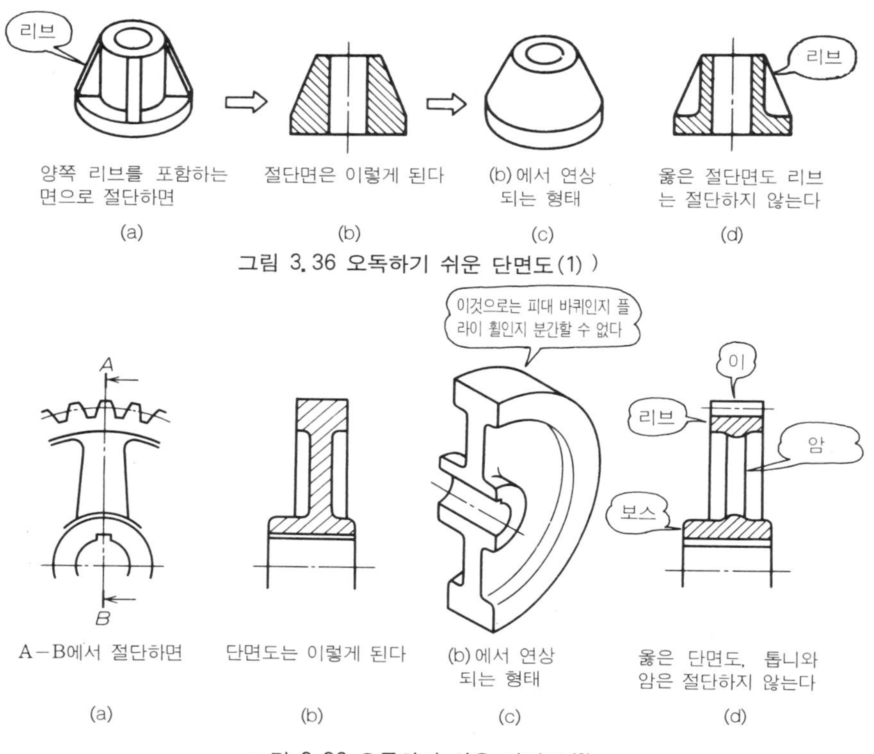

그림 3.36 오독하기 쉬운 단면도(1))

그림 3.36 오독하기 쉬운 단면도(2)

다.

㉣ 인접한 잘린면의 해칭은 그림(b)와 같이 선의 방향이나 간격, 또는 각도를 바꾸어서 구별한다.

㉤ 잘린 면의 면적이 넓을 때는 그림(c)와 같이 외형선에 따라서 적절한 간격으로 해칭을 한다.

㉥ 해칭을 하는 부분에 문자나 기호가 있는 경우에는, 필요하면 해칭이나 스머징을 중단하여도 된다(그림(b)).

㉦ 스머징은 해칭 대신 하는 것으로, 잘린면의 외형선에 따라서 연필 또는 색연필로 연하게 칠한다. 투명하거나 반투명한 제도 용지는 뒷면에서 잘린면의 주변을 적당한 폭으로 칠하고 중앙을 향해 엷게 칠하면 된다.

㉧ 단면도에 재료 등을 표시하기 위하여 그림 3.34와 같이 특수한 해칭이나 스머징을 할 때가 있는데, 이때는 그 의미를 도면중에 정확히 표시해야 한다.

(6) 단면 도시를 하지 않는 것

절단했기 때문에 오해가 생기거나 이해하는 데 방해가 되는 것〔예 1〕, 절단해도 의미가 없고, 절단하지 않아도 이해할 수 있는 것〔예 2〕은 원칙적으로 물체의 긴 방향으로는 절단하지 않는다(그림 3.35, 그림 3.36).

그림 3.37 은선의 생략

(파선때문에 혼돈하기쉽다.) (간단·명료하고, 이해하기 쉽다.)

홈 바퀴

〔예 1〕 리브, 보의 암(arm), 기어의 톱니

〔예 2〕 축, 핀, 볼트, 너트, 와셔, 리벳, 키, 작은 나사, 강구, 롤러

〔3〕 도형의 생략법

투영법을 충실히 지켜서 도형을 그린 것이 오히려 복잡하고 보기 어려운 도면이 될 수가 있다. 이때는 도형이나 선의 일부를 생략해서 이해하기 쉽게 하는 연구가 필요하다.

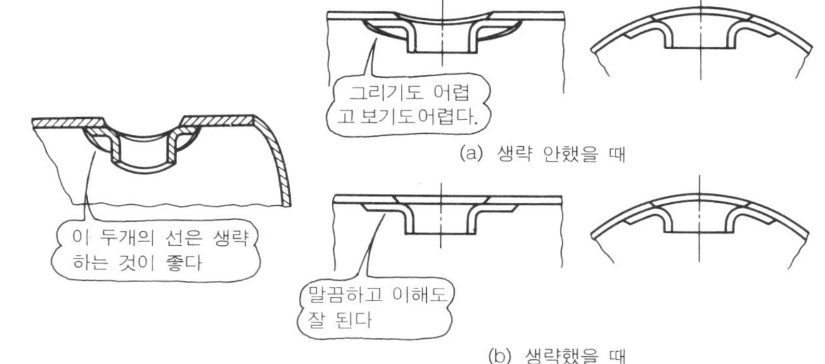

그림 3.38 절단면의 뒤쪽에 보이는 선의 생략

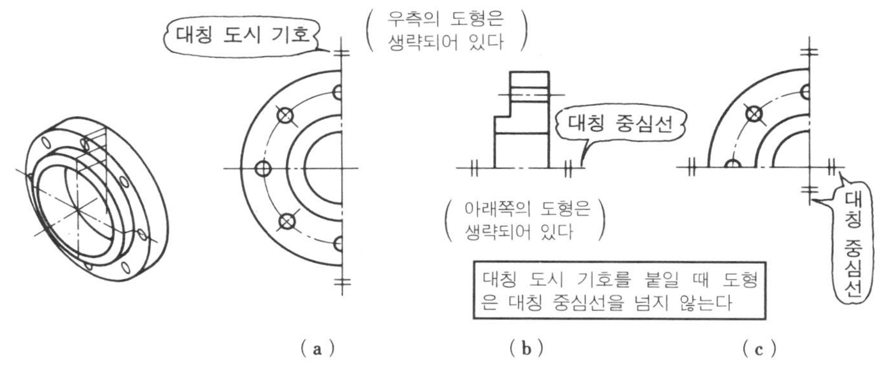

그림 3.39 대칭 도형의 생략(1)

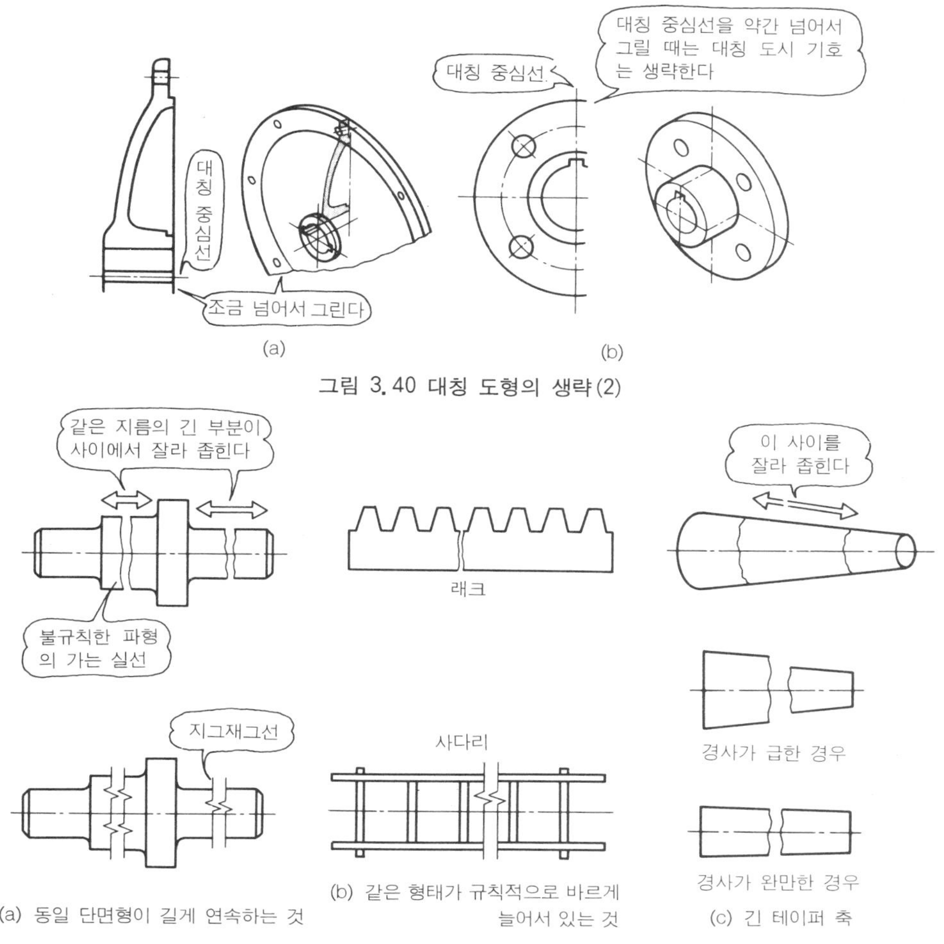

그림 3.40 대칭 도형의 생략(2)

그림 3.41 중간 부분의 생략에 의한 도형의 단축

(1) 은선의 생략

물체의 내부나 뒤쪽의 보이지 않는 부분은 은선으로 그린다. 그러나 은선이 없어도 도형을 충분히 이해할 수 있을 때는 그림 3.37과 같이 생략하는 것이 좋다.

(2) 절단면의 뒤쪽에 보이는 선의 생략

그림 3.38과 같이 원통형에 뚫린 구멍을 단면도시하면, 그림(a)와 같이 원통의 상·하면에 곡선(상관선)이 나타난다. 이때 뒤쪽에 보이는 선이 형상을 이해하는 데 필요하지 않는 경우에는 그림(b)와 같이 생략하는 것이 좋다.

(3) 대칭 도형의 생략

바퀴·벨트 바퀴·기어나 원판형의 물체로서, 도형이 대칭형인 경우는 그림 3.39(a)

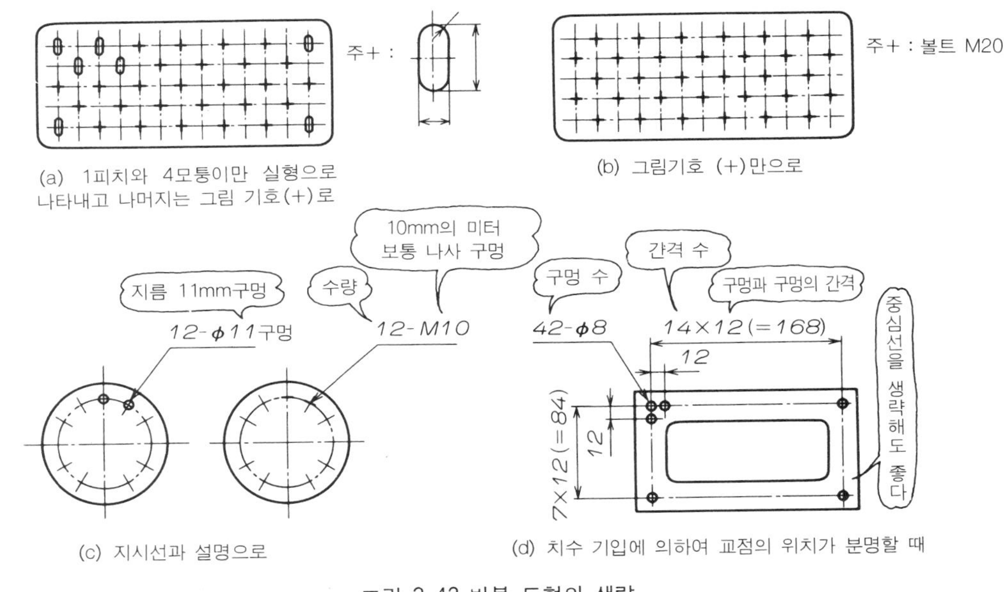

그림 3.42 반복 도형의 생략

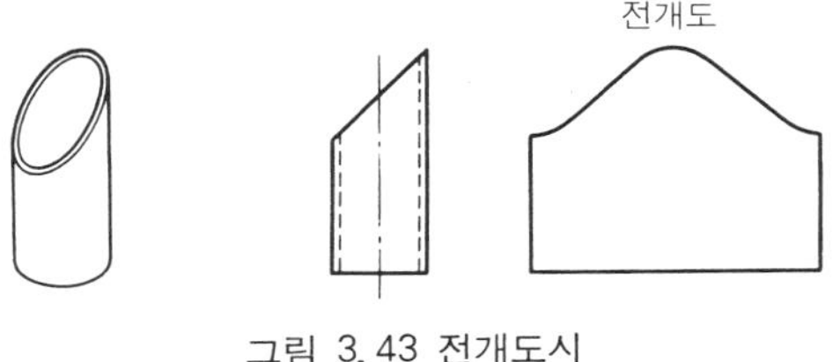

그림 3.43 전개도시

와 같이 대칭 중심선의 한쪽 도형을 생략할 수 있다.

이때, 그 대칭 중심선의 양 끝부분에 짧은 두개의 평행선(**대칭 도시 기호**)을 긋는다. 대칭 중심선에 대하여 상하 또는 좌우 모두 대칭일 때는 그림(b)와 같이 1/4로 표시해도 되며, **그림 3.40**과 같이 대칭 중심선의 한쪽 도형의 대칭 중심선을 약간 넘은 부분까지 그릴 때는 대칭 도시 기호를 생략할 수 있다.

(4) 중간 부분의 생략

축·막대·관·형강과 같이 동일 단면형인 것, 래크·공작기계의 어미나사·사다리와 같이 같은 형상이 규칙적으로 배열되어 있는 것, 긴 테이퍼 축·긴 구배 부분 등은 **그림 3.41**과 같이 중간 부분을 잘라 내어 그 주요한 부분만을 근접시켜서 도시할 수 있다. 이때 잘린 끝 부분은 파단선으로 표시한다. 그러나, 혼돈되지 않는다면 파단선은 생략해도 된다.

(5) 반복 도형의 생략

같은 종류, 같은 형상의 볼트 구멍이나 홈 등이 다수 나란히 있을 때는 **그림 3.42**

와 같이 그림 기호나 지시선을 사용한 기술 방법에 의하여 도형을 생략할 수 있다.

〔4〕 특수한 도시법

여러 가지 도시법을 설명하여 왔으나, 도면에는 다음과 같은 특수한 도시 방법이나 표시 방법이 있다.

(1) 전개도

그림 3.43과 같은 원통 등, 판금 가공으로 만든 대상물을 전개된 형상으로 표시할 필요가 있을 때는 **전개도**로 표시한다. 이때 전개도의 위쪽, 또는 아래쪽에 "전개도"라고 기입하는 것이 좋다.

(2) 간단 명료한 도시

도면을 간단 명료하고 알기 쉽게 하기 위해서는 다음과 같은 방법이 있다.

① 은선은 도형을 이해하는 데 방해가 되지 않는 한 생략하는 것이 좋다

② 보조 투영도(그림 3.44(a)의 좌측면도)와 같이 보이는 부분을 전부 그리면 그림

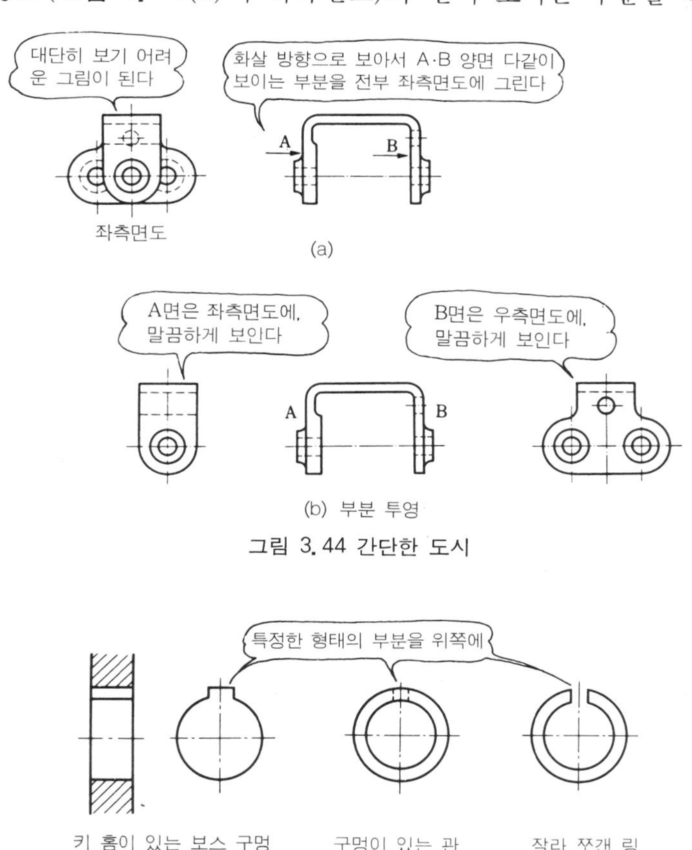

그림 3.44 간단한 도시

그림 3.45 일부분에 특별한 형상을 갖는 물체의 도시

이 오히려 이해하기 어렵게 될 때에는, 그림(b)와 같이 부분 투영도로 해도 좋다.

③ 대상물의 일부분에 특정한 형상이 있을 때는 **그림 3. 45**와 같이 가급적이면 그 부분이 그림의 위쪽이 되도록 놓고 그리는 것이 좋다.

④ **그림 3. 46**과 같이 피치원 위에 배치하는 구멍 등은 측면 투영도(A－O－A) 위에, 피치원이 만드는 원통을 나타내는 가는 1점 쇄선과 한쪽에만 한개의 구멍을 도시하고, 다른 구멍의 도시는 생략할 수 있다.

⑤ 두개의 면이 교차하는 부분(모서리, 구석)이 둥글게 되어 있을 때 대응하는 그림에 이 둥근 부분를 표시할 필요가 있을 경우는, **그림 3. 47**과 같이 두개의 면을 연장하여 그 교차한 위치에 굵은 실선으로 표시한다.

⑥ 리브 등의 끝부분을 표시하는 선은 교차된 부분에 생기는 원의 반지름의 크기에 따라 **그림 3. 48**과 같이 직선으로 끝날 경우, 안쪽으로 구부러져 끝날 경우, 바깥쪽으로 구부러져 끝날 경우 등이 있다.

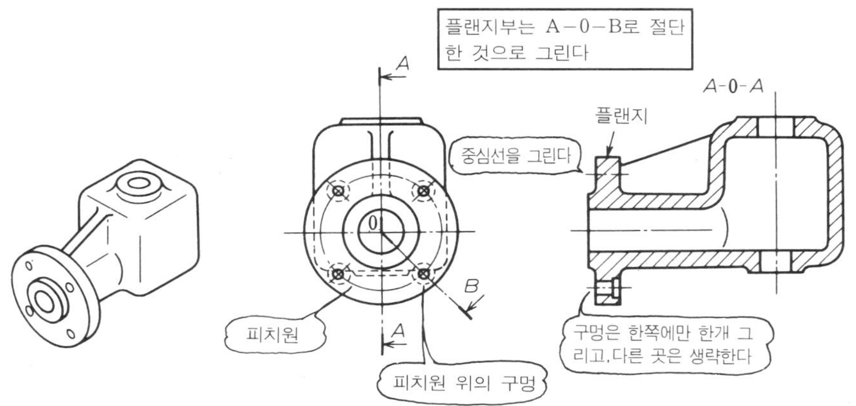

그림 3. 46 피치원 위의 구멍의 도시

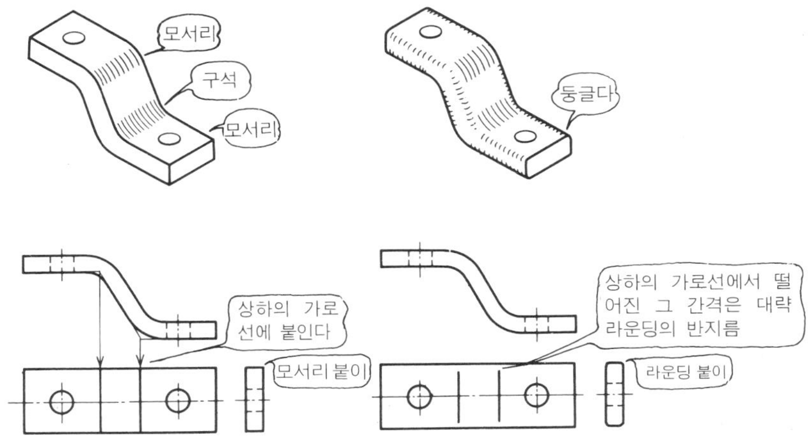

그림 3. 47 두 개의 면이 교차하는 부분의 도시(1)

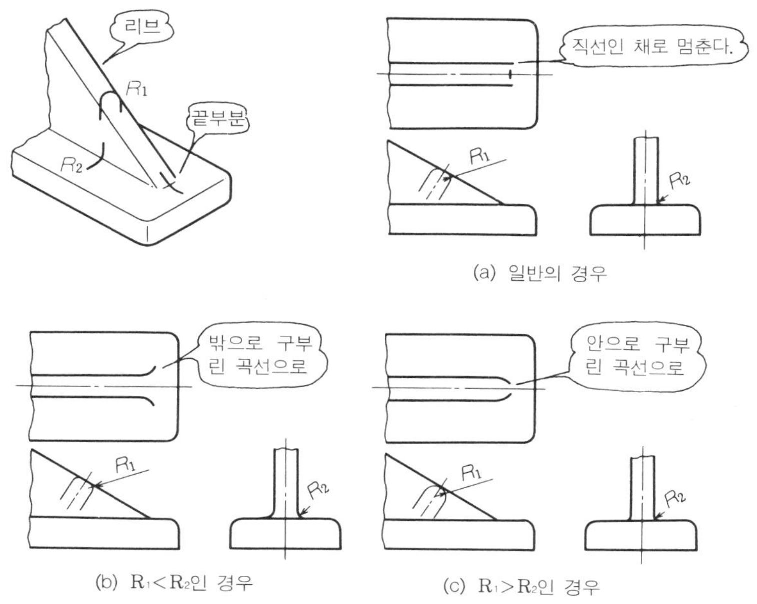

그림 3.48 두 개의 면이 교차하는 부분의 도시 (2)

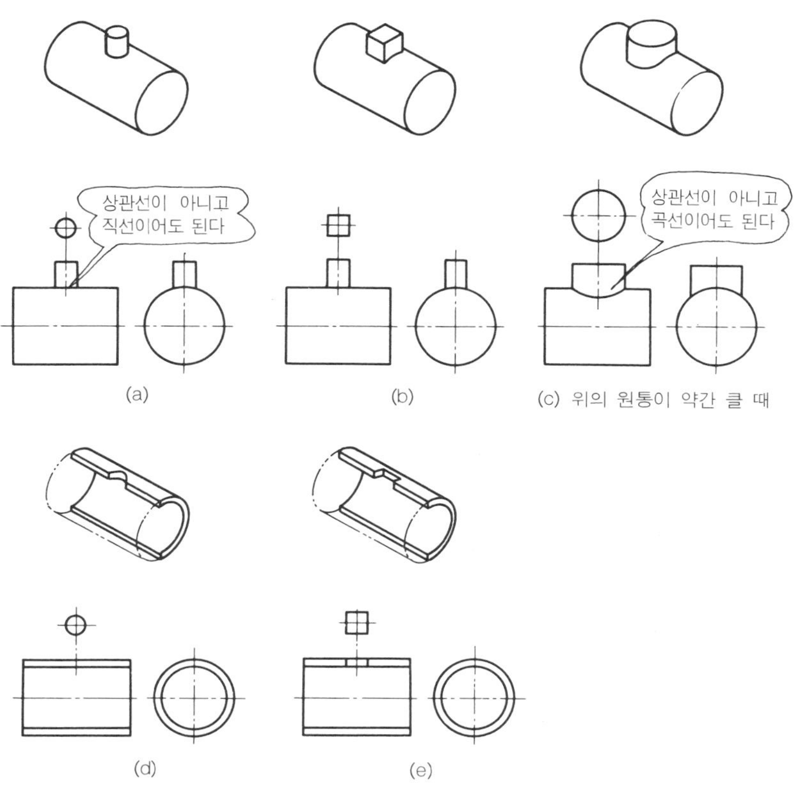

그림 3.49 두 개의 면이 교차하는 부분의 도시 (3)

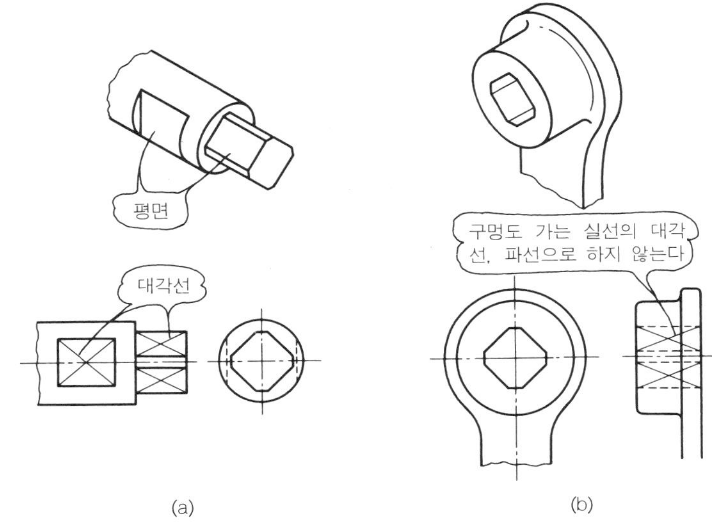

그림 3.50 평면부의 표시 방법

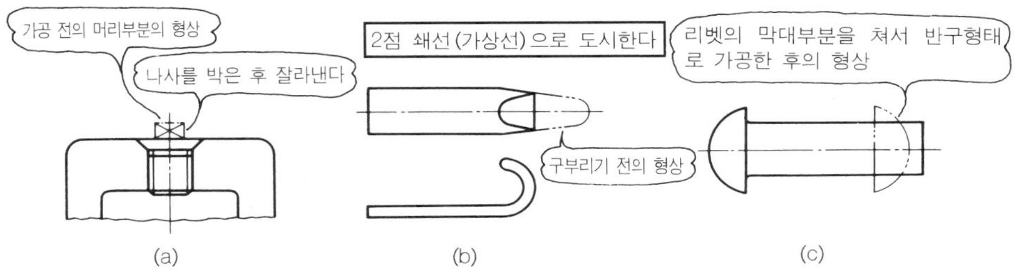

그림 3.51 가공 전·후 형상의 도시

⑦ 하나의 원주가 다른 원주나 각주와 교차하는 부분의 선(상관선이라 한다)은 올바른 투영도로 그려도 일반 제도에서는 별로 의미가 없으므로, 그림 3.49와 같이 직선 또는 원호로 표시하는 것이 좋다.

(3) 평면부의 표시

도형 안의 특정 부분이 평면이라는 것을 표시할 필요가 있을 때는 그림 3.50(a)와 같이 가는 실선으로 대각선을 기입한다. 또, 숨은 부분의 평면에도 그림(b)와 같이 가는 실선의 대각선을 기입한다.

(4) 가공 전후의 형상 도시

완성한 물체의 가공전(소재를 포함)의 형상을 나타낼 때는 그림 3.51(a), (b)와 같이 가는 2점 쇄선으로 도시한다. 또, 가공후의 형상, 예를 들어 리벳 등의 조립후의 형상을 도시할 때는 그림(c)와 같이 가는 2점 쇄선으로 도시한다.

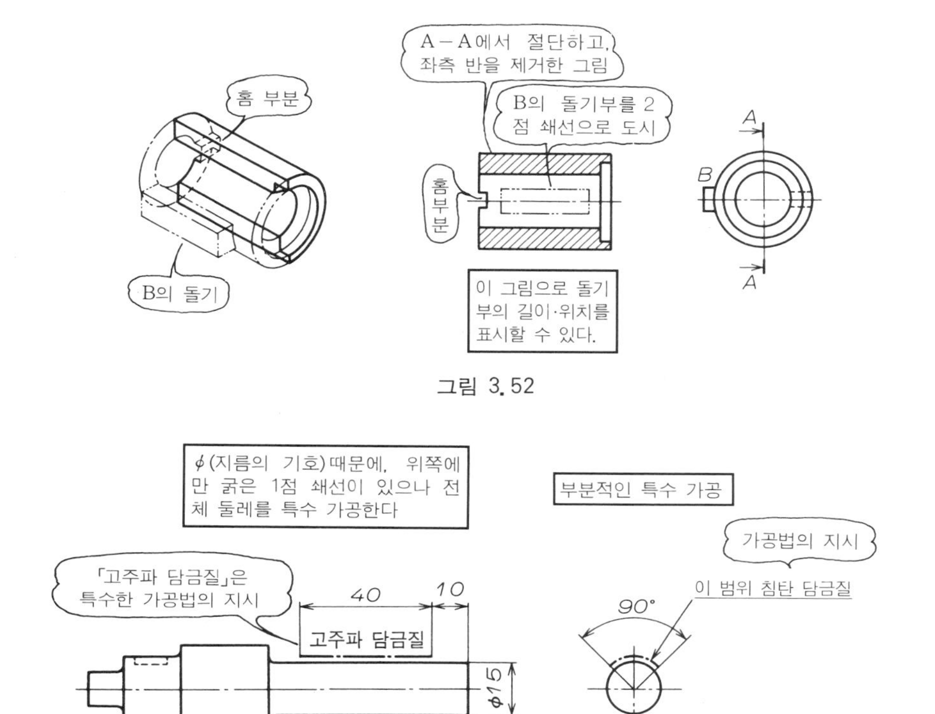

그림 3.52

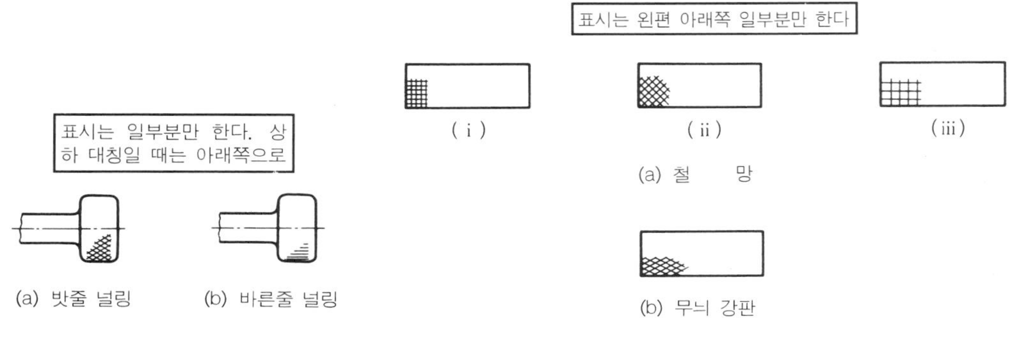

그림 3.53 특수 가공 부분의 표시

표시는 일부분만 한다. 상
하 대칭일 때는 아래쪽으로

(a) 빗줄 널링　(b) 바른줄 널링

그림 3.54 널링의 표시

표시는 왼편 아래쪽 일부분만 한다

(i)　(ii)　(iii)

(a) 철　망

(b) 무늬 강판

그림 3.55 철망·무늬 강판의 표시

(5) 절단면의 앞쪽에 있는 부분의 도시

물체의 내부를 실선으로 표시하기 위하여 절단선으로 잘라낸 절단면의 앞쪽 부분을 도시할 필요가 있을 때는 그림 3.52와 같이 그 부분을 가는 2점 쇄선으로 도시한다.

(6) 특수 가공 부분의 표시

물체의 평면 또는 곡면의 일부분에 특수 가공을 할 때는 그림 3.53(a)와 같이 그

범위를 외형선에 평행하게 조금 띄어서 그은 굵은 1점 쇄선으로 표시할 수 있다. 또 도형 속의 특정 범위를 지시할 필요가 있을 때는 그림(b)와 같이 그 범위를 굵은 1점 쇄선으로 표시한다. 이때, 특수한 가공에 관한 필요 사항을 지시한다.

(7) 모양 등의 표시

널링한 부분, 철망, 무늬 강판 등의 모양을 외형의 일부분에 표시하고자 할 때 그림 3.54, 그림 3.55와 같이 도시한다.

3. 치수를 읽는 법·그리는 법

도면은 종이에 그려진 도형에 치수나 그외의 설명 등의 정보를 기입함으로써, 비로소 완성 도면이라 할 수 있다.

치수를 기입할 때는 정확하고, 완전해야 한다. 또, 도면을 보는 사람 입장에서 읽기 쉽고 착오가 생기지 않도록 기입해야 한다.

〔1〕 치수의 성립

도면에 표시하는 치수는 특별한 사항이 없는 한 물체의 완성 치수를 표시한다.

(1) 치수 수치의 표시 방법

치수의 수치는 물체의 치수(크기)를 나타내는 치수를 말한다.

길이의 치수는 원칙적으로 mm단위이고, 단위 기호는 붙이지 않는다. 치수의 소수점의 기입은 다음의 예와 같이 숫자 사이를 적당히 띄어 아래쪽에 나타낸다. 또, 자리수가 많은 수치일 때는 3자리마다 숫자 사이를 적당히 띄기만 하고 콤마는 붙이지 않는다.

〔예〕 123.25 12.00 22 320

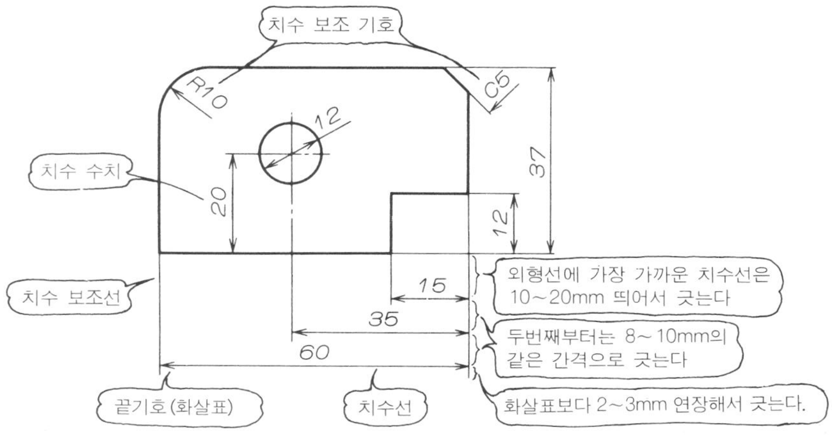

그림 3.56 치수 기입 방법

각도의 단위는 일반적으로 "도"를 사용하고, 필요할 때는 "분" 및 "초"를 병용한다. 도·분·초를 나타낼 때는 다음의 예와 같이 숫자의 오른쪽 위에 기호를 붙인다. 또 라디안(radian)단위를 사용할 때는 rad 기호를 붙인다.

〔예〕 90° 22.5° 6° 21′5″(6°21′05″) 8° 0′12″ 0.52 rad

(2) 치수 기입 방법

치수는 그림 3.56과 같이 치수선·치수 보조선·치수 보조 기호·치수선의 끝 기호 등을 사용하고, 치수 수치에 의해 표시한다.

① 치수선·치수 보조선·치수선의 끝 기호

㉠ 치수선은 원칙적으로 지시하는 길이 또는 각도를 측정하는 방향으로 평행하게 긋고, 치수 보조선을 사용하여 기입한다. 그리고 선의 양끝에는 끝 기호를 붙인다.

㉡ 치수 보조선은 지시할 치수의 끝이 되는 도형상의 점 또는 선의 중심부터 그어낸다. 치수 보조선은 치수선과 직각이 되도록 하고, 치수선을 지나 2~3mm 정도 긋는다(그림 3.56). 또 치수 보조선을 그을 때 도형과의 사이를 조금 띄어

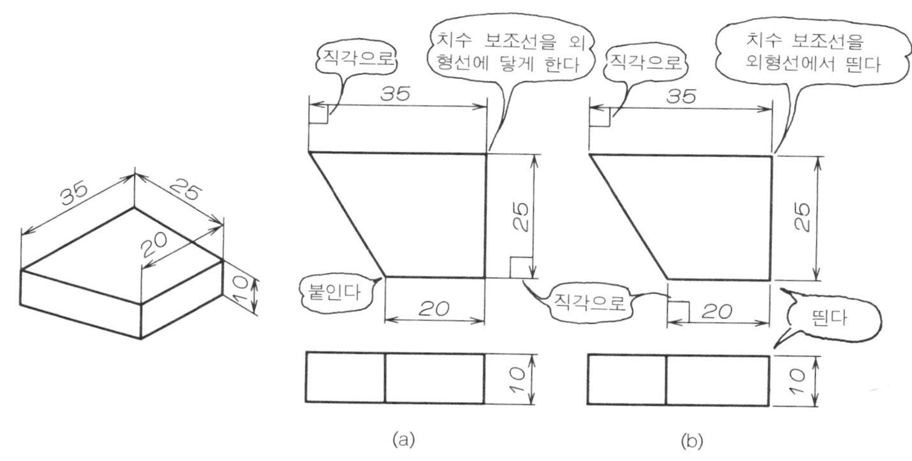

그림 3.57 치수선·치수 보조선을 긋는 법

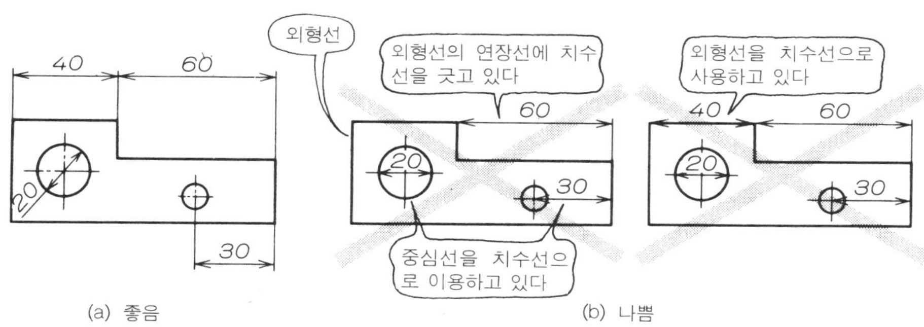

그림 3.58 치수선 긋는 법

도 된다(**그림 3.57** (b)).

그림 3.58 (b)와 같이 중심선·외형선·기준선 연장선 위에 치수선을 기입하거나, 그 선을 그대로 치수선으로 사용해서는 안된다.

㉢ 치수를 지시하는 데 필요에 따라서는 **그림 3.59**와 같이 치수선에 대하여 적당한 각도(가급적이면 60°)로, 서로 평행인 치수 보조선을 그어도 된다.

㉣ 치수 보조선을 그음으로써 그림이 헷갈리게 될 때는 **그림 3.60**(a)와 같이 도형 속에 치수선을 직접 그어도 된다.

㉤ 치수선의 양끝, 또는 그 연장선의 끝에는 **그림 3.61**과 같은 끝 기호(열린 화살· 검은 동그라미·사선)를 붙인다. 이들 끝 기호는 일련 도면에서는 같은 형태의 것을 사용하고 혼용하지 않는다. 기계 제도에서는 일반적으로 화살표를 사용하여 왔으나 좁은 곳에 치수를 기입하는 데 화살표를 그리기 어려울 때는 화살표 대신 검은 동그라미를 사용해도 된다. 화살은 그림(d)와 같이 그린다.

② 치수 수치의 기입법

㉠ 치수 수치를 기입하는 위치 및 방향을 정하는 데는 다음 2가지 방법이 있으나, 일반적으로는 방법 1을 사용한다. 같은 도면, 일련 도면에서는 2가지 방법을 혼용하면 안된다.

방법 1 치수 수치는 **그림 3.62**(a)와 같이 수평 방향의 치수선에 대해서는 도면의 아래쪽에서, 수직 방향의 치수선에 대해서는 도면의 오른쪽에서 읽을 수

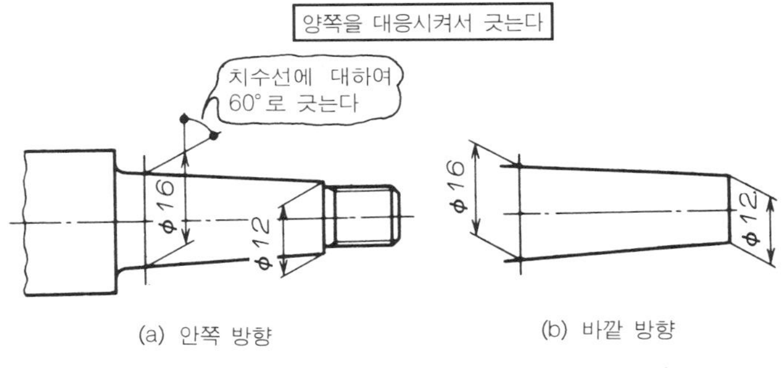

그림 3.59 치수선에 대하여 경사진 치수 보조선

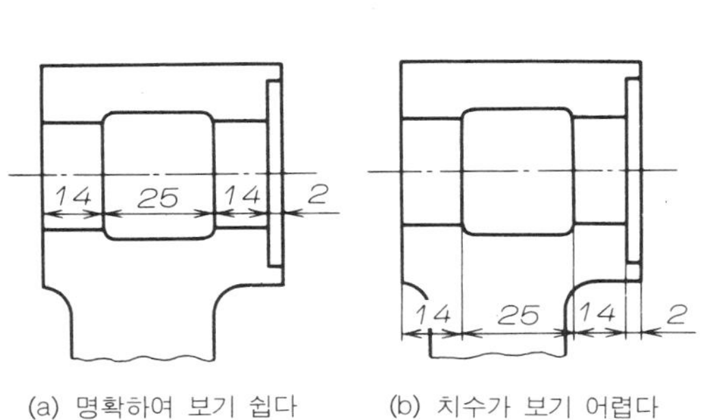

그림 3.60 치수 보조선을 사용하지 않는 예

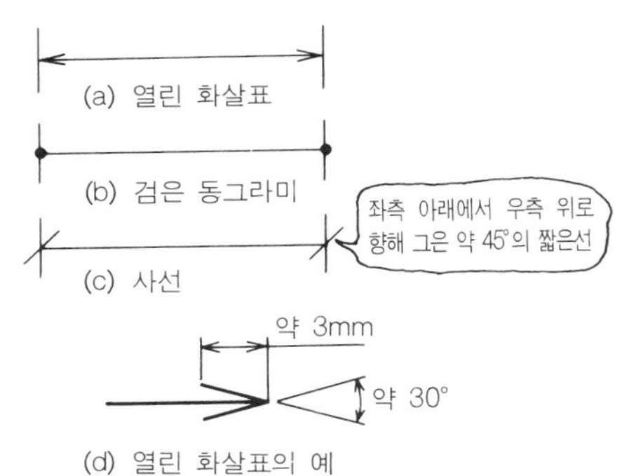

그림 3.61 치수선 끝 기호

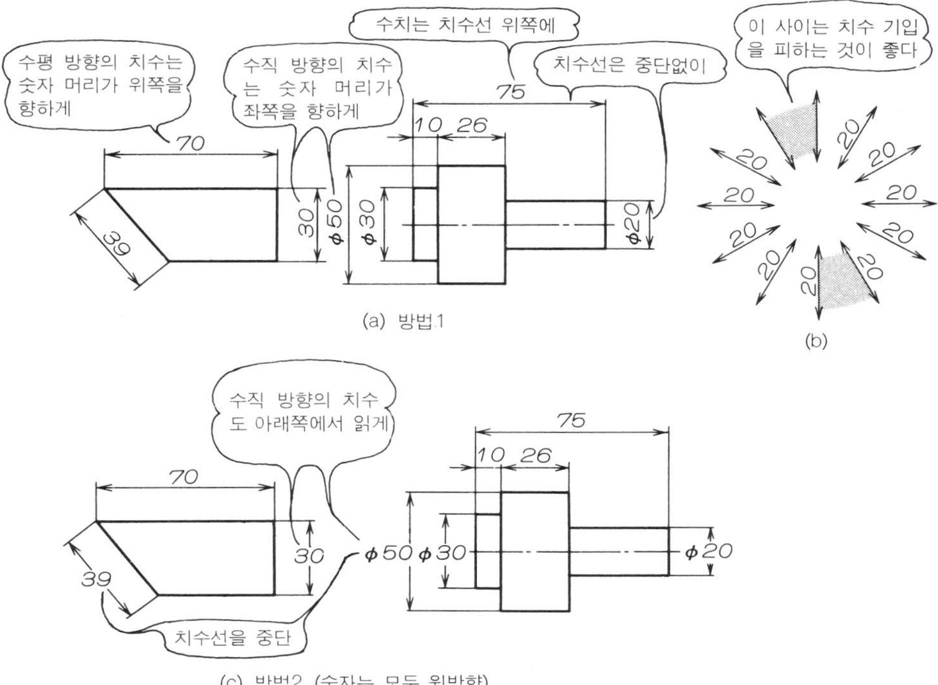

(a) 방법1

(b)

(c) 방법2 (숫자는 모두 윗방향)

그림 3.62 길이의 치수 수치의 방향과 위치

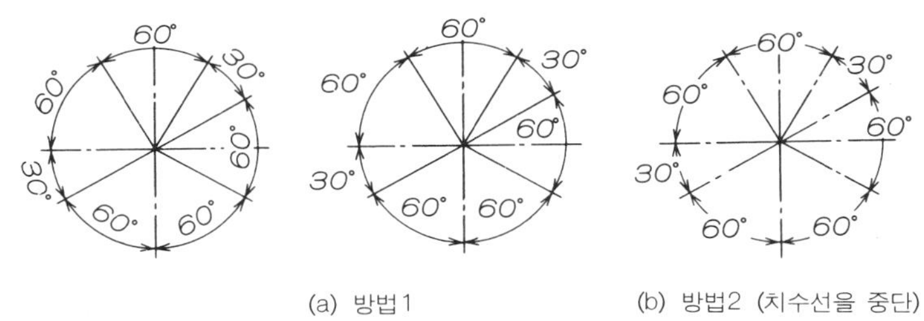

(a) 방법1

(b) 방법2 (치수선을 중단)

그림 3.63 각도의 치수 수치의 방향과 위치

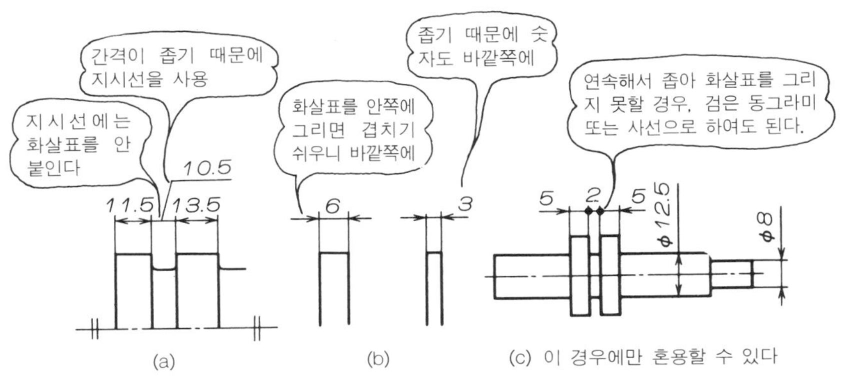

(a)

(b)

(c) 이 경우에만 혼용할 수 있다

그림 3.64 좁은 곳의 치수 기입

있도록 기입한다. 경사 방향의 치수선도 이와 같이 기입한다(그림(b)).
치수 수치는 치수선을 중단하지 않고 중앙 부분 위쪽에 조금 떨어뜨려 기입한다.

방법 2　치수 수치는 그림 3.62(b)와 같이 전부 도면의 아래쪽에서 읽을 수 있도록 기입하고, 수평 방향 이외 방향의 치수선은 치수 수치를 기입하기 위하여 중앙 부분을 중단한다.

㉡ 각도의 치수 수치를 기입하는 방법은, 그림 3.63과 같이 3가지가 있다. 그림(a)는 방법 1, 그림(b)는 방법 2의 기입법이다. 같은 도면, 일련 도면에서는 혼용하면 안된다.

㉢ 치수 보조선의 간격이 좁아서 화살표나 치수 수치를 기입할 수 없을 때는 치수선을 연장하여 그 위에 기입(그림 3.64(b), (c))하고, 연속해서 간격이 좁아 화살표를 기입할 수 없을 때는 검은 동그라미(그림(c)) 또는 사선을 이용해도 된다. 이때는 끝 기호의 혼용이 허용된다.

㉣ 치수 수치를 기입할 때 숫자의 크기는 도면이나 도형의 크기에 따라 다르나, 일반적으로 3.15mm, 4.5mm, 6.3mm의 것이 사용된다. 같은 도면에서의 숫자는 같은 크기로 그린다. 단, 부품의 대조 번호나 치수 공차의 숫자는 제외한다.

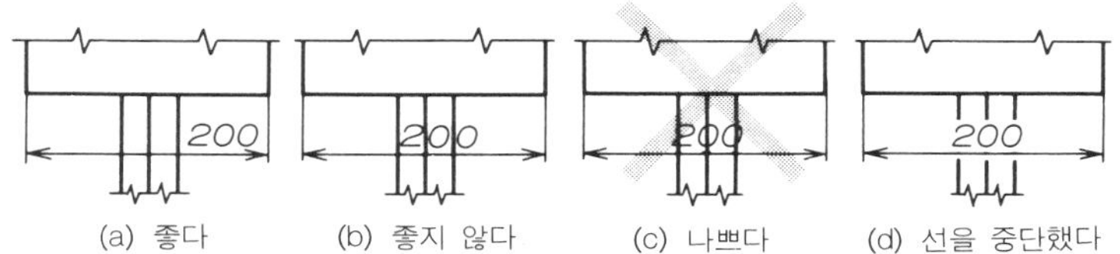

그림 3.65 치수 수치의 기입 위치

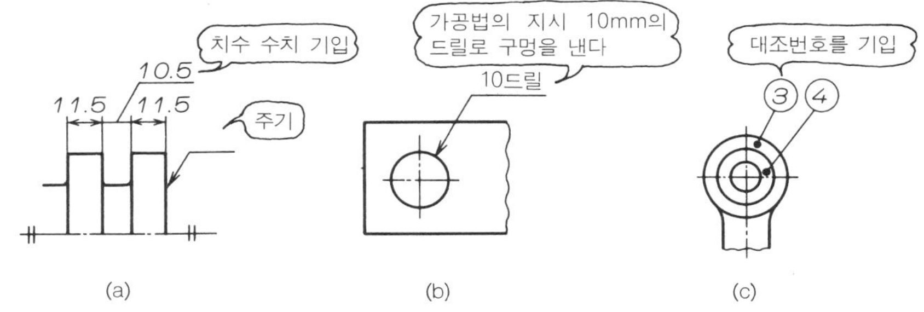

그림 3.66 지시선의 기입법

㉤ 치수 수치를 나타내는 일련의 치수 숫자는 **그림 3.65**와 같이 선으로 분할되거나, 선에 겹치지 않게 그린다. 그러나 어쩔 수 없는 경우에는 그림(d)와 같이 치수 숫자와 겹치게 될 선을 부분적으로 중단하여 기입한다.

③ 지시선

치수 수치·가공 방법·주기·부품의 번호(대조 번호) 등을 기입할 때 사용하는 지시선은 원칙적으로 경사진 방향으로 끌어낸다. 치수선에서 끌어낼 때는, 끌어내는 쪽에는 아무 기호도 붙이지 않는다(**그림 3.66**(a)). 형상을 나타내는 선에서 끌어낼 때는 끌어 내는 쪽에 화살표를 붙인다(그림(b)). 형상을 나타내는 선의 안쪽에서 끌어낼 때는 끌어내는 쪽에 검은 동그라미를 붙인다(그림(c)).

또, 치수 수치·가공 방법·주기 등을 기입할 때는 원칙적으로 그 끝을 수평으로 꺾어 그 위에 기입한다.

〔2〕 치수 기입의 여러 가지

(1) 치수의 배치

치수의 배치 방법에는 직렬 치수 기입법·병렬 치수 기입법·누진 치수 기입법 및 좌표 치수 기입법 등이 있다.

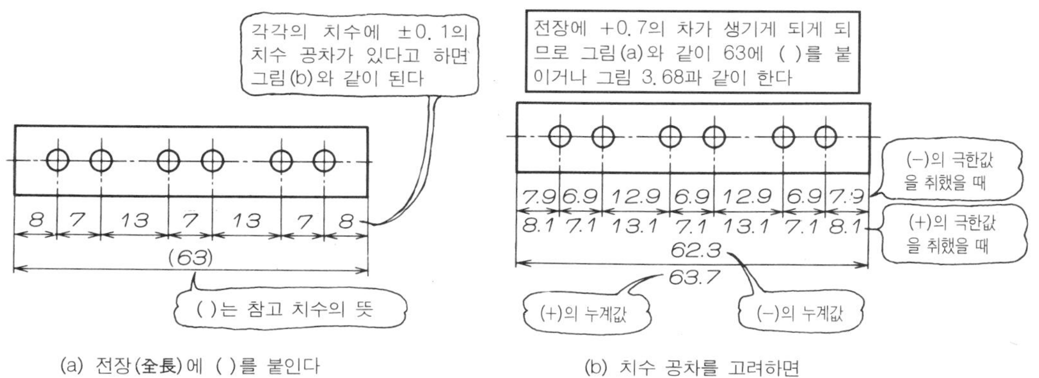

그림 3.67 직렬 치수 기입

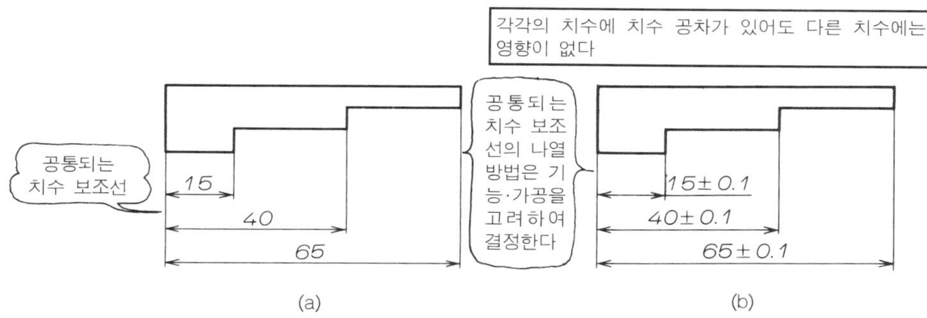

그림 3.68 병렬 치수 기입 (다른 치수 공차에 영향 받지 않는다.)

① 직렬 치수 기입법 : **그림 3.67**과 같이 치수선을 한줄로 기입할 때 각각의 치수에 치수 공차가 있으나, 이들이 누적되어도 좋을 때는 전장 치수 63에 ( )를 붙여 참고 치수로 한다. 그림(b)와 같이 최소값이 62.3, 최대값이 63.7이 되는 것을 고려한다.

② 병렬 치수 기입법 : **그림 3.68**과 같이 여러 개의 치수에 각각 치수 공차가 있어 다른 치수 공차의 영향을 받지 않게 하기 위해서는 병렬 치수 기입법이 좋다. 이때, 공통되는 치수 보조선을 어느 것으로 결정하느냐 하는 것은 기능·가공 등을 고려하여 적절히 선택한다.

③ 누진 치수 기입법 : 치수 공차에 관해서 병렬 치수 기입법과 같은 의미를 갖으면서도, 직렬 치수 기입법에 가깝다. 한개의 연속된 치수선으로 간편하게 표시할 수 있다. 이때, 치수의 기점의 위치는 **기점 기호**(○)로 표시하고, 치수선의 다른 끝은 화살표로 나타낸다. 치수 수치는 치수 보조선에 나란히 기입하거나(**그림 3.69(a)**), 화살

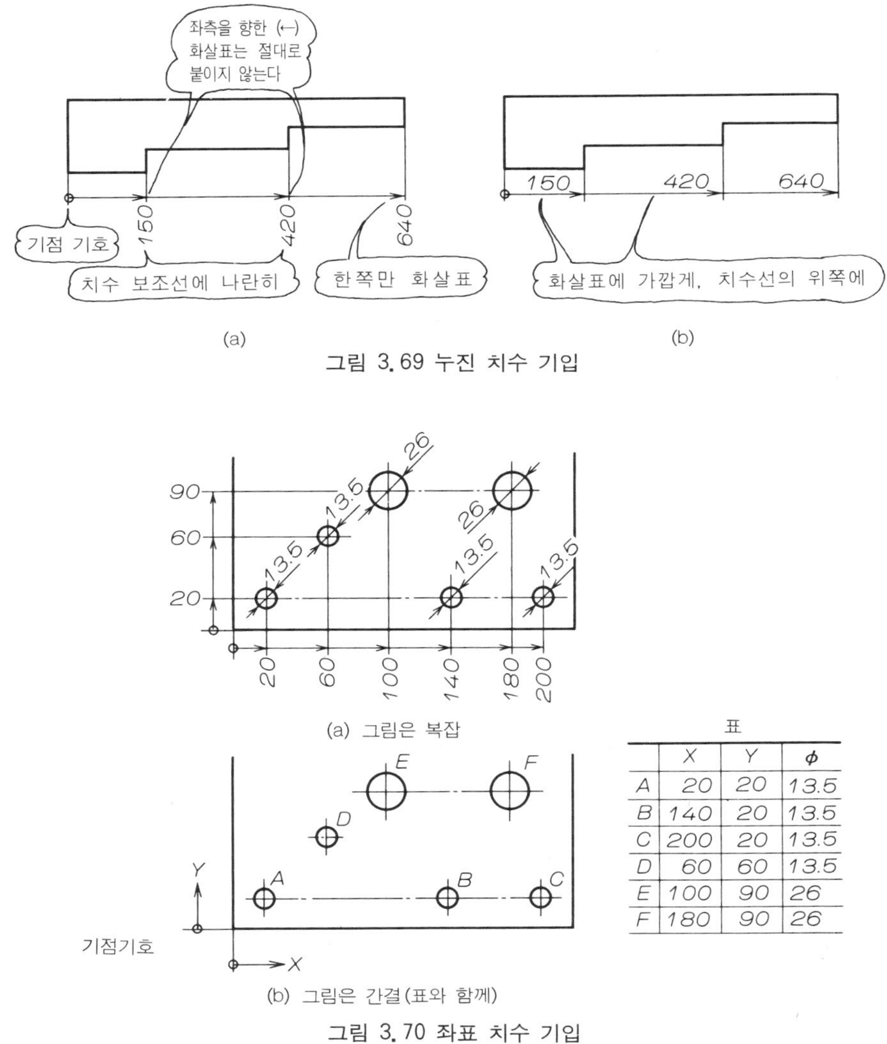

그림 3.69 누진 치수 기입

표

	X	Y	φ
A	20	20	13.5
B	140	20	13.5
C	200	20	13.5
D	60	60	13.5
E	100	90	26
F	180	90	26

그림 3.70 좌표 치수 기입

표 가까이 치수선의 위쪽을 따라 기입한다.

④ 좌표 치수 기입법 : 구멍의 위치나 크기 등의 치수는 좌표를 사용하여 표시해도 된다. 이때, 그림 3.70의 표에 표시한 X, Y의 수치는 기점부터의 치수이고, ϕ는 구멍의 지름이다. 기점의 위치는 대상물의 한 구석, 기준 구멍 등 기능·가공 등을 고려하여 적절히 선택한다.

(2) 치수 보조 기호

치수 보조 기호는 치수 수치에 덧붙이는 기호로서, 그 치수의 뜻을 명확하게 하기 위하여 사용한다.

(3) 지름·반지름·구·현·원호·구멍의 표시법

① 지름의 표시법

표 3.1 치수 보조 기호(JIS Z 8317, KS A 0113)

구분	기호	호칭	용법
지름	ϕ	파이	치수 수치 앞에 붙이고, 치수 수치와 같은 크기로 쓴다.
반지름	R	아르	
구의 지름	Sϕ	에스 파이	
구의 반지름	SR	에스 아르	
정사각형의 변	□	사각	
판의 두께	t	티	
45°의 모떼기	C	시	
원호의 길이	⌒	원호	치수 수치 위에 붙인다.
이론적으로 정확한 치수	▭	테두리	치수 수치를 둘러 싼다.
참고치수	( )	괄호	치수 수치·치수 보조 기호를 둘러 싼다.

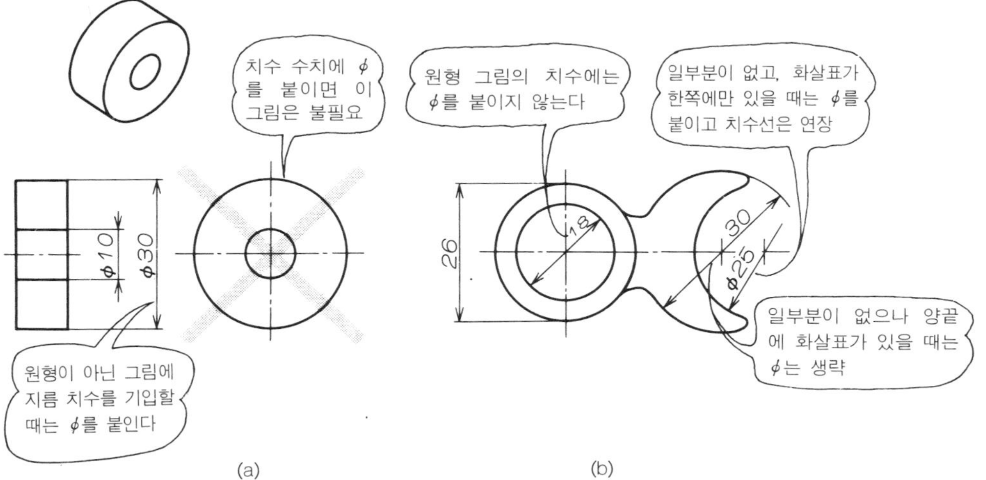

그림 3.71 지름의 치수 기입

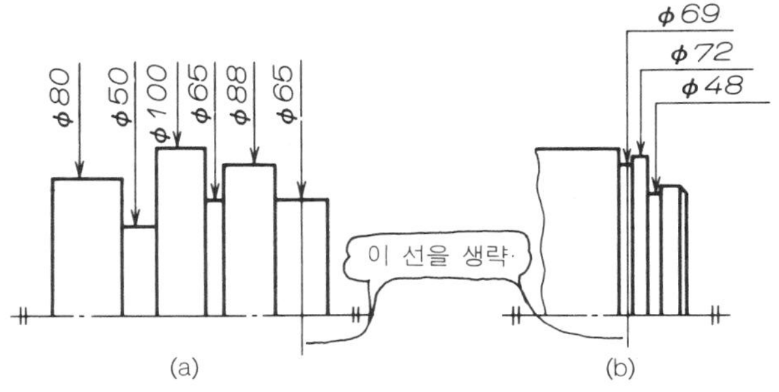

그림 3.72 원통부가 연속할 때의 치수 기입

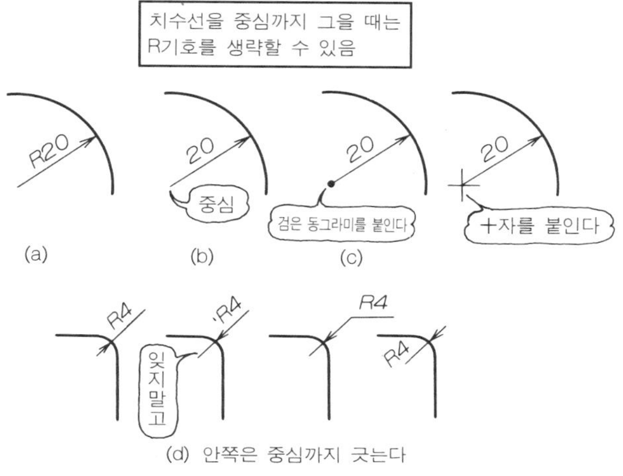

그림 3.73 반지름의 치수 기입

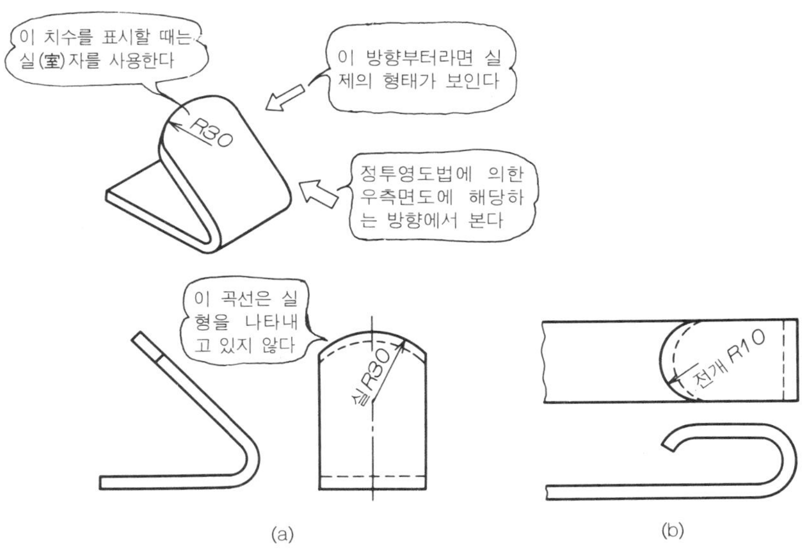

그림 3.74 실형을 표시하고 있지 않는 그림의 치수 기입

㉠ 대상이 되는 부품의 단면이 원형일 때, 그 원형을 그림으로 나타내지 않고 원형인 것을 표시하기 위해서는 **그림 3.71**(a)와 같이 지름 기호 ϕ를 치수 수치 앞에 치수 수치와 같은 크기로 기입하여 표시한다.

㉡ 원형의 그림에 지름 치수를 기입할 때는, 그림(b)의 18 구멍과 같이 치수 수치 앞에 지름 기호 ϕ를 기입하지 않는다. 그러나, 그림(b)의 ϕ25와 같이 원형의 일부분이 없는 도형에서 치수선의 끝 기호(화살표 등)를 한쪽에만 붙일 때는, 반지름 치수와 혼동하지 않도록 지름의 치수 수치 앞에 ϕ를 기입한다(그림(b)). 이때, 치수선은 중심을 조금 지나 연장하여 긋는다.

㉢ 지름이 다른 원통이 연속되어 있고 그 치수 수치를 기입할 자리가 없을 때는 **그림 3.72**와 같이 한쪽에만 치수선을 긋고 화살표를 그려 지름의 기호 ϕ와 치수

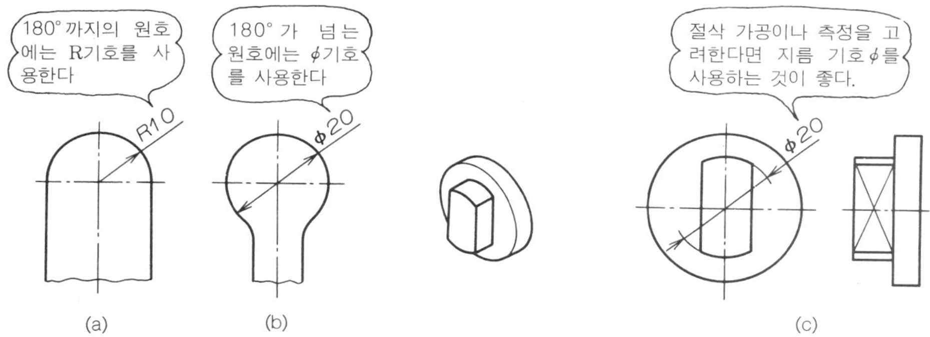

그림 3.75 R·ϕ의 사용법

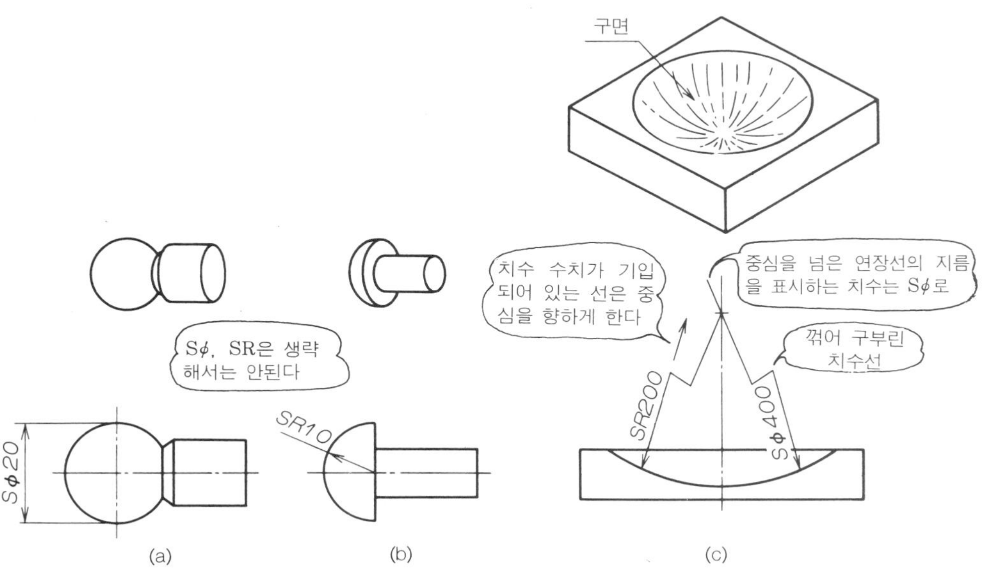

그림 3.76 구의 지름 또는 반지름의 치수 기입

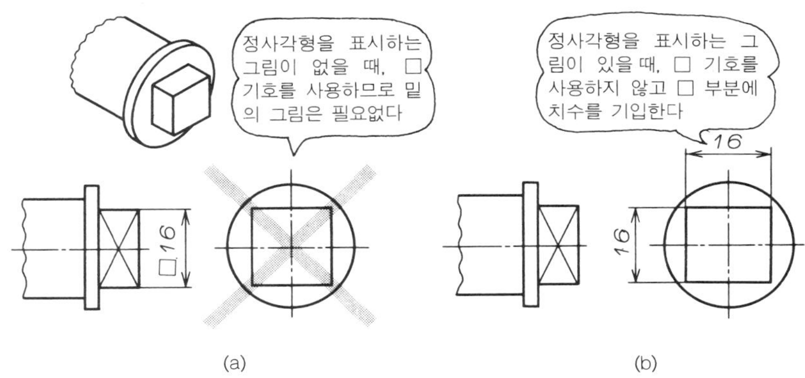

그림 3.77 정사각형 변의 치수 기입

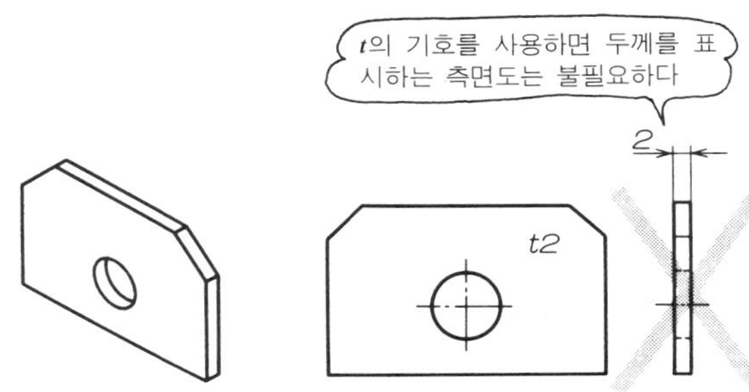

그림 3.78 두께의 치수 기입

수치를 기입한다.

② 반지름의 표시법

㉠ 반지름을 표시하는 치수선은 원호의 중심부터 원호까지 긋고, 원호쪽에만 화살표를 붙인다(그림 3.73).

㉡ 반지름의 치수는 반지름의 기호 R을 치수 수치 앞에 치수 숫자와 같은 크기로 기입해서 나타낸다(그림(a)). 그러나, 반지름을 표시하는 치수선을 원호의 중심까지 그을 때는 R을 생략해도 된다(그림(b)).

㉢ 원호 중심의 위치를 표시할 필요가 있을 때는 십자 또는 검은 동그라미로 그 위치를 표시한다(그림(c)).

㉣ 화살표나 치수 수치를 기입할 자리가 없거나, 기입하기 곤란할 때는 그림(d)와 같이 한다.

㉤ 원호의 반지름이 커서 중심이 멀 때는 그림 3.76(c)와 같이 치수선을 꺾어서 중심을 이동해도 된다. 이때, 치수선에 화살표가 붙은 부분은 원래 중심의 위치를 향하도록 해야 한다.

㉥ 실형을 표시하고 있지 않은 투영도에서 실제의 반지름 또는 전개한 상태의 반지름을 표시할 때에는 그림 3.74(a)와 같이 치수 수치 앞에 "실R" 또는 그림(b)

와 같이 "전개R" 그림(b)의 문자 기호를 기입한다.

㉦ 원호의 치수는 일반적으로 원호가 180° 이하일 때는 그림 3. 75(a)와 같이 반지름(R)로 표시하며, 180° 이상일 때는 그림(b)와 같이 지름으로 표시한다. 그러나, 원호가 180° 이내라도 가공이나 측정 등을 고려하여 필요할 때는 지름(ϕ)으로 표시한다(그림(c)).

③ 구의 지름 또는 반지름의 표시법

구의 지름 또는 반지름의 치수는 그 치수 수치 앞에 치수 숫자와 같은 크기로 구의 기호 Sϕ 또는 SR을 기입하여 표시한다(그림 3. 76).

④ 정사각형의 변을 표시하는 법

대상이 되는 부분의 단면이 정사각형일 때 그 형상을 그림에 표시하지 않고, 정사각형인 것을 표시하기 위해서는, 그림 3. 77(a)와 같이 그 변의 길이를 나타내는 치수 수치 앞에 치수 수치와 같은 크기로 정사각형의 한변인 것을 표시하는 기호 □를 기입한다.

⑤ 두께의 표시법

판의 주투영도에 그 두께의 치수를 표시할 때는 그림 3. 78과 같이 그 그림의 옆 또는 그림 가운데 등 보기 쉬운 곳에 두께를 표시한 치수 수치 앞에 같은 크기로 두께를

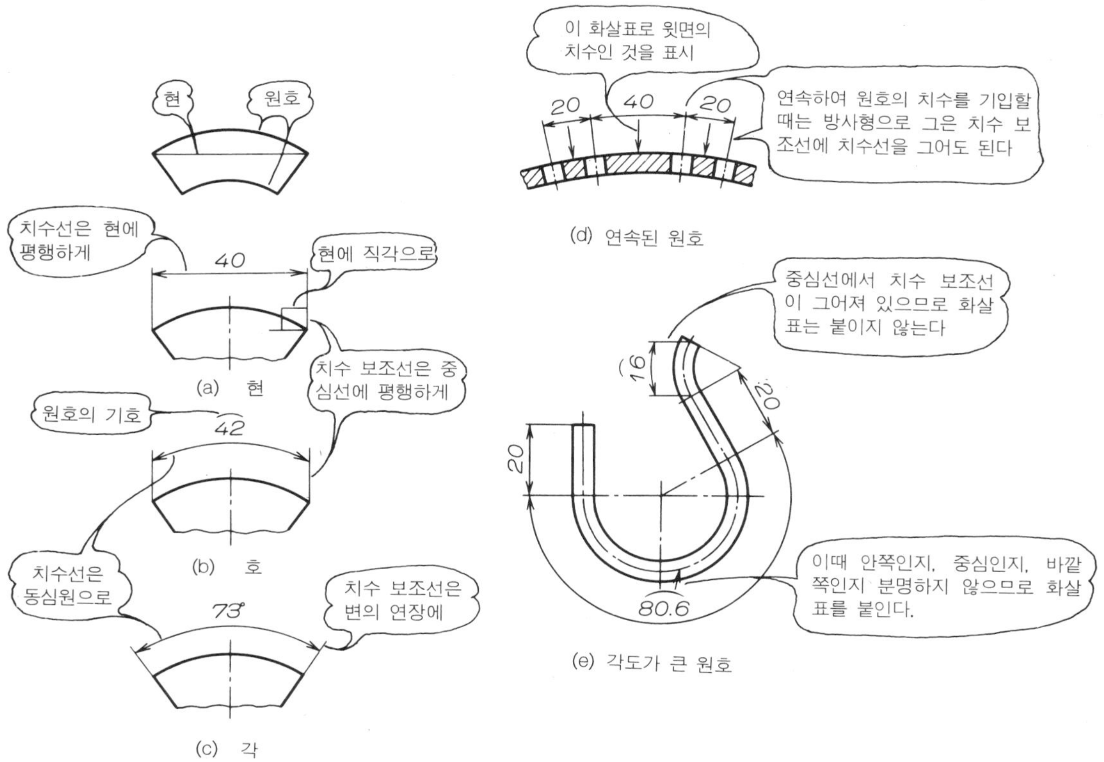

그림 3. 79 현과 원호의 치수 기입

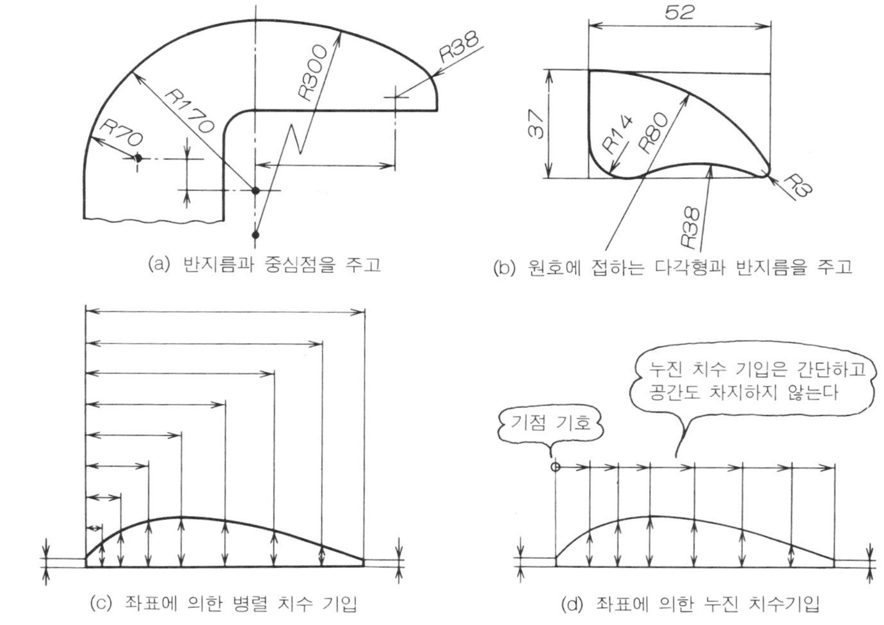

(a) 반지름과 중심점을 주고

(b) 원호에 접하는 다각형과 반지름을 주고

(c) 좌표에 의한 병렬 치수 기입

(d) 좌표에 의한 누진 치수기입

그림 3.80 곡선의 치수 기입

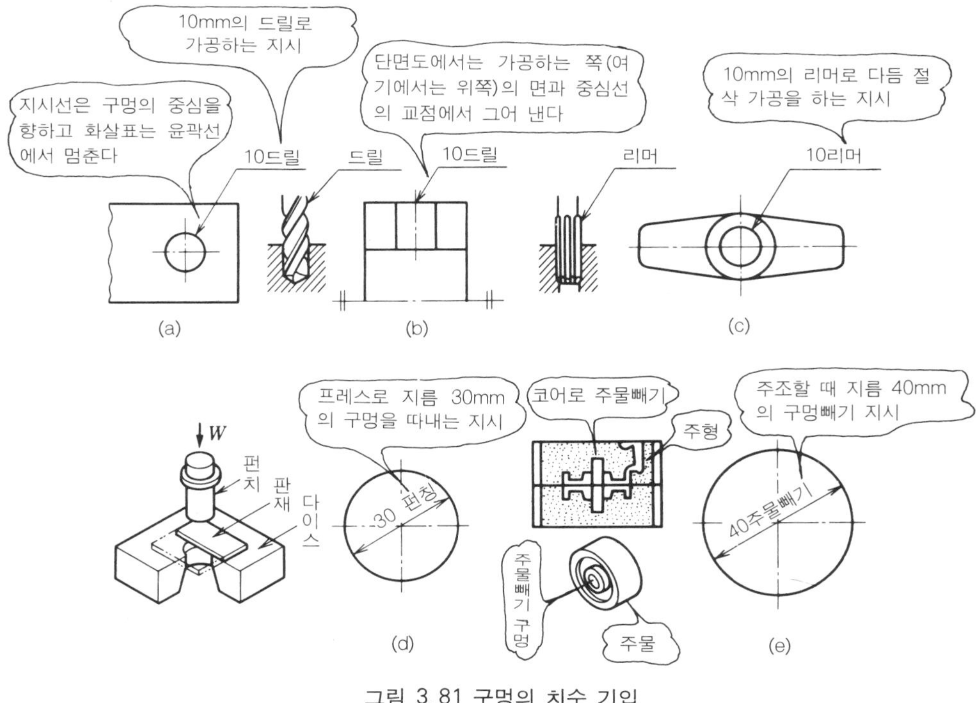

(a) (b) (c)

(d) (e)

그림 3.81 구멍의 치수 기입

*1. 미리 드릴로 뚫어 놓은 구멍을 정확한 치수의 지름으로 넓히고 또한, 구멍의 내면을 깨끗하게 다듬질할 때 사용하는 공구 리머로 다듬질한 구멍을 말한다.

*2. 펀치로 뚫은 구멍

*3. 처음부터 주물에 뚫어 놓은 구멍

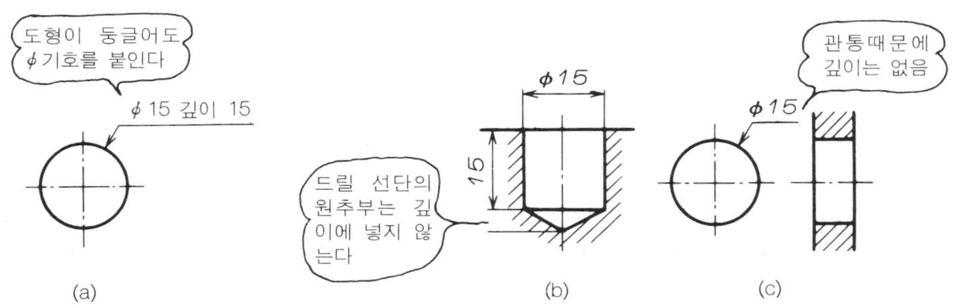

그림 3.82 구멍 깊이의 치수

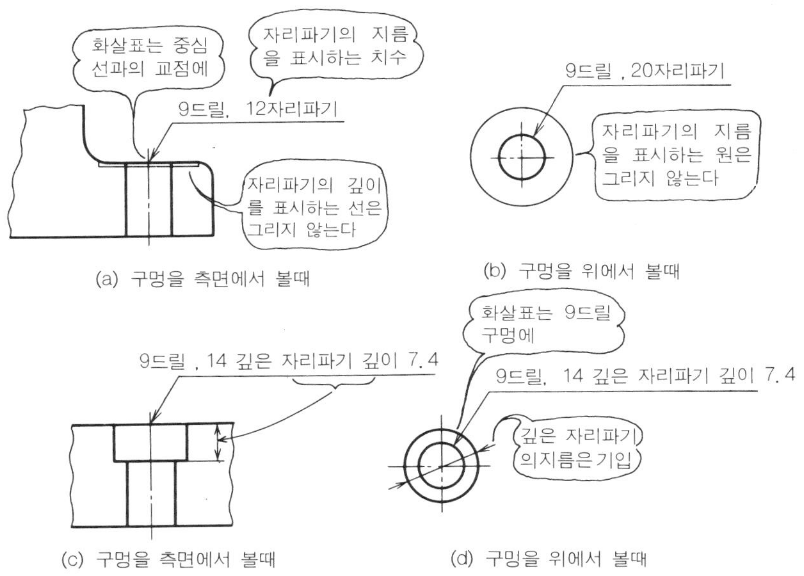

그림 3.83 자리 파기·깊은 자리 파기의 치수 기입

나타내는 기호 t* 를 기입한다.

⑥ 현·원호의 길이를 표시하는 법

㉠ 현의 길이는 **그림 3.79**(a)와 같이 원칙적으로 현에 직각으로 치수 보조선을 긋고, 현에 평행인 치수선을 사용하여 표시한다.

㉡ 원호의 길이를 표시할 때는 그림(b)와 같이 현과 같은 치수 보조선을 긋고, 그 원호와 같은 중심의 원호를 치수선으로 하고 치수 수치 위에 원호의 길이를 표시하는 기호 ⌒를 붙인다.

㉢ 연속하여 원호의 치수를 기입할 때는 그림(d), 원호를 구성하는 각도가 클 때는 그림(e)와 같이 원호의 중심에서 방사상형으로 그은 치수 보조선에 치수선을

* t는 thickness(두께)의 머리 글자

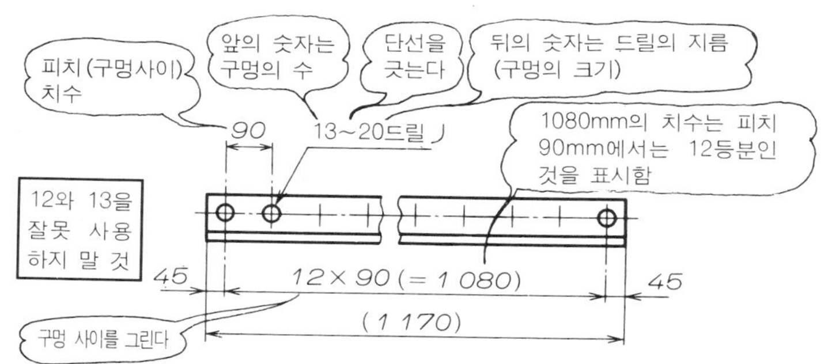

그림 3.84 연속하는 구멍의 치수 기입

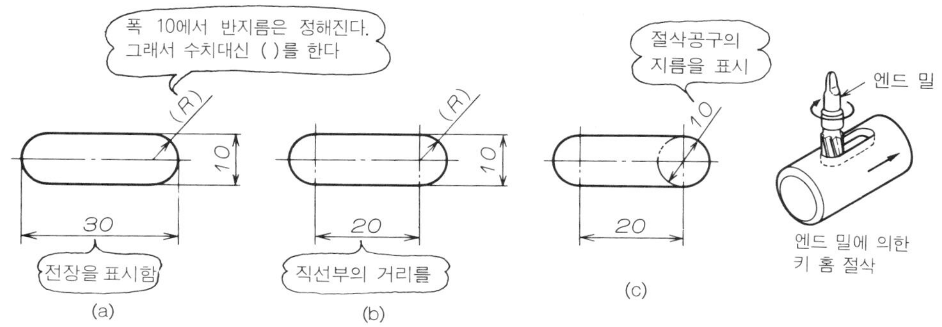

그림 3.85 긴 원의 구멍이나 홈의 치수 기입

맞추어도 된다.

⑦ 곡선의 표시법

㉠ 원호로 구성되는 곡선의 치수는 일반적으로 원호의 반지름과 그 중심 또는 원호의 접선의 위치로 표시한다. **그림 3.80**(a)는 원호의 중심점과 그 반지름을 주어 곡선을 그린 것이다. 그림(b)는 원호에 접하는 다각형(여기에서는 사각형)의 치수와 반지름을 주어 곡선을 그린 것이다.

㉡ 원호로 그릴 수 없는 곡선은 그림(c), (d)와 같이 곡선 위에 있는 임의의 점의 좌표 치수로 표시한다. 이 치수는 원호로 구성되는 곡선에도 필요하면 사용해도 된다.

⑧ 구멍의 표시법

㉠ 드릴 구멍·리머 구멍*1·펀치 구멍*2·주물 구멍*3 등 구멍의 가공법의 구별을 표시하는 데는, **그림 3.81**과 같이 원칙적으로 지시선이나 치수선에 공구의 호칭 치수, 기준 치수 가공 방법을 기입한다.

㉡ 구멍의 깊이를 지시할 때는, **그림 3.82**와 같이 구멍의 지름을 나타내는 치수 다음에 "깊이" 라고 쓰고, 그 뒤에 수치를 기입한다. 구멍의 깊이는 그림(b)와 같이 드릴 선단의 원추 부분, 리머 선단의 모떼기 부분 등은 포함하지 않는다. 그

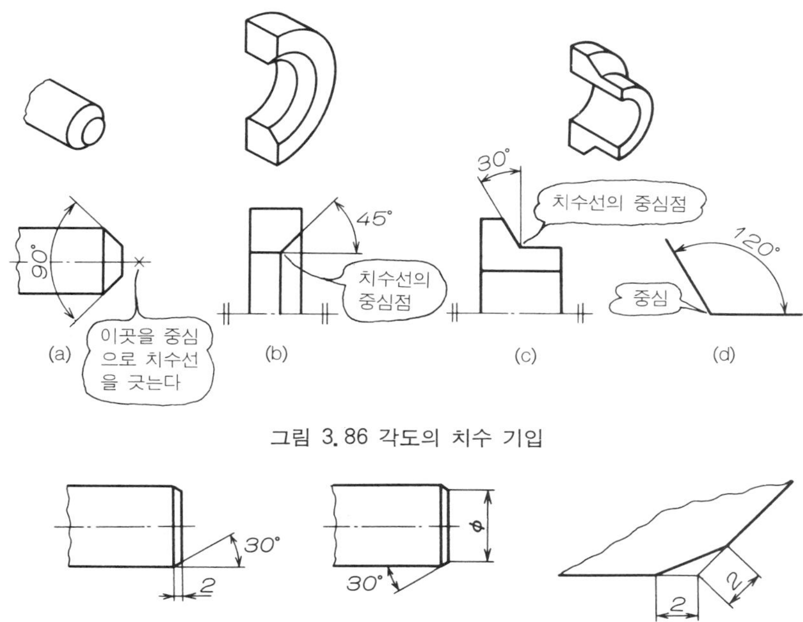

그림 3.86 각도의 치수 기입

(a) 깊이와 각도에 의한다 (b) 단면(端面) 지름과 각도에 의한다 (c) 치수에만 의한다

그림 3.87 임의의 각도의 모떼기 치수 기입

리고 관통 구멍일 때는 그림(c)와 같이 구멍 깊이는 기입하지 않는다.

㉢ 자리파기에는 대상물 표면의 흑피를 뗄 정도의 얕은 자리파기와 볼트의 머리가 보이지 않을 정도로 파는 깊은 자리파기가 있다. 어느 것이나 볼트 등을 끼우는 구멍과 하나의 세트가 된다.

자리파기의 지시는 그림 3.83(a), (b)와 같이 구멍이나 드릴의 지름을 표시하는 치수에 이어서, 자리파기의 지름을 나타내는 치수 다음에 "자리파기"라고 쓰고, 깊이는 지시하지 않으며 도형도 그리지 않는다.

깊은 자리파기의 지시는 구멍이나 드릴의 지름을 표시하는 치수에 이어서, 깊은 자리파기의 지름을 나타내는 치수 다음에 "깊은 자리파기"라 쓰고, 다음에 "깊이"라고 쓴 후에 그 수치를 기입한다(그림 3.83(c), (d)). 그러나, 깊은 자리파기의 깊이 치수가 필요할 때는 치수선을 사용한다.

㉣ 한 무리의 같은 종류, 같은 형상의 구멍이 연속할 때의 치수 기입은 그림 3.84와 같이 한다.

㉤ 긴 원의 구멍이나 홈의 치수는 구멍의 기능 또는 가공 방법에 따라 그림 3.85의 어느 한가지 방법에 의해 치수를 기입한다. 그림(a), (b)와 같이 반지름의 치수가 다른 치수에서 자연히 결정될 때에는 반지름을 나타내는 치수선과 ( )를 붙인 반지름 기호 R로 원호인 것을 표시하고, 치수 허용차를 고려하여 치수 수치는 기입하지 않는다.

(4) 각도·모떼기·테이퍼·구배의 표시법

① 각도의 표시법 : 각도를 기입하는 치수는 **그림 3.86**과 같이 각도를 구성하는 두 변 또는 그의 연장선의 교점을 중심으로 해서 두변 또는 그 연장선 사이에 그린 원호를 치수선으로 표시한다.

② 모떼기의 표시법 : 두 평면이 교차하는 곳의 모서리를 깎아내는 것을 **모떼기**라 한다.

각도를 임의로 잡는 일반적인 모떼기의 치수는 **그림 3.87**과 같이 기입한다. 또, 각도가 45° 의 모떼기일 때는, 모떼기의 치수 수치×45° (**그림 3.88**(a), (b)), 또는 치수 수치 앞에 45°의 모떼기기호 C*를 치수 수치와 같은 크기로 기입하여 표시한다(그림 (c) ~ (e)).

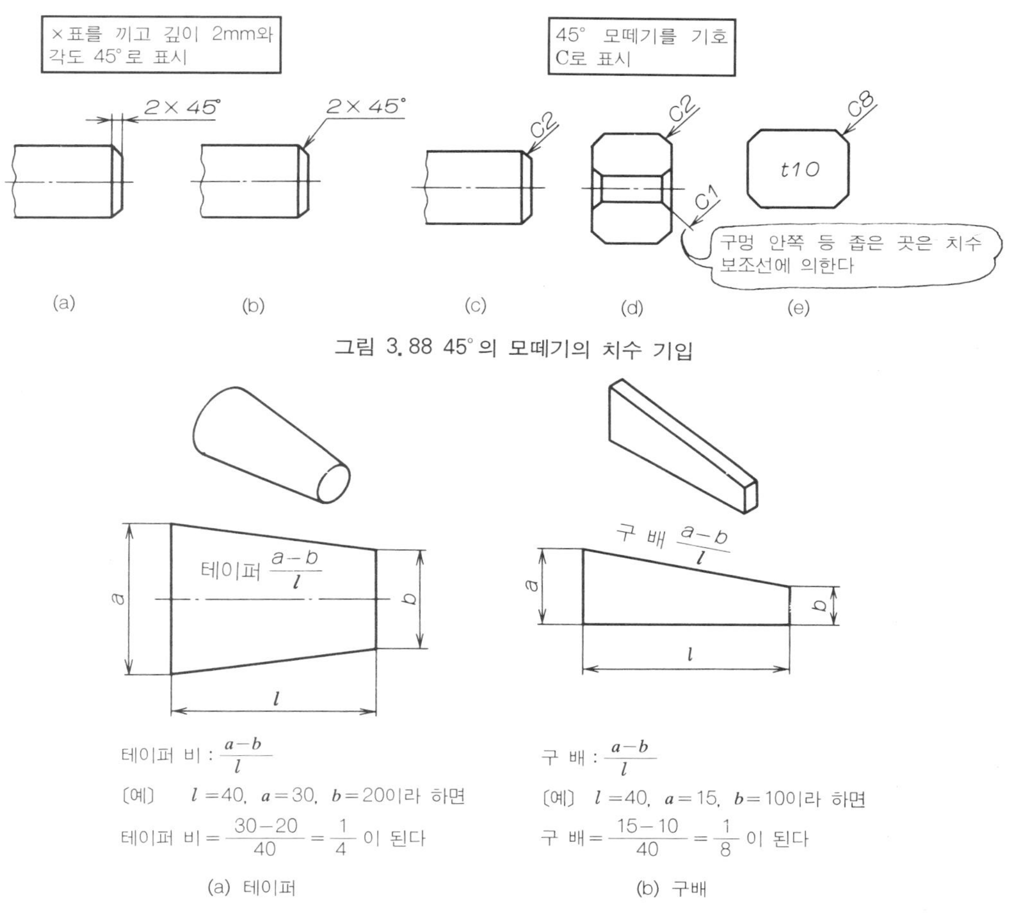

그림 3.88 45° 의 모떼기의 치수 기입

그림 3.89 테이퍼와 구배

* C는 Chamfer(모떼기)의 머리 글자

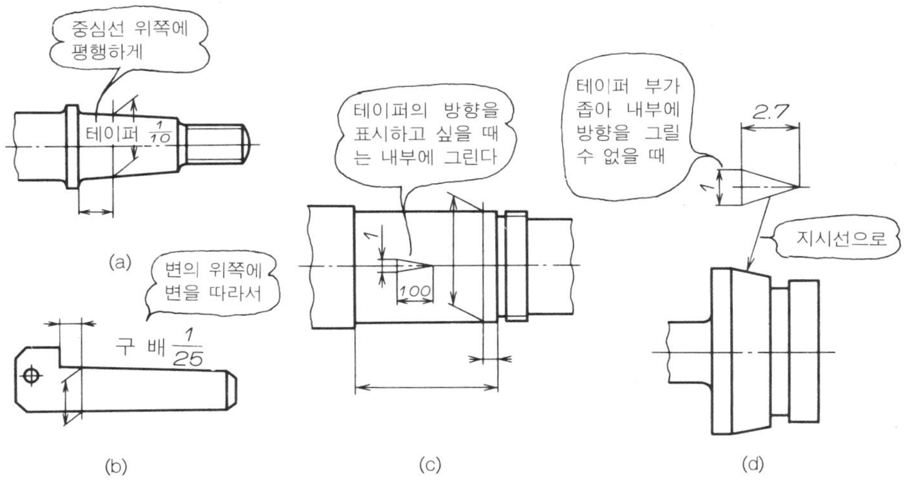

그림 3.90 테이퍼·구배의 치수 기입

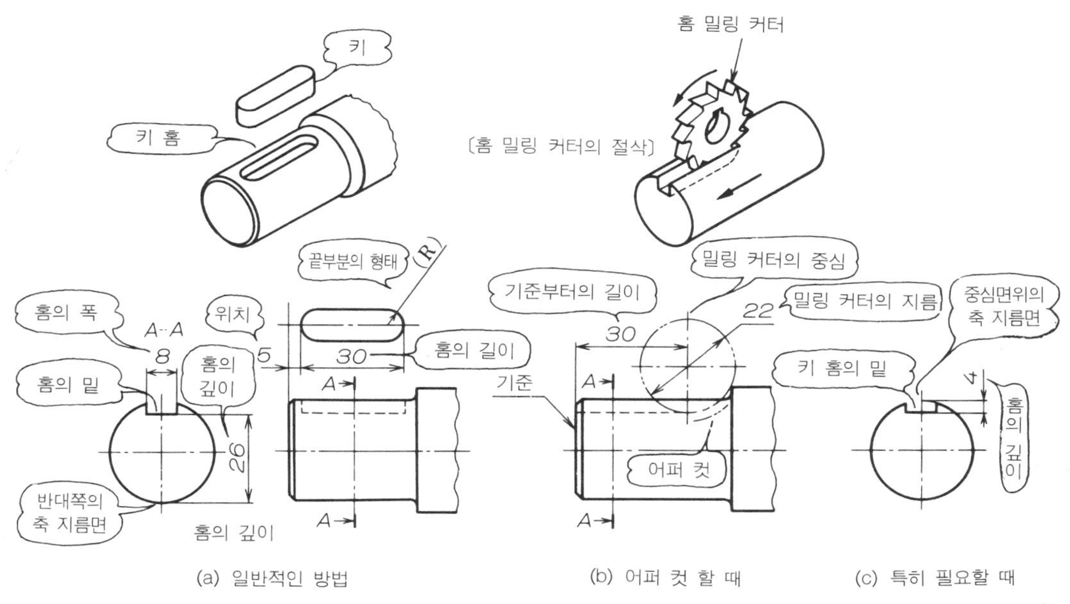

그림 3.91 축의 키 홈의 치수 기입

③ 테이퍼·구배의 표시법 : 테이퍼는 원칙적으로 중심선을 따라서 기입하고, 구배는 원칙적으로 변에 따라서 기입한다(그림 3.89, 그림 3.90(a), (b)).

테이퍼 또는 구배의 값과 방향을 특히 명확히 표시할 필요가 있을 때에는 그림 3.90(c)와 같이 별도로 도시한다. 또, 특별한 경우에는 그림 3.90(d)와 같이 사면에서 지시선을 그려 기입한다.

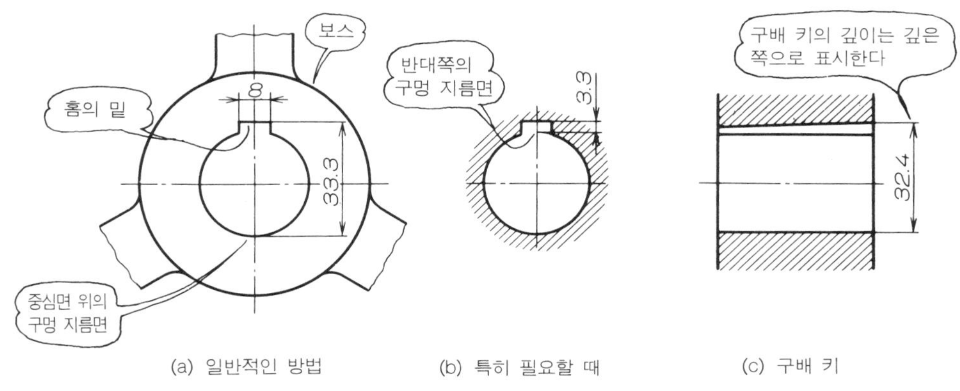

그림 3.92 구멍의 키 홈의 치수 기입

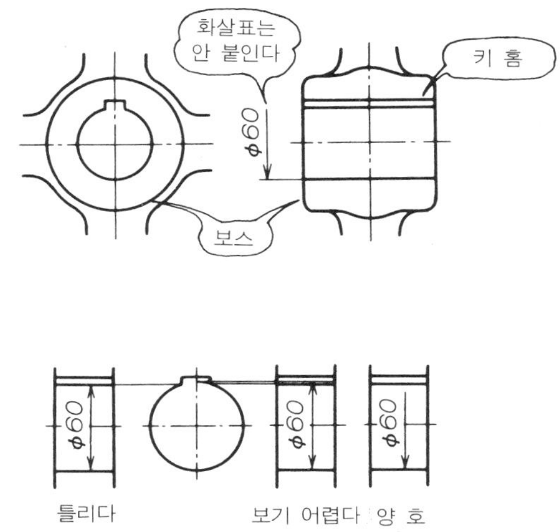

그림 3.93 키 홈이 있는 보스의 내경 치수 기입

(5) 키 홈의 표시법

키 홈에는 축의 키 홈과 구멍의 키 홈이 있다.

① 축의 키 홈의 표시법

㉠ 축의 키 홈의 치수는 그림 3.91(a)와 같이 키 홈의 폭, 깊이, 길이, 위치 및 끝부분의 치수로 표시한다.

㉡ 키 홈의 끝부분을 밀링 커터 등으로 어퍼 컷 하려는 그림 3.91(b)와 같이 기준의 위치에서 공구의 중심까지의 거리와 공구의 지름으로 표시한다.

㉢ 키 홈의 깊이는 키 홈과 반대쪽의 축 지름면에서, 키 홈의 밑까지의 치수로 나타낸다. 특히 필요한 때는 그림 3.91(c)와 같이 키 홈의 중심면 위의 축 지름면에서 키 홈의 밑까지의 치수(절삭 깊이)로 표시할 수 있다.

② 구멍의 키 홈 표시법

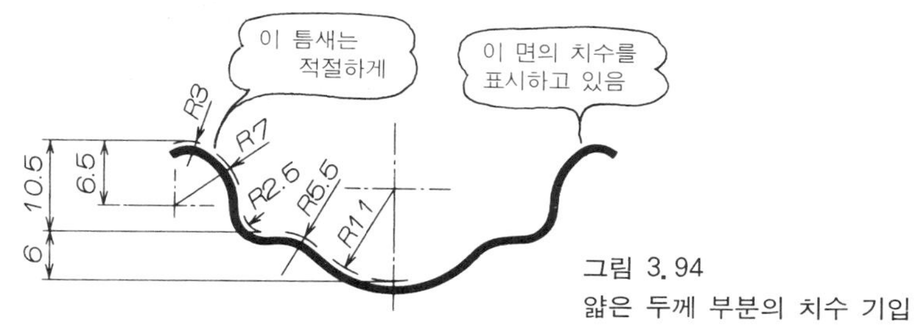

그림 3.94
얇은 두께 부분의 치수 기입

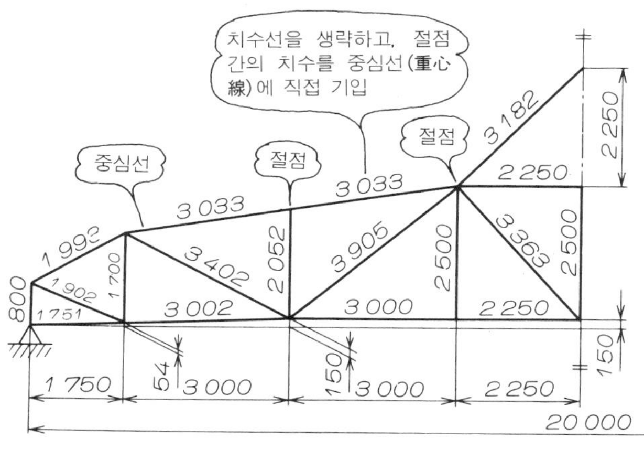

그림 3.95 강철 구조물의 치수 기입

㉠ 구멍의 키 홈의 치수는 그림 3.92(a)와 같이 키 홈의 폭 및 깊이의 치수로 표시한다.

㉡ 키 홈의 깊이는 키 홈과 반대쪽의 구멍 지름면에서 키 홈의 밑까지의 치수로도 표시한다. 특히 필요할 때는 그림 3.92(b)와 같이 홈의 중심면위의 구멍 지름면에서 키 홈의 밑까지의 치수로 표시해도 된다.

㉢ 구배 키의 깊이는 그림 3.92(c)와 같이 키 홈이 깊은쪽으로 표시한다.

㉣ 키 홈이 단면에 나타나 있는 보스 구멍의 내경 치수 기입은 그림 3.93과 같이 한다.

(6) 얇은 두께 부분의 표시법

얇은 두께 부분의 단면을 아주 굵은 선으로 그린 도형에 치수를 기입할 때는 그림 3.94와 같이 단면을 표시하는 아주 굵은 선을 따라 짧고 가는 실선을 긋고, 그 가는 실선에서 치수선이나 치수 보조선을 그어낸다. 이때의 치수는 가는 실선을 그은 쪽의 면까지를 나타낸다.

(7) 강철 구조물의 표시법

강철 구조물 등의 구조선도에서 절점 사이의 치수를 표시하는 경우는 그림 3.95와

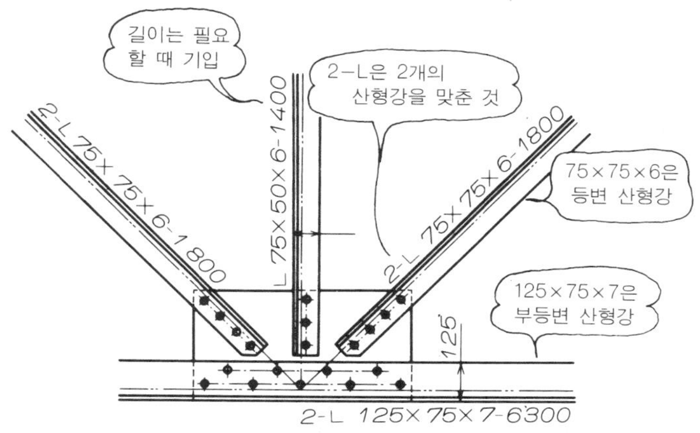

그림 3.96 형강의 치수 기입

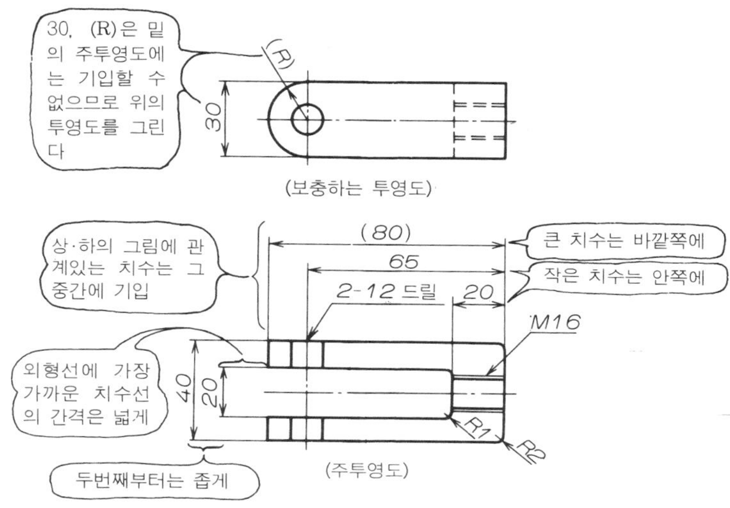

그림 3.97 주투영도에 집중시킨 치수 기입

같이 그 치수는 부재를 표시하는 선을 따라서 직접 기입한다. 여기에서 절점이란, 구조 선도에 있어서 부재의 무게 중심선의 교점을 말한다.

(8) 형강 등의 표시법

형강·환강·강관·각강·평강의 치수는 표 3.2의 표시법에 의하여 각각의 도형에 따라 그림 3.96과 같이 기입한다. 이때, 길이의 치수는 필요없으면 생략해도 된다. 또, 부등변 산형강(Unequal angle steel) 등에서 변의 위치를 명확히 하기 위해서는 그림에 표시된 변의 치수를 기입한다.

〔3〕 치수 기입의 일반적인 주의 사항

지금까지 치수를 기입하는 데 꼭 알아야 할 기본적인 사항을 설명하였다. 이제 이

표 3.2

종 류	단면현상	표시방법	종 류	단면형상	표시방법
등 변 산 형 강	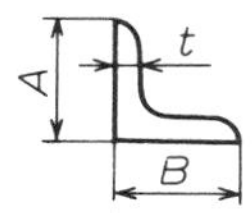	∟L $A\times B\times t$-L	경 Z 형 강	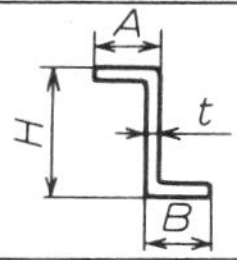	˥ $H\times A\times B\times t$-$L$
부 등 변 산 형 강	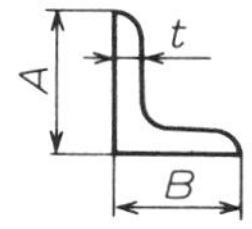	∟L $A\times B\times t$-L	경 홈형강	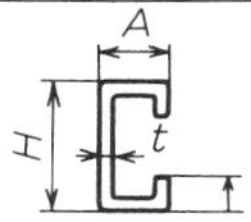	⊏ $H\times A\times C\times t$-$L$
부 등 변 부등 두께 산 형 강	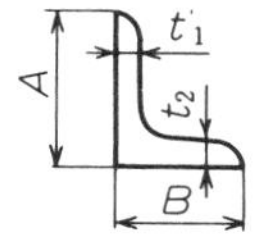	∟ $A\times B\times t_1\times t_2$-$L$	경 Z 형 강	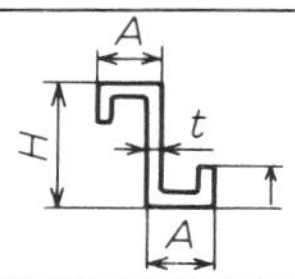	ㄱ $H\times A\times C\times t$-$L$
I 형 강	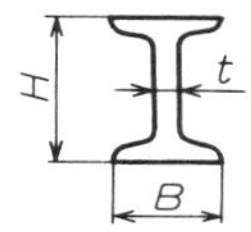	I $H\times B\times t$-L	해트(hat) 형 강	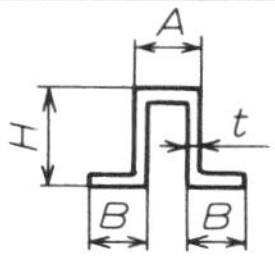	⎍ $H\times A\times B\times t$-$L$
채널 형강 (홈 형강)	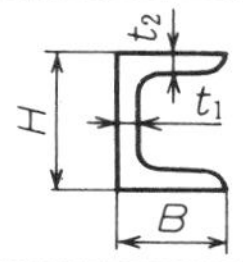	⊏ $H\times B\times t_1\times t_2$-$L$	환 강		普通 ϕA-L
구평형강	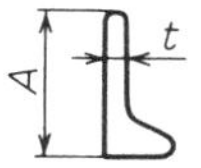	J $A\times t$-L	강 관	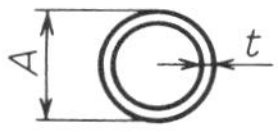	$\phi A\times t$-L
T 형 강	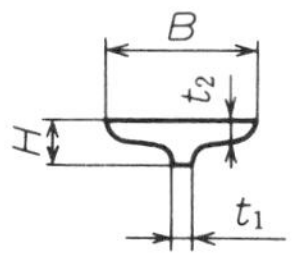	T $B\times H\times t_1\times t_2$-$L$	각 강 관	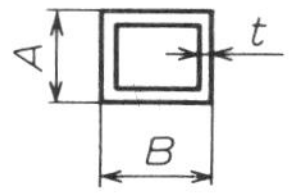	□ $A\times B\times t$-L
H 형 강	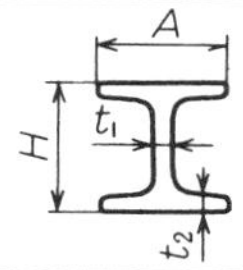	H $H\times A\times t_1\times t_2$-$L$	각 강	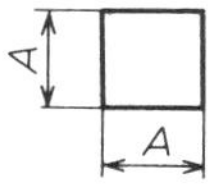	□ A-L
경 홈형강	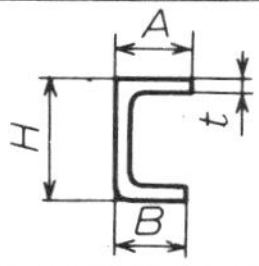	⊏ $H\times A\times B\times t$-$L$	평 강	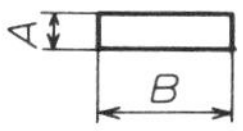	▭ $B\times A$-I

방법을 사용하여 실제로 도면에 기입하는 데 필요한 주의 사항을 기술하고자 한다.

(1) 치수 기입의 원칙

치수 기입은 그림 3.97과 같이 외형선에 가장 가까운 치수선과의 간격은 넓게, 다

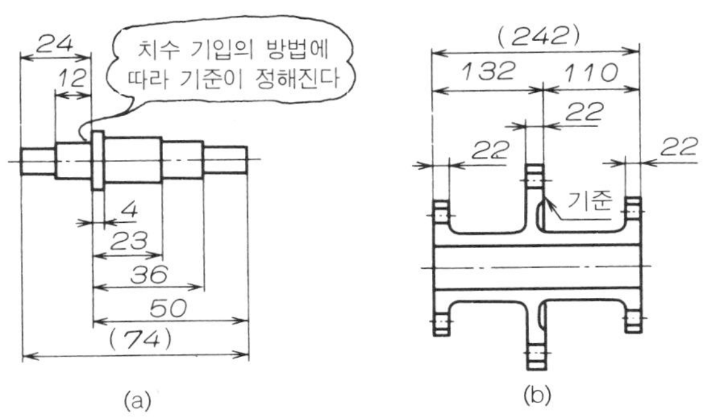

그림 3.98 기준을 고려한 치수 기입

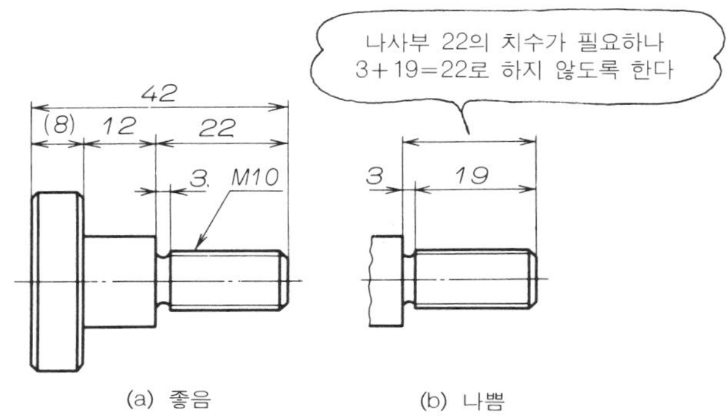

그림 3.99 계산하지 않아도 되는 치수 기입

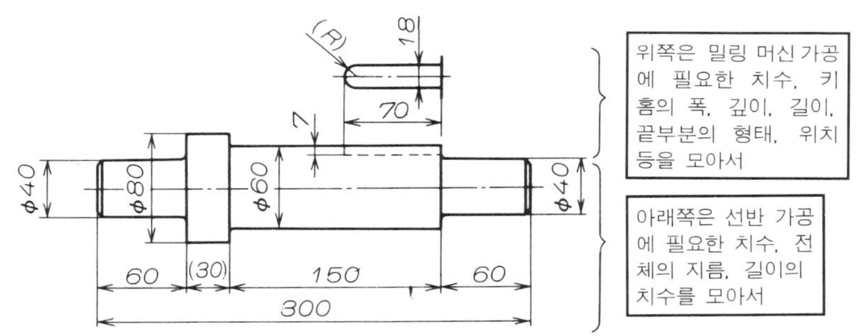

그림 3.100 공정을 고려한 치수 기입

음부터는 조금 좁게 하여 차례로 같은 간격으로 긋는다. 도형 가까이에 작은 치수를, 다음은 순차적으로 바깥쪽에 큰 치수를 기입한다. 치수선은 가급적 교차하지 않도록 한다. 또, 계산하지 않으면 치수를 구할 수 없는 치수 기입은 피해야 한다.

① 치수 기입은 주투영도에 집중하여 : 치수는 그림 3.97과 같이 가급적 주투영도에 집중적으로 기입하고, 주투영도에 기입할 수 없는 치수는 다른 보충하는 투영도에 기입한다. 단, 동일 부분의 치수는 중복하여 기입하지 않는다.

② 치수는 대조하는 데 편리하게 : 주투영도와 보충하는 투영도가 필요한 도면에서는 관련되는 치수는 그림 3.97과 같이 하고, 가급적 (80), 65, 20 등의 치수는 양쪽 도형의 중

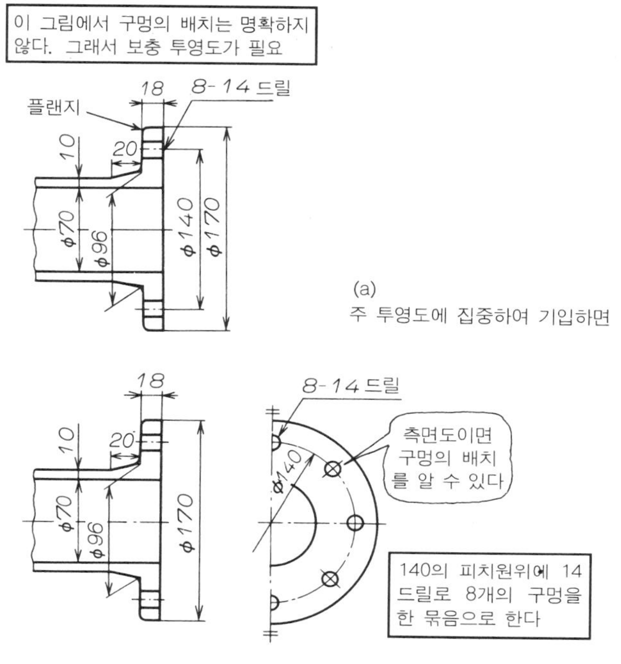

그림 3. 101 관련되는 치수 기입

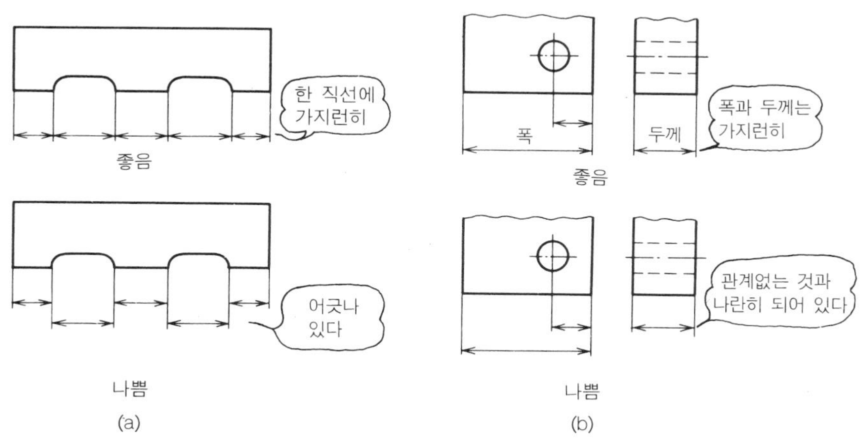

그림 3. 102 이웃하여 연속된 치수 기입

간에 기입한다.

③ 치수 기입은 기준에서부터 : 치수는 가공이나 조립할 기준이 되는 개소를 기본으로 해서 기입한다. 특히, 기준을 표시할 때는 그림 3. 98(b)와 같이 "기준"이라고 기입한다.

④ 참고로 기입하는 치수 : 비교적 중요도가 적은 치수를 참고로 기입할 때, 누적된 공차에 의한 치수가 일치하지 않을 때는 치수 수치에 ( )를 붙인다(그림 3. 67(a), 그림 3. 97~그림 3. 100).

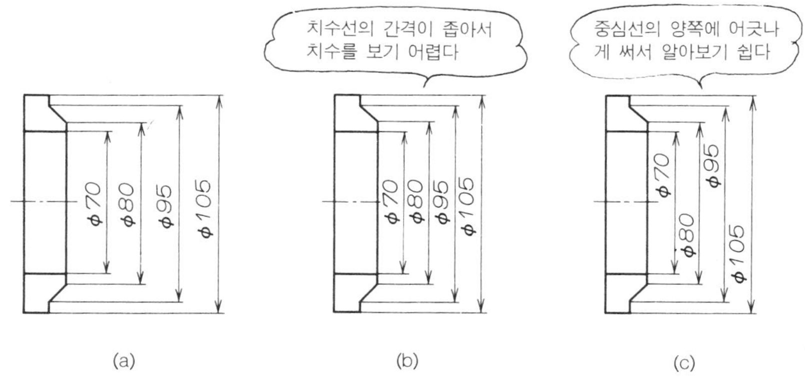

그림 3. 103 대칭 도형의 치수 기입

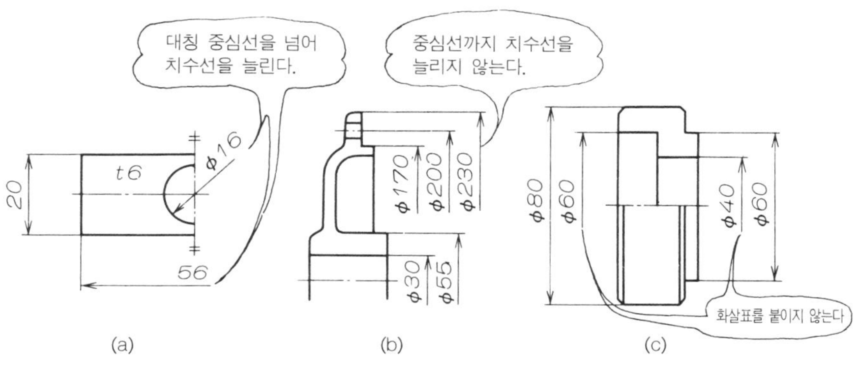

그림 3. 104 대칭 도형의 한쪽에만 치수 기입

⑤ 치수는 계산하지 않아도 알 수 있도록 : 도면을 읽을 때 계산하지 않아도 각부의 치수를 알 수 있도록 기입한다(그림 3. 99). 잘못 읽거나 계산 착오가 생기지 않고 능률 향상을 위해서이다.

⑥ 치수 기입은 공정을 고려하여 : 그림 3. 100과 같은 대상물은 두개의 공정이 필요하게 된다. 각 공정에 필요한 치수를 쉽게 읽을 수 있도록, 가급적 공정별로 나누어서 치수를 기입한다.

⑦ 치수는 모아서 : 서로 관련되는 치수는 한곳에 모아서 기입한다. 그림 3. 101의 플랜지인 경우, 그림(a)는 치수를 주투영도에 집중해서 기입하고 있다. 그림(b)는 볼트 구멍의 피치원의 지름, 볼트 구멍의 지름, 구멍 수, 구멍의 배치 등을 우측의 보충하는 투영도에 모아서 기입하고 있다.

⑧ 치수가 서로 옆에 연속하고 있을 때 : 치수선이 서로 옆에 나란히 있을 때는 그림 3. 102(a)와 같이 치수선은 가급적이면 직선상에 나란히 기입하는 것이 좋다. 또 그림(b)와 같이 주투영도와 보충하는 투영도의 서로 관련되는 부분의 치수선도 한 직선 위에 나란히 기입하면 좋다.

⑨ 대칭 도형의 치수 기입

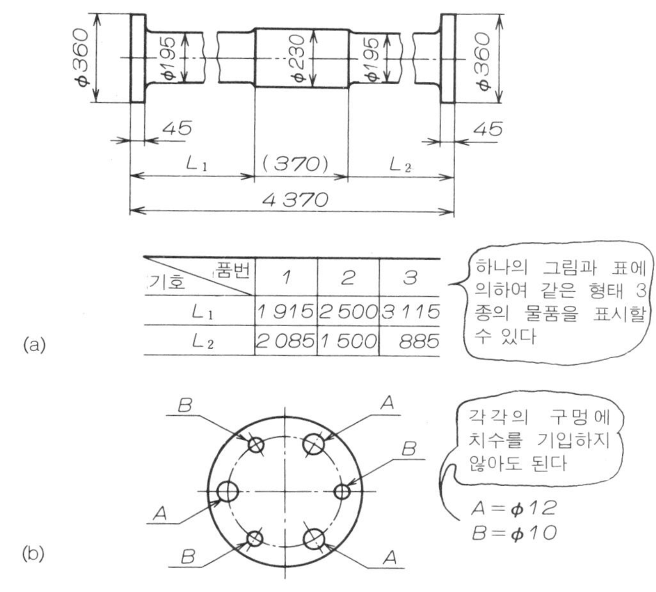

기호 \ 품번	1	2	3
L_1	1 915	2 500	3 115
L_2	2 085	1 500	885

그림 3. 105 문자 기호에 의한 치수 기입

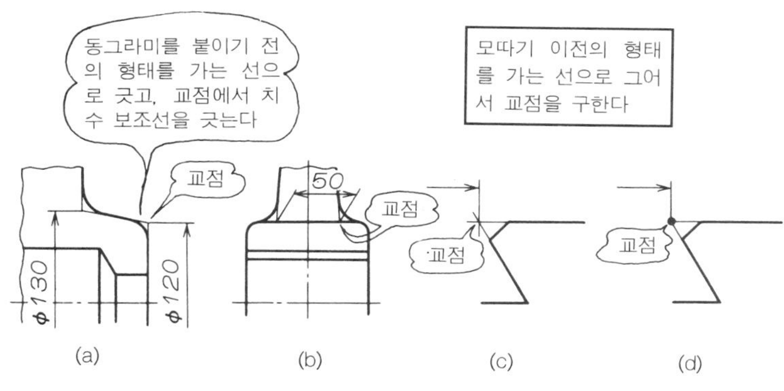

그림 3. 106 면이 교차하는 부분의 치수 기입

㉠ 그림 3. 103과 같이 지름 치수가 대칭 중심선 위에 여러 개가 나란히 있을 때는 그림(a)와 같이 치수 숫자를 가지런히 기입하는데, 지면 관계로 치수선의 간격을 좁혀야 할 때는 그림(b)는 보기 어려우므로, 그림(c)와 같이 대칭 중심선의 양쪽에 엇갈리게 그려도 된다. 또, 치수선이 특히 길 때의 치수 수치는 어느 한쪽의 화살표쪽 가까이에 기입해도 된다.

㉡ 대칭형인 물체에서 대칭 중심의 한쪽만을 표시하는 그림에서는 치수선은 원칙적으로 그림 3. 104와 같이 중심선을 넘어서 적당히 연장한다. 연장한 치수선의 끝에는 화살표를 붙이지 않는다. 그러나, 오해의 염려가 없을 때는 그림(b)와 같이 치수선은 중심선을 안넘어도 된다.

㉢ 그림(c)의 위쪽은 단면도, 아래쪽은 외형도이기 때문에 φ40, φ60의 구멍의

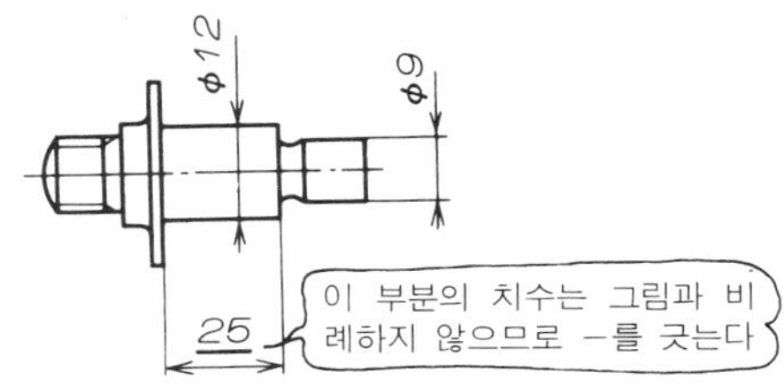

그림 3. 107 도형과 치수 수치가 비례하지 않는 경우의 치수 기입

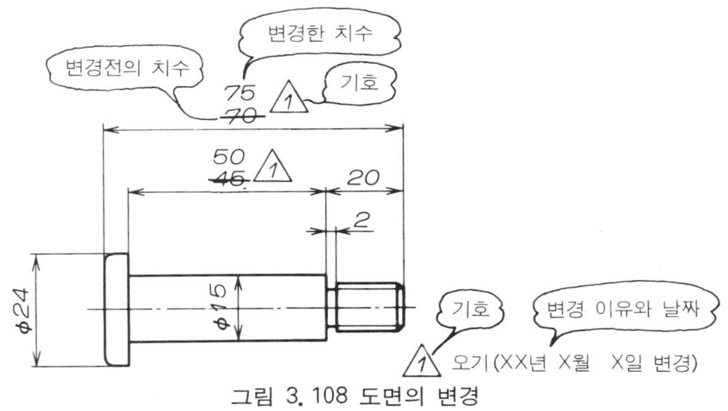

그림 3. 108 도면의 변경

치수선은 중심선을 넘을 때까지 연장하여 끝부분에는 화살표를 붙이지 않는다.

⑩ 치수를 문자 기호로 : 형상이 거의 같고, 그 일부의 치수만 다른 대상물의 치수를 기입할 때는 그림 3. 105와 같이 치수 수치 대신에 문자 기호를 사용해도 된다. 이때, 수치는 별표로 한다.

⑪ 면이 교차하는 부분의 치수 : 서로 경사진 두개의 면의 교차부에 동그라미 또는 모떼기가 되어 있을 때, 그 교차부의 치수는 그림 3. 106과 같이 동그라미 또는 모떼기를 하기 전의 형상을 가는 실선으로 표시하고, 그 교점에서 치수 보조선을 그어 낸다. 또 교점을 명확히 나타낼 필요가 있을 때는 각각의 선을 교착시키거나 (그림 (c)), 또는 교점에 검은 동그라미를 붙인다(그림 (d)).

⑫ 치수 수치와 도형이 일치하지 않을 때 : 일부의 도형이 그 치수 수치에 비례하지 않을 때는 그림 3. 107과 같이 치수 숫자 밑에 굵은 실선을 긋고, 다만 일부를 절단하여 생략하는 도형에서 특히 치수와 도형이 비례하지 않다는 것을 표시할 필요가 없을 때는 그 굵은 실선을 생략한다.

⑬ 도면을 변경할 때 : 가공 현장 등에서 이용하고 있는 도면의 내용을 변경할 때는 변경개소에 적당한 기호를 붙이고 변경 전의 도형, 치수 등은 적당히 남겨둔다. 이때, 변경 날짜, 이유 등을 명기한다(그림 3. 108).

4. 면의 바탕과 끼워맞춤을 정하는 법

기계 부품의 표면에는 흑피 그대로인 것, 거칠게 절삭된 것, 정밀하게 연삭된 것 등 여러 가지가 있으나 각각 그 용도에 적합한 상태로 표면을 다듬는다.

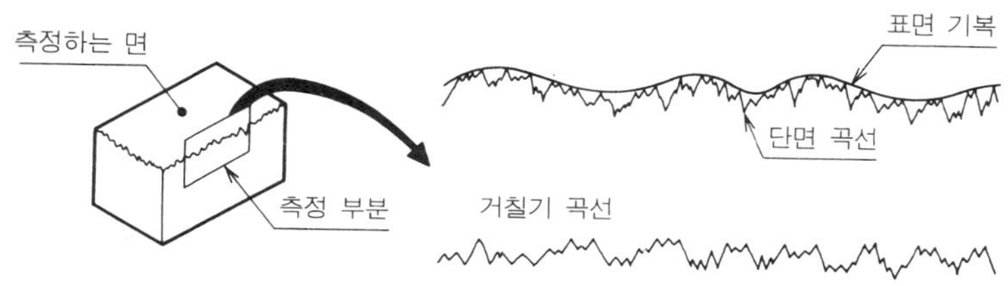

그림 3.109 표면 기복·단면 곡선·거칠기 곡선

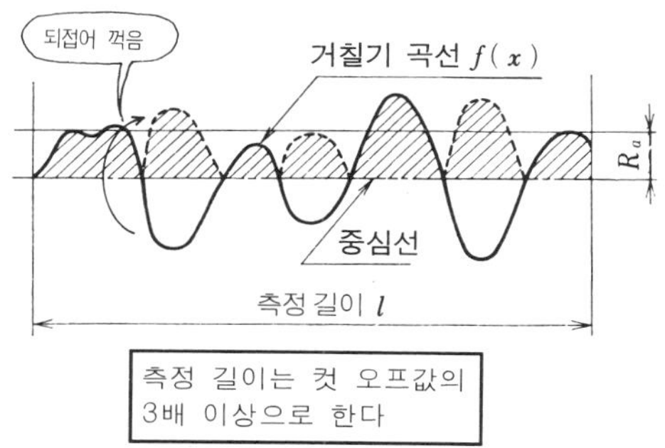

그림 3.110 중심선 평균 거칠기를 구하는 법

〔1〕 면의 바탕과 결정법

기계 부품, 구조 자재 등의 표면에 대한 표면 거칠기, 제거 가공의 여부 및 자국 방향, 표면의 기복 등을 총칭하여 면의 바탕(surface texture)이라 한다. 면의 바탕은 기계의 기능이나 성능에 큰 영향을 끼치므로, 도면에는 명확히 지시해야 한다.

1) 표 면 거 칠 기 　　절삭 가공에서 생기는 작은 요철(凹凸)
2) 제거 가공의 여부 　　절삭 가공을 하는 면과 하지 않는 면의 구별
3) 자 국 방 향 　　절삭 가공에서 생기는 자국의 방향
4) 표 면 기 복 　　표면 거칠기보다 큰 간격의 표면의 기복

(1) 표면 거칠기

표면 거칠기(surface roughness)의 규격에는 **중심선 평균 거칠기**(R_a), **최대 높이** (R_{max}) 및 **10점 평균 거칠기**(R_z)가 규정되어 있으나, 국제적으로는 중심선 평균 거칠기가 널리 채용되고 있다.

표면 거칠기는 대상물 표면의 여러 곳을 무작위로 선택하여 측정하고, 그 측정값의 산술 평균값으로 표시한다.

① 중심선 평균 거칠기 : 그림 3.109와 같이 측정할 면을 직각인 평면으로 절단하였을 때, 그 절단면에 나타나는 윤곽을 **단면 곡선**이라고 한다. 특별한 지시가 없을 때는 표면 거칠기가 가장 크게 나타나는 방향으로 절단한다.

단면 곡선에서 소정의 파장보다 긴 **표면 기복** 성분을 컷 오프(Cut off)한 곡선을 **거칠기 곡선**이라 하고, 이 소정의 파장을 **컷 오프값**이라고 한다.

거칠기 곡선에서 **그림 3. 110**과 같이 일정한 측정 길이 l을 잡고, 그 부분의 凹凸을 고르게 한 평균적인 위치를 지나는 직선을 **중심선**이라고 한다. 거칠기 곡선에서 측정 길이 l의 부분을 떼어내어, 중심선의 아래쪽에 있는 부분을 뒤집어 반대편으로 꺾어 생긴 사선 부분의 면적을 측정 길이 l로 나누어 얻어진 값 R_a를 마이크로미터(μm)단위로 표시한 것을 **중심선 평균 거칠기**(Center－line－average－height)라고 한다.

중심선 평균 거칠기는 전기식 직독 표면 거칠기 측정기로 구한다. 이 측정법에서는 소정의 파장 이상의 표면 기복의 성분을 컷 한다. 이 소정의 파장을 컷 오프값이라 한다. 중심선 평균 거칠기의 범위는 **표 3. 3**과 같은 표준 수열(μm)을 사용하고, 컷 오프값은 0.8mm와 2.5mm로 구분되어 있다. 표면 거칠기의 측정 길이 l은 컷 오프값의 3배 이상의 값으로 한다.

중심선 평균 거칠기로 표면 거칠기를 도면에 표시할 때에는 표 3. 3에서 허용할 수

표 3. 3 중심선 평균 거칠기를 구할 때의 컷 오프값의 표준치와 표준 수열

중심선 평균 거칠기의 범위								
12. 5μmRa이하	표준 수열(μm)	0. 013	0. 025	0. 05	0. 1	0. 2	0. 4	0. 8
	컷 오프값(mm)	0. 8						
″ 12. 5μmRa초과 100μmRa이하	표준 수열(μm)	1. 6	3. 2	6. 3	12. 5	25	50	100
	컷 오프값(mm)	0. 8				2. 5		

JIS B 0601(KS B 0161)

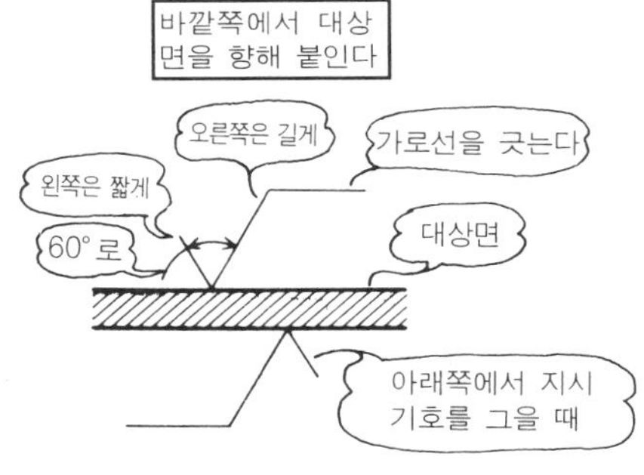

그림 3. 111 면의 지시 기호

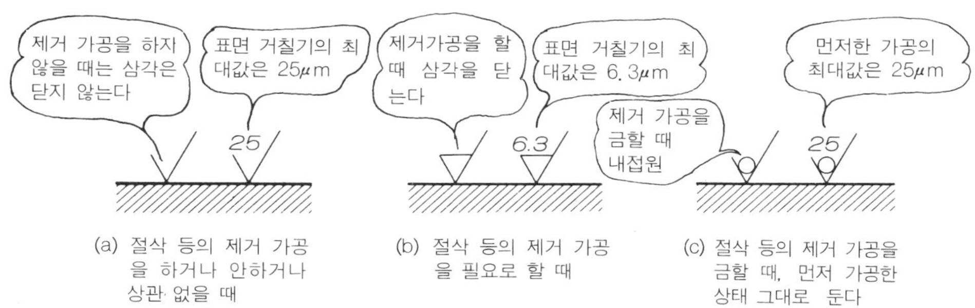

(a) 절삭 등의 제거 가공을 하거나 안하거나 상관 없을 때

(b) 절삭 등의 제거 가공을 필요로 할 때

(c) 절삭 등의 제거 가공을 금할 때, 먼저 가공한 상태 그대로 둔다

그림 3. 112 면의 지시 기호와 제거 가공에 관한 지시

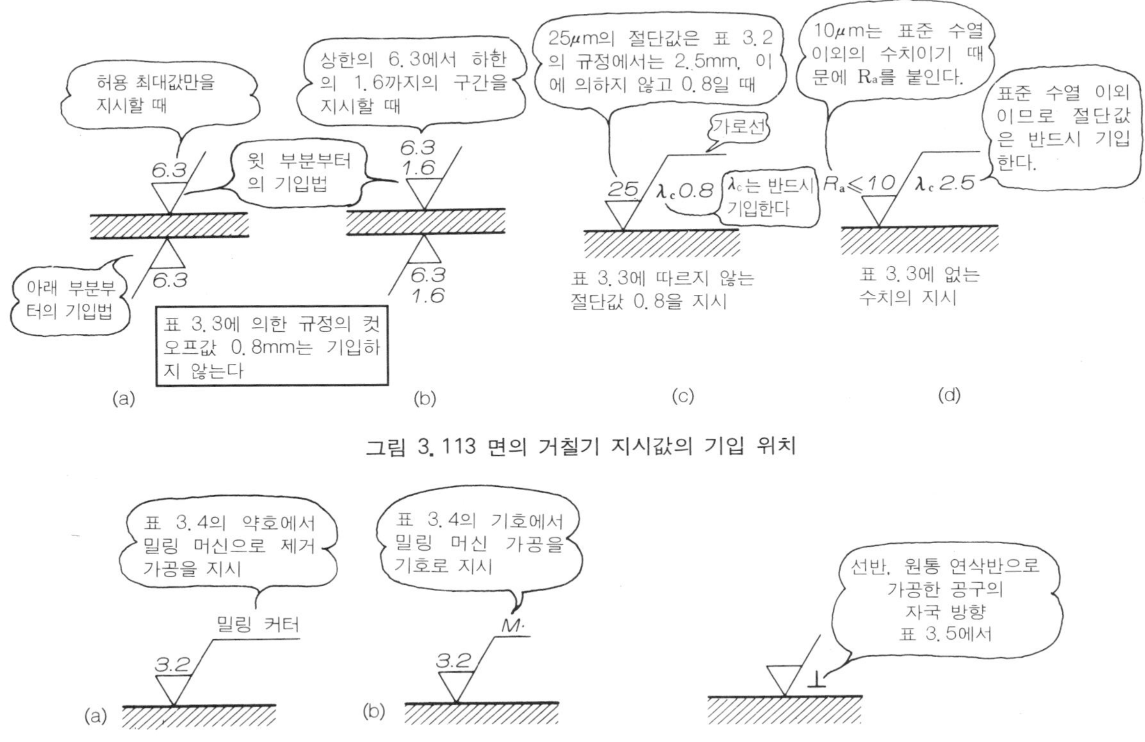

그림 3.113 면의 거칠기 지시값의 기입 위치

그림 3.114 가공 치수의 지시

그림 3.115 가공 자국 방향의 지시

있는 최대값을 골라서 그 수치 뒤에 a를 붙여 표시한다. 예컨대, 중심선 평균 거칠기의 최대값 6.3a는 측정값이 $0\mu mR_a$~$6.3\mu mR_a$의 범위에 있으면 된다는 것을 표시한 것이다.

② 그 외의 거칠기 : 중심선 평균 거칠기 이외에는 최대 높이(R_{max}), 10점 평균 거칠기(R_z)에 의한 표시 방법이 있으나 여기에서는 생략한다.

(2) 면의 바탕 표시법

면의 바탕을 지시할 때는 그 대상물의 표면에 면을 지시하는 기호를 사용하여 표시한다. 또, 그 기호에 면의 바탕에 관한 지시 사항을 기입하여 표시한다.

① 면을 지시하는 기호 : 대상면을 지시하는 기호는 그림 3.111과 같이 60° 로 벌린 길이가 다른 꺾인 선을 지시하는 면의 바깥쪽에 닿게 긋는다. 또, 이 지시 기호 주변에 그림 3.112와 같이 제거 가공 여부, 표면 거칠기의 종류와 값을 기입한다.

특별히 가공 방법 등을 지시할 필요가 있을 때는 그림 3.111, 그림 3.114와 같이 긴쪽에 가로선을 긋는다.

② 면의 거칠기의 지시 : 표면 거칠기는 원칙적으로 표 3.3의 표준 수열 중에서 선택하여 지시한다. 이때는 거칠기의 수치만을 쓰고, 첨자인 "a"는 기입하지 않는다.

거칠기의 지시값의 기입 위치는 허용하는 최대값만을 지시할 때는 그림 3.113 (a)

표 3.4 가공법 기호의 예

가 공 방 법	기 호	약 호	가 공 방 법	기 호	약 호
선반 가공	L	선 반	정밀 다듬질	GSP	정
드릴 가공	D	드 릴	연마	SP	연 마
리머 가공	FR	리 머	버프 연마	SPBF	버 프
보링 가공	B	보 링	배럴 연마	SPBR	배 럴
밀링 가공	M	밀 링	액체 호닝 가공	SPLH	액체 호닝
플레이닝 가공	P	평 삭	블라스트 다듬질	SB	블라스트
셰이퍼 가공	SH	형 삭	줄다듬질	FF	줄
브로치 가공	BR	브로칭	스크래이핑 다듬질	FS	스크래이퍼
연삭 가공	G	연 삭	래핑 다듬질	FL	래 핑
벨트 연삭 가공	GBL	벨 트	연마 페이퍼 다듬질	FCA	페이퍼
호닝 가공	GH	혼	주조	C	주 조

주) 가공 방법 및 기호는 JIS B 0122(KS B 0107) 가공법 기호에 의함.
약호는 관용 예이다.

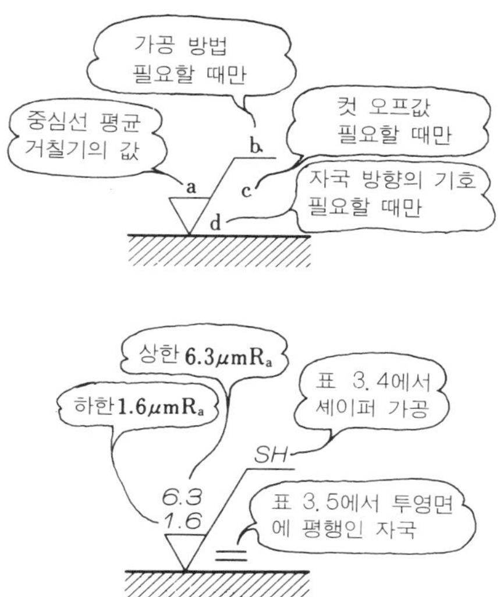

그림 3.116 면의 지시 기호에 대한 각 지시 사항의 배치

가공 방법(b), 컷 오프값(c)을 기입할 때는 지시기호를 아래쪽 또는 오른쪽에서 읽을 수 있도록 기입한다.

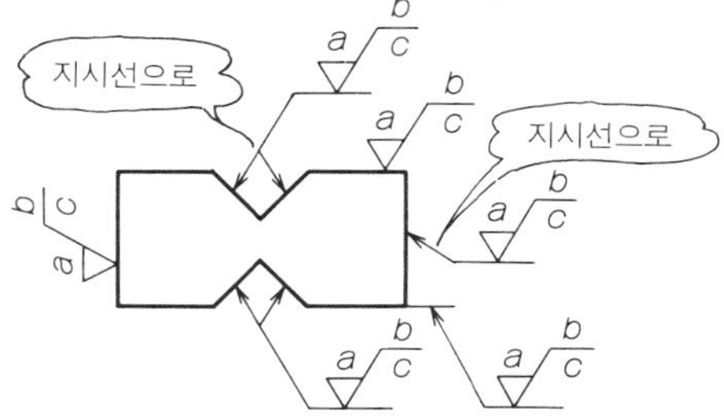

그림 3.117 면의 지시 기호의 기본적인 표시법

와 같이 면의 지시 기호의 위쪽에 기입한다. 또, 어느 구간으로 지시할 때는 그림(b)와 같이 면의 지시 기호의 위쪽에, 상한을 위로, 하한을 아래로 나란히 기입한다. 특히 필요하여 표준 수열에 따르지 못할 때에는 그림(d)와 같이 허용 최대치를 R_a 10과 같이 지시한다.

③ 컷 오프값의 지시 : 표면 거칠기의 지시값에 대한 컷 오프값을 지시할 필요가 있을 때는 표 3.3에서 선택하여, 그림(c)와 같이 면의 지시 기호의 가로선 밑에 지시값의 수치에 대응시켜 기입한다.

표 3.5 가공 자국 방향의 기호(JIS B 0031, KS B 0617)

기 호	의 미	설 명 도
=	가공에 의한 공구의 자국 방향이 기호를 기입한 그림의 투영면에 평행 예 : 셰이퍼 절삭면	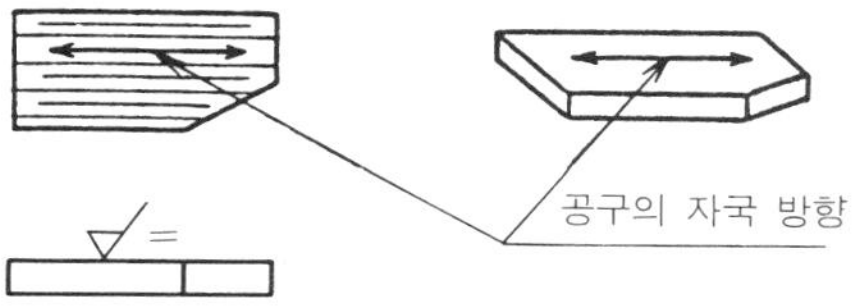 공구의 자국 방향
⊥	가공에 의한 공구의 자국 방향이 기호를 기입한 그림의 투영면에 직각 예 : 셰이퍼 절삭면(옆에서 본 상태) 선삭, 원통 연삭면	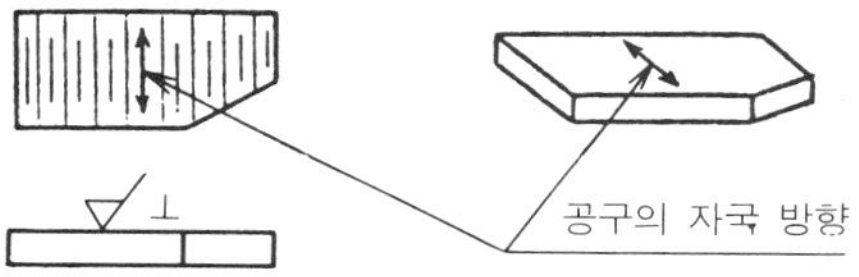 공구의 자국 방향
X	가공에 의한 공구의 자국 방향이 기호를 기입한 그림의 투영면에 경사하여 2 방향으로 교차 예 : 호닝 다듬질면	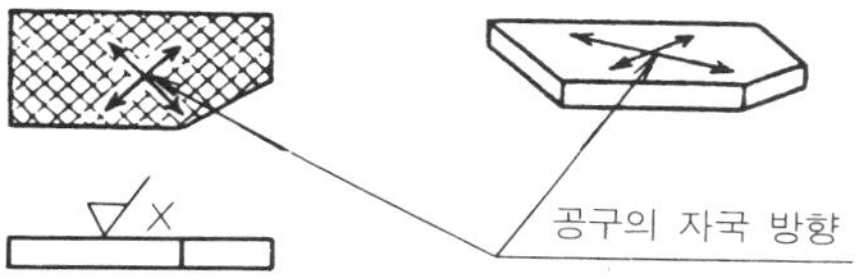 공구의 자국 방향
M	가공에 의한 공구의 자국이 다방면으로 교차 또는 무방향 예 : 래핑 다듬질면, 정밀 다듬질면, 가로보냄을 했을 때의 정면 밀링 커터 또는 엔드 밀 절삭면	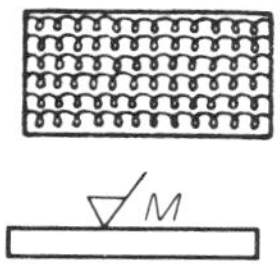 M
C	가공에 의한 공구의 자국이 기호를 기입한 면의 중심에 대하여 거의 동심원 상태 예 : 면 절삭면	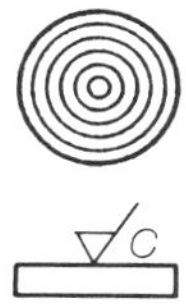 C
R	가공에 의한 공구의 자국이 기호를 기입한 면의 중심에 대하여 거의 방사상 모양	 R

(JIS B 0031, KS B 0617)

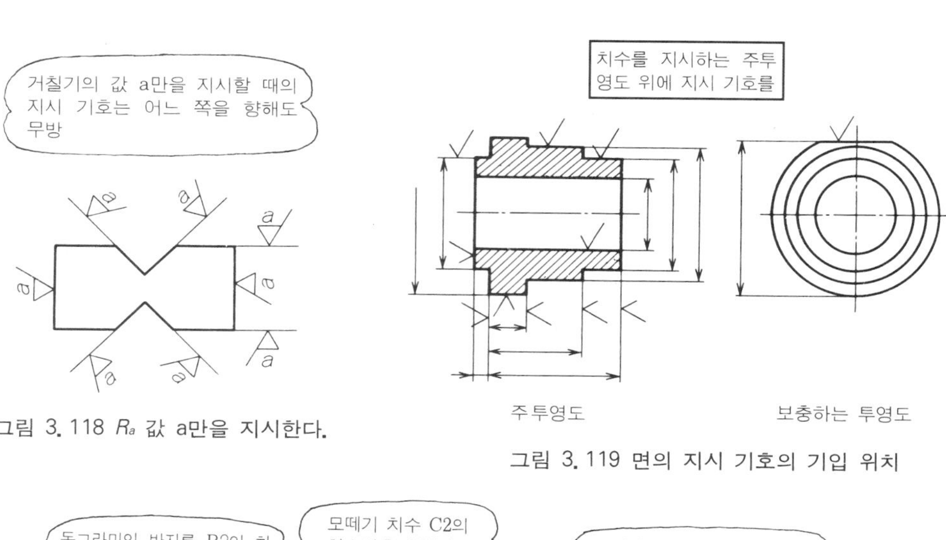

그림 3.118 R_a 값 a만을 지시한다.

그림 3.119 면의 지시 기호의 기입 위치

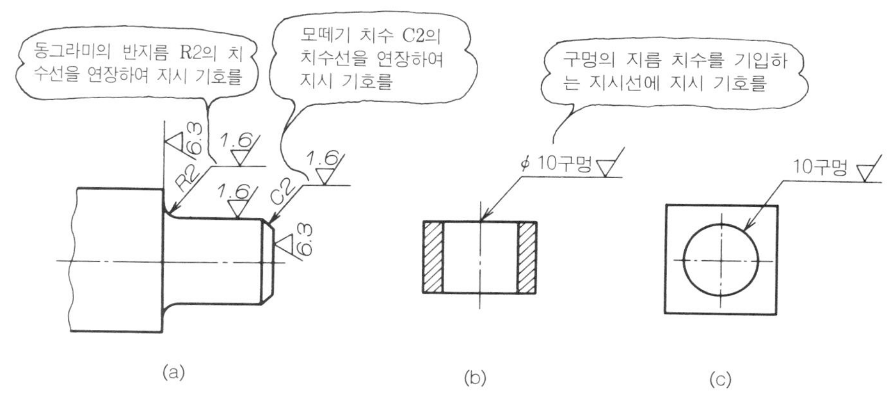

그림 3.120 둥근부, 모떼기부, 둥근 구멍의 기입

④ 가공 방법의 지시 : 면의 바탕에 특정한 가공 방법을 지시할 필요가 있을 때는 그림 3.114와 같이 면의 지시 기호의 가로선 위쪽에 문자 또는 표 3.4의 가공 방법 기호에 따른 기호로 기입한다.

⑤ 자국 방향의 지시 : 가공 자국 방향을 지시할 필요가 있을 때는 표 3.5에 규정하는 기호를 그림 3.115와 같이 지시 기호의 우측에 붙여서 지시한다.

⑥ 면의 지시 기호에 대한 각 지시 사항의 위치 : 면의 바탕에 관한 지시 사항은 표면 거칠기의 값, 컷 오프값, 가공 방법, 자국 방향의 기호 등을 그림 3.116과 같은 위치에 배치한다.

(3) 면의 바탕의 기입 방법

① 면의 지시 기호나 지시 사항은 그림 3.117과 같이 아래쪽 또는 오른쪽에서 읽을 수 있도록 기입한다. 그러나, 중심선 평균 거칠기의 값 a만을 지시할 때는 그림 3.118과 같이 해도 된다.

② 면의 지시 기호는 그림 3.118과 같이 대상면, 그의 연장선, 또는 그 면부터의

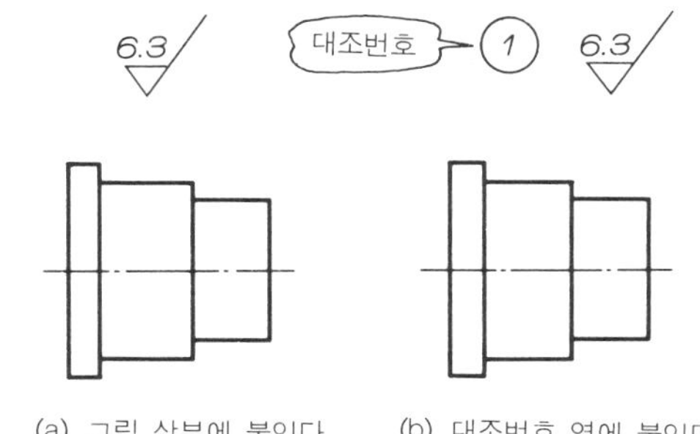

그림 3.121 전면이 같은 바탕의 지시

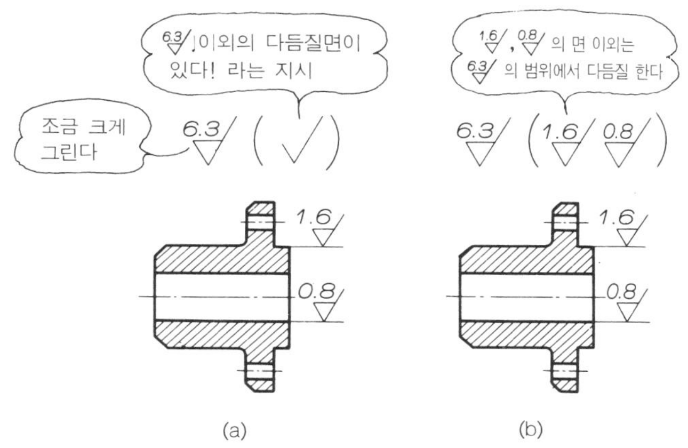

그림 3.122 대부분이 같고, 일부분만 다른 바탕의 지시

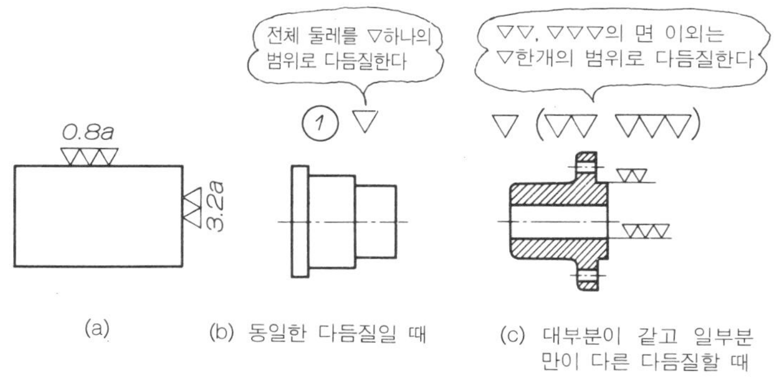

그림 3.123 다듬질 기호의 기입 예

치수 보조선에 접하여 실물의 바깥쪽에 기입한다. 그러나, 이 방법으로는 기입할 수 없을 때는 그림 3.117과 같이 지시선을 그어서 기입하여도 된다.

③ 면의 지시 기호는 그림 3.119와 같이 가급적이면 면의 치수를 지시한 투영도 위에 기입하고, 같은 면 위에는 2곳 이상 기입하지 않는다.

④ 둥근 부분이나 모떼기 부분의 면, 둥근 구멍의 지름 등의 지시 기호는 그림

표 3.6 표면 거칠기의 표준 수열, 다듬질 기호, 가공법, 가공면

<table>
<tr><th>거칠기의
표준 수열</th><th>기 호</th><th>주된 가공법</th><th colspan="2">주된 가공면, 부품</th></tr>
<tr><td>규정 없음</td><td>～</td><td>주조, 단조, 압연 가공, 샌드 블라스트, 용접 가공, 산소 절단, 펀칭 가공</td><td colspan="2">케이싱, 밸브 본체 외면, 핸들, 와셔, 코일 스프링, 레버, T홈</td></tr>
<tr><td>25 a</td><td>▽</td><td>절삭 가공의 거친 다듬질</td><td colspan="2">크랭크 암각 구멍, 볼트, 너트, 일반 기계 부품의 바깥 또는 비접촉면</td></tr>
<tr><td>6.3 a</td><td>▽▽</td><td>일반 절삭 가공</td><td colspan="2">볼트·너트의 나사부, 광택 평와셔, V볼트, 바이스 마우스 피스, 밸브 로드, 기어의 이끝·이뿌리, 키 홈</td></tr>
<tr><td rowspan="4">1.6 a</td><td rowspan="4">▽▽▽</td><td rowspan="4">연삭, 정밀한 각종 절삭(선삭, 밀링 절삭, 보링, 리머 가공, 브로칭, 줄 다듬질) 사포 다듬질, 버프 다듬질, 호닝랩 다듬질, 정밀 다듬질, 전해 연마, 호닝, 정밀 연삭, 버프 다듬질</td><td>회전, 회전하면서 미끄럼 접촉</td><td>베어링의 부시, 기어 보스, 저널, 베어링 메탈, 정밀 나사</td></tr>
<tr><td>미끄럼 접촉</td><td>선반 베드의 미끄럼 면, 실린더, 피스톤, 버섯 밸브 로드, 스플라인, 미끄럼 키</td></tr>
<tr><td>끼워 맞춤</td><td>기어 보스와 축, 콕(cock)의 마개, 선반의 센터, 테이퍼 컬러, 구배 키</td></tr>
<tr><td>기타</td><td>톱니의 면, V-벨트의 바퀴 홈, 금형, 밸브 시트</td></tr>
<tr><td rowspan="2">0.2 a</td><td rowspan="2">▽▽▽▽</td><td rowspan="2">거친 다듬질, 정밀 다듬질, 전해 연마, 호닝, 정밀 연삭, 버프 다듬질</td><td>회전, 미끄럼 접촉</td><td>유압기기(스풀(spool) 실린더)</td></tr>
<tr><td>기타</td><td>수차 러너, 터빈 날개, 시계 부품, 게이지 류</td></tr>
</table>

비고) 다듬질 기호의 3각은 정삼각형으로 한다 (JIS B 0032, KS B 0617).

3.120에 의한다.

⑤ 부품의 전면을 같은 바탕으로 지정할 때, 대부분이 같은 바탕이고 일부분만이 다른 것임을 지정할 때는 그림 3.121, 그림 3.122와 같은 간략법이 있다. 이때, 그림의 위쪽의 대조 번호의 옆면의 기호와 문자는 조금 크게 기입한다.

(4) 다듬질 기호

면의 바탕을 도면에 지시할 때 지시 기호 대신에 사용할 수 있는 기호로 종전부터 사용되고 있는 다듬질 기호가 있다. 다듬질 기호는 JIS 부속서(KS B 0617)에 규정되어 있다.

다듬질 기호에는 제거 가공을 하는 면에 사용하는 삼각 기호 (▽)와, 제거 가공을 하지 않는 면에 사용하는 파형 기호 (～)가 있다.

다듬질 기호를 사용하여 표면 거칠기를 지시할 때는 표 3.6과 같이 그 정도를 삼각 기호의 수 및 파형 기호로 표시한다.

다듬질 기호를 도면에 기입할 때는 그림 3.123에 의한다.

표의 표준 수열 이외의 값을 지시할 필요가 있을 때는 그림 3.123(a)와 같이 다듬질 기호에 그 값을 붙여서 기입한다.

지시하는 표면 거칠기의 범위가 표 3.3의 다른 구분에 걸쳐 있을 때 삼각 기호의

수는 표면 거칠기의 상한에 맞게 한다. 가령, 상한이 (6.3a)이고, 하한이 (1.6a)일 때는 ▽▽로 한다.

〔2〕 치수 공차와 그 결정법

구멍이나 축을 가공할 때 도면에 지름 50mm라고 치수가 기입되어 있다고 하자. 정확히 50mm의 치수로 가공하는 것은 곤란하며 약간의 오차가 반드시 생긴다. 이 오차가 실용상 허용되는 범위 이내이면 지장이 없는 경우가 많다.

기계는 기능상 지장이 없는 범위 내에서 허용 범위를 정해두면 가공이 쉽게 된다. 필요 이상으로 정밀도를 요구하면 시간과 비용이 늘고 결과적으로 기계의 생산 가격이 높아 진다.

(1) 치수 공차

지름 50mm인 축의 도면을 그릴 때 그 축이 어떻게 사용되는가를 고려하고 실용상 허용할 수 있는 오차의 범위를 미리 결정하여, 그 치수 범위 내로 완성하면 된다. 가령, 50mm라고 정하지 말고, 50.05mm에서 49.96mm사이로 완성하면 된다고 지정하고, 그림 3.124(a)와 같이 치수를 기입한다. 이것은 완성된 치수가 이 범위 내에 있으면 모두 합격품으로 한다.

이때, 실제로 가공된 치수를 **실치수**라 하고, 그림(b)와 같이 대(50.05mm), 소(49.96mm) 두개의 허용할 수 있는 한계를 표시하는 치수를 **허용 한계 치수**, 그 큰 치수를 **최대 허용 치수**, 작은 치수를 **최소 허용 치수**라 한다. 기계 부품의 호환성을 유지하기 위하여 그 기능에 따라서 완성 치수가 표준화된 대소 두개의 치수의 허용 한계 내에 있도록 하는 방식을 **치수 공차 방식**이라 한다.

50mm는 허용 한계 치수의 기준이 되는 치수이므로 **기준 치수**라 부르고, 이 구멍

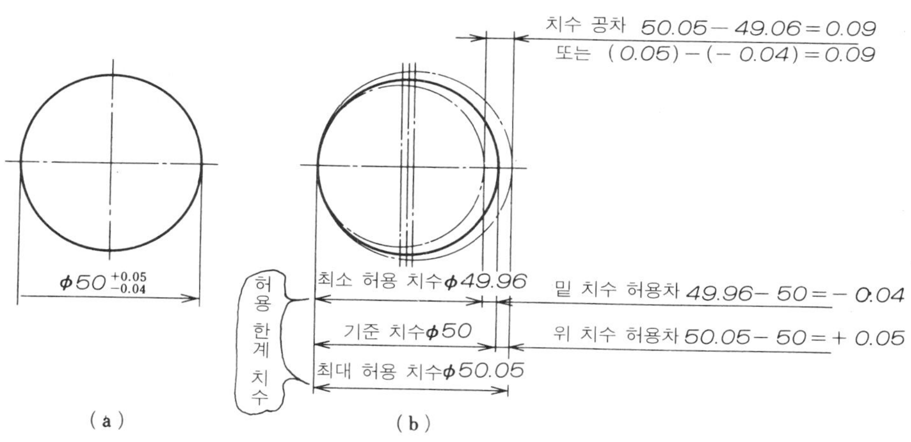

그림 3.124 치수 공차(1)

과 끼워 맞춰지는 축의 기준 치수는 50mm라고 한다.

그림 3.124(b), **그림 3.125**와 같이 최대 허용 치수와 기준 치수와의 대수차 (최대 허용 치수)－(기준 치수)를 **위의 치수 허용차**, 최소 허용 치수와 기준 치수와의 대수차 (최소 허용 치수)－(기준 치수)를 **밑의 치수 허용차**라고 한다. 기준 치수보다 허용 한계 치수가 클 때는 치수 허용차 수치에 ＋부호를, 작을 때는 －부호를 붙인다.

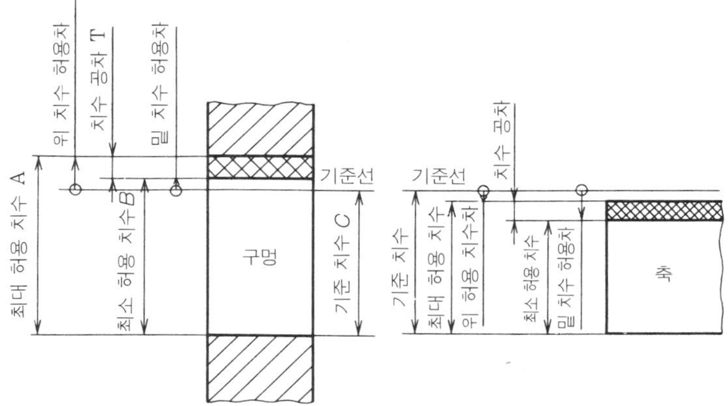

〔예〕 그림 3.125 치수 공차의 구멍에 대하여
기준 치수 C=30.000mm에 대하여 최대 허용 치수 A=30.028mm,
최소 허용 치수 B=30.007mm 로 하면
치수 공차 T=A－B=30.028－30.007=0.021mm
위 치수 허용차 A－C=30.028－30.000=＋0.028mm
밑 치수 허용차 B－C=30.007－30.000=＋0.007mm
치수 공차는 (위 치수 허용차)－(밑 치수 허용차)가 된다
치수 공차 T=0.028－0.007=0.021mm

그림 3.125 치수 공차(2)

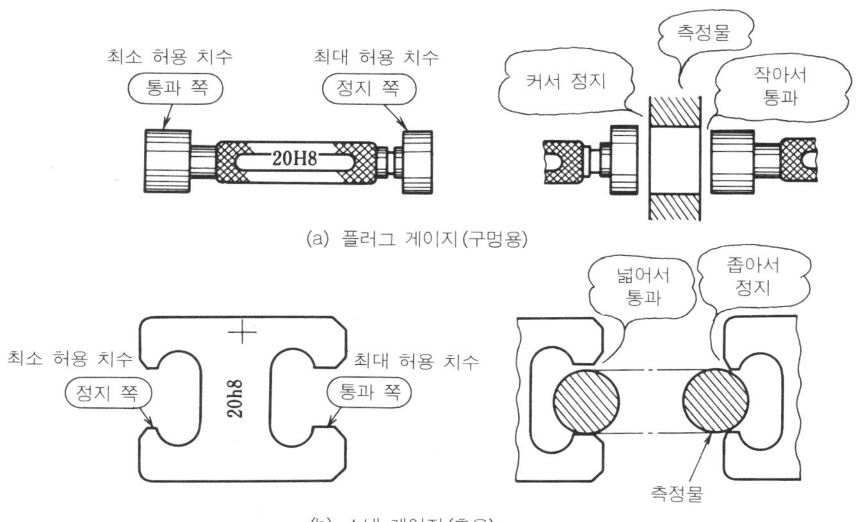

(a) 플러그 게이지(구멍용)

(b) 스냅 게이지(축용)

그림 3.126 한계 게이지

표 3.7 절삭 가공 치수에 대한 허용차 단위 〔mm〕

치수의 구분 \ 등급		정밀급 (12급)	보통급 (14급)	거친급 (16급)
0.5 이상	3 이하	±0.05	±0.1	—
3 초과	6 이하			±0.2
6 초과	30 이하	±0.1	±0.2	±0.5
30 초과	120 이하	±0.15	±0.3	±0.8
120 초과	315 이하	±0.2	±0.5	±1.2
315 초과	1000 이하	±0.3	±0.8	±2
1000 초과	2000 이하	±0.5	±1.2	±3

JIS B 0405 (KS B 0412)

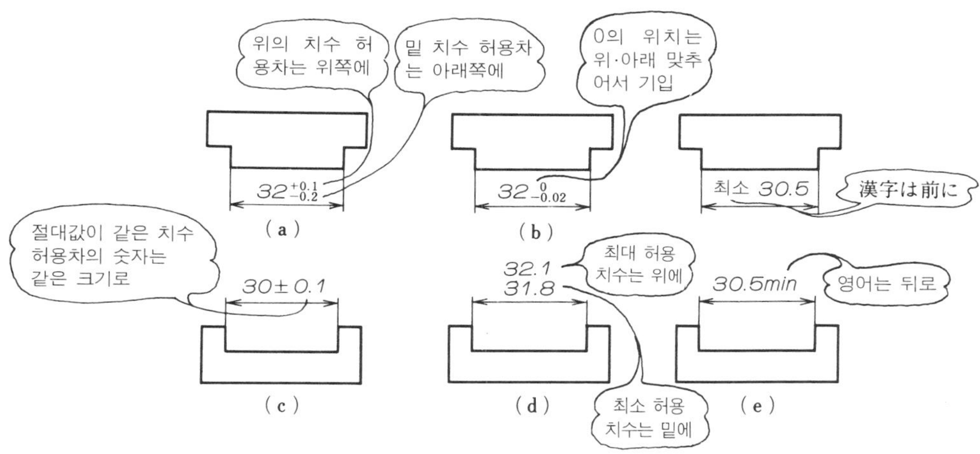

그림 3.127 치수 허용 한계의 기입

최대 허용 치수와 최소 허용 치수와의 차, 그림 3.124 (b), 그림 3.125와 같이 위의 치수 허용차와 아래의 치수 허용차와의 차를 **치수 공차**(tolerance), 또는 **공차**라 한다.

부품을 가공할 때 위의 치수 허용차와 아래의 치수 허용차가 주어진다. 가공된 부품이 이 허용 한계 치수의 범위 내에 있는가 어떤가를 측정하는 데 사용하는 게이지를 **한계 게이지**(limit gauge)라 한다. 그림 3.126은 **구멍용 한계 게이지**(plug gauge)와 **축용 한계 게이지**(snap gauge)이다.

(2) 치수 허용 한계의 기입법

치수의 허용 한계를 수치에 의하여 지시할 때는 다음과 같이 한다.

① 기준 치수 다음에 치수 허용차(위의 치수 허용차 및 아래의 치수 허용차)의 수치를 그려 표시한다. 이때, 위의 치수 허용차는 위쪽에, 아래의 치수 허용차는 아래쪽에 쓴다. 이때, 소수점 이하의 자리수는 가지런히 쓴다(그림 3.127 (a)).

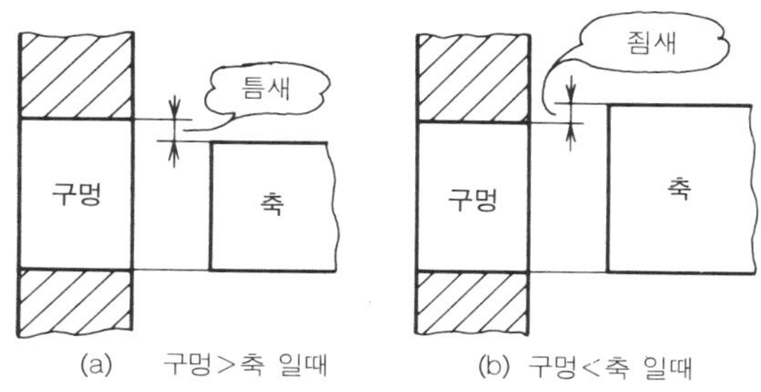

그림 3. 128 틈새와 죔새

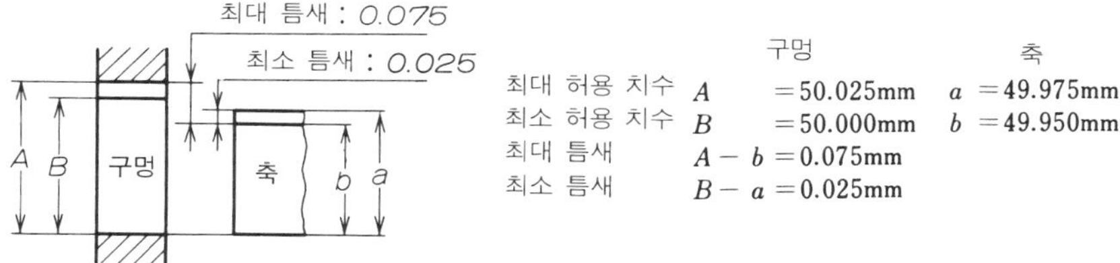

그림 3. 129 헐거운 끼워맞춤

위·아래의 치수 허용차 중 어느 한쪽 수치가 영일때는 숫자 0으로 표시한다. 0에는 +, −의 부호는 붙이지 않는다(그림(b)).

양측 공차(+, −를 갖는 것)에서 위·아래의 치수 허용차가 같을 때(절대값이 같다)는 수치를 하나로 하고 그 부호를 붙인다(그림(c)).

② 허용 한계 치수(최대 허용 치수, 최소 허용 치수)로 표시한다. 이때, 최대 허용 치수는 위쪽에, 최소 허용 치수는 아래쪽에 기입한다(그림(d)).

③ 최대 허용치수 또는 최소 허용 치수의 어느 한쪽을 지정할 필요가 있을 때는, 치수 수치 앞에 "최대" 또는 "최소"라고 기입하거나, 또는 치수 수치 다음에 "max" 또는 "min"이라고 기입한다(그림(e)).

(3) 보통 공차

도면의 치수는 공차 표시에 따라서 확실하고 완전하게 표시하지 않으면 안된다. 그러나, 도면 지시를 간단하게 할 목적으로 각각 공차의 지시가 없는 길이 치수에 대한 공차 등급의 보통 공차에 대하여 규정하고 있다. 이것을 **보통 공차**라고 한다.

이 규격은 금속 가공 또는 판금 성형에 의하여 제작된 부품의 치수에 적용한다. 이들의 공차는 금속 이외의 재료에 적용해도 된다.

표 3. 7은 절삭 가공 치수의 보통 허용차(JIS B 0405, KS B 0412)를 나타낸다. 보통 허용차는 정밀급, 중급, 조밀급으로 분류되어 있다. 또, 12급, 14급, 16급은 치수 보통 허용차의 통칙(JIS B 0404)에 의한 등급 수치이다.

도면 위에 보통 공차를 적용할 때는 다음 사항을 표제란 속에 또는 그 가까이에 표시한다.

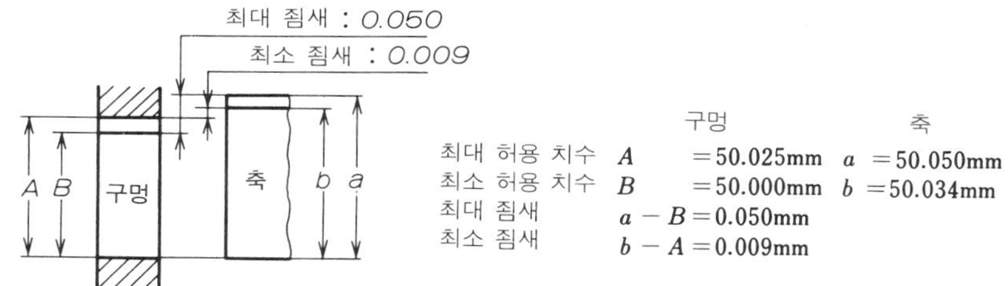

그림 3.130 억지 끼워맞춤

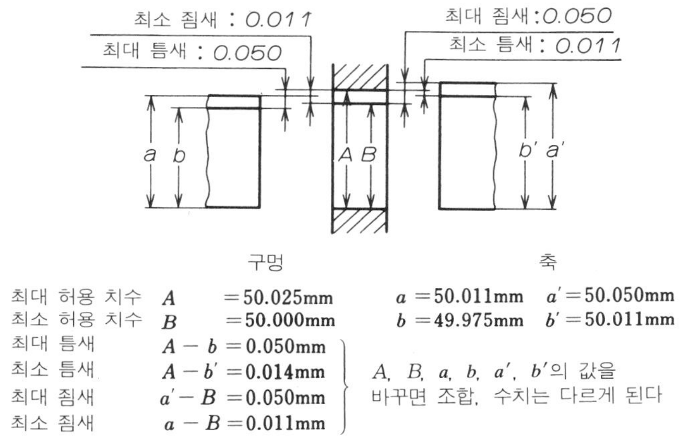

그림 3.131 중간 끼워맞춤

① 각 기준 치수의 구분에 대한 보통 공차의 공차 등급이나, 그 수치의 표를 나타낸다.

② 적용하는 규격 번호, 공차 등급 등을 나타낸다.

〔예〕 JIS B 0405 JIS B 0405−m (KS B 0412, KS B 0412−m)

③ 특정 허용차의 값을 나타낸다.

〔예〕 치수 허용차를 지시하고 있지 않은 치수 허용차는 ±0.25로 한다.

〔3〕 끼워맞춤이란

구멍과 축이 서로 조합되는 관계를 끼워맞춤(fits)이라 하고, 구멍과 축이 치수 공차 방식에 의하여 구성되는 끼워맞춤을 끼워맞춤 방식이라고 한다.

JIS B 0401(KS B 0401)의 치수 공차 및 끼워맞춤에서는 기준 치수가 3,150mm 이하인 주로 원통형의 구멍과 축을 대상으로 하고 있으나 이 외의 물품에도 적용한다.

(1) 끼워맞춤의 종류

구멍과 축의 끼워맞춤에 있어서 그림 3.128과 같이 구멍의 지름이 축의 지름보다 클 때 구멍과 축의 지름의 차를 **틈새**(clearance)라 하고, 구멍의 지름이 축의 지름보다 작을 때는, **죔새**(interference)라고 한다.

끼워맞춤에는 구멍과 축의 지름의 대소의 조합 관계에서 헐거운 끼워맞춤, 억지 끼워맞춤, 중간 끼워맞춤의 3종류가 있다.

① **헐거운 끼워맞춤 : 그림 3. 129**와 같이 구멍과 축 사이에 반드시 틈새가 있는 경우로서, 구멍의 최소 허용 치수보다 축의 최대 허용 치수가 작은 경우(구멍과 축이 같은 경우도 포함)의 끼워맞춤이다. 구멍의 최소 허용 치수에서 축의 최대 허용 치수를 뺀 값을 **최소 틈새**, 구멍의 최대 허용 치수에서 축의 최소 허용 치수를 뺀 값을 **최대 틈새**라고 한다.

크랭크 축의 미끄럼 베어링이나 키, 키 홈 등은 헐거운 끼워맞춤으로 되어 있다.

② **억지 끼워맞춤 : 그림 3. 130**과 같이 구멍과 축 사이에 반드시 죔새가 있는 경우

표 3.8 IT 기준 공차 수치의 예 (JIS B 0401, KS B 0401)

기준 치수의 구분(mm)		공차 등급(IT)																	
		1	2	3	4	5	6	7	8	9	10	11	12	13	14	15	16	17	18
초과	이하	기본 공차의 수치(μm)											기본 공차의 수치(mm)						
–	3	0.8	1.2	2	3	4	6	10	14	25	40	60	0.10	0.14	0.26	0.40	0.60	1.00	1.40
3	6	1	1.5	2.5	4	5	8	12	18	30	48	75	0.12	0.18	0.30	0.48	0.75	1.20	1.80
6	10	1	1.5	2.5	4	6	9	15	22	36	58	90	0.15	0.22	0.36	0.58	0.90	1.50	2.20
10	18	1.2	2	3	5	8	11	18	27	43	70	110	0.18	0.27	0.43	0.70	1.10	1.80	2.70
18	30	1.5	2.5	4	6	9	13	21	33	52	84	130	0.21	0.33	0.52	0.84	1.30	2.10	3.30
30	50	1.5	2.5	4	7	11	16	25	39	62	100	160	0.25	0.39	0.62	1.00	1.60	2.50	3.90
50	80	2	3	5	8	13	19	30	46	74	120	190	0.30	0.46	0.74	1.20	1.90	3.00	4.60
80	120	2.5	4	6	10	15	22	35	54	87	140	220	0.35	0.54	0.87	1.40	2.20	3.50	5.40
120	180	3.5	5	8	12	18	25	40	63	100	160	250	0.40	0.63	1.00	1.60	2.50	4.00	6.30
180	250	4.5	7	10	14	20	29	46	72	115	185	290	0.46	0.72	1.15	1.85	2.90	4.60	7.20
250	315	6	8	12	16	23	32	52	81	130	210	320	0.52	0.81	1.30	2.10	3.20	5.20	8.10
315	400	7	9	13	18	25	36	57	89	140	230	360	0.57	0.89	1.40	2.30	3.60	5.70	8.90
400	500	8	10	15	20	27	40	63	97	155	250	400	0.63	0.97	1.55	2.50	4.00	6.30	9.70

주 : 공차 등급 14~18은 기준치수 1mm 이하에는 적용하지 않는다　JIB B 0401 (KS B 0401)

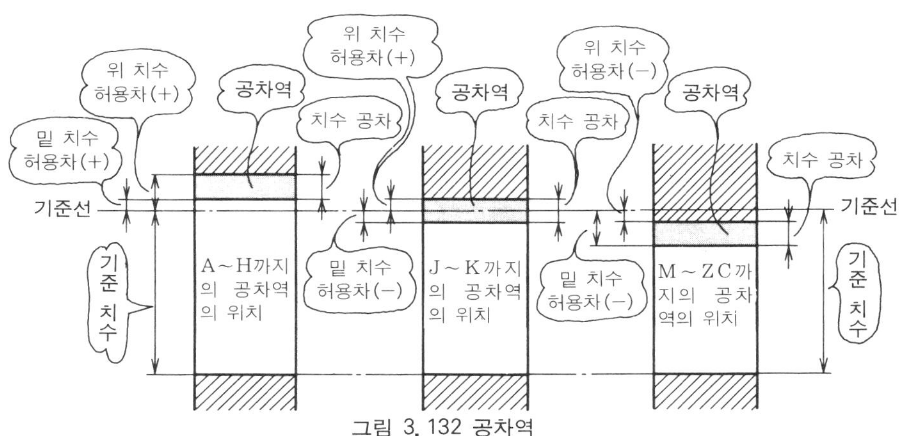

그림 3. 132 공차역

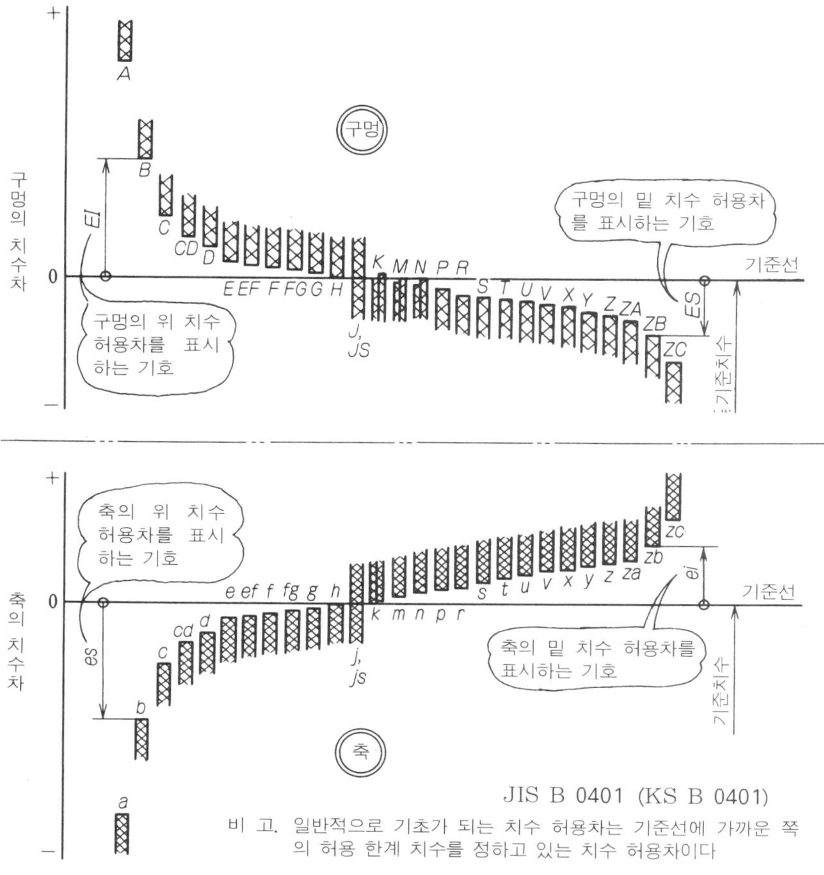

그림 3.133 구멍·축의 공차역의 위치와 기호 (JIS B 0401, KS B 0401)

로서 구멍의 최대 허용 치수보다 축의 최소 허용 치수가 큰 경우(구멍과 축이 같은 경우도 포함)의 끼워맞춤을 말한다. 축의 최소 허용 치수에서 구멍의 최대 허용 치수를 뺀 값을 **최소 죔새**라 하고, 축의 최대 허용 치수에서 구멍의 최소 허용 치수를 뺀 값을 **최대 죔새**라고 한다.

축과 축 이음, 차량의 축과 차륜, 차륜과 외륜 등은 억지 끼워맞춤으로 되어 있다.

③ **중간 끼워맞춤** : 그림 3.131과 같이 구멍과 축의 실치수에 의해 틈새가 생기거나 죔새가 생기는 경우로서, 구멍의 최소 허용 치수보다 축의 최대 허용치수가 크고, 또 구멍의 최대 허용 치수보다 축의 최소 허용 치수가 작은 경우의 끼워맞춤이다.

(2) IT 기본 공차

JIS, KS에서는 구멍·축의 치수를 몇 개로 구분하여 그것을 기준 치수의 구분으로 정하고, 그 구분에 대응시켜 각각 치수 공차가 정해져 있다. 그 치수 공차의 수치 대소(정밀 또는 거칠음)에 따라서 1급부터 18급까지의 18등급으로 나뉘어져 있다. 이 치수 공차를 **IT 기본 공차**(ISO Tolerance)라 하고, 표 3.8에 그 일부를 표시한다.

IT1~IT4는 주로 게이지류의 끼워맞춤(높은 정밀도가 요구되는 끼워맞춤용)에, IT5~IT10은 구멍과 축 등의 끼워맞춤 부분(일반적인 끼워맞춤용)에, IT11~IT18은 끼워맞춤이 되지 않는 부분에 적용된다.

(3) 구멍과 축의 종류와 기호

구멍의 치수 공차를 그림 3. 132와 같이, 기준선(치수)에 대한 치수 공차의 크기와 그 위치에 따라서 정해지는 최대 허용 치수와 최소 허용 치수를 나타내는 두개의 직선 사이 영역을 **공차역**이라 한다.

공차역의 위치는 기준 치수부터의 거리에 따라 나누어지고, 그림 3. 133과 같이 구멍의 공차역의 위치는 A에서 ZC까지의 대문자 기호로, 축의 공차역의 위치는 a에서 zc까지 소문자 기호로 표시한다. 공차역의 위치 H의 구멍은 H구멍, h의 축은 h축으로 생략하여 부른다.

끼워맞춤 방식에 의한 구멍·축의 표시는 공차역의 위치 기호(구멍 : A~ZC, 축 : a~zc)와 공차 등급의 수(IT1~IT18)를 조합하여 표시한다. 이것을 **공차역 클래스**라 하고, 그 기호를 **치수 공차 기호**라고 한다.

끼워맞춤 방식에 의한 구멍·축 치수의 허용 한계는 다음과 같이 표시한다.

① 구멍은 구멍의 지름을 나타내는 기준 치수 다음에 구멍의 치수 공차 기호 또는 치수 허용차의 값을 붙여서 표시한다.

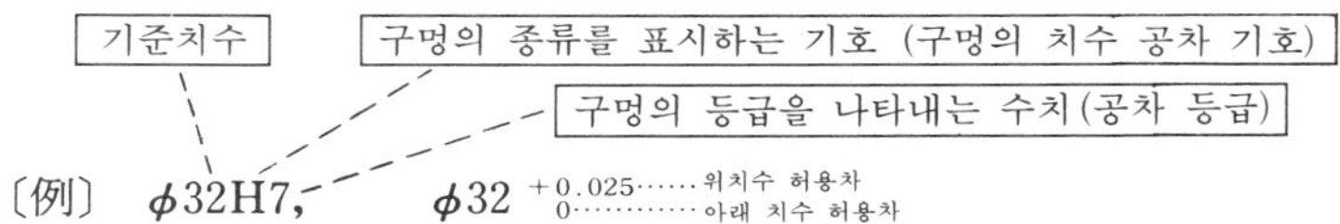

② 축은 축의 지름을 나타내는 기준 치수 다음에 축의 치수 공차 기호 또는 치수 허용차의 값을 붙여서 표시한다.

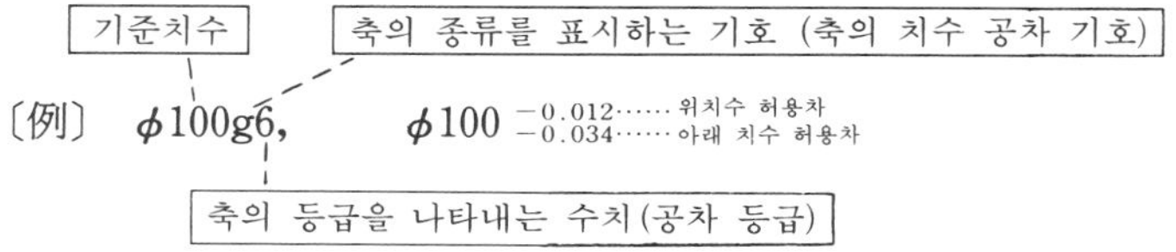

③ 필요할 때는 치수 공차 기호 다음에 그 치수 허용차의 값을( )로 묶어서 붙여 표시한다.

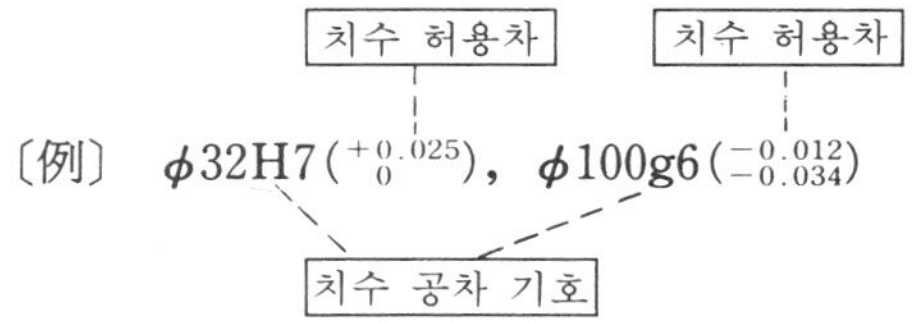

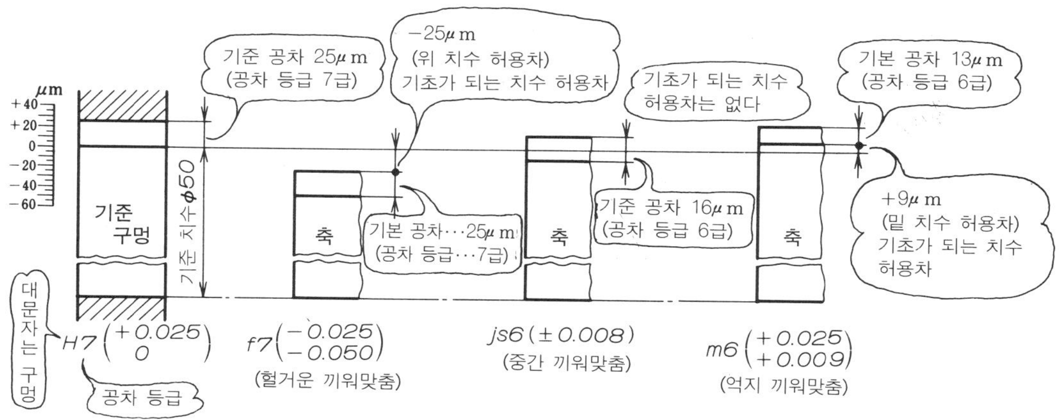

그림 3. 134 구멍 기준 끼워맞춤의 예 (기준 구멍이 φ50H7일 때)

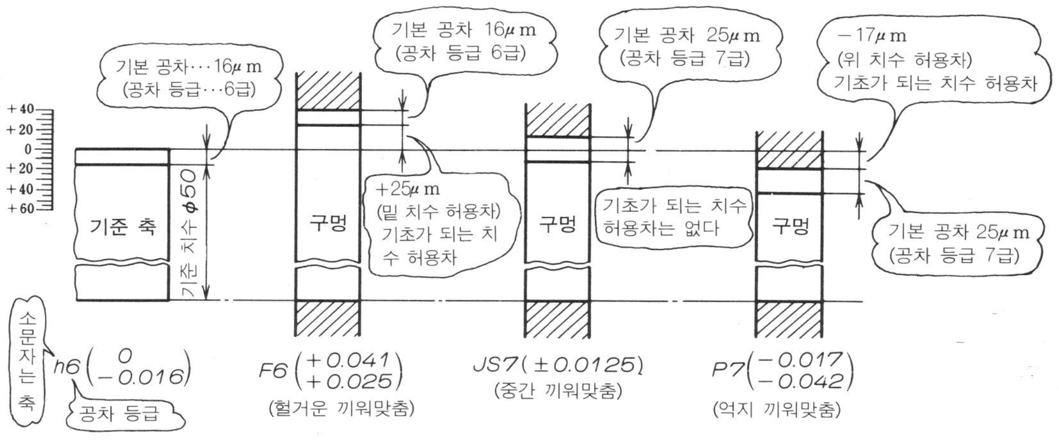

그림 3. 135 축 기준 끼워맞춤의 예 (기준 축이 φ50h6 일 때)

(4) 끼워맞춤 방식의 종류

구멍이나 축의 끼워맞춤 부분의 치수는 구멍과 축의 공차역 클래스의 적절한 조합에 의하여 결정된다. 이때, 구멍을 기준으로 하느냐, 축을 기준으로 하느냐에 따라서 끼워맞춤 방식은 **구멍 기준 끼워맞춤**과 **축 기준 끼워맞춤**으로 분류된다.

① 구멍 기준 끼워맞춤 : 구멍의 공차역 클래스를 기준으로 하여 여러 가지 공차역 클래스의 축을 조합시킴으로서 필요한 틈새 또는 죔새를 줄 수 있는 끼워맞춤 방식을 **구멍 기준 끼워맞춤**이라 한다(그림 3. 134).

구멍 기준 끼워맞춤은 구멍 아래의 치수 허용차가 0이고, 공차역의 위치가 H인 구멍을 사용한다.

② 축 기준 끼워맞춤 : 축의 공차역 클래스를 기준으로 하여 여러 가지 공차역 클래스의 구멍을 조합시킴으로써 필요한 틈새 또는 죔새를 줄 수 있는 끼워맞춤 방식을 **축 기준 끼워맞춤**이라 한다(그림 3. 135).

표 3.9 상용하는 구멍 기준 끼워맞춤 (JIS B 0401, KS B 0401)

기준 구멍	축의 공차역 클래스																
	헐거운 끼워맞춤							중간 끼워맞춤			억지 끼워맞춤						
H 6						g 5	h 5	js 5	k 5	m 5							
					f 6	g 6	h 6	js 6	k 6	m 6	n 6*	p 6*					
H 7					f 6	g 6	h 6	js 6	k 6	m 6	n 6	p 6*	r 6*	s 6	t 6	u 6	x 6
				e 7	f 7		h 7	js 7									
H 8					f 7		h 7										
				e 8	f 8		h 8	H7의 기준 구멍이 제일 많은 축의 공차역 클래스(f6~x6, e7~js7)가 규정되어, 이용범위가 넓다									
			d 9	e 9													
H 9			d 8	e 8			h 8										
		c 9	d 9	e 9			h 9										
H 10	b 9	c 9	d 9														

주 * 이들의 끼워맞춤은 치수의 구분에 따라서 예외가 생긴다

표 3.10 상용하는 축 기준 끼워맞춤 (JIS B 0401, KS B 0401)

기준 축	구멍의 공차역 클래스																
	헐거운 끼워맞춤							중간 끼워맞춤			억지 끼워맞춤						
h 5							H 6	JS 6	K 6	M 6	N 6*	P 6					
h 6					F 6	G 6	H 6	JS 6	K 6	M 6	N 6	P 6*					
					F 7	G 7	H 7	JS 7	K 7	M 7	N 7	P 7*	R 7	S 7	T 7	U 7	X 7
h 7				E 7	F 7		H 7										
					F 8		H 8										
h 8			D 8	E 8	F 8		H 8										
			D 9	E 9			H 9										
h 9			D 8	E 8			H 8										
		C 9	D 9	E 9			H 9										
	B10	C10	D10														

주 * 이들의 끼워맞춤은 치수의 구분에 따라서 예외가 생긴다

축 기준의 끼워맞춤은 축위의 치수 허용차가 0인 공차역의 위치가 h축을 나타내고 있다.

③ 끼워맞춤 방식의 선택법 : 구멍 기준 끼워맞춤과 축 기준 끼워맞춤의 어느 것을 선택하느냐 하는 것은 제품의 기능·형상·가공·검사의 난이도와 소요되는 비용 등을 고려하여 결정한다.

㉠ **구멍 기준 끼워맞춤** : 일반적인 가공을 고려할 때 구멍쪽이 가공도 어렵고 정밀도를 높이기도 어렵다. 그래서 가공하기 어려운 구멍을 기준으로 해서 가공하기 쉬운 축

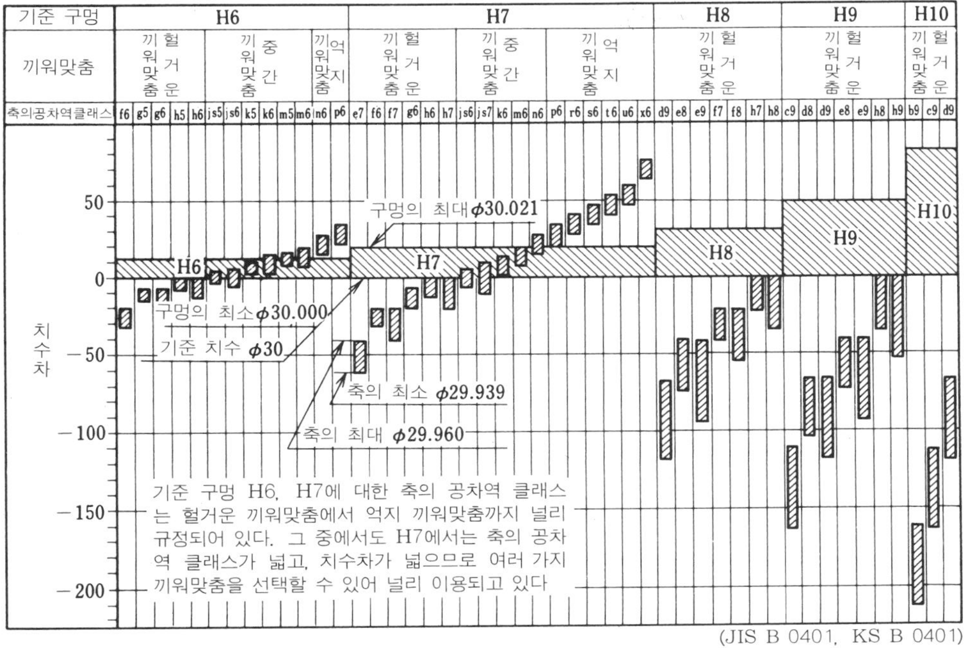

그림 3.136 상용하는 구멍 기준 끼워맞춤 (공차역의 상호 관계)

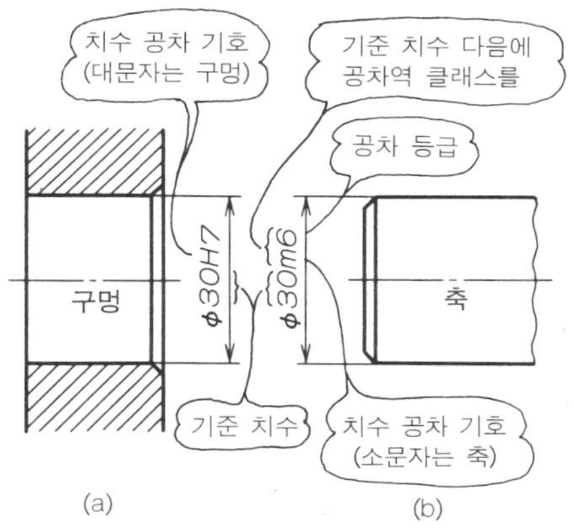

그림 3.137 공차역 클래스의 치수 기입

을 조합시켜 각종의 끼워맞춤을 설정하는 구멍 기준 방식이 널리 이용되고 있다.

구멍 기준 끼워맞춤으로 하면 고가인 플러그 게이지나 리머의 상비 비용(常備費用)이 적고 경제적이므로 일반적으로 구멍 기준 끼워맞춤을 이용한다.

㉡ **축 기준 끼워맞춤** : 한개의 축에 축 이음·아이들 휠·베어링 등 많은 부품이 조합되어 있을 때, 축 이음은 중간 끼워맞춤, 베어링은 헐거운 끼워맞춤이 된다. 구멍 기준에서는 헐거운 끼워맞춤이 되는 부분의 표면을 손상시키지 않고 조합하려면 단이 붙은 축으로 할 필요가 있고, 축의 가공량이 증가한다. 이와 같은 경우에는 축 기준 끼

표 3.11 상용하는 구멍 기준 끼워맞춤 적용의 예

기준 구멍	끼워맞춤의 종류		구멍과 축의 가공법	조립·분해 작업 및 틈새의 상태	적 용 예
6급 구멍	H6/n5	억지 끼워맞춤	연삭, 래핑, 피팅, 극정밀 공작	프레스, 잭 등에 의한 가벼운 압입	각종 계기, 항공 엔진 및 그 부속품, 고급 공작 기계, 롤러 베어링, 기타 정밀 기계의 주요 부분
	H6/m5 H6/m6	중간 끼워맞춤		손 해머 등으로 때려 박는다.	
	H6/k5 H6/k5				
	H6/j5 H6/j6				
	H6/h5 H6/h6	헐거운 끼워맞춤		윤활유의 사용으로 쉽게 손으로 이동시킬 수 있다.	
7·8급 구멍	H7/u6 ~H7/r6	억지 끼워맞춤	연삭 또는 정밀공작	수압기 등에 의한 강력한 압입, 수축 끼워맞춤	철도 차량의 차륜과 타이어, 축과 바퀴, 대형 발전기의 회전자와 축 등의 결합 부분
	H7/t7 ~H7/r7				
	H7/r6 H7/p6 (H7/p7)			수압기, 프레스 등의 가벼운 압입	주철 차륜에 청동 또는 강제 타이어를 낄 때
	H7/m6 H7/h6	중간 끼워맞춤		쇠망치로 때려 박음, 뽑아내기.	자주 분해하지 않는 축과 기어, 핸들차, 플랜지 이음, 플라이 휠, 볼 베어링 등의 끼워맞춤
	H7/j6			나무망치, 납망치 등으로 때려 박는다.	키 또는 고정 나사로 고정하는 부분의 끼워맞춤, 볼 베어링의 끼워맞춤, 축컬러, 변속 기어와 축
	H7/h6 (H7/h7)	헐거운 끼워맞춤		윤활유를 공급하면 손으로도 움직일 수 있다.	긴 축에 끼는 키 고정 풀리와 축 컬러, 가요성 축 이음과 축, 기름 브레이크의 피스톤과 실린더
	H7/g6 (H7/g7)			틈새가 근소하고, 윤활유의 사용으로 서로 운동	연삭기의 스핀들 베어링 등, 정밀 공작 기계 등의 주축과 베어링, 고급 변속기의 주축과 베어링
	H7/f7			작은 틈새, 윤활유의 사용으로 서로 운동	크랭크 축, 크랭크 핀과 그들의 베어링
	H8/e8			조금 큰 틈새	다소 하급인 베어링과 축, 소형 엔진의 축과 베어링
8·9급 구멍	H8/h8		보통 공작	쉽게 끼고 빼고 미끄러질 수 있다.	축 컬러, 풀리와 축, 미끄러져 움직이는 보스와 축 등
	H8/f8			작은 틈새, 윤활유의 사용으로 서로 운동	내연 기관의 크랭크 베어링, 안내차와 축, 원심 펌프 송풍기 등의 축과 베어링
	H8/d9			큰 틈새, 윤활유의 사용으로 서로 운동	차량 베어링, 일반 하급 베어링, 요동 베어링, 아이들 휠과 축 등
	H9/c9 H9/d8			대단히 큰 틈새, 윤활유의 사용으로 서로 운동	

표 3.12 상용하는 끼워맞춤의 구멍의 치수 허용차

(단위·μm=0.001mm)

치수의 구분(mm) 초과	이하	B 10	C 9	C 10	D 8	D 9	D 10	E 7	E 8	E 9	F 6	F 7	F 8	G 6	G 7	H 5	H 6	H 7	H 8	H 9	H 10
–	3	+180 +140	+85 +60	+100 +60	+34 +20	+45 +20	+60 +20	+24 +14	+28 +14	+39 +14	+12 +6	+16 +6	+20 +6	+8 +2	+12 +2	+4 0	+6 0	+10 0	+14 0	+25 0	+40 0
3	6	+188 +140	+100 +70	+118 +70	+48 +30	+60 +30	+78 +30	+32 +20	+38 +20	+50 +20	+18 +10	+22 +10	+28 +10	+12 +4	+16 +4	+5 0	+8 0	+12 0	+18 0	+30 0	+48 0
6	10	+208 +150	+116 +80	+138 +80	+62 +40	+76 +40	+98 +40	+40 +25	+47 +25	+61 +25	+22 +13	+28 +13	+35 +13	+14 +5	+20 +5	+6 0	+9 0	+15 0	+22 0	+36 0	+58 0
10	14	+220 +150	+138 +95	+165 +50	+77 +50	+93 +50	+120 +32	+50 +32	+59 +32	+75 +16 +16	+27	+34 +16	+43 +6	+17 +6	+24 0	+8 0	+11 0	+18 0	+27 0	+43 0	+70 0
14	18																				
18	24	+244 +160	+162 +110	+194 +110	+98 +65	+117 +65	+149 +65	+61 +40	+73 +40	+92 +40	+33 +20	+41 +20	+53 +20	+20 +7	+28 +7	+9 0	+13 0	+21 0	+33 0	+52 0	+84 0
24	34																				
30	40	+270 +170	+182 +120	+220 +120	+119 +80	+142 +80	+180 +80	+75 +50	+89 +50	+112 +50	+41 +25	+50 +25	+64 +25	+25 +9	+34 +9	+11 0	+16 0	+25 0	+39 0	+62 0	+100 0
40	50	+280 +180	+192 +130	+230 +130																	
50	65	+310 +190	+214 +140	+260 +140	+146 +100	+174 +100	+220 +100	+90 +60	+106 +60	+134 +60	+49 +30	+60 +30	+76 +30	+29 +10	+40 +10	+13 0	+19 0	+30 0	+46 0	+74 0	+120 0
65	80	+320 +200	+224 +150	+270 +150																	
80	100	+360 +120	+257 +170	+310 +170	+174 +120	+207 +120	+260 +120	+107 +72	+126 +72	+159 +72	+58 +36	+71 +36	+90 +36	+34 +12	+47 +12	+15 0	+22 0	+35 0	+54 0	+87 0	+140 0
100	120	+380 +240	+267 +180	+320 +180																	
120	140	+420 +260	+300 +200	+360 +200	+208 +145	+245 +145	+305 +145	+125 +85	+148 +85	+185 +85	+68 +43	+83 +43	+106 +43	+39 +14	+54 +14	+18 0	+25 0	+40 0	+63 0	+100 0	+160 0
140	160	+440 +280	+310 +210	+370 +210																	
160	180	+470 +310	+330 +230	+390 +230																	
180	200	+525 +340	+355 +240	+425 +240	+242 +170	+285 +170	+355 +170	+146 +100	+172 +100	+215 +100	+79 +50	+96 +50	+122 +50	+44 +15	+61 +15	+20 0	+29 0	+46 0	+72 0	+115 0	+185 0
200	225	+565 +380	+375 +260	+445 +260																	
225	250	+605 +420	+395 +280	+465 +280																	
250	280	+690 +480	+430 +300	+510 +300	+271 +190	+320 +190	+400 +190	+162 +110	+191 +110	+240 +110	+88 +56	+108 +56	+137 +56	+49 +17	+69 +17	+23 0	+32 0	+52 0	+81 0	+130 0	+210 0
280	315	+750 +540	+460 +330	+540 +330																	
315	355	+830 +600	+500 +360	+590 +360	+299 +210	+350 +210	+440 +210	+182 +125	+214 +125	+265 +125	+98 +62	+119 +62	+151 +62	+54 +18	+75 +13	+25 0	+36 0	+57 0	+89 0	+140 0	+230 0
355	400	+910 +680	+540 +400	+630 +400																	
400	450	+1010 +760	+595 +440	+690 +440	+327 +230	+385 +230	+480 +230	+198 +135	+232 +135	+290 +135	+108 +68	+131 +68	+165 +68	+60 +20	+83 +20	+27 0	+40 0	+63 0	+97 0	+155 0	+250 0
450	500	+1090 +840	+635 +480	+730 +480																	

JS 5	JS 6	JS 7	K 5	K 6	K 7	M 5	M 6	M 7	N 6	N 7	P 6	P 7	R 7	S 7	T 7	U 7	X 7	치수의 구분(mm) 초과	이하
±2	±3	±5	0 −4	0 −6	0 −10	−2 −6	−2 −8	−2 −12	−4 −10	−4 −14	−6 −12	−6 −16	−10 −20	−14 −24	–	−18 −28	−20 −30	–	3
±2.5	±4	±6	0 −5	+2 −6	+3 −9	−3 −8	−1 −9	0 −12	−5 −13	−4 −16	−9 −17	−8 −20	−11 −23	−15 −27	–	−19 −31	−24 −36	3	6
±3	±4.5	±7.5	+1 −5	−2 −7	+5 −10	−4 −10	−3 −12	0 −15	−7 −16	−4 −19	−12 −21	−9 −24	−13 −28	−17 −32	–	−22 −37	−28 −43	6	10
±4	±5.5	±9	+2 −6	+2 −9	+6 −12	−4 −12	−4 −15	0 −18	−9 −20	−5 −23	−15 −26	−11 −29	−16 −34	−21 −39	–	−26 −44	−33 −51	10	14
																	−38 −56	14	18
±4.5	±6.5	±10.5	+1 −8	+2 −11	+6 −15	−5 −14	−4 −17	0 −21	−11 −24	−7 −28	−18 −31	−14 −35	−20 −41	−27 −48	–	−33 −54	−46 −67	18	24
															−33 −54	−40 −61	−56 −77	24	30
±5.5	±8	±12.5	+2 −9	+3 −13	+7 −18	−5 −17	−4 −20	0 −25	−12 −28	−8 −33	−21 −37	−17 −42	−25 −50	−34 −59	−39 −64	−51 −76	–	30	40
															−45 −70	−61 −86		40	50
±6.5	±9.5	±15	+3 −10	+4 −15	+9 −21	−6 −19	−5 −24	0 −30	−14 −33	−9 −39	−26 −45	−21 −51	−30 −60	−42 −72	−55 −85	−76 −106	–	50	65
													−32 −62	−48 −78	−64 −94	−91 −121		65	80
±7.5	±11	±17.5	+2 −13	+4 −18	+10 −25	−8 −23	−6 −28	0 −35	−16 −38	−10 −45	−30 −52	−24 −59	−38 −73	−58 −93	−78 −113	−111 −146	–	80	100
													−41 −76	−66 −101	−91 −126	−131 −166		100	120
±9	±12.5	±20	+3 −15	+4 −21	+12 −28	−9 −27	−8 −33	0 −40	−20 −45	−12 −52	−36 −61	−28 −68	−48 −88	−77 −117	−107 −147	–	–	120	140
													−50 −90	−85 −125	−119 −159			140	160
													−53 −93	−93 −133	−131 −171			160	180
±10	±14.5	±23	+2 −18	+5 −24	+13 −33	−11 −31	−8 −37	0 −46	−22 −51	−14 −60	−41 −70	−33 −79	−60 −106	−105 −151	–	–	–	180	200
													−63 −109	−113 −159				200	225
													−67 −113	−123 −169				225	250
±11.5	±16	±26	+3 −20	+5 −27	+16 −36	−13 −36	−9 −41	0 −52	−25 −57	−14 −66	−47 −79	−36 −88	−74 −126	–	–	–	–	250	280
													−78 −130				–	280	315
±12.5	±18	±28.5	+3 −22	+7 −29	+17 −40	−14 −39	−10 −46	0 −57	−26 −62	−16 −73	−51 −87	−41 −98	−87 −144	–	–	–	–	315	355
													−93 −150					355	400
±13.5	±20	±31.5	+2 −25	+8 −32	+18 −45	−16 −43	−10 −50	0 −63	−27 −67	−17 −80	−55 −95	−45 −108	−103 −166	–	–	–	–	400	450
													−109 −172					450	500

비고). 표 속의 각 단에서 위쪽의 수치는 위 치수 허용차, 아래쪽의 수치는 밑 치수 허용차

(JIS B 0401, KS B 0401)

표 3.13 상용하는 끼워맞춤의 축의 치수 허용차

(단위 μm=0.001 mm)

치수의 구분 (mm)		b	c	d		e			f			g			h						js				k			m			n	p	r	s	t	u	x	치수의 구분 (mm)	
초과	이하	9	9	8	9	7	8	9	6	7	8	4	5	6	4	5	6	7	8	9	4	5	6	7	4	5	6	4	5	6	6	6	6	6	6	6	6	초과	이하
–	3	−140 −160	−60 −85	−20 −34	−20 −45	−14 −24	−14 −28	−14 −39	−6 −12	−6 −16	−6 −20	−2 −5	−2 −6	−2 −8	0 −3	0 −4	0 −6	0 −10	0 −14	0 −25	±1.5	±2	±3	±5	+3 0	+4 0	+6 0	+5 +2	+6 +2	+8 +2	+10 +4	+12 +6	+16 +10	+20 +14	–	+24 +18	+26 +20	–	3
3	6	−140 −170	−70 −100	−30 −48	−30 −60	−20 −32	−20 −38	−20 −50	−10 −18	−10 −22	−10 −28	−4 −8	−4 −9	−4 −12	0 −4	0 −5	0 −8	0 −12	0 −18	0 −30	±2	±2.5	±4	±6	+5 +1	+6 +1	+9 +1	+8 +4	+9 +4	+12 +4	+16 +8	+20 +12	+23 +15	+27 +19	–	+31 +23	+36 +28	3	6
6	10	−150 −186	−80 −116	−40 −62	−40 −76	−25 −40	−25 −47	−25 −61	−13 −22	−13 −28	−13 −35	−5 −9	−5 −11	−5 −14	0 −4	0 −6	0 −9	0 −15	0 −22	0 −36	±2	±3	±4.5	±7.5	+5 +1	+7 +1	+10 +1	+10 +6	+12 +6	+15 +6	+19 +10	+24 +15	+28 +19	+32 +23	–	+37 +28	+43 +34	6	10
10	14	−150 −193	−95 −138	−50 −77	−50 −93	−32 −50	−32 −59	−32 −75	−16 −27	−16 −34	−16 −43	−6 −11	−6 −14	−6 −17	0 −5	0 −8	0 −11	0 −18	0 −27	0 −43	±2.5	±4	±5.5	±9	+6 +1	+9 +1	+12 +1	+12 +7	+15 +7	+18 +7	+23 +12	+29 +18	+34 +23	+39 +28	–	+44 +33	+51 +40	10	14
14	18																																				+56 +45	14	18
18	24	−160 −212	−110 −162	−65 −98	−65 −117	−40 −61	−40 −73	−40 −92	−20 −33	−20 −41	−20 −53	−7 −13	−7 −16	−7 −20	0 −6	0 −9	0 −13	0 −21	0 −33	0 −52	±3	±4.5	±6.5	±10.5	+8 +2	+11 +2	+15 +2	+14 +8	+17 +8	+21 +8	+28 +15	+35 +22	+41 +28	+48 +35	–	+54 +41	+67 +54	18	24
24	30																																		+54 +41	+61 +48	+77 +64	24	30
30	40	−170 −232	−120 −182	−80 −119	−80 −142	−50 −75	−50 −89	−50 −112	−25 −45	−25 −50	−25 −64	−9 −16	−9 −20	−9 −25	0 −7	0 −11	0 −16	0 −25	0 −39	0 −62	±3.5	±5.5	±8	±12.5	+9 +2	+13 +2	+18 +2	+16 +9	+20 +9	+25 +9	+33 +17	+42 +26	+50 +34	+59 +43	+64 +48	+76 +60	–	30	40
40	50	−180 −242	130 −192																																+70 +54	+86 +70		40	50
50	65	−190 −264	−140 −214	−100 −146	−100 −174	−60 −90	−60 −106	−60 −134	−30 −49	−30 −60	−30 −76	−10 −18	−10 −23	−10 −29	0 −8	0 −13	0 −19	0 30	0 −46	0 −74	±4	±6.5	±9.5	±15	+10 +2	+15 +2	+21 +2	+19 +11	+24 +11	+30 +11	+39 +20	+51 +32	+60 +41	+72 +53	+85 +66	+106 +87	–	50	65
65	80	−200 −274	−150 −224																														+62 +43	+78 +59	+94 +75	+121 +102		65	80
80	100	−220 −307	−170 −257	−120 −174	−120 −207	−72 −107	−72 −126	−72 −159	−36 −58	−36 −71	−36 −90	−12 −22	−12 −27	−12 −34	0 −10	0 −15	0 −22	0 −35	0 −54	0 −87	±5	±7.5	±11	±17.5	+13 +3	+18 +3	+25 +3	+23 +13	+28 +13	+35 +13	+45 +23	+59 +37	+73 +51	+93 +71	+113 +91	+146 +124	–	80	100
100	120	−240 −327	−180 −267																														+76 +54	+101 +79	+126 +104	+166 +144		100	120
120	140	−260 −360	200 −300	−145 −208	−145 −245	−85 −175	−85 −148	−85 −185	−43 −68	−43 −83	−43 −106	−14 −26	−14 −32	−14 −39	0 −12	0 −18	0 −25	0 −40	0 −63	0 −100	±6	±9	±12.5	±20	+15 +3	+21 +3	+28 +3	+27 +15	+33 +15	+40 +15	+52 +27	+68 +43	+88 +63	+117 +92	+147 +122	–	–	120	140
140	160	−280 −380	−210 −310																														+90 +65	+125 +100	+159 +134			140	160
160	180	−310 −410	−230 −330																														+93 +68	+133 +108	+171 +146			160	180
180	200	−340 −455	−240 −355	−170 −242	−170 −285	−100 −146	−100 −172	−100 −215	−50 −79	−50 −96	−50 −122	−15 −29	−15 −35	−15 −44	0 −14	0 −20	0 −29	0 −46	0 −72	0 −115	±7	±10	±14.5	±23	+18 +4	+24 +4	+33 +4	+31 +17	+37 +17	+46 +17	+60 +31	+79 +50	+106 +77	+151 +122	–	–	–	180	200
200	225	−380 −495	−260 −375																														+109 +80	+159 +130				200	225
225	250	−420 −535	−280 −395																														+113 +84	+169 +140				225	250
250	280	−480 −610	−300 −430	−190 −271	−190 −320	−110 −162	−110 −191	−110 −240	−56 −88	−56 −108	−56 −137	−17 −33	−17 −40	−17 −49	0 −16	0 −23	0 −32	0 −52	0 −81	0 −130	±8	±11.5	±16	±26	+20 +4	+27 +4	+36 +4	+36 +20	+43 +20	+52 +20	+66 +34	+88 +56	+126 +94	–	–	–	–	250	280
280	315	−540 −670	−330 −460																														+130 +98					280	315
315	355	−600 −740	−360 −500	−210 −299	−210 −350	−125 −182	−125 −214	−125 −265	−62 −98	−62 −119	−62 −151	−18 −36	−18 −43	−18 −54	0 −18	0 −25	0 −36	0 −57	0 −89	0 −140	±9	±12.5	±18	±28.5	+22 +4	+29 +4	+40 +4	+39 +21	+46 +21	+57 +21	+73 +37	+98 +62	+144 +108	–	–	–	–	315	355
355	400	−680 −820	−400 −540																														+150 +114					355	400
400	450	−760 −915	−440 −595	−230 −327	−230 −385	−135 −198	−135 −232	−135 −290	−68 −108	−68 −131	−68 −165	−20 −40	−20 −47	−20 −60	0 −20	0 −27	0 −40	0 −63	0 −97	0 −155	±10	±13.5	±20	±31.5	+25 +15	+32 +5	+45 +5	+43 +23	+50 +23	+63 +23	+80 +40	+108 +68	+166 +126	–	–	–	–	400	450
450	500	−840 −995	−480 −635																														+172 +132					450	500

비고 표 속의 각 단에서 위쪽의 수치는 치수 허용차, 아래쪽의 수치는 밑 치수 허용차

(JIS B 0401, KS B 0401)

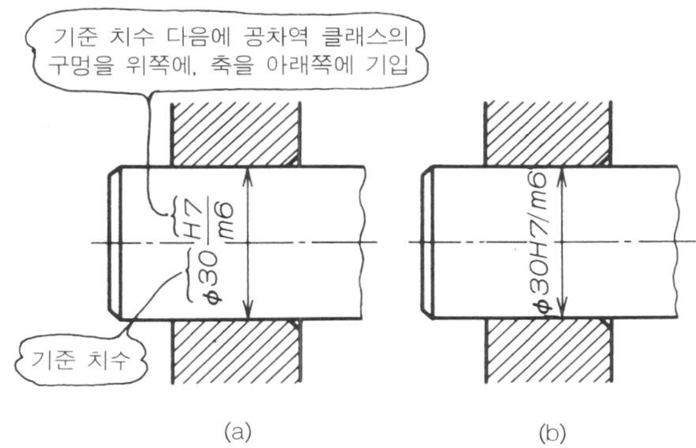

그림 3. 138 끼워맞춤 되고 있는 부분에 공차역 클래스의 치수 기입

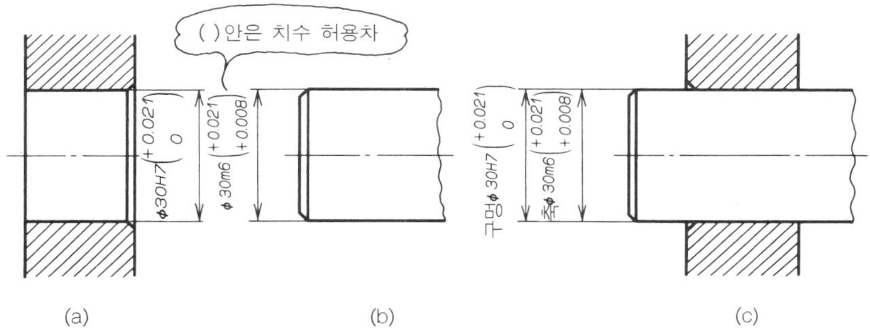

그림 3. 139 공차역 클래스와 치수 허용차를 병기할 때의 치수 기입

워맞춤으로 하면 축의 가공량은 경감된다.

④ 상용하는 끼워맞춤 : 구멍과 축을 끼워맞춤할 때, 헐거운 끼워맞춤·억지 끼워맞춤·중간 끼워맞춤중 어느 하나로 결정되면, 필요한 공차역 클래스의 조합은 자유롭게 할 수 있지만, 기계 산업에서는 실용적이라고 생각되는 것을 상용하는 끼워맞춤으로 규격화하고 있다. 표 3. 9는 상용하는 구멍 기준 끼워맞춤을 표시한 것으로, H구멍을 기준 구멍으로 하여 이에 적합한 축을 선택하여 필요한 죔새나 틈새를 주는 끼워맞춤이다. 표 3. 10은 상용하는 축 기준 끼워맞춤이고, h축을 기준 축으로 하여 이것에 맞는 구멍을 골라서 필요한 죔새나 틈새를 주는 끼워맞춤이다.

그림 3. 136은 구멍의 기준 치수가 30mm일 때에 상용하는 구멍 기준 끼워맞춤을 표시한 것이다.

표 3. 11은 상용하는 구멍 기준 끼워맞춤의 적용 예를 표시한 것이다.

표 3. 12, 표 3. 13은 상용하는 끼워맞춤의 구멍과 축의 치수 허용차 (JIS B 0401(KS B 0401))를 표시한 것이다.

(5) 끼워맞춤 방식에서의 공차역 클래스와 치수 허용차의 기입

도면에 끼워맞춤 방식에 따라 치수 허용차를 기입한다. 기입법은 기준 치수 다음에 구멍·축의 공차역 클래스를 표시하는 치수 공차 기호를 기입한다. 이때, 그림 3. 137

과 같이, 기호·문자의 크기는 기준 치수의 숫자와 같은 크기로 한다.

끼워맞춤 상태의 그림에 구멍·축의 치수 공차 기호를 병기할 때는 그림 3.138과 같이 기준 치수 다음에 구멍의 치수 공차 기호를 위쪽에, 축의 치수 공차 기호를 아래쪽에 기입한다.

또, 치수 공차 기호·등급 숫자 다음에 위·아래의 치수 허용차를 병기할 때는 위아래의 치수 허용차의 숫자에 ( )를 붙인다.

5. 도면을 만드는 법

지금까지 설명한 도형의 표시법이나 치수의 기입법 등을 기반으로 하여 도면을 구체적으로 그려 보자.

〔1〕 도면을 만드는 법에 의한 분류

연필로 그려서 처음 만든 도면을 **원도**(original drawing)라고 한다. 원도나 다른 도면위에 **트레이싱 페이퍼**(tracing paper)를 올려 놓고, 연필 또는 먹물 등으로 베껴 그린 도면을 트레이스도(traced drawing)라 한다. 트레이스도는 복사나 마이크로 사진 등을 만드는 근본이 되는 것으로, **원도**라고도 한다.

원도는 켄트지 등을 사용하여 그리는 경우가 많으나, 처음부터 트레이스지에 연필 등으로 그린 것을 원도로 하는 경우가 많아지고 있다. 원도로 만든 복사도를 제작 현장으로 보낸다.

〔2〕 원도를 만드는 법

원도를 만드는 일반적인 순서는 다음과 같다.

① 물품의 크기와 투영도의 수나 배치를 고려하여 척도와 제도 용지의 크기를 결정한다.

② 윤곽선·중심 마크를 긋고, 표제란·부품란을 만든다(그림 3.140(a)).

③ 도형을 다음 순서로 그린다(그림 3.141).

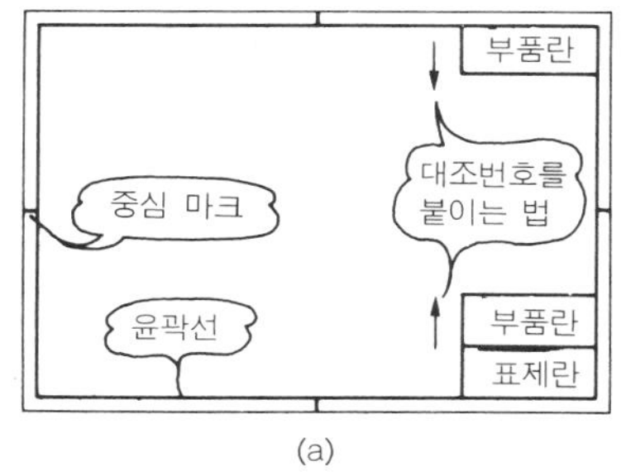

(a)

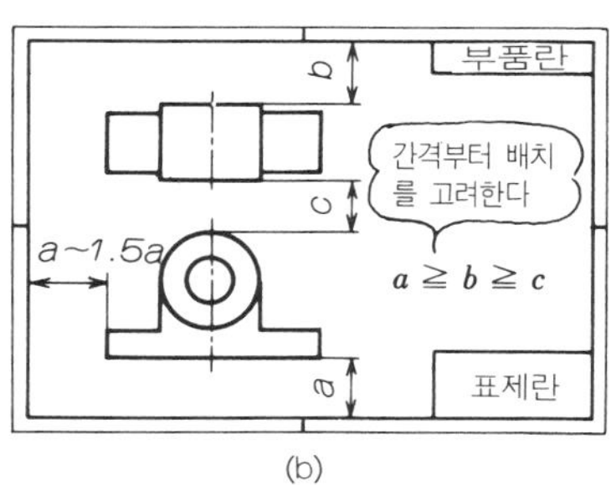

(b)

그림 3.140 그림 배치의 예

㉠ a, b, c를 잘 생각해서 배치하고, 중심선이나 기준선을 가는선으로 긋는다(그림 3.140(b), 그림 3.141(a)).

㉡ 주투영도와 다른 투영의 대략의 윤곽선을 엷게 그린다.

㉢ 외형선을 굵은 실선으로 그린다. 이때, 원이나 원호를 먼저 그린 다음에 직선을 긋는다.

㉣ 외형선에 준하여 은선을 긋는다.

㉤ 절단선, 가상선, 파단선 등을 긋는다.

㉥ 불필요한 선을 지우고, 도형을 완성한다.

㉦ 필요에 따라 해칭, 스머징을 한다.

④ 치수를 기입한다(그림 3.141(c), (d)).

㉠ 치수 보조선·치수선·지시선을 긋는다.

㉡ 치수선·지시선의 화살표를 그리고 치수 숫자를 기입한다.

⑤ 기호나 그 이외의 필요 사항을 기입한다.

㉠ 면의 지시 기호(또는 다듬질 기호), 끼워맞춤의 치수 공차 기호, 대조 번호 등을 기입한다.

㉡ 설명 사항을 기입한다.

⑥ 표제란·부품란에 필요 사항을 기입한다.

⑦ 검도 리스트에 따라 탈락이나 착오가 없는가를 조사한다.

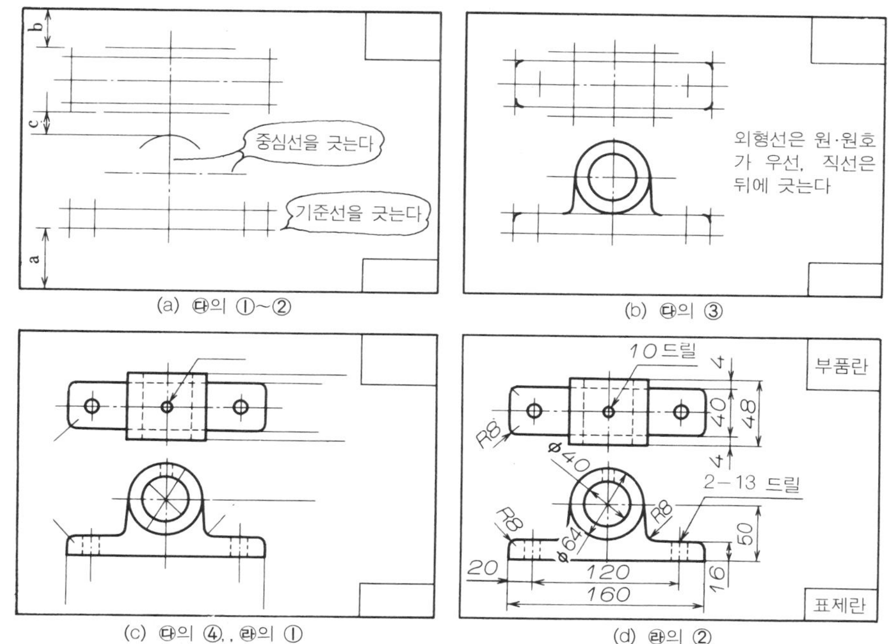

그림 3.141 원도 그리는 법 (브래킷)

〔3〕 트레이스도를 만드는 법

트레이스도를 만드는 순서는 원도를 만들 때의 순서 ②, ③의 ㉢ 이후의 것을 차례대로 되고 ㉥은 제외하고 그리면 된다.

〔4〕 복사도를 만드는 법

① 청사진 (blue print) : 청색 바탕의 용지에 흰 선이나 문자를 나타나게 한 것으로 음화 감광지를 사용하여 청사진기로 작성한다.

② 백사진 (positive print) : 백지에 보라색·청색·흑색 등의 선이나 문자를 나타나게 한 것으로 양화 감광지를 사용하여 복사기로 작성한다.

③ 사진 : 도면을 마이크로필름에 촬영하여 이 마이크로필름을 사용해 필요한 크기의 복사도를 작성할 수 있다. 마이크로필름은 작으므로 관리하기 쉽다.

〔5〕 검 도

원도가 작성되면 착오나 탈락, 부적당한 점이 없는지 점검하여야 한다. 이 작업을 검도라 한다. 도면이 틀리면 다른 제품이 제작되므로 도면을 작성하는데 있어 중요한 것이다. 표 3. 14와 같이 각 제품마다 검도 항목을 작성하여 체크하는 것이 좋다.

〔6〕 금속 재료의 기호

기계는 모두 금속 재료와 비금속 재료로 만들어져 있다. 도면의 부품란에 사용하는 재료의 종류를 기입할 때는 JIS(KS)에 규정되어 있는 재료는 규격에 따라 기입해야 한다. 또, 도면을 사용하여 기계 부품을 제작할 때는 부품란에 기입되어 있는 재료명

표 3. 14 검도 체크 리스트의 예

검열항목	검 열 내 용
도형의 검열	① 투영법은 올바른가. 도형의 부족은 없는가. ② 도형의 배치는 적정한가. ③ 도형의 척도와 표제란 속의 척도가 일치하는가. ④ 선의 용법은 맞는가. 빠뜨린 것은 없는가. ⑤ 단면 도시는 적절한가.
치수·기호의 검 열	① 치수는 맞고 빠짐없이 기입되어 있는가. ② 측정할 수 없는 위치에 치수가 기입되어 있지 않는가. ③ 치수선의 위치는 적절한가. ④ 치수 숫자의 방향은 맞는가. 명료하게 기입되어 있는가. ⑤ 면의 거칠기·치수 허용차의 기입은 적절한가. 탈락은 없는가. ⑥ 치수 보조선이 필요 이상으로 길지 않는가. ⑦ 치수선의 화살표의 탈락은 없는가.
부품란, 표제란의 체 크	① 도면 번호·대조 번호의 기입 탈락은 없는가. ② 구입 부품의 지시 사항은 올바른가. ③ 갯수·재료·공정은 올바르게 기입되어 있는가. ④ 척도·투영법 등은 올바르게 기입되어 있는가.

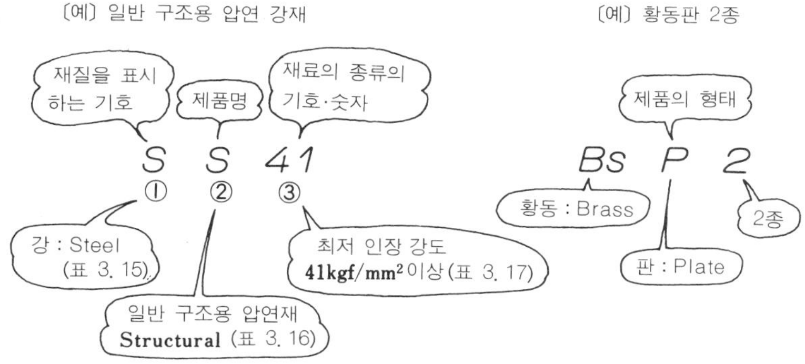

그림 3. 142

에서 규격에 맞는 재료를 선택하도록 하는 것이 좋다.

금속 재료는 JIS(KS)에 재료 기호로서 규정되어 있고 원칙으로 3개의 부분으로 되어 있다.

표 3. 15 재질을 표시하는 기호의 예

기 호	재 료	비 고	기 호	재 료	비 고
F	철	Ferrum	B	청 동	Bronze
S	강	Steel	BS	황 동	Brass
FC	주 철	Frerrm Casting	HBs	고 력 황 동	High Strength Brass
A	알루미늄	Aluminium	PB	인 청 동	Phosphorous Bronze
C	구 리	Copper	W	화이트 메탈	White Metal

표 3. 16 규격명 또는 제품명을 표시하는 기호의 예

기 호	규격 또는 제품명	비 고	기 호	규격 또는 제품명	비 고
B	막대 또는 보일러	B 또는 Boiler	P	박 판	Plate
C	주 조 물	Casting	PC	냉 간 압 연 강 판	Cold Rolled Plate
CMB	흑심 가단 주철품	Malleable Casting Black	PG	아 연 철 판	Galvanized Plate
			PH	열 간 압 연 강 판	Hot Rolled Plate
CMW	백심 가단 주철품	Malleable Casting White	PV	압 력 용 기 강 판	Pressure Vessel
			S	일반 구조용 압연재	Structural
CM	크롬 몰리브덴 강	Chromium Molybdenum	T	관	Tube
			TK	구조용 탄소강 강관	(로마자)
Cr	크 롬 강	Chromium	TKM	기계 구조용 탄소강 강 관	(로마자)
F	단 조 품	Forging			
GP	배 관 용 가 스 관	Gas Pipe	U	특 수 용 도 강	Special Use
K	공 구 강	(로마자)	UJ	베 어 링 강	(로마자)
KH	고 속 도 공 구 강	High Speed	UM	쾌 삭 강	Machinability
KS	합 금 공 구 강	(로마자) Special	UP	스 프 링 강	Spring
NC	니 켈 크 롬 강	Nickel Chromium	US	스 테 인 리 스 강	Stainless
NCM	니 켈 크 롬 몰 리 브 덴 강	Nickel Chromium Molybdenum	V	리 벳 용 압 연 강	RiVet
			WR	선	Wire Rod
			WP	피 아 노 선	Piano Wire

주) 특례로 두번째 부분의 기호가 없는 것이 있다. 〔예〕 S15C

표 3. 17 재료의 종류를 표시하는 기호의 예

기 호	종 류
1	1종
2S	2종 특수급
A	A종
2A	2종 A
35	인장 강도(kgf/mm^2)
10C	탄소 함유량(0. 1%)

표 3. 18 재료 기호 끝에 덧붙이는 기호의 예

기 호	의 미
−0	연질
$-\frac{1}{2}$H	반경질
−H	경질
−FH	특경질
−F	만들어낸 그대로
−D	뽑아냄

① 첫째 부분 : 재료를 나타내는 기호로, 재질 명칭의 영문자, 또는 로마자의 머리 문자 또는 원소 기호로 표시한다(표 3. 15).

② 둘째 부분 : 규격명 또는 제품명을 표시하는 기호로, 영문자 또는 로마자의 머리 문자를 사용하고 판·봉·관·선·주조품 등 제품의 형상별 종류나 용도를 표시한 기호를 조합하여 제품명으로 한다(표 3. 16).

③ 셋째 부분 : 재료의 종류를 표시하고 종류 번호 또는 최저 인장 강도 등의 숫자를 사용한다(표 3. 17).

또, 끝부분에 형상·제조 방법·열처리 상황·경도 등을 표시하는 기호를 하이픈(−)을 붙여서 덧붙인다(표 3. 18).

그림 3. 142는 금속 재료의 3부분으로 표시되는 예이다.

6. 스케치

(1) 기계 스케치

기계나 그 부품의 형상을 지면에 프리 핸드 등의 방법으로 그리고 여기에 치수를 기입하는 것을 기계 스케치라 하고, 재료의 종류·가공법·수량 기타 사항을 기입한 그림을 스케치도(견취도)라 한다.

기계의 스케치에는 설계자의 의도를 도면에 표시하는 아이디어 스케치(Idea sketch, 또는 설계도)와 기계나 그 부품을 보면서 형상을 도면에 표시하는 실형 스케치가 있다.

아이디어 스케치는 새로운 기계나 기구를 만들 때, 설계자는 그 입체 구조를 아이디어로 하여 이것을 프리 핸드로 정투영도나 테크니컬 일러스트레이션에 의한 축측 투영도 등으로 그린다. 그려진 그림에 각 요소 간의 운동 범위나 상대적 치수를 기입하고, 더 조정해서 기계의 기구·형상·크기를 결정한다.

실형 스케치는 현존하는 기계나 부품과 동일한 것을 만들 때, 마모나 파손되기 쉬운 부분의 개량 도면을 만들 때, 또는 현존하는 기계를 모델로 하여 새로운 기계를 만들 때 등에 그 기계의 형상를 프리 핸드로 그린다.

스케치도는 이것을 기반으로 도면을 그릴 것을 고려해서 제3각법으로 그려 놓는다. 형상이 복잡할 때는 입체도를 병용하면 좋다.

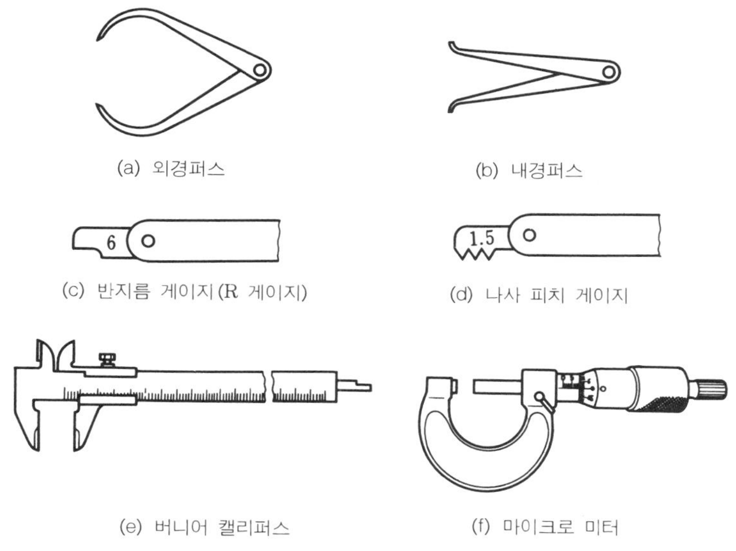

(a) 외경퍼스 (b) 내경퍼스

(c) 반지름 게이지(R 게이지) (d) 나사 피치 게이지

(e) 버니어 캘리퍼스 (f) 마이크로 미터

그림 3.143 스케치용 측정 기구

〔2〕 스케치의 준비

① 스케치 용구 : 스케치할 기계나 부품의 형상·종류·크기·정밀도 등에 따라서 용구도 달라지나, 공통적으로 사용하는 것은 연필(흑색·적색·청색), 지우개, 용지(방안지 등),화판 등이 있다.

② 계측 기구 : 자·캘리퍼스·버니어 캘리퍼스·마이크로미터·직각자·각도자·게이지류(피치 게이지·반지름 게이지·틈새 게이지·치형 게이지)·표면 거칠기 표준판, 정반 등이 있으며, 대표적인 것을 그림 3.143과 같다.

③ 공구 : 기계를 분해하는 데는 스패너·드라이버·뺀찌·플라이어·각종 해머·펀치·끌·줄 등이 필요하다.

이 외에 광명단·헤드 천·연한 철사(동선이나 납선)·꼬리표 등도 사용한다.

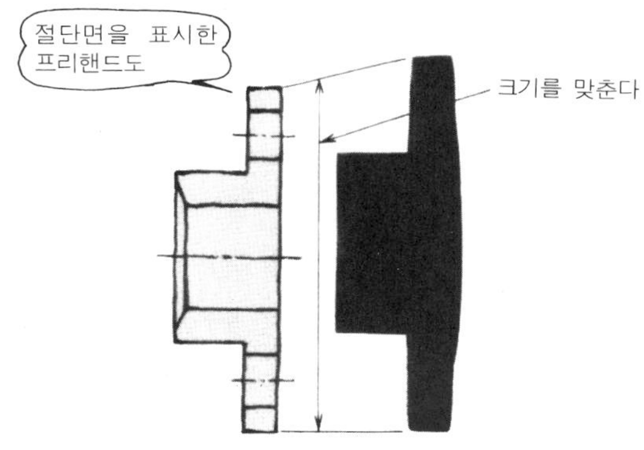

그림 3.145 형따기 법

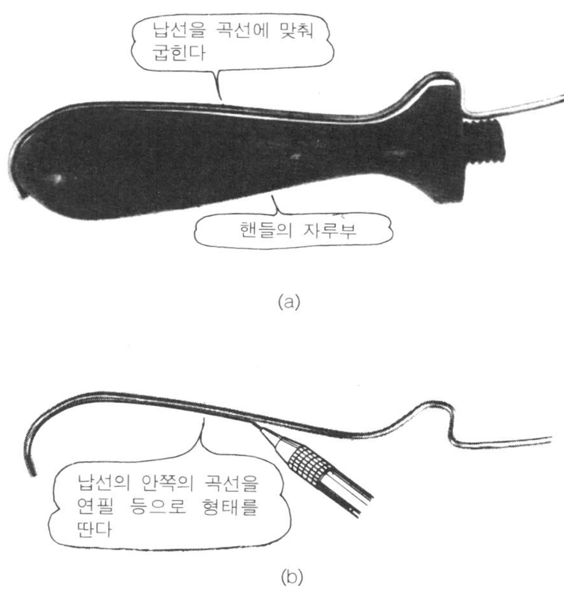

그림 3.146 프린트법 (패킹 누르개)

〔3〕 스케치하는 법

① 형상 스케치 : 부품의 형상을 스케치할 때는 가급적 현척에 가까운 크기로 하는 것이 좋다. 형상을 알기쉽게 하는 데는 단면도나 전개도를 덧붙이면 좋다. 또, 마모나 파손 부분은 일단 있는 그대로의 형상을 스케치하지만, 형상을 상상할 수 있을 때는 가상선으로 스케치해 두는 것이 좋다.

스케치법에는 다음과 같은 여러 방법이 있으므로 능률적으로 이용한다.

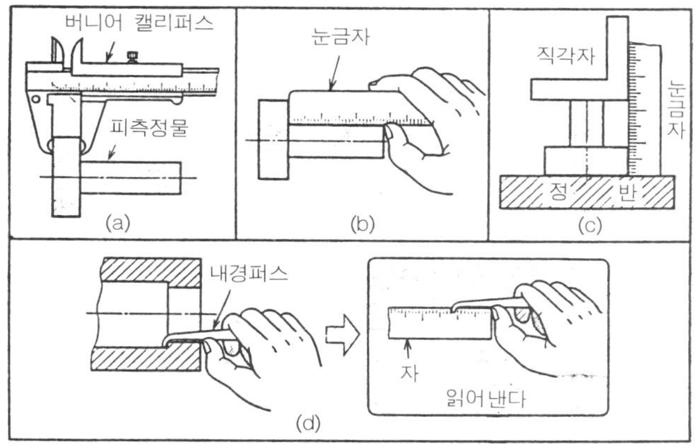

그림 3. 147 길이 재는 법

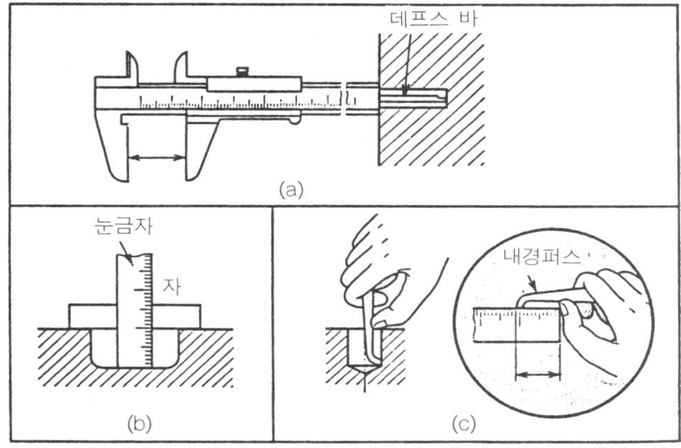

그림 3. 148 깊이를 재는 법

㉠ **프리 핸드법 :** 그림 3. 144와 같은 부품을 측면(A방향)에서 스케치할 때는, 형상이 평면 상태가 아니므로 프리 핸드법에 의할 수 밖에 없다. 그림(b)와 같이 그린다.

㉡ **형따기법 :** 그림 3. 145(a)와 같이 면의 평탄한 부분은 용지 위에 직접 부품을 놓고 연필로 윤곽을 잡는 방법과, 그림(b)와 같이 복잡한 형상의 부분은 연한 선(연선·동선) 등을 윤곽에 맞추어 구부려 그 곡선을 지면에 옮겨 그린다.

㉢ **프린트법 :** 그림 3. 146과 같이 평평하게 기계 가공된 면의 스케치는 그 면에 기름에 갠 광명단을 엷게 칠한 다음, 그 면을 지면에 눌러 붙여 형상을 복사한다.

㉣ **사진법 :** 복잡한 형상의 부품, 조립 상태나 고정 상태를 아는 경우, 반복하여 스케치하기가 어려울 때 등에는 사진 촬영을 해 두는 것이 좋다. 이때, 부품과 자를 나란히 놓고 사진을 찍어 두면 치수 측정시 빠진 것이 있어도 치수를 추정할 수 있어 편리하다.

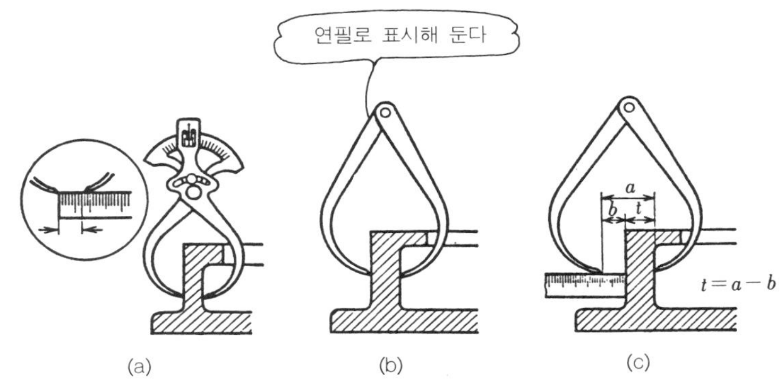

그림 3. 149 두께를 재는 법

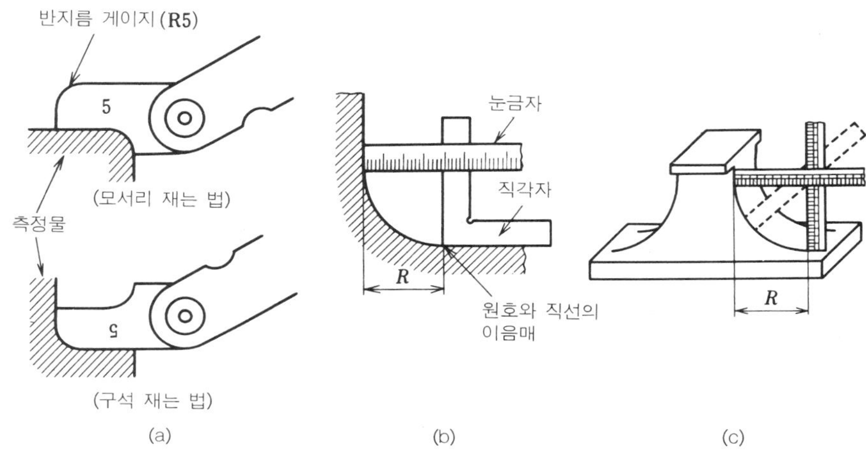

그림 3. 150 원호를 재는 법

② 치수를 재는 법 : 치수를 재기 전에 스케치한 그림에 치수 보조선, 치수선을 그어 둔다. 치수 보조선이나 치수선은 색연필(예 : 청색)로, 치수 숫자는 다른 색연필(예 : 적색)로 기입하면 판별하기 쉽다.

치수를 잴 때 정밀도·치수 공차의 판정을 틀리지 않도록 주의한다. 또, 재는 기준은 부품의 완성된 면이나 구멍의 중심 등으로 하고, 전체에 대한 어떤 부분과의 관련 등은 그 부품의 사용 방법에 맞는 측정 방법을 고려한다.

길이, 깊이, 두께를 잴 때는 그림 3. 147~그림 3. 149에 표시한 바와 같이 버니어 캘리퍼스, 자, 퍼스 등을 사용하여 측정한다.

원호를 재는 방법은 작은 원호일 때는 반지름 게이지로 측정하지만 직각으로 교차하는 두 평면 사이의 큰 원호는 그림 3. 150(c)와 같이 직선과 원호의 경계에 자를 대고 잰다. 그림(c)와 같은 부분은 곡면에 두개의 자를 대어, 그 한개를 움직여서 곡률 반지름의 중심점을 찾아내어 반지름을 구한다.

지름을 잴 때는 그림 3. 151과 같이 버니어 캘리퍼스, 마이크로미터 등을 사용하고 테이퍼 부분 등은 자나 캘리퍼스를 사용하여 잰다.

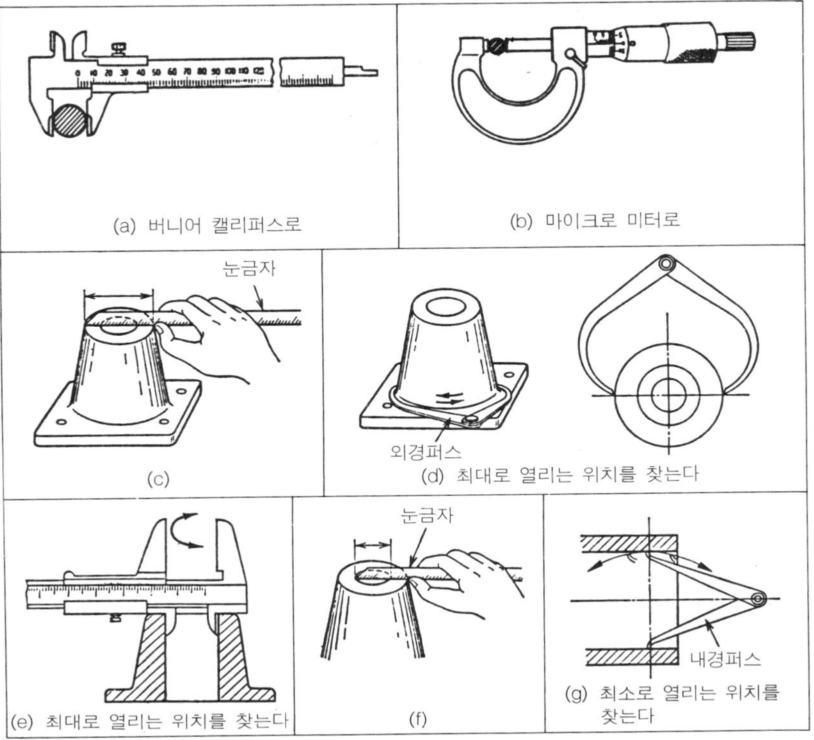

그림 3. 151 지름을 재는 법

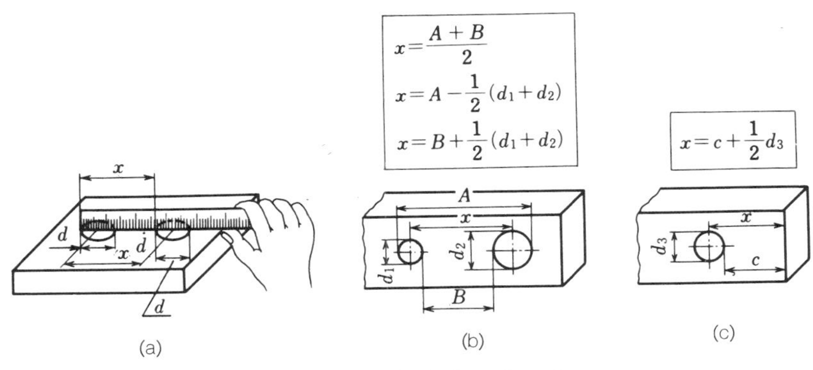

그림 3. 152 중심 거리를 재는 법

중심 거리를 재는 데 있어서 같은 지름의 구멍의 중심 거리를 구할 때는, 그림 3. 152(a)와 같이 구멍의 끝에서 끝까지를 측정하면 된다. 지름이 다른 구멍의 중심 거리를 구할 경우에는 그림(b)와 같이, A 또는 B와 d_1, d_2를 측정하여 계산해서 구한다. 또, 그림(c)는 끝부터 구멍의 중심점을 구할 때는 c_1, d_3을 재서 계산 해서 구한다.

③ 표면의 다듬질 정도·끼워맞춤의 판정 : 물품의 표면은 주물을 주조한 그대로이거나 절삭 가공으로 다듬어진 면 등이므로 외관을 보고 판단한다.

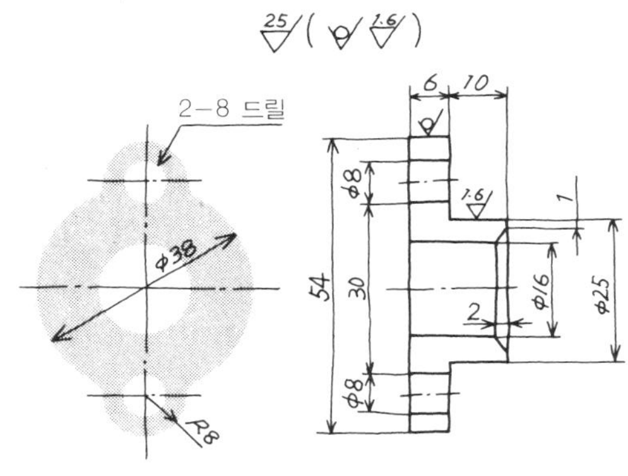

패킹 누르개(주철제)

그림 3. 153 프린트법과 프리 핸드법에 의한 스케치도

절삭된 면의 다듬질 정도는 절삭 자국과 표면 거칠기 표준판을 비교하여 결정하나, 마모 등에 의하여 판단할 수 없을 때는, 그 면의 용도를 참작하여 추정한다.

끼워맞춤의 판정은 그 기계의 기능·정밀도로 판정한다. 축과 베어링, 기어나 축 이음의 보스 구멍과 축 등의 끼워맞춤부는 정확하게 치수를 측정하고 끼워맞춤의 정도, 종류 등은 표 3. 11을 자료로 판정한다.

끼워맞춤은 JIS(KS)에 규정되어 있고 구멍 기준이 많으나 축 기준에 의한 경우도 있으므로 표 3. 9, 표 3. 10 등을 자료로 한다. 구름 베어링 등 특정한 부품은 메이커의 자료도 참고로 하면 좋다.

④ 재질의 판정 : 금속 재료는 JIS(KS)에 규정되어 있으나 재질의 상세한 판정은 어렵다. 스케치에서는 색이나 광택 등으로 철강·비철 금속 정도를 판정하고, 목적이나 용도에서 더 상세하게 판정하면 된다.

주철의 다듬질면은 거칠고 회색으로 광택이 없다. 주강은 주철보다 표면이 매끄럽고 은회색으로 광택이 있다.

탄소강의 다듬질면은 매끄럽고 광택이 있으며 은색에 가깝다. 불꽃 시험에 의하여 판정한다.

청동은 주황색이고, 주석의 함유량이 증가함에 따라 녹색을 띠게 된다. 황동은 청동보다 황색빛이 강하다. 알루미늄 합금은 백색이고 비중이 작고 가볍다.

⑤ 스케치도의 작성 : 기어 펌프의 패킹 누르개를 스케치하여 스케치도를 작성한다 (그림 3. 153).

〔4〕 스케치도에서 제작 도면으로

스케치한 그림을 기초로 제작도를 작성하는 순서 중에서, 우선 치수에 관하여 설명하고자 한다. 그림 3. 154는 다이얼 게이지 스탠드의 부품을 예로 한다.

스케치도의 $\phi 8$의 구멍에 대하여 치수를 구하면, 좌단에서 구멍의 중심까지의 거리

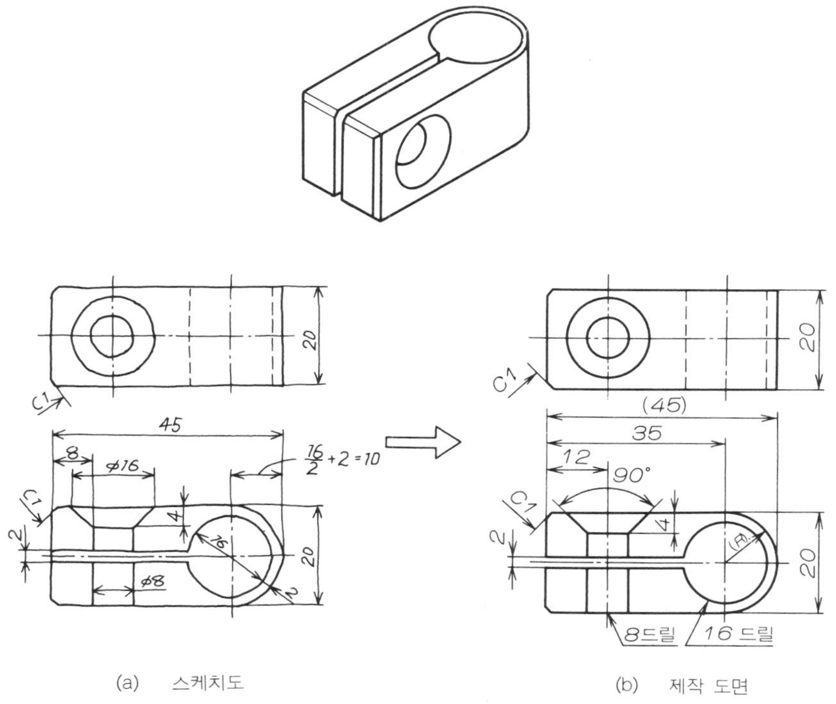

(a) 스케치도

(b) 제작 도면

그림 3. 154 스케치도에서 제작 도면 작성

는 8+φ8/2=12, 따라서 제작도의 좌단에서 구멍의 중심까지의 거리는 12로 한다.

접시 파기 부분은 스케치도의 φ16과 φ8에서 16−8=8이 되고, 접시의 각도의 두 변은 4가 되어, 전체의 각도는 90° 가 된다.

φ8의 가공 지시는 8드릴로 한다.

지름 16의 구멍에 대하여 치수를 구하면 구멍의 반지름 16/2와 우단의 두께로 8+2=10, 45−10=35, 구멍은 16드릴이라고 가공 지시하고, 우단의 라운딩은 (R)로 하고, 좌단을 기준으로 하는 치수 기입법으로 한다.

우단에는 라운딩이 있으므로 전장 45에는 ( )를 붙였다.

스케치할 때는 측정할 수 있는 부분은 모두 측정해 두고, 제작 도면을 그릴 때 정확한 치수 기입법에 따라 제도한다.

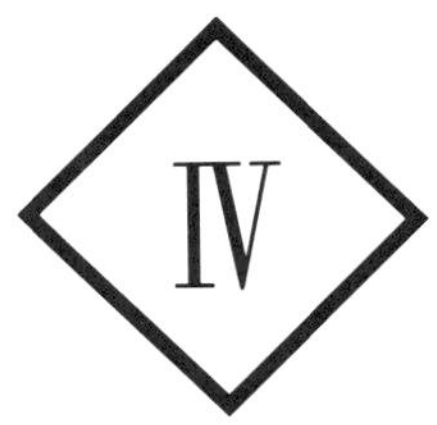

기계 요소의 제도

어떤 기계에나 공통적으로 사용되고 있는 것이 볼트·너트·축·베어링·기어 등이다. 이와 같이 기계를 구성하고 있는 공통 부품을 기계 요소라 한다. 기계 요소는 산업 규격(JIS, KS)으로 규격화되어 있는 것이 많으므로 기계 부품을 선택하고, 결정하고, 제도할 때는 규격에 따라서 형상 크기 등을 결정해야 한다.

이 장에서는 제도 예(책 마지막 부분 참조)에 관계되는 나사·볼트·너트·와셔·키·스패너·축의 지름·축 이음 등의 규격에 관하여 설명하고자 한다.

1 나 사

나사(screw)는 기계 요소 중에서 가장 많이 사용되고 있다. 나사의 각 부분의 명칭은 그림 4.1에 표시한다. 나사는 **수나사**와 **암나사**를 조합하여 사용한다. 나사의 크기는 수나사의 크기(외경)로 표시한다. 나사에는 **오른 나사**(시계 방향으로 돌리면 전진한다)와 **왼 나사**(시계 반대 방향으로 돌리면 전진한다)가 있다. 가장 많이 사용되는 것은 오른 나사이다.

서로 인접한 나사산 사이의 거리를 **피치**(pitch)라 하고, p로 표시한다. 나사를 1회전 하였을 때 이동하는 거리를 **리드**(lead)라 하고 l 로 표시한다.

나사산이 한줄로 감긴 나사를 **한줄 나사**, 두줄로 감긴 나사를 **두줄나사**라고 한다. 줄 수를 n으로 표시하면,

리드=피치×줄 수　　$l = p \times n$

따라서, 한줄 나사에서는 $l = p$가 된다.

〔1〕 나사의 종류

나사의 종류에는 나사산의 형상에 따라서 **그림 4.2**와 같은 종류가 있다. 또, 사용 목적에 따라서 관용 나사·전선관 나사·자전거용 나사·재봉틀용 나사 등의 특수용 나사도 있다.

삼각 나사는 나사산의 모양이 삼각형으로 죔용이나 계측기용으로 사용된다. 삼각 나사의 종류에는 미터 보통 나사, 미터 가는 나사, 유니파이 보통 나사, 유니파이 가는 나사, 관용 테이퍼 나사, 관용 평행 나사가 있고, 사각 나사·사다리꼴 나사·톱니 나사는 프레스·잭·기계의 보냄 나사 등과 같이 동력이나 운동의 전달용이나 이동용으로 사용된다. 둥근 나사는 전구의 소켓 먼지나 모래가 끼기 쉬운 오수용 호스의 연결부 등에 사용된다.

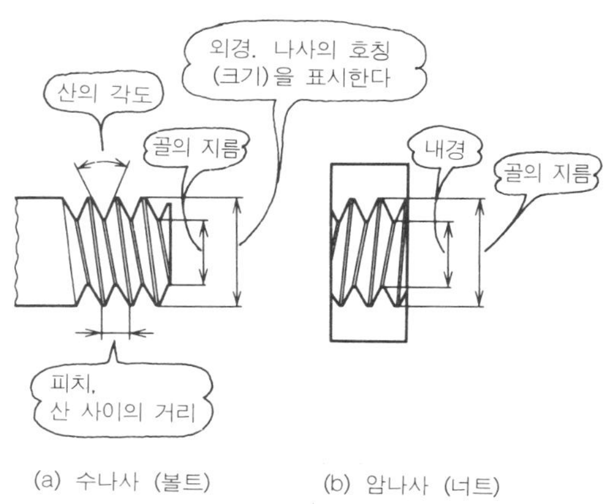

그림 4.1 나사 각 부의 명칭

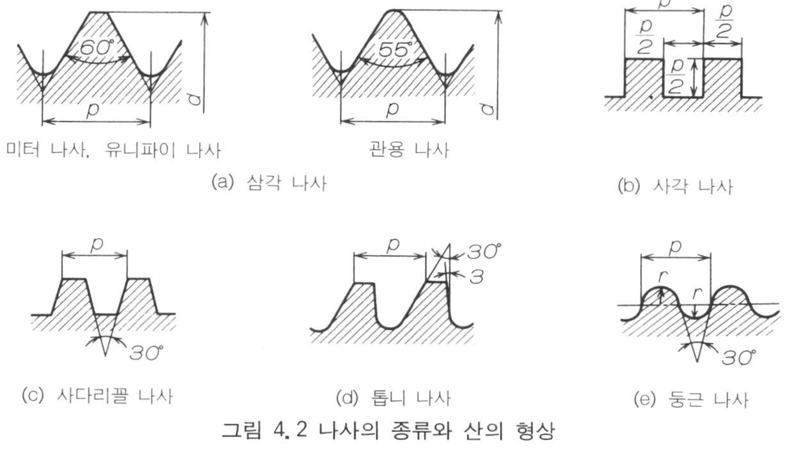

그림 4.2 나사의 종류와 산의 형상

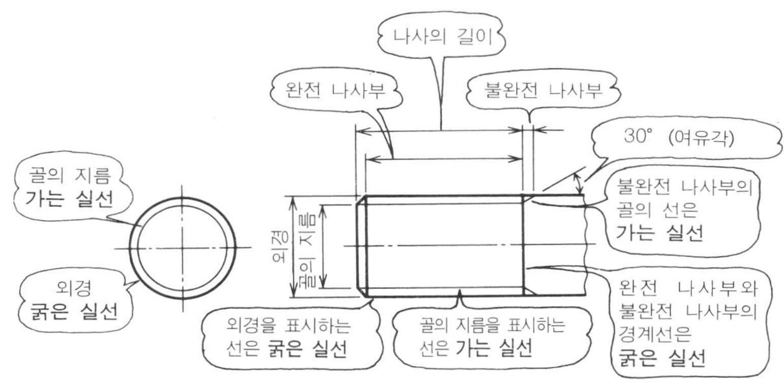

그림 4.3 수나사를 도시할 때의 각 부의 명칭·선의 용법

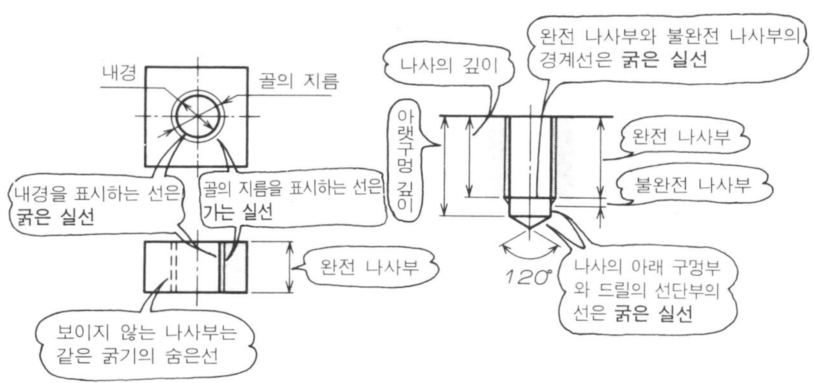

그림 4.4 암나사를 도시할 때의 각 부의 명칭·선의 용도

〔2〕 나사의 도시

나사의 산과 골은 나선 상태로 되어 있다. 나선을 투영도로 그리는 것은 힘들다.

나사의 제도는 JIS B 0002(KS B 0200) 나사 제도에 규정되어 있다. 나사를 표시하는 선의 용법과 각 부의 명칭은 그림 4.3~그림 4.5에 표시한다.

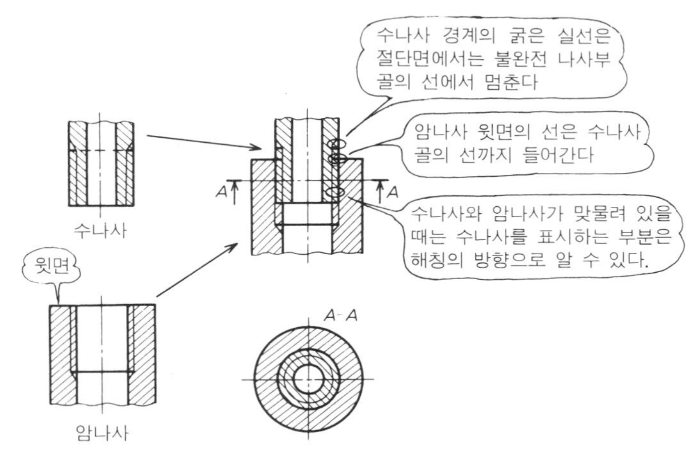

그림 4.5 수나사와 암나사가 맞물려 있는 도시

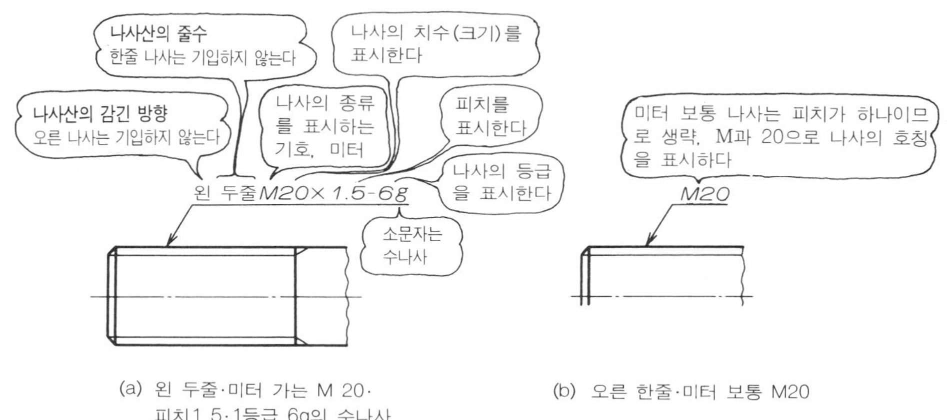

그림 4.6 수나사 표시법의 예

〔3〕 나사의 표시법

나사의 종류·치수 등의 표시는 나사산의 감긴 방향·나사산의 줄 수·나사의 호칭·나사산의 등급 등으로 그림 4.6과 같다.

• 나사의 표시법

나사산의 감긴 방향	나사산의 줄 수	나사의 호칭	−	나사의 등급

(1) 나사의 호칭

나사의 치수는 나사의 종류·나사의 크기(외경)으로 표시한다.

보통나사는 불필요

나사의 종류를 표시하는 기호	나사의 크기(외경)를 표시하는 숫자	×	피치
〔예〕 M	20	×	2

표 4.1 나사의 종류·기호·호칭 및 관련 규격

나사의 종류		나사의 종류를 표시하는 기호	나사 호칭의 표시법 (예)	관련 규격	
미터 보통 나사		M	M 8	JIS B 0205 (KS B 0201)	ISO 규격이 있음
미터 가는 나사①			M 8×1	JIS B 0207 (KS B 0204)	
유니파이 보통 나사		UNC	1/2−13 UNC	JIS B 0206 (KS B 0203)	
유니파이 가는 나사		UNF	NO. 6−40 UNF	JIS B 0208 (KS B 0206)	
미터 사다리꼴 나사		Tr	Tr 10×2	JIS B 0216 (KS B 0226)	
관용 테이퍼 나사	테이퍼 수나사	R	R 3/4	JIS B 0203 (KS B 0222)	
	테이퍼 암나사	Rc	Rc 3/4		
	평행 암나사②	Rp	Rp 3/4		
관용 평행 나사		G	G 1/2	JIS B 0202 (KS B 0221)	
관용 테이퍼 나사	테이퍼 나사	PT	PT 3/4	JIS B 0203(부록)	*ISO 규격이 없음
	평행 암나사③	PS	PS 3/4		
관용 평행 나사		PF	PF 1/2	JIS B 0202(부록)	

주) ① 특히 가는 나사인 것을 명확히 표시할 필요가 있을 때는, 피치 다음에 「가는」의 문자를 □안에 넣어서 기입할 수 있다.
② 이 평행 암나사 Rp는 테이퍼 수나사 R에 대해서만 사용한다.
③ 이 평행 암나사 PS는 테이퍼 수나사 PT에 대해서만 사용한다.
*ISO 규격에 없는 나사는 적절한 시기에 폐지에 대하여 검토할 예정이다.

미터 보통 나사와 같이, 하나의 호칭에 대하여 하나의 피치만이 규정되어 있는 나사에서는 피치는 생략한다. 표 4.1은 나사의 종류·기호·나사의 호칭·관련 규격을 표시한다. 표 4.2는, 미터 보통 나사의 규격이다.

(2) 나사의 등급

나사의 등급은 등급을 표시하는 숫자와 로마자와의 조합, 또는 로마자에 의하여 표 4.3과 같이 표시되나, 불필요할 때는 생략해도 된다.

암나사와 수나사가 서로 맞물려 있을 때, 등급을 동시에 표시하고자 할 때는 암나사를 분자, 수나사를 분모로 하여 (암나사의 등급)/(수나사의 등급)과 같이 표시한다.

〔4〕 나사 도면에서 나사를 읽는 법과 그리는 법

기계 도면에 나사의 표시법을 기입할 때는 그림 4.7(a), (b)와 같이, 수나사에서는 산 마루를 표시하는 외경에서, 또 암나사에서는 골 밑을 표시하는 골의 지름에서 각각 지시선을 바깥쪽에 그어서 수평선 위쪽에 기입한다.

〔5〕 나사가 끼워지는 부분의 치수 기입

기계의 본체 등 암나사부의 치수를 기입할 때는 나사의 호칭 외에 그림 4.8과 같이 나사의 깊이·나사 밑구멍의 지름과 깊이도 기입한다.

표 4.2 미터 보통 나사

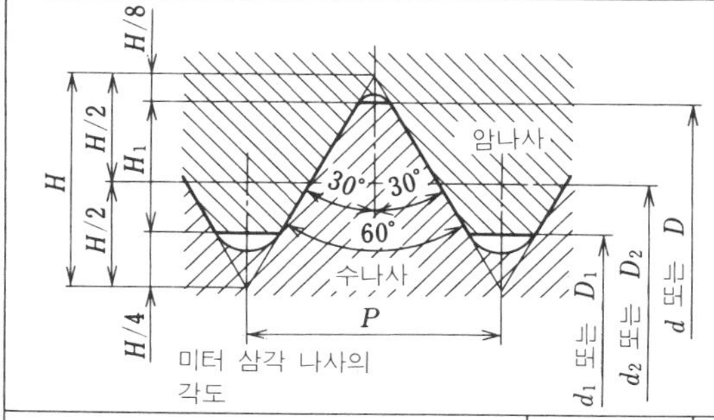

$H = 0.866\ 025\ P$ $\qquad D = d$

$H_1 = 0.541\ 266\ P$ $\qquad D_2 = d_2$

$d_2 = d - 0.649\ 519\ P$ $\qquad D_1 = d_1$

$d_1 = d - 1.082\ 532\ P$

굵은선은 기준 산형을 표시한다 단위 mm

나사의 호칭 *			피 치 P	접촉 높이 H_1	암나사 골의 지름 D	암나사 유효 지름 D_2	암나사 내경 D_1
1란	2란	3란			수나사 외경 d	수나사 유효 지름 d_2	수나사 골의 지름 d_1
M 1			0.25	0.135	1.000	0.838	0.729
	M 1.1		0.25	0.135	1.100	0.938	0.829
M 1.2			0.25	0.135	1.200	1.038	0.929
	M 1.4		0.3	0.162	1.400	1.205	1.075
M 1.6			0.35	0.189	1.600	1.373	1.221
	M 1.8		0.35	0.189	1.800	1.573	1.421
M 2			0.4	0.217	2.000	1.740	1.567
	M 2.2		0.45	0.244	2.200	1.908	1.713
M 2.5			0.45	0.244	2.500	2.208	2.013
M 3			0.5	0.271	3.000	2.675	2.459
	M 3.5		0.6	0.325	3.500	3.110	2.850
M 4			0.7	0.379	4.000	3.545	3.242
	M 4.5		0.75	0.406	4.500	4.013	3.688
M 5			0.8	0.433	5.000	4.480	4.134
M 6			1	0.541	6.000	5.350	4.917
		M 7	1	0.541	7.000	6.350	5.917
M 8			1.25	0.677	8.000	7.188	6.647
		M 9	1.25	0.677	9.000	8.188	7.647
M 10			1.5	0.812	10.000	9.026	8.376
		M 11	1.5	0.812	11.000	10.026	9.376
M 12			1.75	0.947	12.000	10.868	10.106
	M 14		2	1.083	14.000	12.701	11.835
M 16			2	1.083	16.000	14.701	13.835
	M 18		2.5	1.353	18.000	16.376	15.294
M 20			2.5	1.353	20.000	18.376	17.294
	M 22		2.5	1.353	22.000	20.376	19.294
M 24			3	1.624	24.000	22.051	20.752
	M 27		3	1.624	27.000	25.051	23.752
M 30			3.5	1.894	30.000	27.727	26.211
	M 33		3.5	1.894	33.000	30.727	29.211
M 36			4	2.165	36.000	33.402	31.670
	M 39		4	2.165	39.000	36.402	34.670
M 42			4.5	2.436	42.000	39.077	37.129
	M 45		4.5	2.436	45.000	42.077	40.129
M 48			5	2.706	48.000	44.752	42.587
	M 52		5	2.706	52.000	48.752	46.587
M 56			5.5	2.977	56.000	52.428	50.046
	M 60		5.5	2.977	60.000	56.428	54.046
M 64			6	3.248	64.000	60.103	57.505
	M 68		6	3.248	68.000	64.103	61.505

미터 보통 나사에서는 하나의 호칭(M1)에 하나의 피치(0.25)밖에 없다

주) * 1란을 우선적으로, 필요에 따라 2란, 3란의 순으로 택한다 (JIS B 0201, KS B 0201)

표 4.3 나사 등급의 표시법

나사의 종류	미터 보통 나사 (M 1.6 이상)						미터 가는 나사 (M 2×0.25 이상)						관용 평행 나사		미터 사다리꼴 나사			
	암나사			수나사			암나사			수나사					암나사		수나사	
등 급	5H	6H	7H	4h	6g	8g	5H	6H	7H	4h	6g	8g	A	B	7H	8H	7e	8e

대문자는 구멍에, 즉 암나사에 붙인다.

소문자는 축에, 즉 수나사에 붙인다.

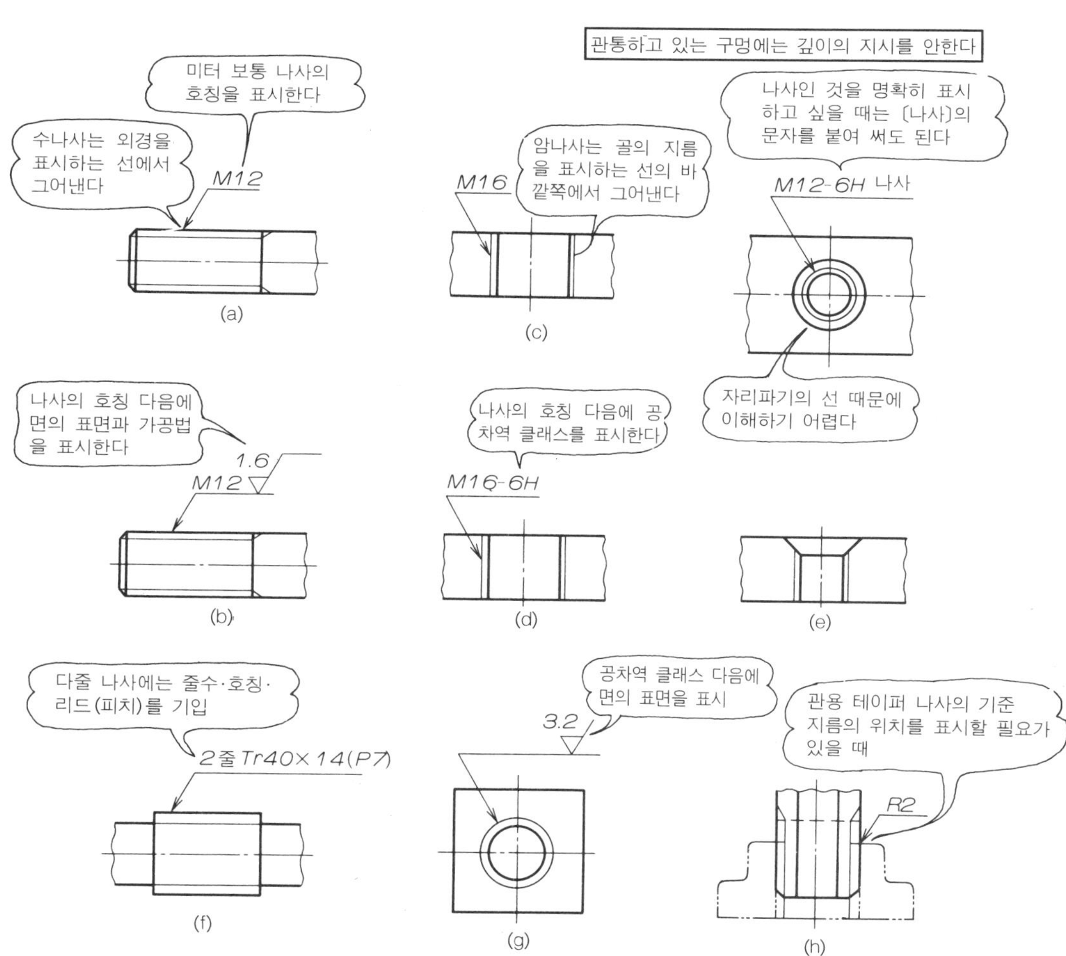

그림 4.7 나사 도면에 호칭·등급·면의 표면 가공법·리드·피치의 기입 예

2. 볼트·너트 (제도 예2 참조)

〔1〕 볼트·너트의 종류

나사를 응용한 부품을 나사 부품이라 한다. 기계를 조립할 때는 죔용 나사 부품의

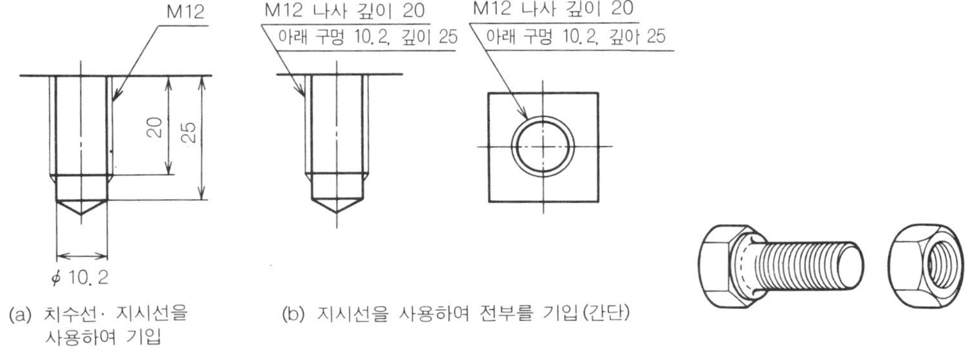

그림 4.8 나사·아래 구멍과 그 깊이의 기입

그림 4.9 6각 볼트·6각 너트

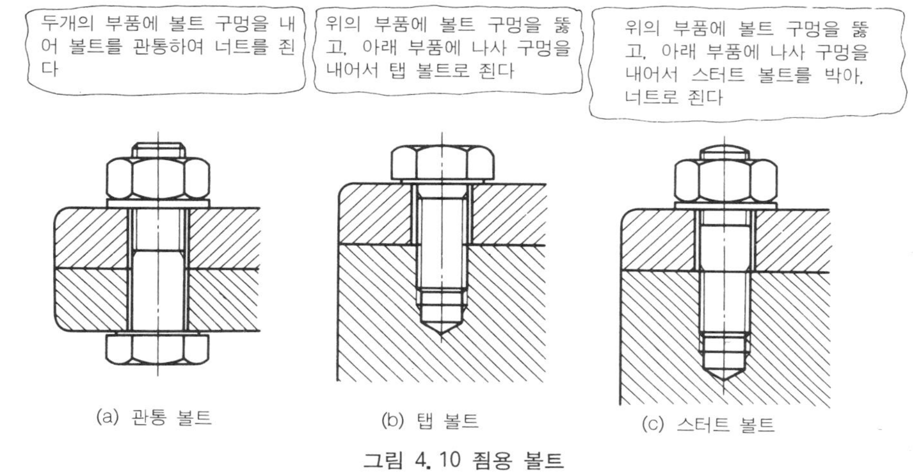

그림 4.10 죔용 볼트

대표인 볼트(bolt)·너트(nut)가 많이 사용된다. 착탈(着脫)이 쉽기 때문에 죔용 요소로 널리 사용된다. 그림 4.9와 같이 6각 볼트·6각 너트가 많이 사용되고, 사용 목적에 따라 4각 볼트·4각 너트도 사용된다.

죄는 방법에는, 그림 4.10과 같은 관통 볼트·텝 볼트·스터드 볼트의 3종류가 있다.

〔2〕 볼트·너트의 호칭법

기계 요소 중, 규격으로 정해져 있는 부품은 도면으로 그리지 않고도 그 호칭만으로 표시할 수 있다. 볼트·너트 등은 부품도를 안그리고 부품란에 호칭을 기입하면 된다.

(1) 6각 볼트의 호칭 방법

6각 볼트의 종류에는 호칭 지름 6각 볼트·유효 지름 6각 볼트·전나사 6각 볼트가 있다. 호칭 지름 6각 볼트는 나사가 절삭되어 있지 않는 부분의 지름이 거의 호칭 지름과 같게 되어 있다.

표 4.4 호칭 지름 6각 볼트·전나사 6각볼트

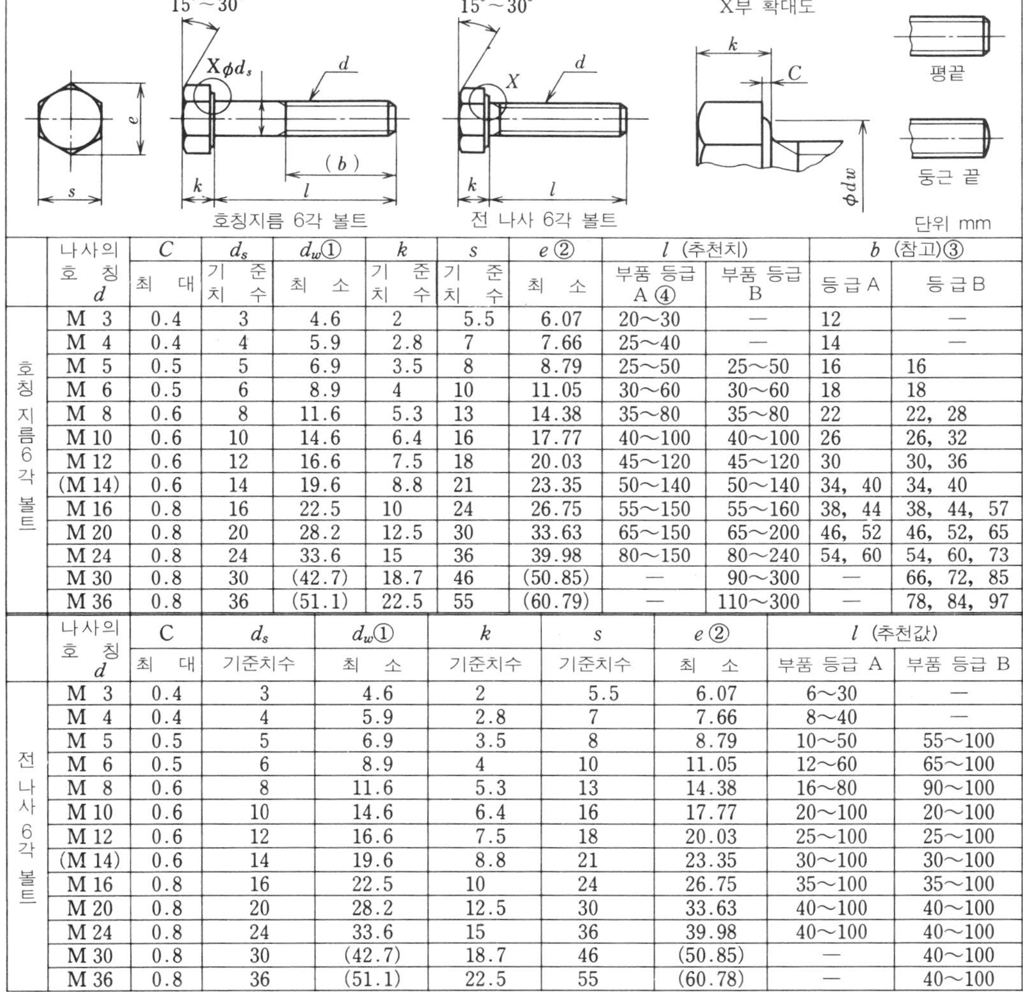

	나사의 호칭 d	C	d_s	d_w①	k	s	e②	l (추천치)		b (참고)③	
		최 대	기준치수	최 소	기준치수	기준치수	최 소	부품 등급 A ④	부품 등급 B	등급 A	등급 B
호칭 지름 6각 볼트	M 3	0.4	3	4.6	2	5.5	6.07	20~30	—	12	—
	M 4	0.4	4	5.9	2.8	7	7.66	25~40	—	14	—
	M 5	0.5	5	6.9	3.5	8	8.79	25~50	25~50	16	16
	M 6	0.5	6	8.9	4	10	11.05	30~60	30~60	18	18
	M 8	0.6	8	11.6	5.3	13	14.38	35~80	35~80	22	22, 28
	M 10	0.6	10	14.6	6.4	16	17.77	40~100	40~100	26	26, 32
	M 12	0.6	12	16.6	7.5	18	20.03	45~120	45~120	30	30, 36
	(M 14)	0.6	14	19.6	8.8	21	23.35	50~140	50~140	34, 40	34, 40
	M 16	0.8	16	22.5	10	24	26.75	55~150	55~160	38, 44	38, 44, 57
	M 20	0.8	20	28.2	12.5	30	33.63	65~150	65~200	46, 52	46, 52, 65
	M 24	0.8	24	33.6	15	36	39.98	80~150	80~240	54, 60	54, 60, 73
	M 30	0.8	30	(42.7)	18.7	46	(50.85)	—	90~300	—	66, 72, 85
	M 36	0.8	36	(51.1)	22.5	55	(60.79)	—	110~300	—	78, 84, 97

	나사의 호칭 d	C	d_s	d_w①	k	s	e②	l (추천값)	
		최 대	기준치수	최 소	기준치수	기준치수	최 소	부품 등급 A	부품 등급 B
전 나사 6각 볼트	M 3	0.4	3	4.6	2	5.5	6.07	6~30	—
	M 4	0.4	4	5.9	2.8	7	7.66	8~40	—
	M 5	0.5	5	6.9	3.5	8	8.79	10~50	55~100
	M 6	0.5	6	8.9	4	10	11.05	12~60	65~100
	M 8	0.6	8	11.6	5.3	13	14.38	16~80	90~100
	M 10	0.6	10	14.6	6.4	16	17.77	20~100	20~100
	M 12	0.6	12	16.6	7.5	18	20.03	25~100	25~100
	(M 14)	0.6	14	19.6	8.8	21	23.35	30~100	30~100
	M 16	0.8	16	22.5	10	24	26.75	35~100	35~100
	M 20	0.8	20	28.2	12.5	30	33.63	40~100	40~100
	M 24	0.8	24	33.6	15	36	39.98	40~100	40~100
	M 30	0.8	30	(42.7)	18.7	46	(50.85)	—	40~100
	M 36	0.8	36	(51.1)	22.5	55	(60.78)	—	40~100

주) ① 여기에 나타낸 d의 수치는 부품 등급 A 값으로, B는 좀더 작게 된다. ( )를 친 것은 부품 등급 B의 값.
② 여기에 나타낸 e의 수치는 부품 등급 A 값으로, B는 좀더 작게 된다. (M30, M 36의 수치는 부품 등급 B의 값을 넣은 것이다).
③ b의 수치가 하나뿐인 것은, l이 125mm 이하인 것에 적용하고, 2개 이상 있을 때는 두번째는 l이 125를 초과해 200까지인 것, 세번째는 l이 200을 초과하는 것에 적용한다.
④ 부품 등급 A가 추천된 l보다 긴 볼트를 사용할 때는 부품 등급 B의 길이인 것을 사용한다.

비고) 1. 나사의 호칭에 ( )를 친 것은 가급적 사용하지 않는다.
2. 나사의 끝에 있어서의 불완전 나사부는 피치의 2배 이하로 한다.
3. 부품 등급 A 및 B에서는 나사 선단을 모떼기 한다. (단, M4 이하는 생략할 수 있다)

(JIS B 1180, KS B 1002)

유효 지름 6각 볼트는 나사가 절삭되어 있지 않는 부분의 지름이 유효 지름과 거의 같게 되어 있다. 또, 전나사 6각 볼트는 볼트의 거의 전장에 걸쳐 나사가 절삭되어 있는 것이다. 표 4.4는 호칭 지름 6각 볼트와 전나사 6각 볼트의 규격의 일부를 표시한 것이다.

6각 볼트는 규격에 의하여 다음과 같은 호칭이 정해져 있다.

규격 번호	종 류	부품 번호	호칭×l	—	강도 구분 성상 구분	재료	지정 사항

〔예〕

강 볼트	JIS B 1180	호칭 지름 6각 볼트	A	M10×60	—	8.8	평끝
스테인리스 볼트		유효 지름 6각 볼트	B	M10×45	—	A2−70	

6각 볼트의 부품 등급은 볼트의 머리부·축부 등의 공차 수준, 나사부의 치수 공차에 의하여 **표 4.5**와 같이, A·B·C의 등급으로 규정되어 있다.

6각 볼트의 기계적 성질은 강에 대해서는 강도 구분, 스테인리스 강에 대해서는 성상 구분으로 **표 4.6**과 같이 규정되어 있다.

(2) 6각 너트의 호칭

6각 너트에는 부품 등급 A·B가 있고, 또 스타일 1·2가 있다. 6각 낮은 너트에는

표 4.5 볼트의 부품 등급·나사 등급

부품 등급	공차의 수준		나사 등급
	축부 및 자리면	기타 부분	
A	6.3 a(정밀)	6.3 a(정밀)	6g
B	6.3 a(정밀)	12.5 a(조잡)	6g
C	12.5 a(조잡)	12.5 a(조잡)	8g

JIS B 1180 (KS B 1002)

표 4.6 6각 볼트의 기계적 성질 (JIS B 1180, KS B 1002)

종류 / 등급 / 재료	호칭 지름 6각 볼트			유효 지름 6각 볼트	전나사 6각 볼트		
	A	B	C	B	A	B	C
강	8.8	8.8	4.6 4.8	5.8 8.8	8.8	8.8	4.6 4.8
스테인리스 강	A 2−70	A 2−70		A 2−70	A 2−70	A 2−70	

〔예〕 8.8……소수점을 붙인 2자리 또는 3자리의 숫자로 강도 구분을 나타낸다.

소수점 다음의 8……항복점 또는 내력(耐力)의 최소값이 인장 강도 최소값의 80%, 즉 이 예에서는 640N/mm²(65.3kgf/mm²)임을 나타낸다.

소수점 앞의 8……인장 강도의 최소값이 800N/mm²(81.6kgf/mm²)임을 나타낸다.

A 2−70 : 성상 구분을 표시하고, 기호와 숫자에 의한 강종 구분(鋼種區分)의 기호와 2자리 숫자에 의한 강도 구분의 기호의 조합으로 이루어져 있다. 이 예는 오스테나이트계 스테인리스 강(A2)를 사용하여 냉간 가공한 인장 강도의 최소값이 700N/mm²(71.4kgf/mm²)임을 나타낸다.

JIS B 1180 (KS B 1002)

표 4.7 6각 너트

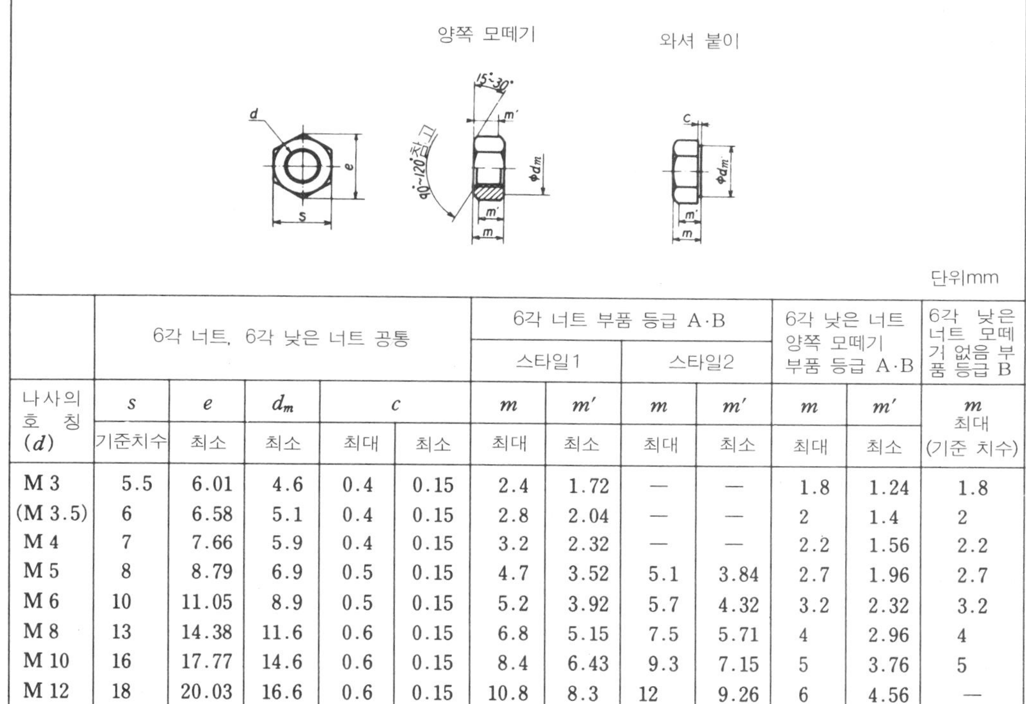

나사의 호칭 (*d*)	6각 너트, 6각 낮은 너트 공통					6각 너트 부품 등급 A·B 스타일1		6각 너트 부품 등급 A·B 스타일2		6각 낮은 너트 양쪽 모떼기 부품 등급 A·B		6각 낮은 너트 모떼기 없음 부품 등급 B
	s	e	d_m	c		m	m'	m	m'	m	m'	m
	기준치수	최소	최소	최대	최소	최대	최소	최대	최소	최대	최소	최대 (기준 치수)
M 3	5.5	6.01	4.6	0.4	0.15	2.4	1.72	—	—	1.8	1.24	1.8
(M 3.5)	6	6.58	5.1	0.4	0.15	2.8	2.04	—	—	2	1.4	2
M 4	7	7.66	5.9	0.4	0.15	3.2	2.32	—	—	2.2	1.56	2.2
M 5	8	8.79	6.9	0.5	0.15	4.7	3.52	5.1	3.84	2.7	1.96	2.7
M 6	10	11.05	8.9	0.5	0.15	5.2	3.92	5.7	4.32	3.2	2.32	3.2
M 8	13	14.38	11.6	0.6	0.15	6.8	5.15	7.5	5.71	4	2.96	4
M 10	16	17.77	14.6	0.6	0.15	8.4	6.43	9.3	7.15	5	3.76	5
M 12	18	20.03	16.6	0.6	0.15	10.8	8.3	12	9.26	6	4.56	—
(M 14)	21	23.35	19.6	0.6	0.15	12.8	9.68	14.6	10.7	7	5.14	—
M 16	24	26.75	22.5	0.8	0.2	14.8	11.28	16.4	12.6	8	5.94	—
M 20	30	32.95	27.7	0.8	0.2	18	13.52	20.3	15.2	10	7.28	—
M 24	36	39.55	33.2	0.8	0.2	21.5	16.16	23.9	18.1	12	8.72	—
M 30	46	50.85	42.7	0.8	0.2	25.6	19.44	28.6	21.8	15	11.1	
M 36	55	60.79	51.1	0.8	0.2	31	23.52	34.7	26.5	18	13.5	—

주) 6각 너트 스타일1, 6각 너트 스타일2, 6각 낮은 너트 양쪽 모떼기, 어느 것이든지 부품 등급 A인 것은 M16까지, 부품 등급 B인 것은 M20~M36이 규정되어 있다.

비고) 나사의 호칭에 ( )를 친 것은 가급적 사용하지 않는다.

JIS B 1180 (KS B 1002)

양면 모떼기, 모떼기 안한 것, 와셔 붙이 등의 종류가 있다. 표 4.7은 6각 너트의 규격의 일부를 표시한다.

6각 너트의 종류와 형식에는 표 4.8과 같이 6각 너트(호칭 지름 d에 대하여 m이 $0.8d$ 이상인 것), 6각 낮은 너트(m이 약 $d/2$인 것), 양면 모떼기, 와셔 붙이, 모떼기안한 것(생략) 등으로 분류되어 있다. 또, 스타일에 의한 구분은 너트의 두께 차이로 스타일 2는 스타일 1보다 두껍게 되어 있다.

6각 너트는 규격에 의하여 다음과 같은 호칭이 결정되어 있다.

규격 번호	종 류	형 식	부품 등급	나사의 호칭	—	강도 구분	재료	지정 사항

표 4.8 6각 너트의 종류·형식·등급·강도·호칭 범위

너트의 종류	형식	부품 등급	강도 구분	나사의 호칭 범위
6각 너트	스타일1	A	6, 8, 10	M 1.6~M 16
		B		M 20~M 36
	스타일2	A	9, 12	M 5~ M 16
		B		M 20~M 36
	—	C	4, 5	M 5~ M 36
6각 낮은 너트	모떼기	A	04, 05	M 1.6~M 16
		B		M 20~M 36
	모떼기 없음	B	—	M 1.6~M 10

JIS B 1181 (KS B 1012)

표 4.9 6각 너트의 부품 등급·나사 등급 (JIS B 1181, KS B 1012)

부품 등급	자리면	기타 부분	나사 등급
A	6.3a (정밀)	12.5a (조잡)	6H
B	12.5a (조잡)	—	6H
C	—	—	7H

JIS B 1181 (KS B 1012)

〔예〕

JIS B 1181	6각 너트	스타일 1	A	M 10 — 8	
(KS B 1012)	6각 너트	스타일 2	B	M 20 — 12	와셔붙이
	6각 낮은너트	양면 모떼기	A	M 8 — 0.4	S20C

(3) 스터드 볼트의 호칭

스터드 볼트는 그림 4.10(c)와 같이 양 끝에 나사가 절삭되어 있는 볼트로서, 그 한끝을 미리 기계 본체에 박아놓고, 고정하는 부분에 볼트 지름보다 약간 큰 구멍을 뚫고 끼워서 너트로 체결한다. 착탈이 가능하다(표 4.10에 규격을 표시한다).

스터드 볼트의 호칭은 다음과 같이 결정되어 있다.

규격 번호·규 격 명 칭	호칭 지름 × l	강도 구분	심어 넣는 쪽의 피치	*bm*의 종별	너트쪽의 피 치	지정 사항
JIS B 1173	4×20	4.8	보 통	2종	보통	
스터드 볼트	12×40	4T	보 통	2종	가늘다	

(4) 6각 볼트·6각 너트를 그리는 법

볼트나 너트를 규격대로의 치수로 실형을 그리려면 손이 많이 가므로, 그림 4.11과

표 4.10 스터드 볼트

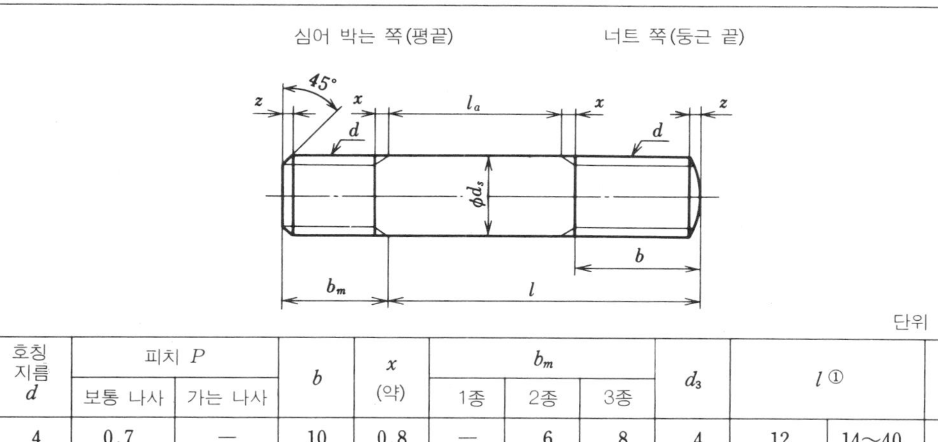

호칭 지름 d	피치 P		b	x (약)	b_m			d_3	l ①		la ②
	보통 나사	가는 나사			1종	2종	3종				
4	0.7	—	10	0.8	—	6	8	4	12	14～40	
5	0.8	—	12	0.8	—	7	10	5	12, 14	16～45	1
6	1	—	14	1	—	8	12	6	12～16	18～50	
8	1.25	—	18	1.2	—	11	16	8	12～22	25～55	
10	1.5	1.25	20	1.5	12	15	20	10	16～22	25～100	2
12	1.75	1.25	22	2	15	18	24	12	20～25	28～100	
(14)	2	1.5	25	2	18	21	28	14	25, 28	30～100	
16	2	1.5	28	2	20	24	32	16	32	35～100	3
(18)	2.5	1.5	30	2.5	22	27	36	18	32, 35	38～160	
20	2.5	1.5	32	2.5	25	30	40	20	32, 35	38～160	

주) ① l의 수치는 다음중에서 표의 범위 내의 것을 선택한다 . JIS B 1176 (KS B 1003)
12, 14, 16, 20, 22, 25, 28, 30, 32, 35, 38, 40, 45, 50, 55, 60, 65, 70, 80, 90, 100, 110, 120, 140, 160
② b는 너트 쪽의 나사부 길이로, l이 표중의 왼쪽란의 값일 때는, l_a의 값을 표준 길이로 하는 원통부를 남겨 놓고 나사를 가공한다.

비고) 1. 호칭 지름에 ( )를 친 것은 가급적 사용하지 않는다.
2. 나사는 지정에 의하여 JIS B 0205 (KS B 0201) (미터 보통 나사) 또는 JIS B 0207 (KS B 1003) (미터 가는 나사)을 사용한다.
3. x는 불완전 나사부의 길이로 원칙으로 $^{+2P}_{0}$으로 한다. 여기서 P는 나사의 피치이다.
4. 심어 박는 쪽의 나사끝은 평끝, 너트 쪽은 둥근끝으로 한다.
5. 심어 박는 길이 b_m은 1종, 2종, 3종 중의 하나를 지정한다

같이 간략하게 그리는 경우가 많다. 각각의 그림(b)는 모떼기·불완전 나사부는 생략하고 있다. 6각 구멍 붙이 볼트의 6각 구멍은 그림(b)와 같이 생략한다.

6각 볼트·6각 너트를 제도하는 방법은 여러 가지 있는데 그림 4.12는 규격 치수에 따르지 않고, 수나사의 외경 d를 기준으로 하여 각부의 치수를 결정하여 그린 약도이다.

〔3〕 볼트 구멍과 자리

볼트나 작은 나사 등을 통과시키는 구멍을 볼트 구멍이라 한다. 볼트 구멍은 볼트의 지름보다 조금 크게 낸다. 그 크기는 나사의 호칭과 체결되는 부품의 정밀도 등 사용 목적에 따라서 표 4.11의 값에서 선택한다. 특히, 볼트와 볼트 구멍과의 지름 차를 작게 할 때는 리머로 정밀하게 가공한다. 이 구멍을 리머 구멍이라 하고, 리머 구멍에

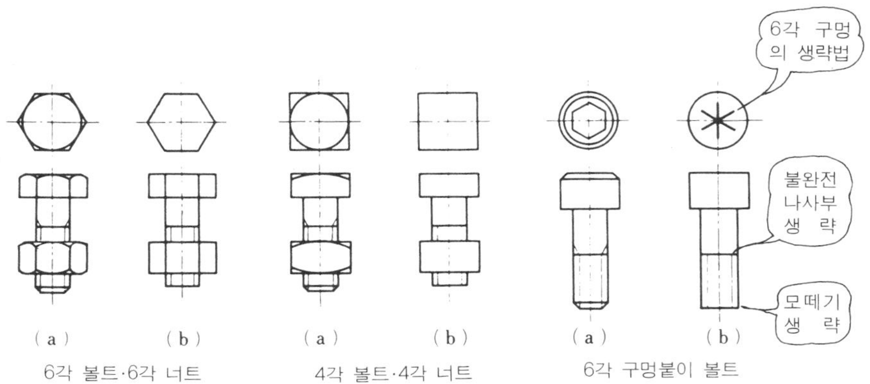

그림 4. 11 볼트·너트의 약도

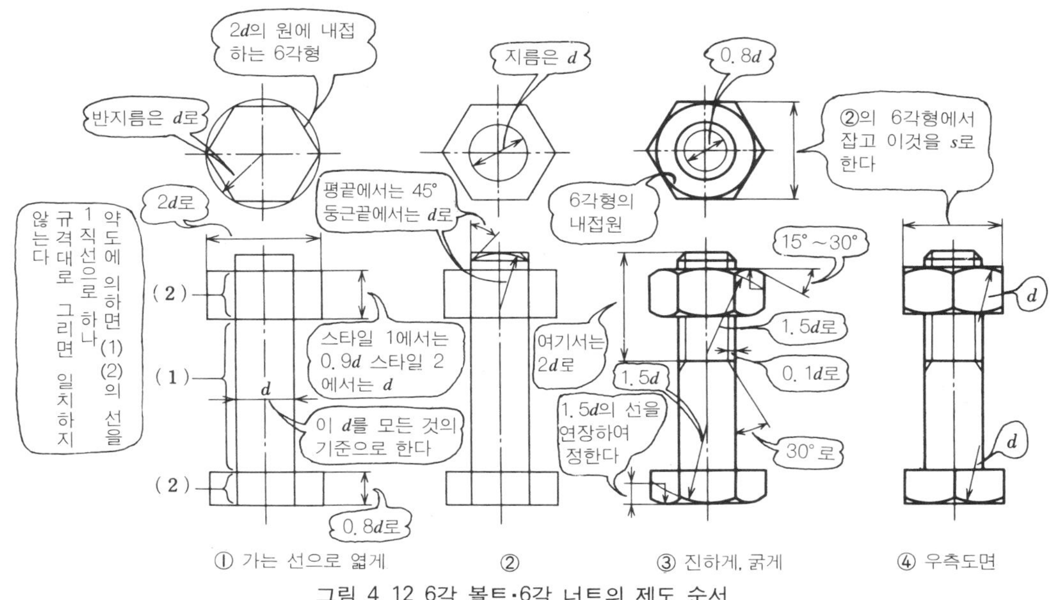

그림 4. 12 6각 볼트·6각 너트의 제도 순서

사용하는 볼트를 **리머 볼트**라고 한다.

볼트 머리나 너트의 자리면이 체결되는 부분의 면에 밀착할 수 있도록 그 면을 평평하게 절삭한다. 이것을 **자리파기**라 하고, 그 면을 **자리**라고 한다.

3. 와 셔

와셔(washer)는 죄어지는 자리면이 거칠거나, 볼트의 지름에 대하여 볼트 구멍이 너무 클 때, 또는 죄어질 재료가 약할 때 등에 사용하는 것을 **평와셔**라고 한다. 또, 진동에 의하여 볼트·너트가 느슨해지는 것을 방지하기 위하여 사용하는 것에는 **스프링 와셔·이붙이 와셔·혀붙이 와셔** 등이 있다. 표 4. 12는 평와셔와 스프링 와셔를 나타낸 것이다.

표 4.11 볼트 구멍 지름 및 자리파기 지름

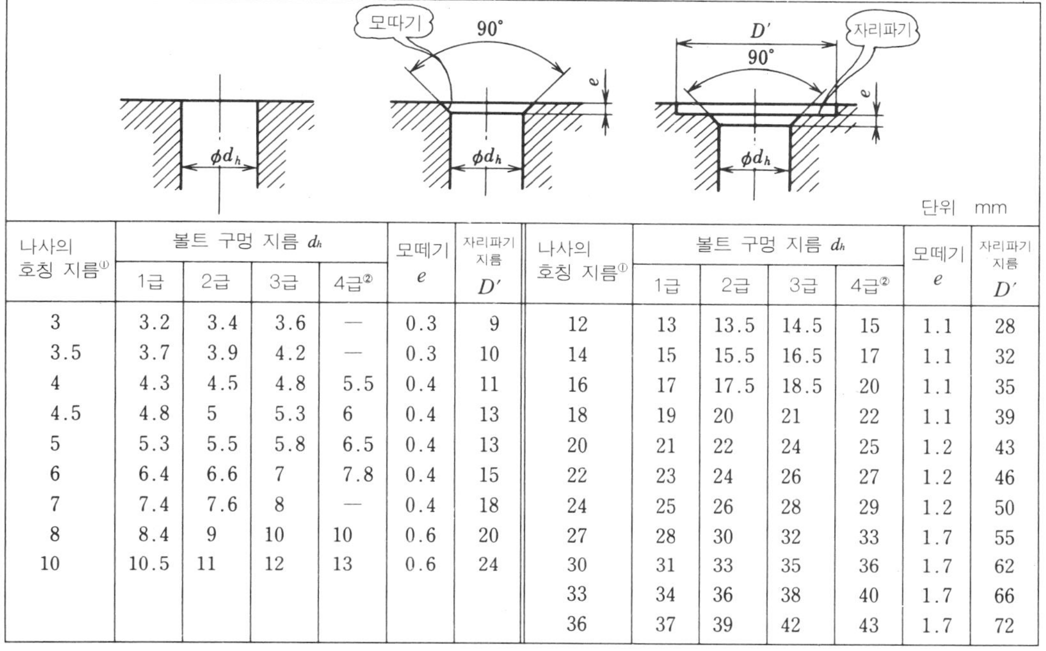

단위 mm

나사의 호칭 지름①	볼트 구멍 지름 d_h				모떼기 e	자리파기 지름 D'	나사의 호칭 지름①	볼트 구멍 지름 d_h				모떼기 e	자리파기 지름 D'
	1급	2급	3급	4급②				1급	2급	3급	4급②		
3	3.2	3.4	3.6	—	0.3	9	12	13	13.5	14.5	15	1.1	28
3.5	3.7	3.9	4.2	—	0.3	10	14	15	15.5	16.5	17	1.1	32
4	4.3	4.5	4.8	5.5	0.4	11	16	17	17.5	18.5	20	1.1	35
4.5	4.8	5	5.3	6	0.4	13	18	19	20	21	22	1.1	39
5	5.3	5.5	5.8	6.5	0.4	13	20	21	22	24	25	1.2	43
6	6.4	6.6	7	7.8	0.4	15	22	23	24	26	27	1.2	46
7	7.4	7.6	8	—	0.4	18	24	25	26	28	29	1.2	50
8	8.4	9	10	10	0.6	20	27	28	30	32	33	1.7	55
10	10.5	11	12	13	0.6	24	30	31	33	35	36	1.7	62
							33	34	36	38	40	1.7	66
							36	37	39	42	43	1.7	72

주) ① 나사의 호칭 지름은 JIS B 0123 (KS B 0200)에 의한다. 호칭 지름 3~36을 발췌.
② 4급은 주로 주물빼기 구멍에 적용한다.

비고) 1. 4급은 ISO에 규정되어 있지 않다.
2. 구멍의 모떼기는 필요에 따라 하고, 그 각도는 90°로 하는 것이 원칙이다.
3. 어느 나사의 호칭 지름에 대하여, 이 표의 자리파기 지름보다 작은 것, 또는 큰 것을 필요로 할 때는 가급적 이 표의 자리파기 지름 계열에서 수치를 선택하는 것이 좋다.
4. 자리파기 면은 구멍의 중심선에 대하여 90°가 되도록 하고, 자리파기의 깊이는 일반적으로 흑피를 제거할 정도로 한다.

JIS B 1001 (KS B 1007)

〔1〕 스프링 와셔의 호칭법

스프링 와셔에는 강제(경강)·스테인리스제·인청동제가 있으며 일반용(2호)과 중하중용(3호)이 있다. 호칭은 다음과 같이 정해놓고 있다.

규격 번호·규격 명칭	종 류	호 칭	재 료	지정 사항
JIS B 1251(KS B 1324)	2 호	8	SUS304	MFZr Ⅱ
스프링 와셔	2 호	12	SUS	

〔2〕 평와셔의 호칭법

평와셔에는 강제·스테인리스제·황동제의 둥근형 평와셔와 강제인 각형 평와셔가 있으나, 여기서는 각형 평와셔는 생략한다. 둥근형 와셔에는 소형 환형·광택 환형·보통의 여러 종류가 있으나, 표 4.12에서는 보통 와셔는 생략한다.

호칭은 다음과 같이 정해져 있다.

규격 번호·규격 명칭	종 류	호칭 지름	경도구분	재료	지정 사항

표 4. 12 스프링 와셔·평와셔

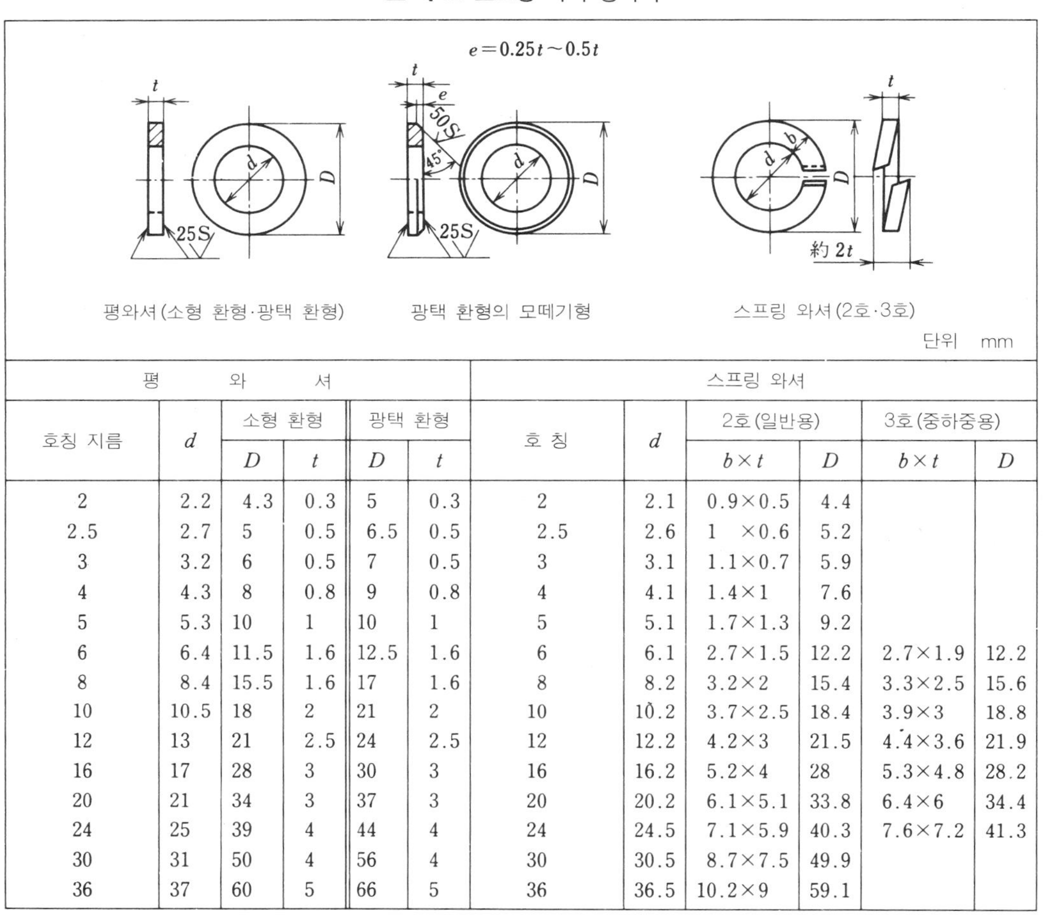

단위 mm

평 와 셔						스프링 와셔					
호칭 지름	d	소형 환형		광택 환형		호 칭	d	2호(일반용)		3호(중하중용)	
		D	t	D	t			$b \times t$	D	$b \times t$	D
2	2.2	4.3	0.3	5	0.3	2	2.1	0.9×0.5	4.4		
2.5	2.7	5	0.5	6.5	0.5	2.5	2.6	1 ×0.6	5.2		
3	3.2	6	0.5	7	0.5	3	3.1	1.1×0.7	5.9		
4	4.3	8	0.8	9	0.8	4	4.1	1.4×1	7.6		
5	5.3	10	1	10	1	5	5.1	1.7×1.3	9.2		
6	6.4	11.5	1.6	12.5	1.6	6	6.1	2.7×1.5	12.2	2.7×1.9	12.2
8	8.4	15.5	1.6	17	1.6	8	8.2	3.2×2	15.4	3.3×2.5	15.6
10	10.5	18	2	21	2	10	10.2	3.7×2.5	18.4	3.9×3	18.8
12	13	21	2.5	24	2.5	12	12.2	4.2×3	21.5	4.4×3.6	21.9
16	17	28	3	30	3	16	16.2	5.2×4	28	5.3×4.8	28.2
20	21	34	3	37	3	20	20.2	6.1×5.1	33.8	6.4×6	34.4
24	25	39	4	44	4	24	24.5	7.1×5.9	40.3	7.6×7.2	41.3
30	31	50	4	56	4	30	30.5	8.7×7.5	49.9		
36	37	60	5	66	5	36	36.5	10.2×9	59.1		

JIS B 1256 (KS B 1326) JIS B 1251 (KS B 1324)

JIS B 1256 (KS B 1326) 소형 환형 6 C280IP 니켈 도금

평 와 셔 광택 환형 12 12 외경 모떼기형

4. 키(key)

키는 회전축에 풀리(pulley)·커플링(coupling) 및 기어(gear) 등의 회전체를 고정시켜 축과 회전체가 미끄러지지 않게 회전을 전달시키는 데 사용되는 기계 요소이다. 키는 보통 강으로 만들며 그림 4. 13은 대표적인 성크 키이다. 키의 종류에는 성크 키 외에, 미끄럼 키·반달 키, 특수한 것으로서 스플라인·세레이션 등이 있다.

(1) 성크 키

성크 키에는 평행 키·구배 키·머리 키 등이 있다. 구배 키에는 1/100의 기울기가

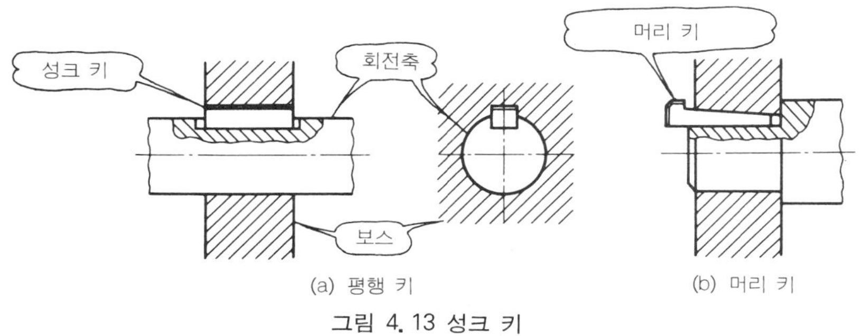

(a) 평행 키 (b) 머리 키

그림 4. 13 성크 키

있어서 키를 박음으로써 축과 보스를 단단하게 연결할 수 있다.

(1) 키의 호칭

키의 호칭은 다음과 같이 정해져 있다.

규격 번호	종 류	호칭 치수×길이	끝부의 형상	재료
JIS B 1301(KS B 1313)	평행 키 —	25×14×90	양쪽이 둥글다	S20C−D
JIS B 1301(KS B 1313)	구배 키 —	16×10×56		S45C−D
JIS B 1301(KS B 1313)	머리 키 − −	20×12×70		SF55

(2) 키의 선택

키의 치수를 결정할 때는 전달하는 동력에서 계산하여 구하는 경우와 JIS(KS)에 정해져 있는 규격에서 축의 치수에 따른 키의 호칭 치수에서 선택하는 방법이 있다. 보통 후자를 많이 이용한다.

(3) 키 홈

키 홈을 도시할 때는 그림 4.13과 같이 키 홈을 위쪽으로 한다. 치수 기입은 그림 3.91, 그림 3.92와 같이 한다. 구배 키에 대한 키 홈은 보스 쪽에 1/100의 기울기를 붙인다.

5 스패너 (제도예 3 참조)

스패너는 볼트·너트 및 4각 고정 나사 등을 죄거나 풀 때 사용한다. 보통 양구 스패너, 편구 스패너가 많이 사용되나 사용 목적에 따라 여러 가지 형태의 것이 있다. 여기에서는 양구 스패너의 규격에 대하여 설명한다.

〔1〕 스패너의 종류·등급

스패너의 종류와 등급은 표 4. 14와 같다.

표 4. 13 성크 키·키 미끄럼

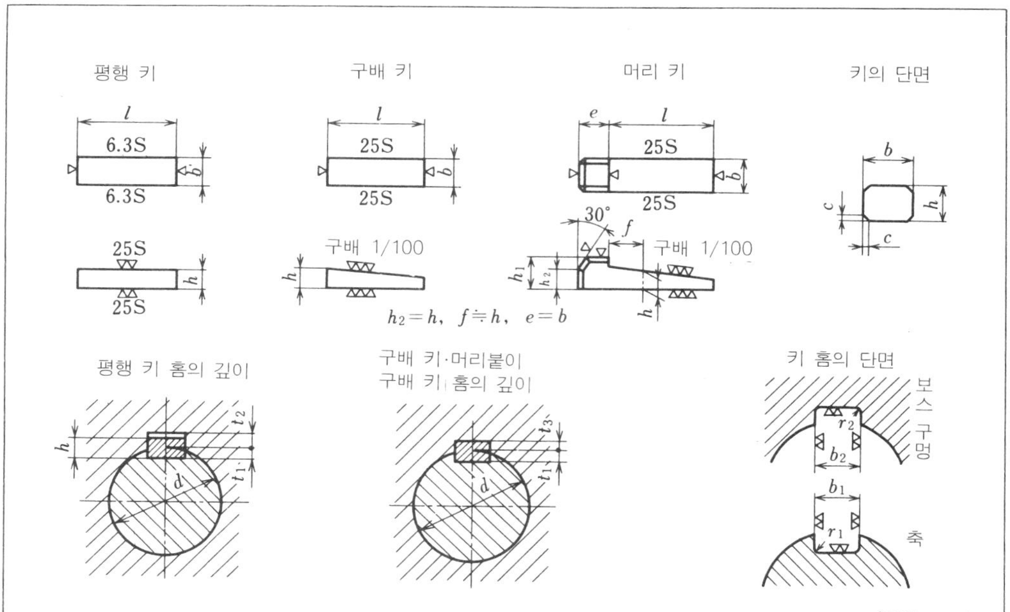

평행 키 / 구배 키 / 머리 키 / 키의 단면

$h_2 = h$, $f \fallingdotseq h$, $e = b$

평행 키 홈의 깊이 / 구배 키·머리붙이 구배 키 홈의 깊이 / 키 홈의 단면

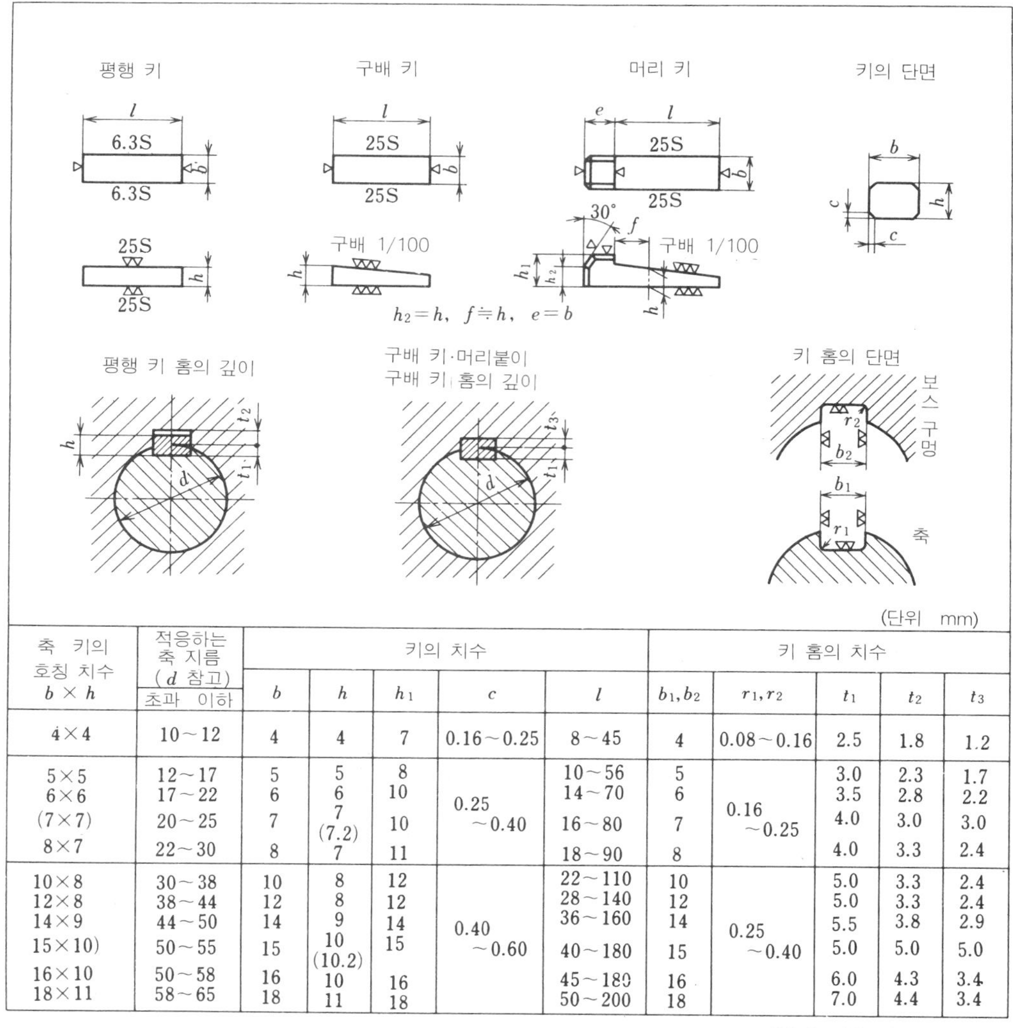

(단위 mm)

축 키의 호칭 치수 $b \times h$	적응하는 축 지름 (d 참고) 초과 이하	키의 치수 b	h	h_1	c	l	키 홈의 치수 b_1, b_2	r_1, r_2	t_1	t_2	t_3
4×4	10～12	4	4	7	0.16～0.25	8～45	4	0.08～0.16	2.5	1.8	1.2
5×5	12～17	5	5	8	0.25～0.40	10～56	5	0.16～0.25	3.0	2.3	1.7
6×6	17～22	6	6	10		14～70	6		3.5	2.8	2.2
(7×7)	20～25	7	7 (7.2)	10		16～80	7		4.0	3.0	3.0
8×7	22～30	8	7	11		18～90	8		4.0	3.3	2.4
10×8	30～38	10	8	12	0.40～0.60	22～110	10	0.25～0.40	5.0	3.3	2.4
12×8	38～44	12	8	12		28～140	12		5.0	3.3	2.4
14×9	44～50	14	9	14		36～160	14		5.5	3.8	2.9
15×10)	50～55	15	10 (10.2)	15		40～180	15		5.0	5.0	5.0
16×10	50～58	16	10	16		45～180	16		6.0	4.3	3.4
18×11	58～65	18	11	18		50～200	18		7.0	4.4	3.4

JIS B 1301 (KS B 1313)

주) ① 축 지름 10mm미만, 65mm를 초과하는 것은 생략
② 호칭 치수에 ( )를 친 것은 가급적 사용하지 않는다
③ 키의 치수 h의 값에 ( )를 친 것은 구배 키, 머리 키의 치수이다
④ 평행 키 홈 폭의 치수 허용차(정밀급 b_1, b_2같이 P9), (보통급 b_1은 N9, b_2는 JS9), 구배 키·머리 키 홈의 치수 허용차(b_1, b_2 다같이 D10)
⑤ 키 홈의 깊이(t_1, t_1 또는 t_1, t_3)의 치수 허용차는 키의 호칭 6×6이하는 $^{+0.1}_{0}$으로 하고, 7×7 이상은 $^{+0.2}_{0}$으로 한다 단, 구배 키·머리 키에서는 ( )다음의 호칭 치수에 한하여 $^{+0.1}_{0}$으로 한다
⑥ 키 홈의 구배 1/100은 보스 쪽에 붙인다
⑦ 키 단부 형상은 각형으로 한다. 때에 따라서는 아래 그림과 같이 해도 된다

표 4. 14 스패너의 종류와 등급

종류		등급	등급을 표시하는 기호
머리부의 형상에 따른 종류	입(口)의 수에 따른 종류		
환형	편구	보통급	N
		강력급	H
	양구	보통급	N
		강력급	H
창형	편구	—	S
	양구		

표 4. 15 스패너

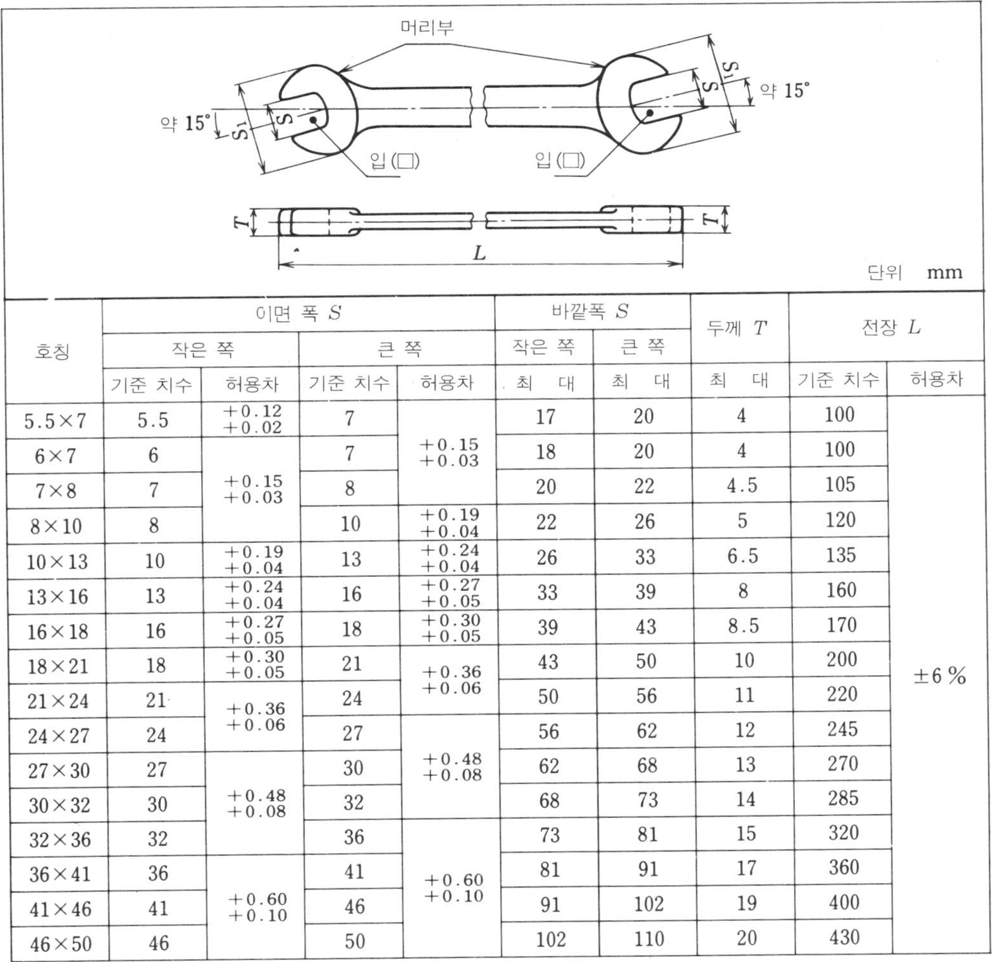

호칭	이면 폭 S 작은 쪽 기준 치수	이면 폭 S 작은 쪽 허용차	이면 폭 S 큰 쪽 기준 치수	이면 폭 S 큰 쪽 허용차	바깥폭 S 작은 쪽 최대	바깥폭 S 큰 쪽 최대	두께 T 최대	전장 L 기준 치수	전장 L 허용차
5.5×7	5.5	+0.12 +0.02	7	+0.15 +0.03	17	20	4	100	±6 %
6×7	6	+0.15 +0.03	7		18	20	4	100	
7×8	7		8		20	22	4.5	105	
8×10	8		10	+0.19 +0.04	22	26	5	120	
10×13	10	+0.19 +0.04	13	+0.24 +0.04	26	33	6.5	135	
13×16	13	+0.24 +0.04	16	+0.27 +0.05	33	39	8	160	
16×18	16	+0.27 +0.05	18	+0.30 +0.05	39	43	8.5	170	
18×21	18	+0.30 +0.05	21	+0.36 +0.06	43	50	10	200	
21×24	21	+0.36 +0.06	24		50	56	11	220	
24×27	24		27	+0.48 +0.08	56	62	12	245	
27×30	27	+0.48 +0.08	30		62	68	13	270	
30×32	30		32		68	73	14	285	
32×36	32		36	+0.60 +0.10	73	81	15	320	
36×41	36	+0.60 +0.10	41		81	91	17	360	
41×46	41		46		91	102	19	400	
46×50	46		50		102	110	20	430	

JIS B 4630 (KS B 3005)

〔2〕 스패너의 형상·치수

양구 스패너의 형상과 치수는 표 4. 15와 같다

〔3〕 스패너의 명칭

스패너의 명칭은 규격 번호 또는 규격 명칭, 종류, 등급, 호칭에 의한다.

〔예〕: JIS B 4630(KS B 3005)　　환형 양구 스패너 강력급 8×10
　　스 패 너 *　　　　　　　　창형 편구 스패너　12

(주) * 생략해도 된다.

6. 축의 지름

일반적으로 사용되는 원통 축의 끼워맞춤 부분의 지름에 대하여 표 4. 16과 같이 규정하고 있다.

7. 플랜지형 가요성 축 이음 (제도 예4 참조)

축 이음(shaft coplings)에는 여러 가지 형태의 것이 있으나, 여기에서는 플랜지형 축 이음 중에서 플랜지형 가요성 축 이음의 규격을 다룬다. 플랜지형 가요성 축 이음은 두 축의 축선이 정확히 일치되기 어려울 때 사용되고, 진동을 흡수하는 데 도움이 되므로 널리 사용된다.

〔1〕 각 부의 허용차와 어긋남의 공차

축 구멍 중심에 대한 이음 외경의 어긋남 및 외경 부근의 이음면의 어긋남의 공차는 0.03mm로 한다. 볼트 구멍 피치원의 지름 및 부시형 삽인 구멍 피치원 지름의 허용차, 피치의 허용차 및 축 구멍 중심에 대한 어긋남의 공차는 원칙으로 표 4. 17에 따른다.

〔2〕 형상과 치수

이음 각 부의 치수 공차 및 허용차는, 원칙으로 표 4. 18, 표 4. 19에 의한다.

〔3〕 재 료

이음 각 부에 사용하는 재료는 표 4. 20에 표시한다.

표 4. 16 축의 지름

축 지름	10	11	12	14	15	16	17	18	19	20	22	24	25	28	30	32	35	38	40	42	45	48	50	55	56	60	63	65	70	71	75	80	85	90	95	100
원통축 끝 (1)	○	○	○	○		○		○	○	○	○	○	○	○	○	○	○	○	○	○	○	○	○	○	○	○	○	○	○	○	○	○	○	○	○	○
구름 베어링 (2)	○		○		○		○			○	○		○	○	○	○	○		○		○		○	○		○		○	○		○	○	○	○	○	○

주 (1) JIS B 0903, (KS B 0701) (원통 축끝)의 축끝 끼워맞춤부의 지름에 의한다.　JIS B 0901 (KS B 0406)
(2) JIS B 1512, (KS B 2013) (구름 베어링의 주요 치수)의 베어링 내경에 의한다.

표 4. 17 허용차와 공차

단위 〔mm〕

피치원의 지름 *B*	지름 및 피치의 허용차	지름의 어긋남의 공차
60, 67, 75	±0.16	0.12
85, 100, 115, 132, 145	±0.20	0.14
170, 180, 200, 236	±0.26	0.18
260, 300, 355, 450, 530	±0.32	0.22

JIS B 1452 (KS B 1552)

표 4. 18 각 부의 공차

이음축 구멍 *D*	H 7	—
이음 외경 *A*	—	g 7
볼트 구멍과 볼트 ***a***	H 7	g 7
④의 와셔 내경* ***a***	$^{+0.4}_{0}$	—
부시 내경, ②의 와셔 내경 및 볼트의 부시 삽입부의 지름 a_1	$^{+0.4}_{0}$	e 9
부시 삽입 구멍 *M*	H 8	—
부시 외경 ***P***	—	$^{0}_{-0.4}$
볼트의 부시 삽입부의 길이 ***m***	—	k 12

* 표시의 기준 치수가 8인 것은 $^{+0.2}_{0}$으로 한다

JIS B 1452 (KS B 1552)

표 4. 19 부시·와셔의 허용차

부시폭 *q*		②의 와셔 두께 *t*	
기준 치수	허용차	기준치수	허용차
14, 16, 18	±0.3	3	
22.4, 28, 40		4	±0.29
56		5	±0.40

JIS B 1452 (KS B 1552)

표 4. 20 이음 재료

부품	재료
본체	JIS G 5501 (KS D 4301, 회주철품)의 FC 20, JIS G 5101 (KS D 4101 탄소강주강품)의 SC 42, JIS G 3201 (KS D 3710 탄소강단강품)의 SF 45 A 또는 JIS G 4051 (KS D 3752 기계구조용 탄소강강재)의 S 25 C
볼트	JIS G 3101 (KS D 3503 일반구조용 압연강재)의 SS 41
너트	JIS G 3101 (KS D 3503)의 SS 41
와셔	JIS G 3101 (KS D 3503)의 SS 41
스프링 와셔	JIS G 3506 (KS D 3559, 경강선재)의 SWRH 62 (A, B)
부시	JIS K 6386 (KS M 6617 방진 고무의 고무재료)

주) 1. 이음 볼트란, 볼트, 너트, 와셔, 스프링 와셔 및 부시를 조립한 것을 말한다.
2. 부시는 내유성의 가유 고무.

JIS B 1452 (KS B 1552)

표 4.21 플랜지형 가요성 축 이음

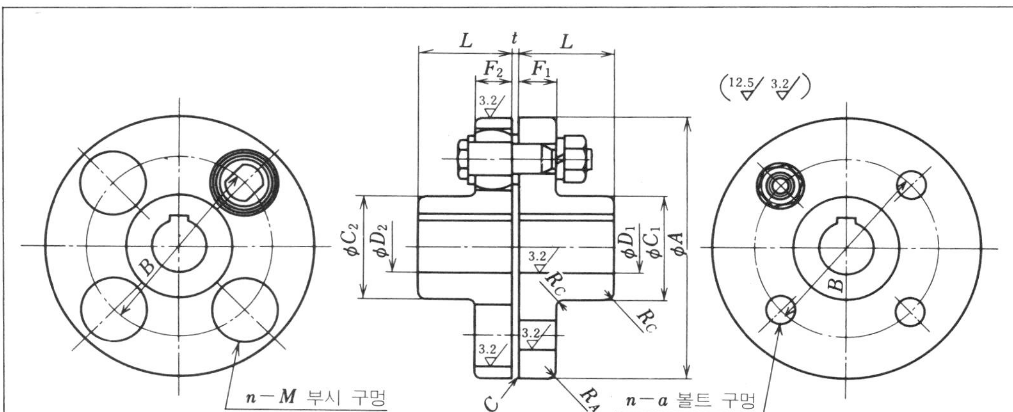

비고 볼트 구멍의 배치는 키 홈에 대하여 대체적으로 등분하여 배분한다 C는 약 1로 한다

단위 mm

이음 외경 A	D: 최대 축 구멍지름 D_1	D_2	(참고) 최소 축 구멍지름	L	C: C_1	C_2	B	F: F_1	F_2	n ① (개)	a	M	t ②	참고: R_C (약)	R_A (약)	볼트 빠짐 여유
90	20		—	28	35.5		60	14		4	8	19	3	2	1	50
100	25		—	35.5	42.5		67	16		4	10	23	3	2	1	56
112	28		16	40	50		75	16		4	10	23	3	2	1	56
125	32	28	18	45	56	50	85	18		4	14	32	3	2	1	64
140	38	35	20	50	71	63	100	18		6	14	32	3	2	1	64
160	45		25	56	80		115	18		8	14	32	3	3	1	64
180	50		28	63	90		132	18		8	14	32	3	3	1	64
200	56		32	71	100		145	22.4		8	20	41	4	3	2	85
224	63		35	80	112		170	22.4		8	20	41	4	3	2	85
250	71		40	90	125		180	28		8	25	51	4	4	2	100
280	80		50	100	140		200	28	40	8	28	57	4	4	2	116
315	90		63	112	160		236	28	40	10	28	57	4	4	2	116
355	100		71	125	180		260	35.5	56	8	35.5	72	5	5	2	150
400	110		80	125	200		300	35.5	56	10	35.5	72	5	5	2	150
450	125		90	140	224		355	35.5	56	12	35.5	72	5	5	2	150
560	140		100	160	250		450	35.5	56	14	35.5	72	5	6	2	150
630	160		110	180	280		530	35.5	56	18	35.5	72	5	6	2	150

주) ① n은 부시 구멍 또는 볼트 구멍의 수.
② t는 조립하였을 때의 이음 본체의 틈새로서, 이음 볼트 와셔의 두께에 해당한다.

비고) 1. 볼트 빠짐 여유는 축끝부터의 치수를 나타낸다.
2. 이음을 축에서 쉽게 빠지게 하기 위한 나사 구멍은 적당히 두어도 된다.

JIS B 1452 (KS B 1552)

표 4.22 플랜지형 가요성 축 이음용 이음볼트

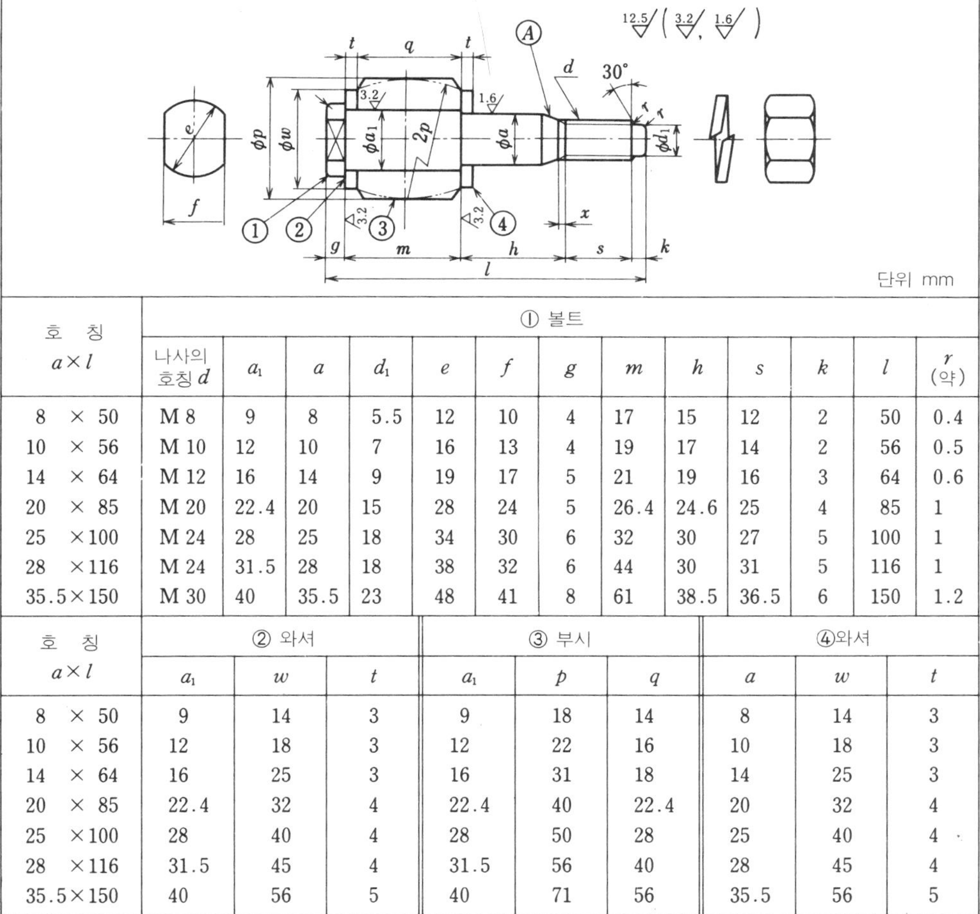

호 칭 $a\times l$	① 볼트												
	나사의 호칭 d	a_1	a	d_1	e	f	g	m	h	s	k	l	r (약)
8 × 50	M 8	9	8	5.5	12	10	4	17	15	12	2	50	0.4
10 × 56	M 10	12	10	7	16	13	4	19	17	14	2	56	0.5
14 × 64	M 12	16	14	9	19	17	5	21	19	16	3	64	0.6
20 × 85	M 20	22.4	20	15	28	24	5	26.4	24.6	25	4	85	1
25 ×100	M 24	28	25	18	34	30	6	32	30	27	5	100	1
28 ×116	M 24	31.5	28	18	38	32	6	44	30	31	5	116	1
35.5×150	M 30	40	35.5	23	48	41	8	61	38.5	36.5	6	150	1.2

호 칭 $a\times l$	② 와셔			③ 부시			④와셔		
	a_1	w	t	a_1	p	q	a	w	t
8 × 50	9	14	3	9	18	14	8	14	3
10 × 56	12	18	3	12	22	16	10	18	3
14 × 64	16	25	3	16	31	18	14	25	3
20 × 85	22.4	32	4	22.4	40	22.4	20	32	4
25 ×100	28	40	4	28	50	28	25	40	4
28 ×116	31.5	45	4	31.5	56	40	28	45	4
35.5×150	40	56	5	40	71	56	35.5	56	5

비고) 1. 6각 너트는 JIS B 1181 (KS B 1324)의 스타일1, 2의 것으로 강도 구분은 6, 나사 정밀도는 6H로 한다.
2. 스프링 와셔는 JIS B 1251(KS B 1324) DML 2호 S에 의한다. 두 면의 폭 치수는 JIS B 1002에 의한다.
3. 나사 끝의 형상·치수는 JIS B 1003 (KS B 0231)의 반막대 끝에 의한다.
4. 나사부의 정밀도는 JIS B 0209 (KS B 0211)의 6g에 의한다. Ⓐ부는 테이퍼나 단붙이여도 된다.
5. x는 불완전 나사부(길이는 약 두개의 산)거나 나사 절삭용 여유홈이라도 된다.
6. 부시는 원통형이거나 구형이어도 된다. 원통형일 때는 원칙으로 외주의 양단부에 모떼기를 한다. 부시는 금속 라이너를 한 것도 괜찮다. (JIS B 1452, KS B 1552)

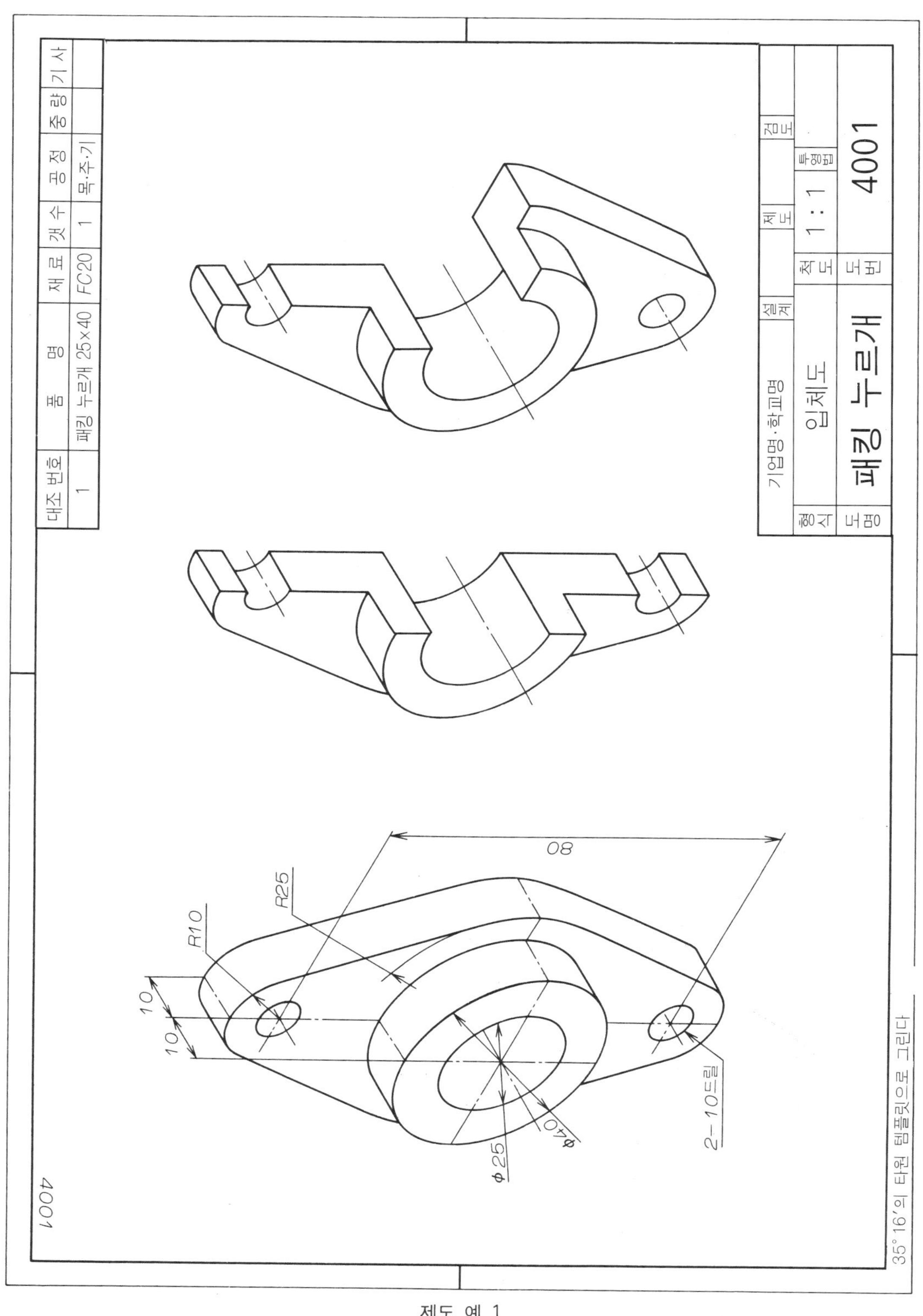
대조 번호
품 명
재 료
갯 수
공 정
중 량
기 사
1
패킹 누르개 25×40
FC20
1
목·주·기
기업명·학교명
설계
제도
검도
형식
입체도
척도
1 : 1
투영법
도명
패킹 누르개
도번
4001
80
R25
R10
10
10
φ25
φ40
2-10드릴
4001
35°16′의 타원 템플릿으로 그린다

제도 예 1

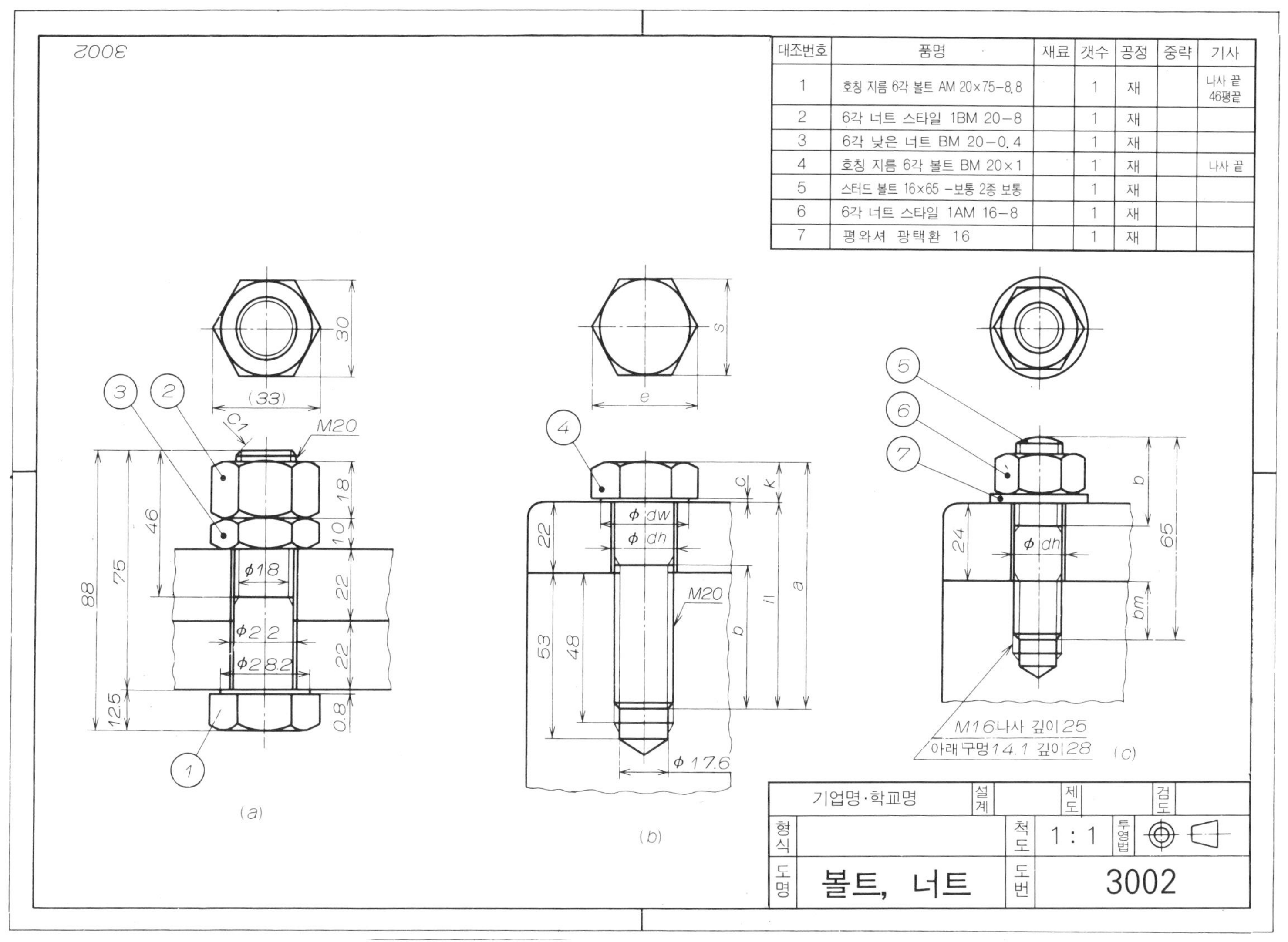

대조번호 | 품명 | 재료 | 갯수 | 공정 | 중량 | 기사
1 | 호칭 지름 6각 볼트 AM 20×75-8.8 | | 1 | 재 | | 나사 끝 46평끝
2 | 6각 너트 스타일 1BM 20-8 | | 1 | 재 | |
3 | 6각 낮은 너트 BM 20-0.4 | | 1 | 재 | |
4 | 호칭 지름 6각 볼트 BM 20×1 | | 1 | 재 | | 나사 끝
5 | 스터드 볼트 16×65 -보통 2종 보통 | | 1 | 재 | |
6 | 6각 너트 스타일 1AM 16-8 | | 1 | 재 | |
7 | 평와셔 광택환 16 | | 1 | 재 | |
M16나사 깊이25
아래구멍14.1 깊이28
(a)
(b)
(c)
기업명·학교명
설계
제도
검도
형식
척도 1:1
투영법
도명 볼트, 너트
도번 3002

제도 예 2

제도 예2

볼트·너트의 과제

그림(a)에 관해서

(1) 그림(a)의 치수에 따라 제도한다.

(2) 볼트 머리부와 너트의 모떼기부의 곡선은 그림 4.12의 ③에 따라 제도한다.

그림(b)에 관해서

(1) 볼트 머리부의 $c \cdot k \cdot e \cdot s \cdot d_w$의 치수는 M20을 기준으로 표 4.4에서 구한다. 또, a. b. l의 치수는 그림(b)의 각 부의 치수에서 제일 적합한 값을 골라서 제도한다.

(2) 볼트 구멍 지름 d_h의 치수는 표 4.11의 2급에서 구하여 제도한다.

(3) 부품란의 대조 번호 4, 품명란의 l과 기사란의 b에 치수를 기입한다.

그림(c)에 관해서

(1) 스터드 볼트 b의 치수는 표 4.10에서 구한다. bm의 치수는 부품란의 대조 번호 5에 2종으로 되어 있으므로 표 4.10에서 구한다. 너트 쪽의 둥근 끝의 반지름은, 그림 4.12의 ②에 따라 제도한다.

(2) 볼트 구멍 지름 d_h의 치수는 표 4.11의 2급에서 구하여 제도한다.

(3) 6각 너트는 부품란의 지시에 따라 표 4.7에서 각 부의 치수를 구하여 제도한다.

(4) 평와셔는 표 4.12에서 치수를 구하여 제도한다.

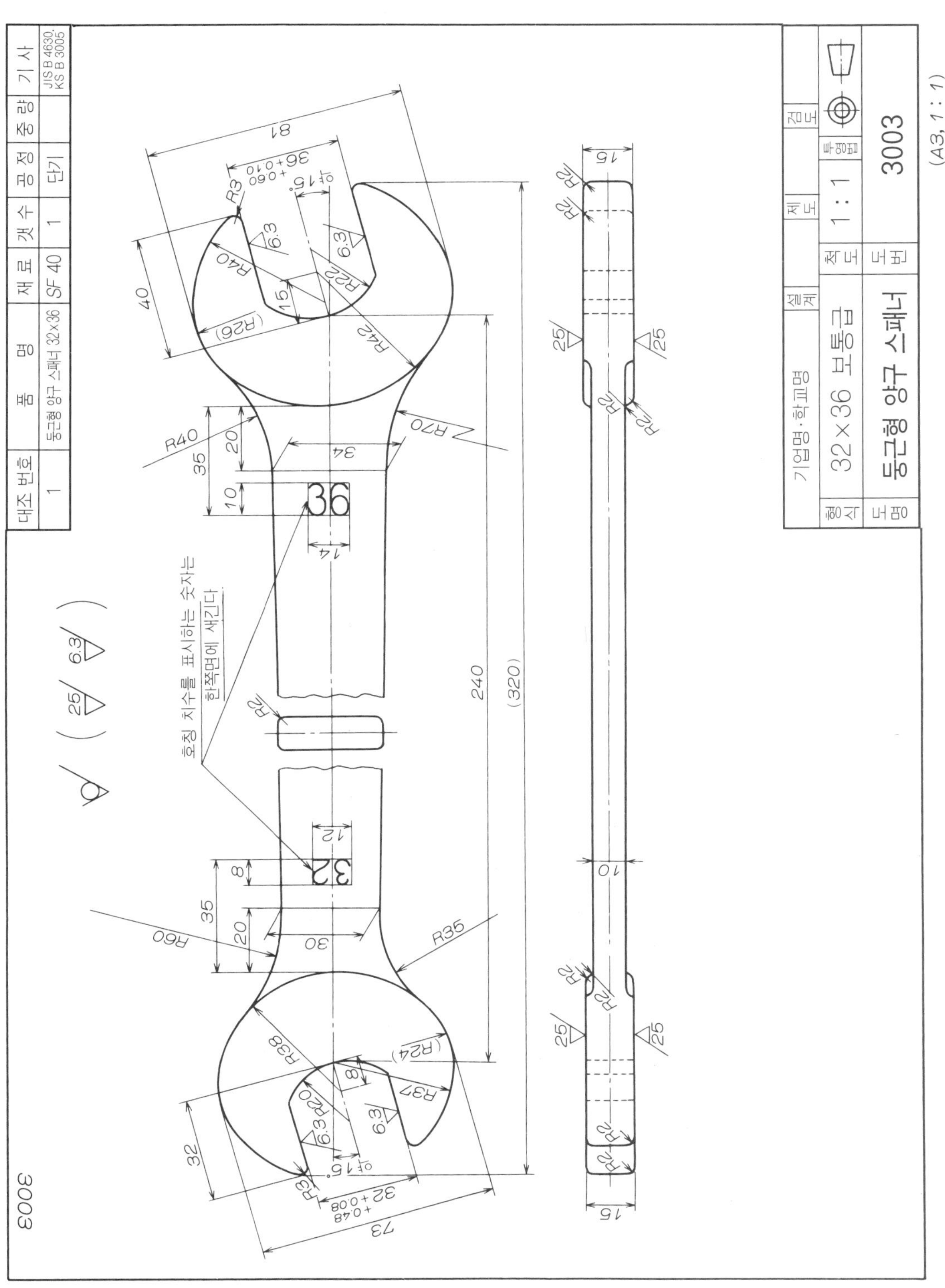
대조 번호 | 품명 | 재료 | 갯수 | 공정 | 중량 | 기사
1 | 둥근형 양구 스패너 32×36 | SF 40 | 1 | 단기 | | JIS B 4630, KS B 3005
호칭 치수를 표시하는 숫자는 한쪽면에 새긴다
형식 32×36 보통급
도명 둥근형 양구 스패너
척도 1 : 1
도번 3003
(A3, 1 : 1)
3003

제도 예 3

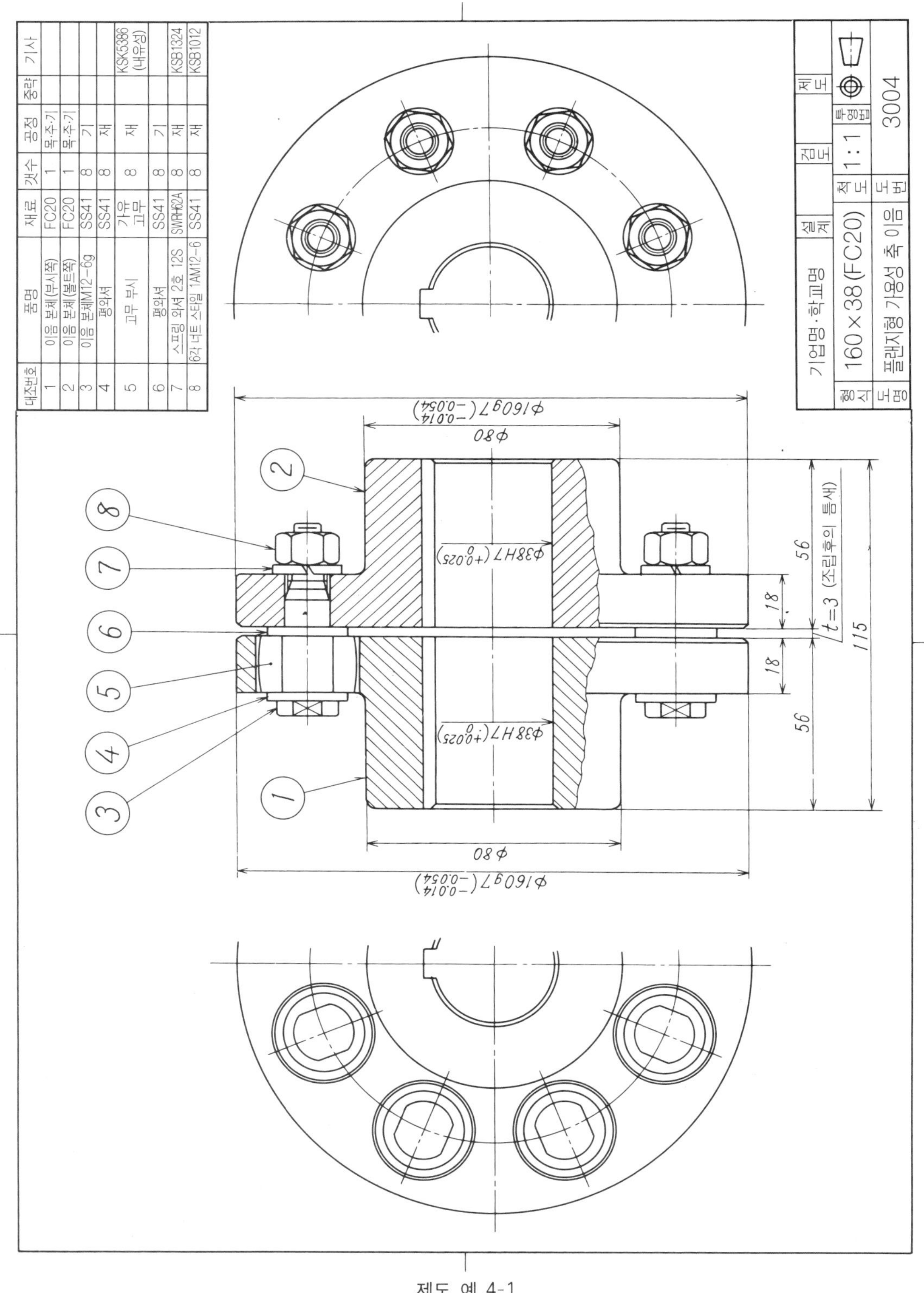
대조번호 | 품명 | 재료 | 갯수 | 공정 | 중량 | 기사
1 | 이음 본체(부시쪽) | FC20 | 1 | 목·주·기
2 | 이음 본체(볼트쪽) | FC20 | 1 | 목·주·기
3 | 이음 본체M12-6g | SS41 | 8 | 기
4 | 평와셔 | SS41 | 8 | 재
5 | 고무 부시 | 가유 고무 | 8 | 재 | | KSK5386 (내유성)
6 | 평와셔 | SS41 | 8 | 기
7 | 스프링 와셔 2호 12S | SWRH62A | 8 | 재 | | KSB1324
8 | 6각 너트 스타일 1AM12-6 | SS41 | 8 | 재 | | KSB1012
기업명·학교명
설계
검도
제도
형식
160×38(FC20)
척도
1:1
투영법
도명
플랜지형 가요성 축 이음
도번
3004
φ160g7(−0.014 −0.054)
φ80
φ38H7(+0.025 0)
56
18
t=3 (조립후의 틈새)
115
제도 예 4-1

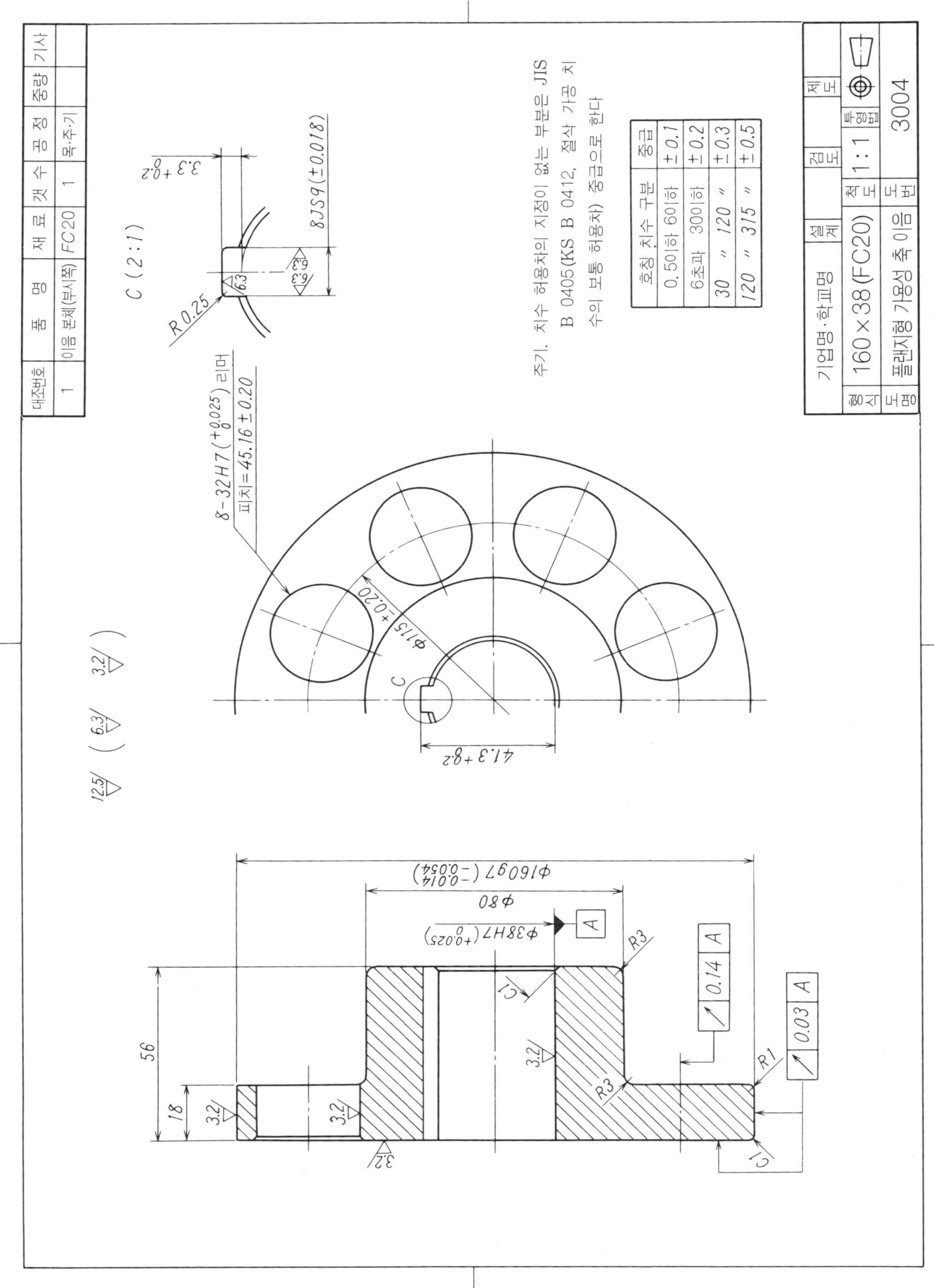

대조번호
품 명
재 료
갯 수
공 정
중량
기사
1
이음 본체(부시쪽)
FC20
1
목·주·기
C (2:1)
R 0.25
3.3 +0.2 0
8JS9(±0.018)
주기. 치수 허용차의 지정이 없는 부분은 JIS B 0405(KS B 0412, 절삭 가공 치수의 보통 허용차) 중급으로 한다
호칭 치수 구분
중급
0.5이하 6이하
±0.1
6초과 30이하
±0.2
30 〃 120 〃
±0.3
120 〃 315 〃
±0.5
기업명·학교명
설계
검도
제도
형식
160×38(FC20)
척도
1:1
투영법
도명
플랜지형 가요성 축 이음
도번
3004
8-32H7(+0.025 0) 리머
피치=45.16±0.20
φ115 +0.20
41.3 +0.2 0
φ160g7(−0.014 −0.054)
φ80
φ38H7(+0.025 0)
A
R3
C1
0.14
0.03
R1
56
18

제도 예 4-2

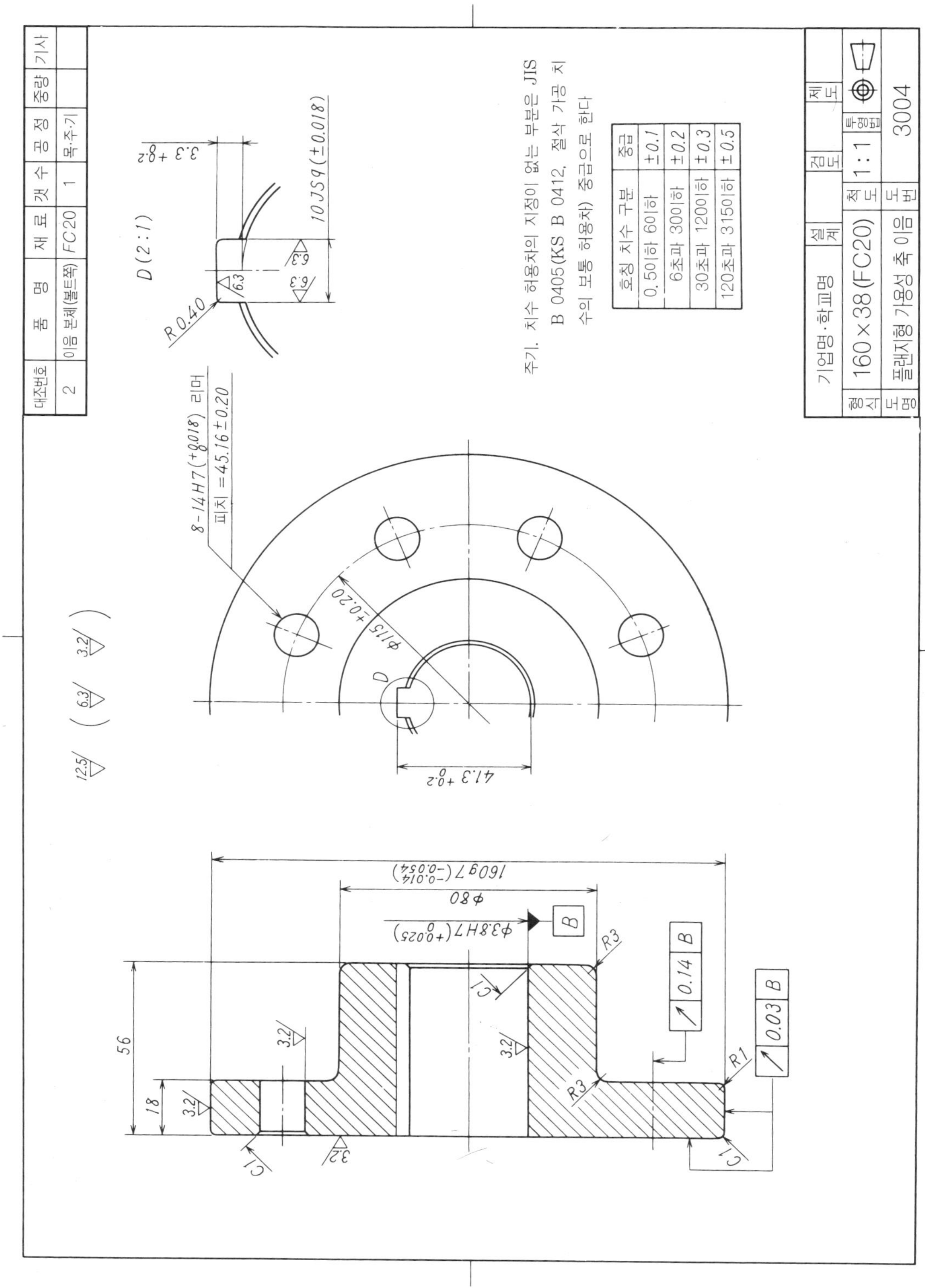
주기. 치수 허용치의 지정이 없는 부분은 JIS B 0405(KS B 0412, 절삭 가공 치수의 보통 허용차) 중급으로 한다
호칭 치수 구분 | 중급
0.5이하 6이하 | ±0.1
6초과 30이하 | ±0.2
30초과 120이하 | ±0.3
120초과 315이하 | ±0.5
대조번호 | 품명 | 재료 | 갯수 | 공정 | 중량 | 기사
2 | 이음 본체(볼트쪽) | FC20 | 1 | 목·주·기
기업명·학교명 | 설계 | 검도 | 제도
형식 160×38(FC20) | 척도 1:1 | 투영법
도명 플랜지형 가요성 축 이음 | 도번 3004
D(2:1)
R0.40
3.3 +0.2 0
10JS9(±0.018)
8-14H7(+0.018 0) 리머
피치 =45.16±0.20
φ115 +0.20 0
41.3 +0.2 0
160g7(−0.014 −0.054)
φ80
φ38H7(+0.025 0)
56
18
R3
R1
C1
0.14 B
0.03 B

제도 예 4-3

부록 1 : 기하공차의 검증방법

기하 공차의 검증 방법

1. 공차에 대한 검증과 측정 정밀도

기계나 부품의 설계에 있어서는 각각에 요구되는 기능에 필요한 정도(精度)가 공차로서 지정된다. 그러나 실제로 만들어진 제품이 지정된 공차 내에 들어 있는가의 여부는 측정에 의하여 검증되지 않으면 안된다. 반대로 말한다면 도면상에 지정되어 있는 정도는 측정에 의하여 검증이 가능하지 않으면 안된다. 이 경우, 어떤 측정 대상에 한하여 몇 가지 측정 방법을 이용할 수 있는 것이 보통이다. 그런데 측정 방법에는 원래, 각각 다른 특징과 측정 범위가 있으므로 대상 특성의 차이에 따라서는 다른 평가가 나올 가능성이 있다.

따라서 설계자는 공차의 종류마다 검증을 위하여 실용할 수 있는 측정방법과 각각의 특징에 대하여 알아둘 필요가 있다. 그리고 만약 측정 방법에 따라서 공차에 대한 검증의 판정이 달라질 가능성이 있을 경우에는 공차의 지정과 함께 검증 방법도 지정하는 것이 바람직하다. 측정 방법의 선정에는 정도 외에 현실적으로 이용할 수 있는 기기의 제한이나 측정에 소요되는 비용 등을 고려해야 하지만 가장 중요한 요인은 역시 정도이다. 개개 측정법의 정도에 대해서는 후술할 것이나 여기에서는 측정의 오차와 공차 관계에 대하여 설명한다. 측정의 오차에는 측정치에 참값으로부터의 편기를 주는 계통오차와 산발도(散發度)를 주는 우연오차가 있다.

계통오차 즉 편기가 작은 정도를 정확도라 하고, **우연오차** 즉 산발도가 작은 정도를 정밀도라 한다. 또 양자를 종합한 올바르기를 정도라 한다. 대개의 측정기에서는 정도가 최소 1눈금의 값(눈금량이라 한다.) 이하이지만 개중에는 다이얼 게이지와 같이 광범위한 정확도의 경우, 1눈금을 초과해도 되는 것이 있다. 또 게이지와 같이 일정한 양의 크기를 나타내는 측정기의 경우에는 산발도가 그자체에 의하여 정해지지 않고 사용법에 따라서 정해지는 것도 있다. 이와 같이, 한 마디로 정도라 하지만 측정기에 따라 그 의미가 달라지고 또 사용조건에 따라서도 변화하므로 전문서나 측정 전문가로부터 올바른 지식을 얻을 필요가 있다.

측정법의 선정에 있어서는 일반적으로 측정오차가 주어진 공차 폭(상한치와 하한치의 차)의 1/10보다 작으면 안심이라는 생각을 하고 있다. 그러나 공차한계의 극한까지의 값을 얻을 수 있을 때는 측정 정도가 불충분하다고 생각하는 사람도 많다. 예를 들어 ±10 μm의 공차에 대한 검증에 ±1 μm 정도의 측정기를 사용할 경우 얻어진 값이 ±9

m 이내가 아니면 안심이 안 된다는 사람과 ±11 μm 까지는 합격권이라고 주장하는 사람이 있다.

이와 같은 의론은 공차한계라는 것이 절대적이고 모든 제품이 그 한계 내(100%의 확률로)에 들어 있지 않으면 안된다는 입장에서 하는 말이다. 현실적인 측정에서는 비록 그것이 아무리 작더라도 어떤 크기의 오차는 피할 수 없으므로 극한적인 공차한계의 의론은 통계적인 확률의 문제로서 취급하지 않는 이상 해결되지 않는다. 즉, 측정 대상의 참값이 공차한계의 부근에 있으면 측정오차의 분포에 따른 판단의 오류를 피할 수 없다. 만약 측정오차가 표준편차 σ의 정규분포에 따르고 편기가 없으며 측정치의 분포가 반대측 공차한계까지 미치지 않는다면 다수회 측정을 반복했을 때, 측정치의 반은 공차 내에 들어가고 나머지 반은 벗어나므로 합격, 불합격의 확률은 어느 쪽이나 50%가 된다. 공차한계보다 약간 안쪽의 측정대상은 원래 합격임에도 불구하고 50% 가까운 측정치가 바깥쪽으로 벗어나 불합격이 되고 반대로 공차한계의 바로 바깥쪽 대상은 50% 가까이가 합격권으로 들어 간다. 측정대상의 값이 공차한계에서 멀어지면 이와 같은 판단의 오류는 급격히 감소한다. 합격의 대상을 불합격으로 판정하거나 불합격의 대상을 합격으로 판정하는 확률은 참값과 공차한계와의 거리 및 측정오차의 분포로 정해지는데 그림 1과 같이 변화한다. 측정에 의한 판정이 불확실한 범위는 공차한계 내외의 3σ 부분으로 보면 된다. 여기에서는 한쪽 공차한계에 대하여 고찰했으나 양쪽 한계라도 공차폭에 비하여 측정오차의 분포폭이 작으면 상기한 이론이 그대로 성립한다.

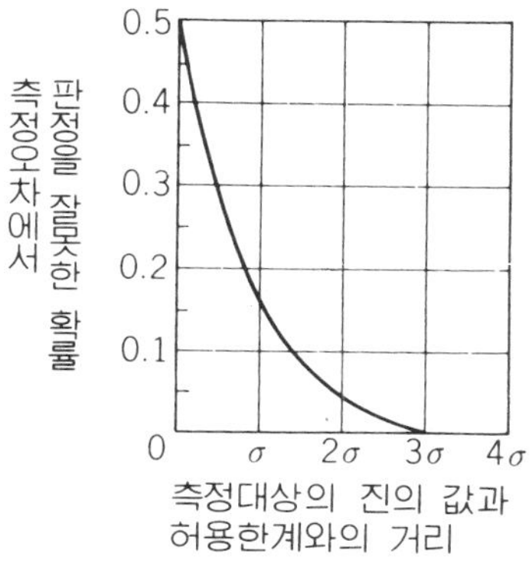

그림 1. 표준편차 σ의 측정오차에 의한 검증에서 판정을 잘못할 확률

결론을 말한다면, 공차폭 T에 대하여 측정오차의 분포폭(보통 6σ로 잡는다.)이 작을수록 바람직하며 공정 자체의 변동은 피할 수 없다는 것을 고려한다면 $T>18\sigma$이면 이상적이고 적어도 $T>12\sigma$ 정도는 될 필요가 있다. 또한, 측정법의 오차가 산발도 뿐만 아니라 편기까지 포함할 때의 취급도 자주 문제가 되나 기본적으로 편기는 가능한 한 보정에 의하여 소거하고 나머지 불확실성 δ를 산발도 σ와 겹친 값 $\sigma'=(\delta^2+\sigma^2)^{1/2}$을 사용하면 앞에서와 같은 취급을 할 수 있다.

2. 치수(길이)의 측정법

기하공차의 검증 방법은 변위, 치수 및 각도의 측정을 기초로 한다. 따라서 여기에서는 주로 공장 현지에서 사용되는 길이와 각도의 측정법에 대하여 그 개략을 설명한다. 다만 나사와 기어 등 특수 용도의 것은 제외한다.

(1) 선도기(線度器)를 사용하는 방법

곧은자, 감긴자 등 눈금을 갖는 스케일을 직접 피측정물에 대어 길이를 읽는 방법과 표준자에 측미판독장치(현미경 등)를 병용하여 위치의 변화나 이동 거리를 구하는 방법이 있다. 곧은자에는 300~2000mm가 많이 사용되는데 눈금량은 보통 0.5mm 또는 1mm이다. 원통의 지름 등과 같이 직접 스케일을 댈 수 없는 물체의 치수는 캘리퍼스나 디바이더, 서피스 게이지 등으로 그 크기를 옮긴 다음 측정한다. 감긴자는 1~5m의 포켓 형과 5~100m의 장척형이 있는데 기계공업에서는 강제를 많이 사용한다.

기준 감긴자는 보통 눈금량이 1mm~1cm이고 그 허용차는 1급의 경우, $\pm\{0.3\,mm+0.1\,mm\times(L-1)\}$, 2급의 경우, $\pm\{0.6\,mm+0.2\,mm\times(L-1)\}$이다. 여기에서 L은 미터 단위의 길이로서 $L-1$의 끝수는 올림한다. 표준자는 정도(약 1μm에서 10μm 오더까지)에 따라 5등급이 있으며 길이도 100mm 이하에서 1m 이상까지 여러 가지이다. 일반적으로는 측미현미경과 함께 사용한다.

(2) 단도기(端度器)를 사용하는 방법

단면간의 치수가 미리 주어져 있는 길이의 표준기, 즉 단도기는 후술하는 바와 같이 측미기 등을 사용하는 비교 측정에 사용되나 적당한 공구와 병용하면 치수를 직접 측정할 수 있다. 그 대표적인 것은 블록 게이지로서 30×9mm 또는 35×9mm의 장방형 단면간의 거리가 0.5~100mm 범위의 다수 게이지를 조합하되 몇 개를 밀착(링깅)시키는 것으로 0.5μm~0.05mm 뛰기로 100~200mm 정도의 크기까지 임의의 치수로 조절할 수 있다. 큰 치수용으로는 100mm를 넘어 1m까지의 호칭치수인 게이지도 JIS B 7506(블록게이지)에 정해져 있다. 내외경이나 높이의 측정에는 조합한 게이지를 삽입하는 죠나 홀더 등의 측정공구를 병용한다. 한편, 구멍이나 축의 치수 측정에는 이른바 한계 게이지 방식에 의한 플러그 게이지, 링 게이지, 끼음 게이지, 봉 게이지 등이 있으며 피측정물이 게이지 중을 통과하는가의 여부로 규정된 공차내에 있는가, 아닌가를 검사한다. 또 구멍, 축에 한하지 않고 홈의 폭, 높이, 깊이, 틈새, 두께 등에도 전용의 게이지가 사용된다.

(3) 길이 측정용 공구에 의한 방법

기계식의 판독, 확대 기구를 갖는 범용의 길이 측정 공구로는 캘리퍼스, 마이크로미터 및 다이얼 게이지가 가장 많이 사용된다. 캘리퍼스는 슬라이더의 움직임을 1mm마다의 눈금과 버니어에 의해 0.05mm까지나 0.02mm까지 판독할 수 있는 측정기이다. 또 디지털 캘리퍼스는 0.01mm까지 판독할 수 있다. 측정 범위는 0에서 130mm 내지 1m의 것이 있고 내외측용 죠와 뎁스 바를 사용하면 내경, 외경, 두께, 높이, 깊이 등 모든 치수 측정에 대응할 수 있다. 마이크로미터는 나사에 의하여 변위를 회전각으로 바꾸어 확대, 지시하는 것으로서 외측용과 내측용이 있으며 눈금은 0.01mm이다.

측정 범위는 0~25mm, 25~50mm 등 25mm의 작은 범위를 갖는 것과 100~150mm와 같이 50mm의 범위를 갖는 것이 있으며 JIS B 7502(외측 마이크로미터) 및 JIS B 7058[봉형 내측 마이크로미터(단체형)]에서는 최대 측정 길이 500mm까지의 것이 규정되어 있다.

디지털 마이크로미터의 최소 표시량은 0.001mm로서 최근에 이르러 많이 사용되고 있다. 또 눈금량은 0.01 또는 0.001mm인데 전자의 측정 범위는 5mm 또는 10mm이고 후자는 1mm, 2mm 또는 5mm이다. 그러나 모두 광범위한 측정에 있어서는 눈금량의 5~10배 정도의 오차가 허용되므로 주의할 필요가 있다. 비소 변위 전문으로서는 스핀들 대신에 레버식의 측정자 변위를 확대, 지시하는 레버식 다이얼 게이지가 있다. 눈금량 0.01mm의 것은 측정 범위 0.5mm 또는 0.8mm이고 0.001mm의 것은 0.2mm 또는 0.28mm로 JIS B 7533(레버식 다이얼 게이지)에 규정되어 있다. 모두 다 블록 게이지나 하이트 세팅 마이크로미터 등의 단도기와 병용하면 큰 치수를 정밀하게 측정할 수 있다.

(4) 각종 측미기를 사용하는 방법

여기서는 미소한 길이 또는 변위를 확대, 지시하는 측정기를 총칭하여 측미기라 하기로 한다. 측미기에는 원리상, 기계식, 광학식, 전기식, 공기식의 4종류가 있는데 모두 블록 게이지 등의 단도기를 병용하되 비교측정에 의하여 각종 치수의 측정에 사용된다. 따라서 측미기 단체로서의 측정 범위는 일반적으로 작아 $\pm 100\mu m$ 정도이며 눈금량은 $1\mu m$이나 $0.2\mu m$ 또는 $0.1\mu m$의 것 또는 $0.02\mu m$ 정도의 고감도의 것도 있다. 기계식은 레버, 기어, 평행 박편, 비틀림 박편 등의 기구나 이들의 병용에 의하여 확대, 지시하는 것으로서 지침 계측기가 대표격이라 할 수 있다. 광학식은 광 레버 또는 2중 슬릿에 의한 광량 변화를 사용하여 검출하는 것으로서 기구적 확대를 병용하는 것도 있다. 전기식은 보통, 전기 마이크로미터라 불리는 것으로서 스핀들의 변위를 차동 변압기로 검출하는 것이 많다. 형식에 따라서 인덕턴스, 전기저항, 캐퍼시턴스 변화를 검출하는 것도 있고, 다이얼 게이지의 경우와 마찬가지로 레버식 측정자를 갖는 것도 널리 쓰이고 있다. 공기식은 이른바 공기 마이크로미터로서 물체를향하여 노즐에서 분출하는 공기의 유량 또는 노즐의 배압이 틈새에 의존하는 것을 이용하여 변위를 확대, 지시한다. 사용하는 공기의 압력에 따라 저압식(50~200kPa), 중압식(100kPa 정도) 및 고압식(2000kPa 이상)이 있으며 눈금량은 보통 0.5~5 μm, 측정 범위는 15~150 μm이다. 공기 마이크로미터는 비접촉으로 치수 측정을 할 수 있는 특징이 있고 노즐의 배치, 구조에 따라서는 내외경이나 두께, 깊이 등의 측정에도 대응할 수 있다.

(5) 측장기, 좌표 측정기 등에 의한 방법

측장기는 기계 자체에 기준선을 가지며 대개는 기준선과 동축선상에 설치된 두 측정자 사이에 기계 부품 등의 피측정물을 끼우고 피측정물과 선 기준을 비교하여 피측정물의 치수를 측정하는 데 사용하는 것으로서 지름과 두께 등의 치수 부동의 측정에 의하여 기계 부품의 형상 편차나 자세 편차를 평가하는 경우에 사용되고 있다. 또 공구 현미경, 만능 측정 현미경, 투영기, 3차원 측정기 등의 좌표 측정기는 직교 2축 또는 직교 3축을 구성하는 안내에 따라서 기준선을 갖추고 측정할 위치를 측정자의 접촉 또는 광학적 비접촉의 수단에 의하여 좌표치를 얻는 측정기인데 이 좌표치의 변동에 의하여 기하편차를 상대한 2좌표치 사이의 거리로 구한다. 이들 측정기에 내장되어 있는 기준선은 마이크로미터, 표준자 외에 자기 스케일, 모아레 무늬식 광학 스케일, 셔터식 광학 스케일, 인덕토신 등의 엔코더 및 에이저 간섭 측장기 등으로 용도와 정도에 따라 여러 가지가 사용되는데 눈금량이나 최소 표시치는 0.01mm에서 0.01 μm에 이르고 있다. 측정 범위는 작은 것이 25mm이고 큰 것은 5m를 넘는 것도 만들어지고 있다. 물체의 위치 검출에는 기계식 측미기와 전기 마이크로미터, 전기식 측미기를 응용한 것, 현미경, 현미 화대 누영장치 등 목시에 의한 것 외에도 광전 현미경, 투영용 옵토 위치 검출장치 등의 광전식이 사용되고 있다. 3차원 측정기의 측정점 검출기인 프로브에는 측정자가 피측정물에 접촉할 때, 내장된 전기 접점장치에 의하여 트리거 신호를 발신하는 터치 시그널 프로브가 많이 사용되고 있다. 또 압전소자나 차동 변압기 등을 내장한 변위 검출식 프로브와 리니어 엔코더를 내장한 디지털 측정 프로브도 사용되고 있다. 비접촉 프로브에는 광반사 위치를 3각 측량 방식으로 구하는 것, 자도어점 검출과 CCD 카메라에 의한 에지 검출 방식에 의한 것도 사용되고 있다. 3차원 측정기는 그림 2에서 보는 바와 같이 기체 본체와 컴퓨터로 구성되어 있다. 데이터 처리용이나 컴퓨터 수치제어(CNC) 타입 컴퓨터는 구동 제어용 컴퓨터도 갖추고 있다. 이 컴퓨터에 의하여 기계 부품의 치수뿐만 아니라 형상편차, 위치편차의 측정에 효과적이고 편리하게 사용할 수 있다.

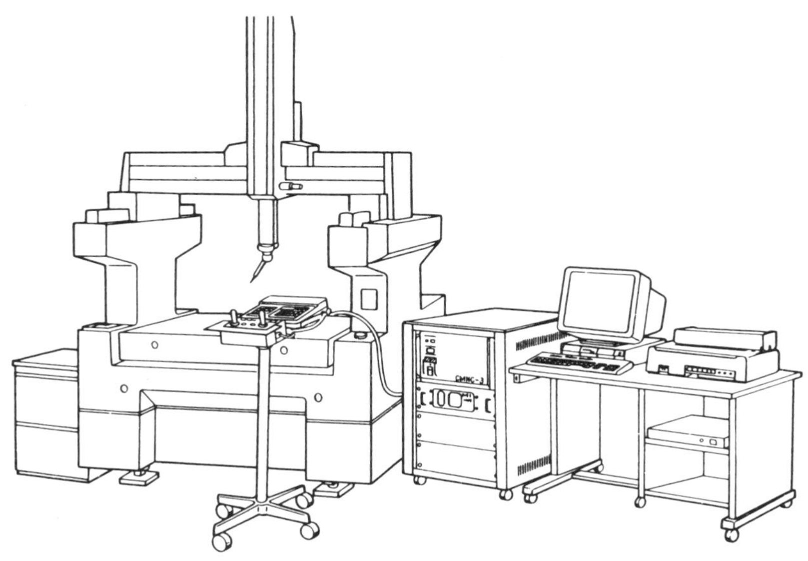

그림 2. CNC 3차원 측정기의 외관 예

3. 각도의 측정법

(1) 각도 기준을 사용하는 방법

길이의 경우와 마찬가지로 게이지 등에 의하여 설정한 각도와 구할 각도를 비교하는 것으로서 일반적으로 다이얼 게이지나 측장기 또는 후술하는 미소각도측정기를 사용하여 양자의 차이를 구한다. 기준이 되는 각도의 설정에는 직각자(스케어), 원통(이상은 90°뿐), 각종 테이퍼 게이지, 각도 게이지(2개 조합식에 의하여 10° 350°를 1° 또는 5° 단위로 하거나 몇 개의 블록을 밀착시키는 것에 의하여 81°까지를 6° 또는 3° 단위로 한 것) 폴리곤 지름(360°까지를 10° 정도에서 45° 단위로 한 것) 각도 분할 테이블(360° 까지를 10° 정도의 단위로 한 것) 또는 사인바(보통 45°까지를 10° 정도의 단위로 한 것)를 사용한다.

(2) 미소각 측정기에 의한 방법

기포관식 수준기는 5° 정도까지를 1″~1′의 단위로, 전기식 수준기는 ±10′ 정도를 0.5″ 단위로 측정할 수 있다. 모두 조정각부의 것과 그렇지 않은 것이 있으나 후자의 경우는 (1)에서 말한 각도 기준을 병용할 필요가 있다. 타깃으로 사용하는 각도 측정에는 측정 현미경의 각도 접안 렌즈, 기계식 및 광학식 분할 회전 테이블과 분할대, 클리노미터, 세오드라이트 등의 기계식, 광학식 측정기 또는 로터리 엔코더를 사용한 광전식 또는 전기식의 각도 측정기를 사용한다. 눈금량은 모두 1″ 내지 0.1′ 정도이다.

4. 길이, 각도 측정에 있어서의 오차

길이, 각도의 측정에서는 사용하는 측정기의 오차 외에 측정 때의 여러 가지 조건에 따라서 오차가 생긴다. 오차의 원인 중에서도 가장 일반적인 것은 피측정물의 온도와 측정력에 의한 변형이다. 우리나라에서는 길이의 기준을 20℃로 정하고 있으며 측정기기의 눈금 등도 이 온도를 기준으로 하고 있다. 따라서 피측정물의 온도가 20℃가 아닐 때는 보정할 필요가 있다. 물론 이 경우라도 측정기기의 온도와 피측정물의 온도가 같고 양자의 열팽창 계수의 차이가 특히 크지 않으면 굳이 보정할 필요가 없다. 한편, 피측정물과 측정기기의 온도가 같지 않을 경우에는 열변형에 의하여 큰 오차가 생기므로 주의한다. 또 접촉식의 측정에서는 측정기의 측정 단자가 피측정물에 미치는 힘(측정력)에 의하여 변형이 생기는 경우가 있다. 이 측정력의 반력은 측정기측에도 변형을 일으키는 경우가 있는데, 예를 들어 다이얼 게이지를 스탠드에 장치하고 사용할 때는 강성이 충분히 큰 고정법을 채용해야 한다.

5. 형상, 방향, 위치 및 흔들림공차를 검증하기 위한 원리와 방법

(1) 개요

ISO 1121, JIS B 0021에 규정되어 있는 기하공차를 검증하기 위한 방법에 대해서는 ISO/TC 10/SC 5가 다른 관련 기술 위원회와 긴밀한 연락을 취하면서 기술 보고 ISO/TR 5460-1985를 정비했다. 여기에서는 이 문서에 대략적으로 따르는 형으로 각각의 검증 원리와 방법을 예시하기로 한다.

(a) 정의와 기호

이하에 제시하는 검증방법은 각 공차의 종류마다 검증 원리별로 분류되어 있고 동일 검증 원리 중에서는 다른 검증방법이 예시되어 있다. 여기에서 검증 원리란 각 검증을 위한 기하학적인 기초를 말하고 검증 방법이란 원리의 실제적인 적용이다. 또 검

증 방법에는 사용하는 기구, 장치에 따라 여러 가지 변종을 생각할 수 있으나 그 기술은 필요 최소한으로 멈추고 있다. 또한, 원리 및 방법에 대한 분류에는 여러 가지 생각이 있는데 ISO 기술 보고의 분류에는 일관성이 결여된 감은 있으나 여기에서는 그대로 이 분류에 따라서 해설하고 있다. 각 방법의 설명에는 표 1의 기호를 사용하기로 한다. 이들은 도면 지시를 위한 것이 아니고 어디까지나 설명용으로 정해진 것이다.

표 1. 검증방법의 설명에 사용하는 기호

	기 호	의 미
1		정반
2	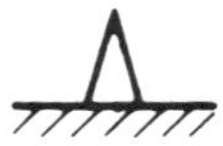	고정지지
3	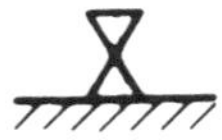	조정지지
4		연속 직선 이동*
5		불연속 직선 이동*
6		몇개의 방향으로 연속 직선이동*
7		몇개의 방향으로 불연속 직선이동*
8		연속 회전이동*
9		불연속 회전이동*
10		회전
11		인디케이터 또는 레코더. 측정단자는 피측정물의 형상에 따라 평면, 구면의 나이프 에지 등을 선택하여 사용한다.
12	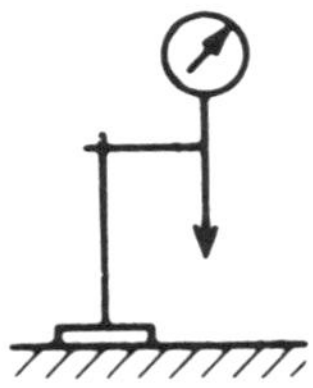	인디케이터 또는 레코더를 장착한 스탠드. 스탠드의 기호는 사용하는 측정 기기에 따라 다른 방법으로 표시하는 것이 좋다.

* 연속이동이란 인디케이터 등의 지침 설정(0 점조정)을 변화시키면서 이동하는 것, 불연속 이동은 변화하지 않아도 좋은 것을 의미하고 있다.

(b) 데이텀의 설정

도면에 지시되어 있는 데이텀은 반드시 공차의 검증에 반영하지 않으면 안된다. 그림 3과 같이 데이텀 면을 대신하여 실용 데이텀 면이 정반에 의해 실현되어 있을 때는 데이텀의 정의라는 견지에서 볼 때, 데이텀 형체와 실용 데이텀 형체와의 최대차가 최소로 되도록 배치해야 한다.

그러나 현실적으로 그림 3과 같은 조정은 곤란하다. 데이텀 면의 부정(不整)에 의하여 생기는 불확실성이 필요한 검증의 정밀도에 비하여 무시할 수 있도록 데이텀 형체 자체가 만들어져야 한다. 데이텀으로서의 축선은 언제나 실용 데이텀 또는 계산에 의하여 구해진다. 그림 4와 같이 데이텀 구멍에 대한 실용 데이텀으로서 내접 맨드렐을 사용할 경우, 데이텀 형체와 실용 데이텀 형체의 차이가 최소로 되도록 자세를 갖는

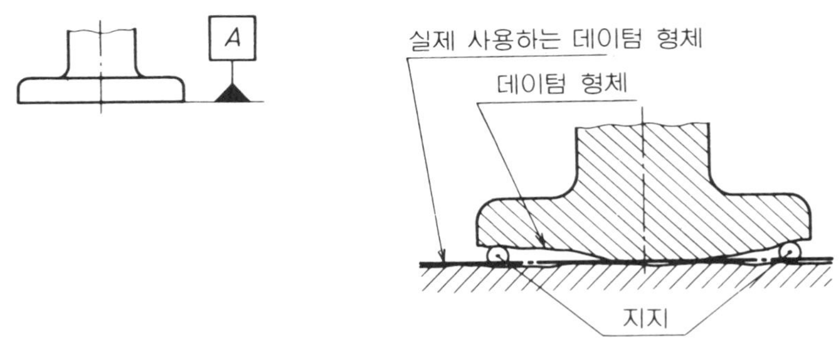

그림 3. 데이텀 형체와 실제 사용되는 데이텀 형체

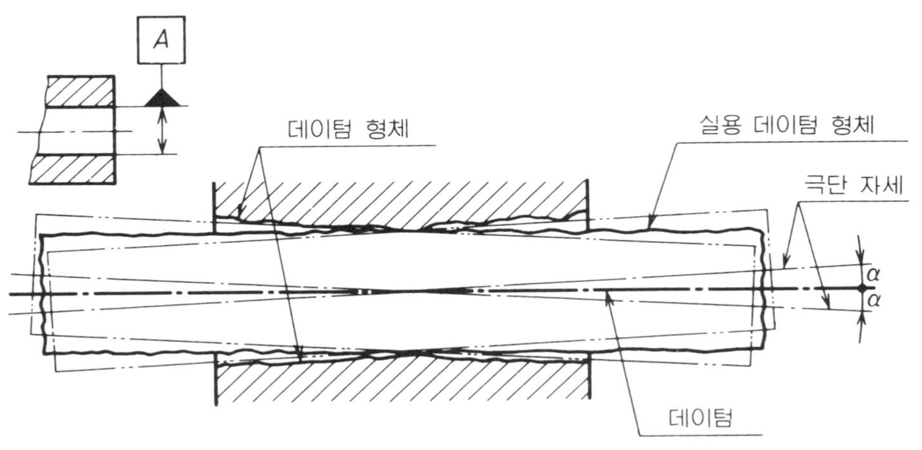

그림 4. 구멍속에 실제 사용할 데이텀 형체의 설정

실용 데이텀으로 생각한다. 데이텀 축선은 이밖에 양 센터(구멍의 경우)나 콜릿 처크(축의 경우)에 의한 지지에 의하여 간단히 실현할 수 있다. 데이텀으로서의 평면은 그 평면도가 그림 3과 같이 불충분 할 경우에는 3점 지지에 의하여 확정시킬 수 있다. 이런 의미에서 큰 평면의 경우에는 데이텀 타깃을 지정해야 한다. 복수의 데이텀이 있을 경우, 이들의 순서가 문제였으나 그림 5의 예에서는 제1의 데이텀 면을 3점 지지로 확정한 다음 제2의 데이텀 면은 2점, 제3의 데이텀 면은 1점으로 모두 확정한다. 이들 데이텀 면에 대해서도 측정 정밀도에 따라 데이텀 타깃을 지정해야 한다.

(c) 검증 방법의 지정

어느 검증 방법을 사용하는 것이 좋은가를 지정할 필요가 있는 경우에는 다음과 같이 TR 중의 방법 번호를 숫자로 나타낸다.

예 진직도의 경우 1.4
평행도의 경우 7.3

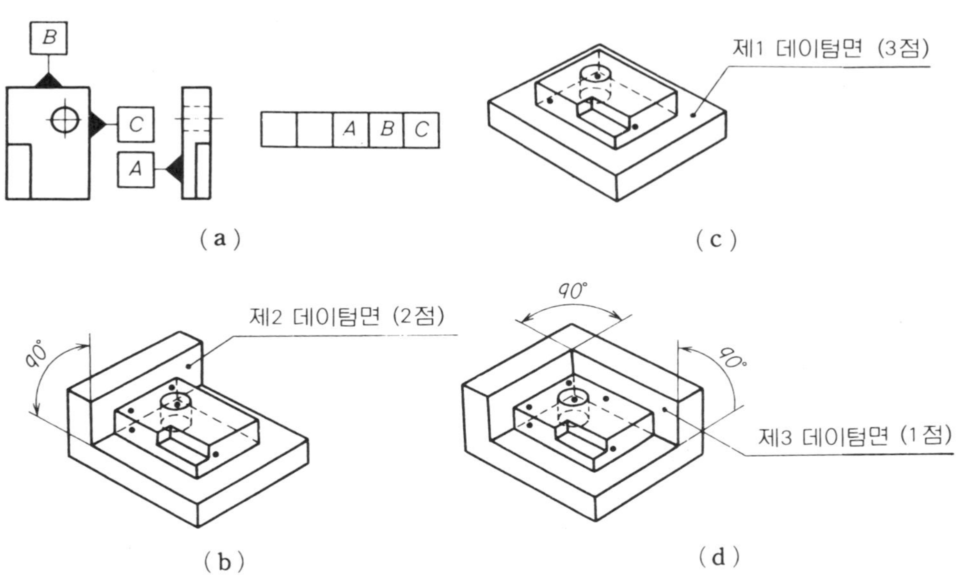

그림 5. 3평면 데이텀 시스템

◩ 진직도

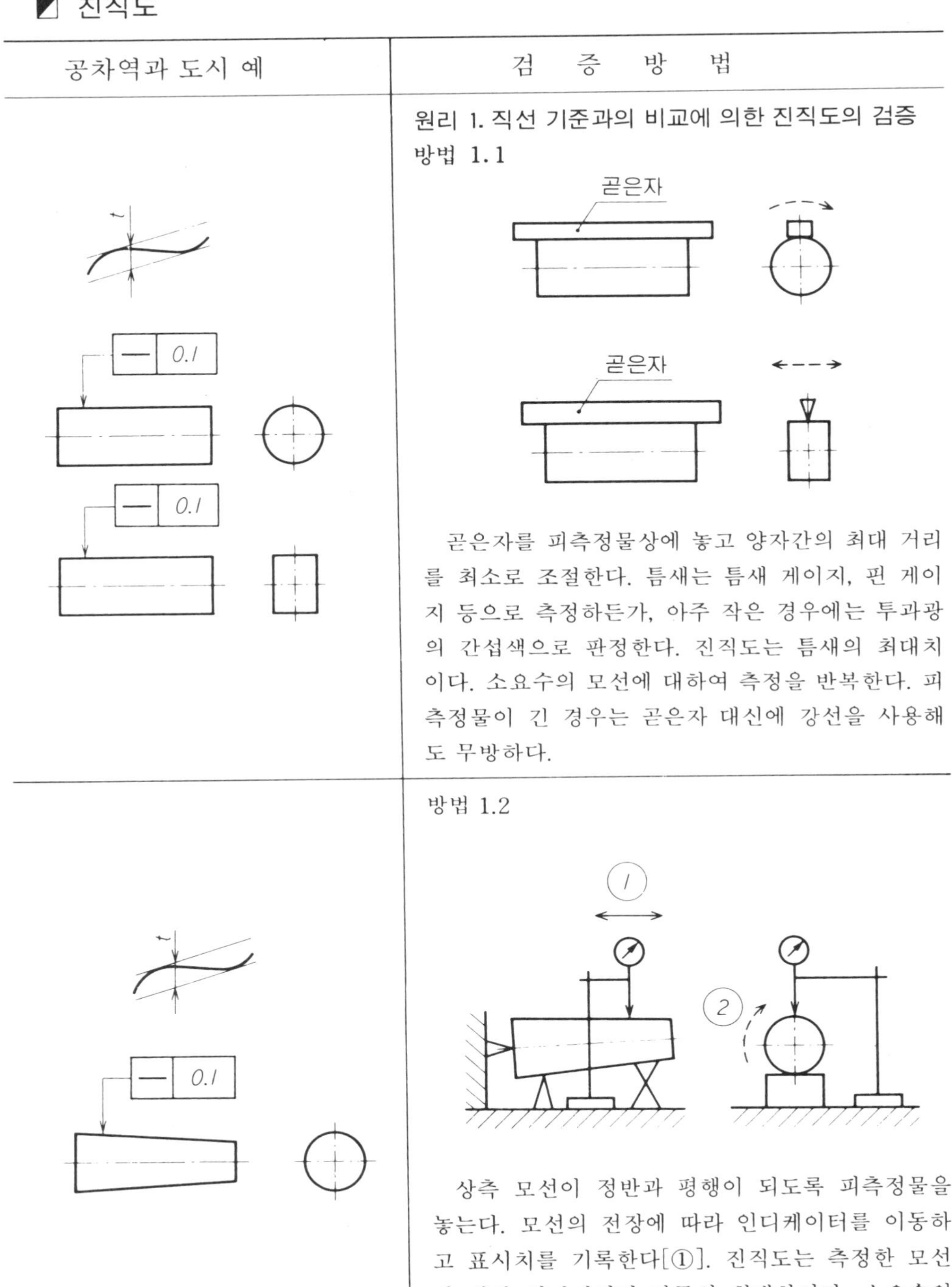

공차역과 도시 예	검 증 방 법
	원리 1. 직선 기준과의 비교에 의한 진직도의 검증 방법 1.1 곧은자를 피측정물상에 놓고 양자간의 최대 거리를 최소로 조절한다. 틈새는 틈새 게이지, 핀 게이지 등으로 측정하든가, 아주 작은 경우에는 투과광의 간섭색으로 판정한다. 진직도는 틈새의 최대치이다. 소요수의 모선에 대하여 측정을 반복한다. 피측정물이 긴 경우는 곧은자 대신에 강선을 사용해도 무방하다.
	방법 1.2 상측 모선이 정반과 평행이 되도록 피측정물을 놓는다. 모선의 전장에 따라 인디케이터를 이동하고 표시치를 기록한다[①]. 진직도는 측정한 모선에 대한 인디케이터 판독의 최대차이다. 소요수의 모선을 측정한다[②].

공차역과 도시 예	검 증 방 법
	방법 1.3 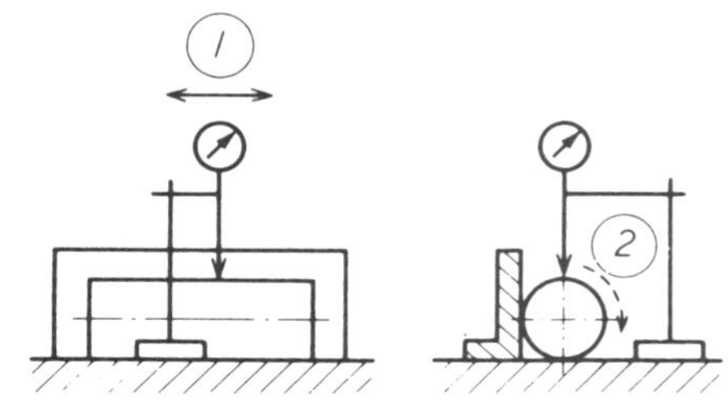 피측정물을 정반상에 놓고 직각 정반에 댄다. 전 모선에 따라서 인디케이터를 이동하고 지시를 판독하여 그 값을 선도상에 그린다[①]. 진직도는 선도로 구한다. 소요수의 모선에 대하여 측정을 반복한다[②].
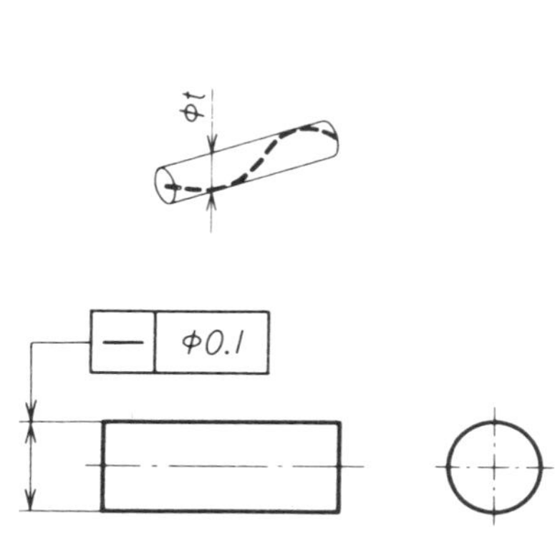 	방법 1.4 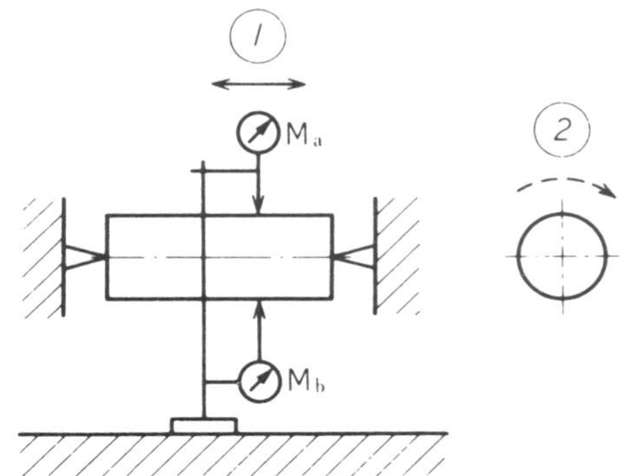 피측정물을 정반에 평행한 동축 센터로 지지하고 두 상대한 모선에 따라서 상대하는 두 인디케이터를 이동하여 측정치를 기록한다[①]. 각 점에 있어서의 두 인디케이터의 판독 M_a, M_b의 차의 반, 즉 $(M_a-M_b)/2$를 선도에 기록한다. 소요수의 단면에 대하여 측정을 반복한다[②]. 진직도는 각 축의 단면에 대하여 기록된 값의 최대차로 간주한다.

공차역과 도시 예	검 증 방 법
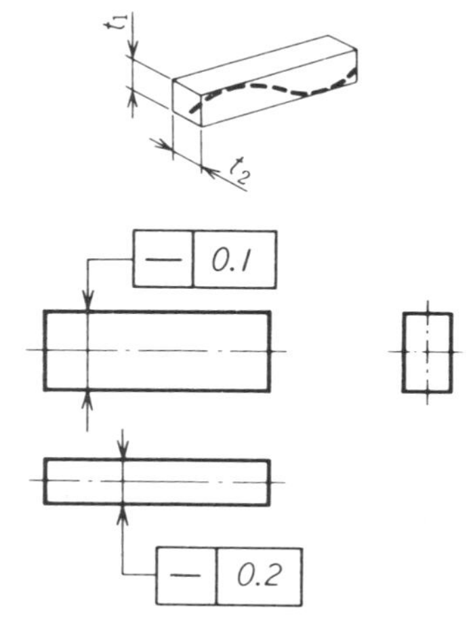	방법 1.5 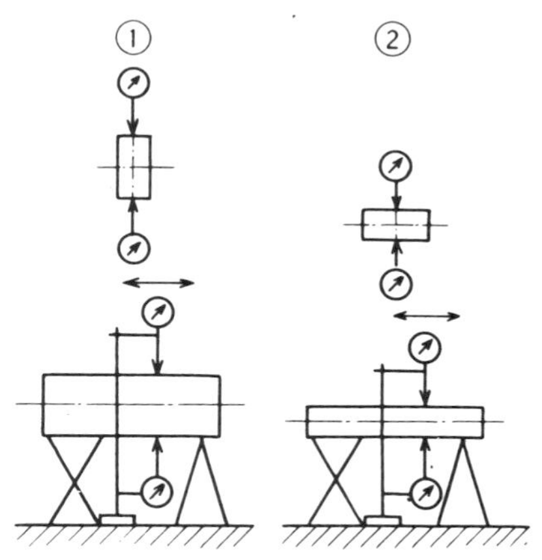 피측정물을 정반에 평행으로 놓고 상대하는 두 모선에 따라서 두 인디케이터를 이동하여 측정치를 판독하고 방법 1.1.4와 마찬가지로 $(M_a-M_b)/2$를 선도에 기록한다. 지정한 방향 ①과 ②로 측정을 반복한다. 진직도는 선도로 구한다.
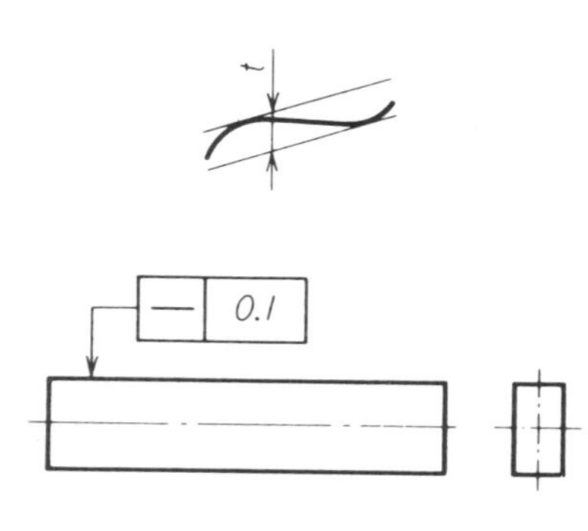	방법 1.6 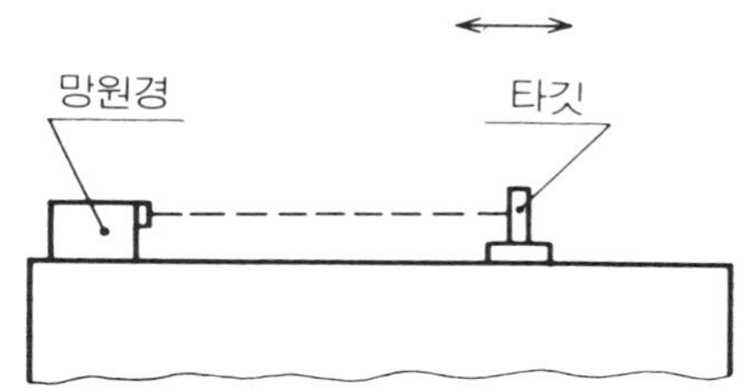 망원경을 표면과 평행으로 설치하고 타깃을 면에 따라서 이동시킬 때의 변위를 판독하여 선도에 기록한다. 이 선도로 진직도를 구한다. 측정은 소요수의 모선에 대하여 반복한다. 망원경과 타깃 대신에 레이저와 광 검출기로 이루어지는 레이저 직선계를 사용해도 된다. 이 측정은 주로 큰 측정물에 사용한다.

공차역과 도시 예	검 증 방 법
	방법 1.7 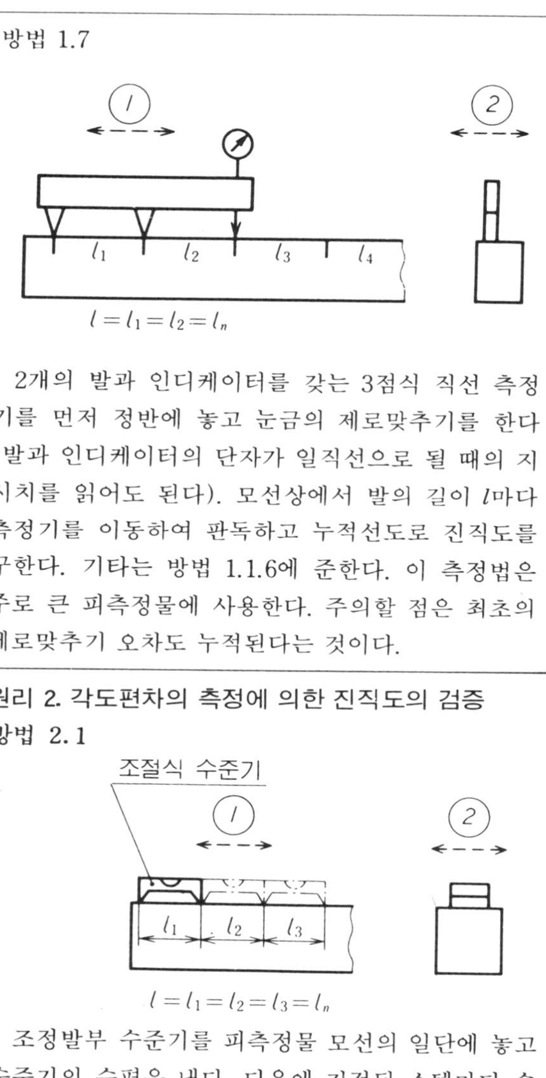 2개의 발과 인디케이터를 갖는 3점식 직선 측정기를 먼저 정반에 놓고 눈금의 제로맞추기를 한다(발과 인디케이터의 단자가 일직선으로 될 때의 지시치를 읽어도 된다). 모선상에서 발의 길이 l마다 측정기를 이동하여 판독하고 누적선도로 진직도를 구한다. 기타는 방법 1.1.6에 준한다. 이 측정법은 주로 큰 피측정물에 사용한다. 주의할 점은 최초의 제로맞추기 오차도 누적된다는 것이다.
	원리 2. 각도편차의 측정에 의한 진직도의 검증 방법 2.1 조정발부 수준기를 피측정물 모선의 일단에 놓고 수준기의 수평을 낸다. 다음에 지정된 스텝마다 수준기를 모선에 따라서 이동하고 각 스텝마다 수평편차를 기록한다. 각도편차에 발의 길이 l을 곱하면 그 위치에서의 편차가 구해지므로 누적선도에 의하여 진직도를 구할 수 있다. 앞에서와 마찬가지로 측정은 소요수의 모선에 대하여 반복한다. 조정발이 없는 수준기의 경우에는 피측정물의 자세를 조절하여 수평을 낸다. 이 측정은 주로 큰 피측정물에 사용한다.

공차역과 도시 예	검 증 방 법
 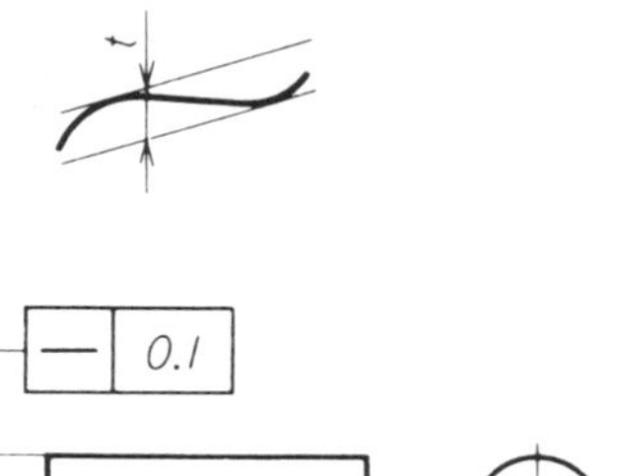	방법 2.2 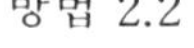 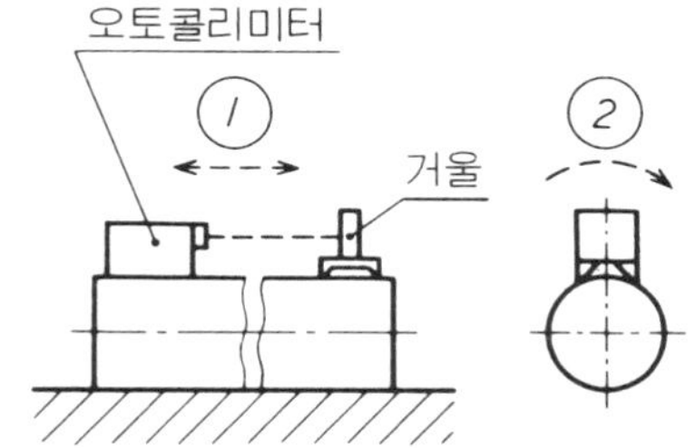 오토콜리미터를 피측정물에 맞추어 설정하고 반사경을 모선에 따라서 발 길이 *l*마다 반사경을 이동하여 그 판독치를 기록한다[①]. *l*과 오토콜리미터의 판독치를 곱한 편차에 의한 누적선도를 구하고 방법 1.8에 준하는 방법으로 누적선도에 의하여 진직도를 구한다. 소요수의 모선에 따라서 측정을 한다[②]. 주로 큰 피측정물에 사용한다. 반사경은 연속적으로 이동, 기록해도 되고 또 각도 측정용 레이저 장치를 사용해도 좋다.
 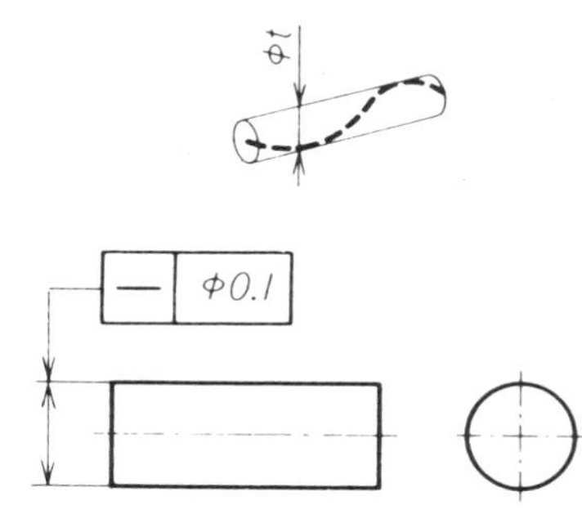	**원리 3. 연속적인 단면 중심을 구하는 것에 의한 진직도의 검증** 방법 3.1 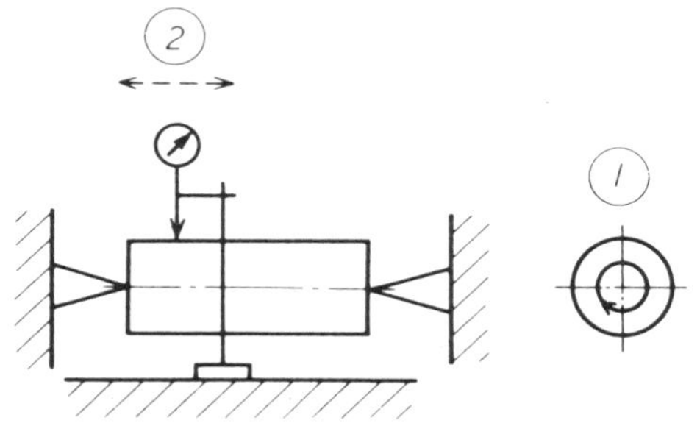 피측정물은 정반에 평행으로 두 동축 센터간에 고정하고 그 축의 둘레에 회전시킨다. 완전한 1회전 사이의 인디케이터 판독의 반을 그 차가 생긴 방향을 잡아 단면 중심의 어긋짐으로서 기록한다[①], 소요수의 단면을 같은 요령으로 측정한다[②]. 축의 진직도는 구해진 단면 중심간의 최대 편차이다.

◩ 평면도

공차역과 도시 예	검 증 방 법
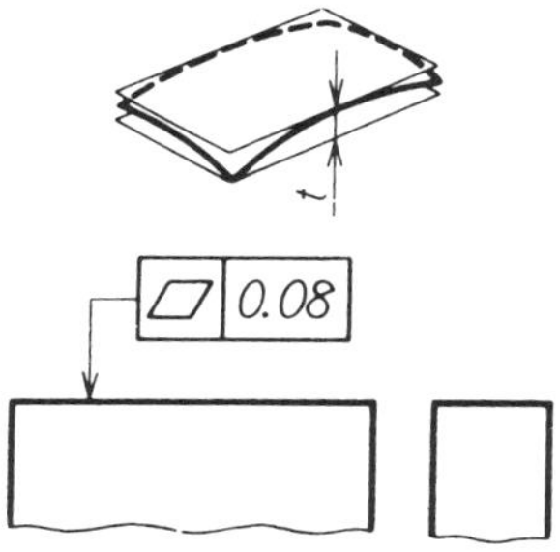 0.08	**원리 1. 기준평면과의 비교에 의한 평면도의 검증** 방법 1.1 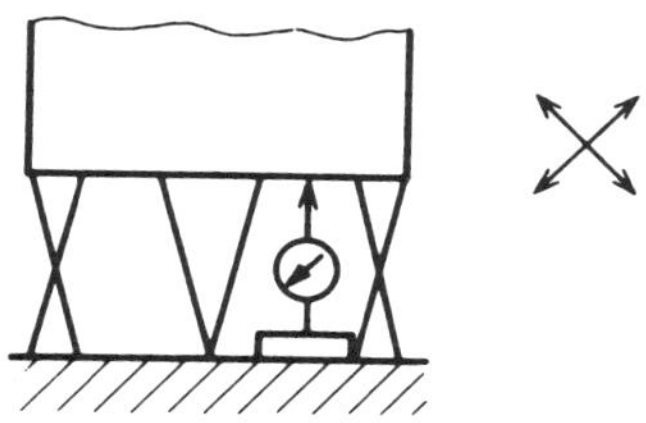 피측정물을 정반에 겹쳐 맞추는 형으로 설정하고 소요수의 위치에서 양면간의 거리를 측정한다. 평면도는 측정한 거리의 최대차이다. 보통 피측정물은 되도록 떨어진 3점에 정반과의 등거리 위치에 놓는다. 이 경우, 2면간의 거리에 있어서 최대차가 최소로 된다고 단정할 수 없으므로 평면도는 측정치로 선도에 표시하고 피측정물의 기울기를 보정하여 평가한다.
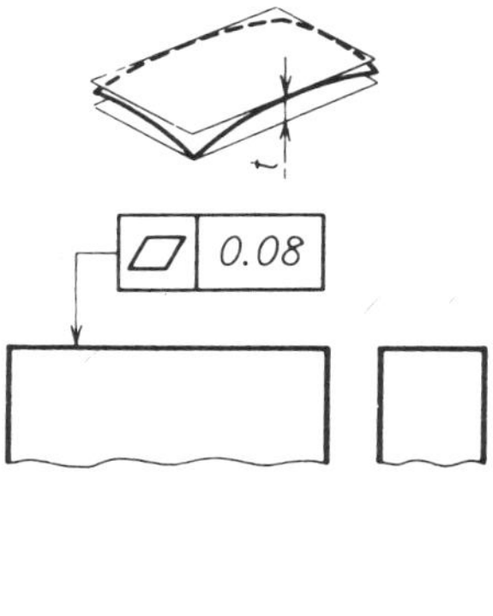 0.08	방법 1.2 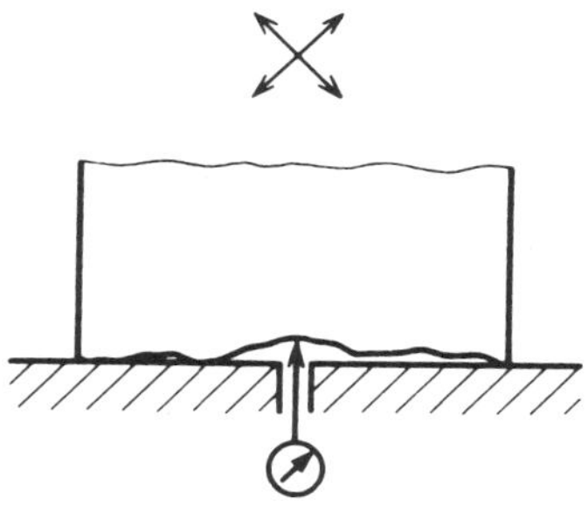 피측정물을 측정 구멍부 정반에 놓고 이동시켜 소요수의 점에서 정반과 측정면과의 거리차를 읽는다. 평면은 판독치의 최대차이다. 정반의 크기는 피측정물의 2배 이상이 필요하고 또 측정면이 볼록일 경우에는 판독치의 최대차를 최소로 하도록 지지해 줄 필요가 있다.

공차역과 도시 예	검 증 방 법
0.08	방법 1.3  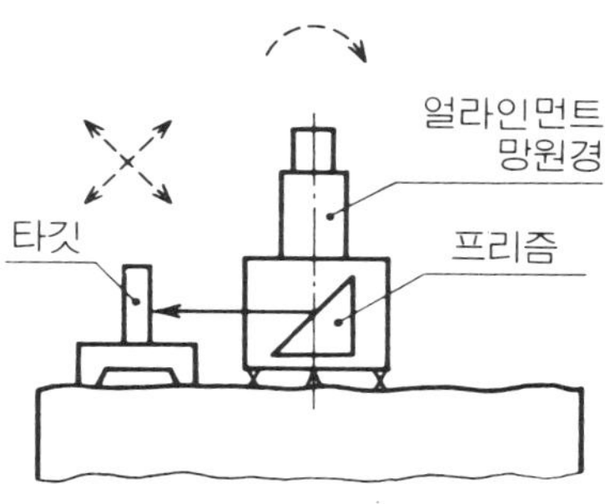 얼라인먼트 망원경의 회전축이 피측정물에 수직이 되도록 설정하고 그 면상에서 타깃을 이동하여 판독한다. 평면도는 정반상에 겹쳐 맞춘 산출 평면과의 최대차이다. 회전축의 설정은 수학적으로 수정할 수 있다. 큰 면의 측정에 사용한다.
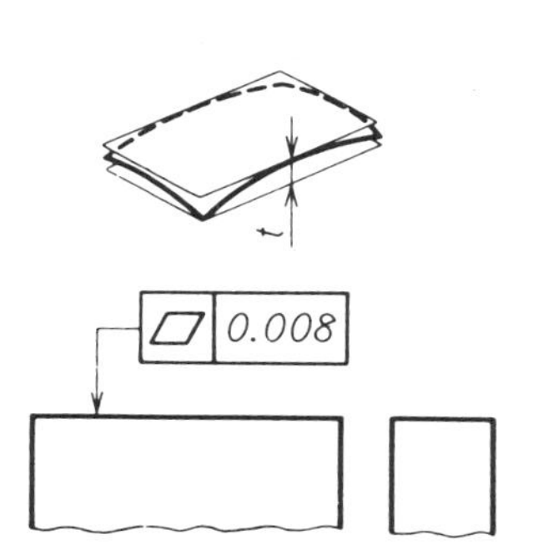 	방법 1.4 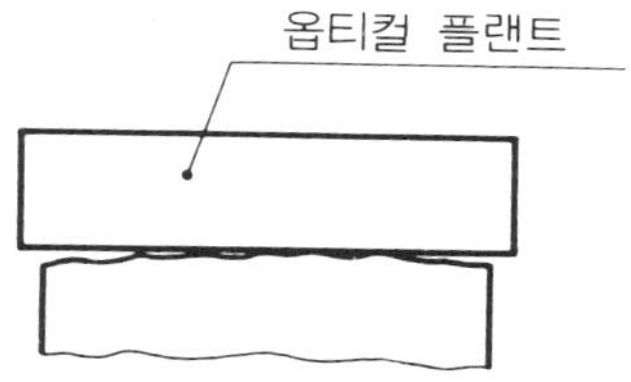 옵티컬 플랫을 피측정물에 놓고 단색광에 의하여 관측한다. 평면도는 관측된 간섭무늬의 수에 사용한 광의 파장 λ의 $1/2$(보통 $\lambda/2=0.3\mu m$)을 곱한다. 이 방법은 반사율이 높은 평활면, 즉 $20\mu m$까지의 평면도가 작은 피측정물에 적용된다. 측정물의 넓이는 사용하는 옵티컬 플랫의 크기에 따라 제한된다. 옵티컬 플랫은 편차가 최소로 되도록 기울기 등을 조절하지 않으면 안된다.

공차역과 도시 예	검 증 방 법

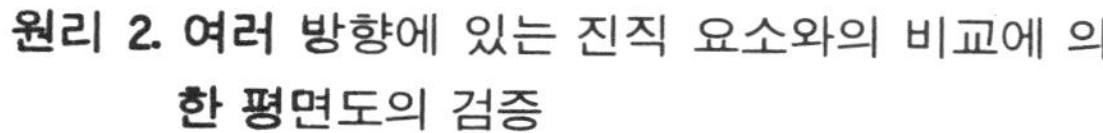

원리 2. 여러 방향에 있는 진직 요소와의 비교에 의한 평면도의 검증

방법 2.1

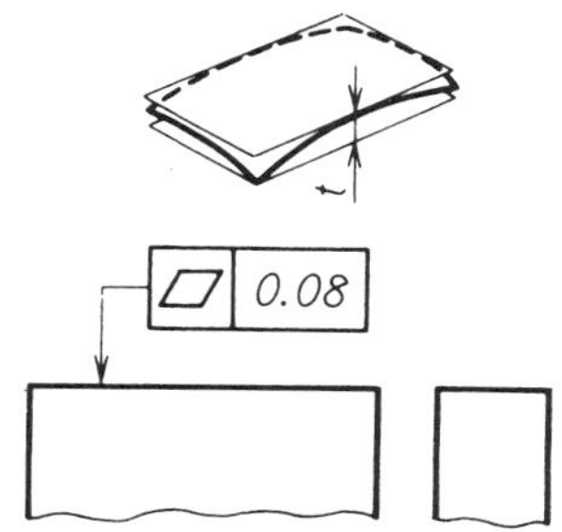

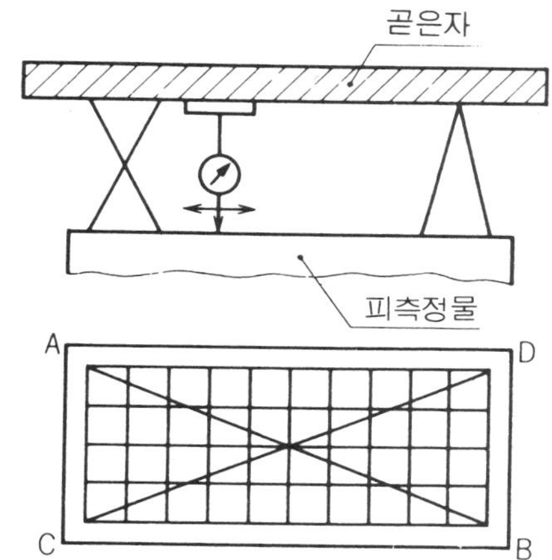

곧은자의 양단을 조정식 및 고정식 지지구에 놓고 곧은자를 피측정면에서 등거리에 위치하는 대각선 방향으로 놓는다. 중앙에 있어서의 측정치를 기준으로 대각선(A-B)에 따라 지정한 위치에서 곧은자와의 거리를 측정하고 이어서 대각선(C-D)에 따라 측정한다. 수치는 중앙점의 거리를 보정한 다음 선도에 기록한다. 이 두 대각선으로 참조면이 정해지고 이것에 의하여 모든 격자점의 어긋짐이 결정된다. 평면도는 선도 또는 계산기에 의한 연산으로 구해진다. 이 측정은 다른 방위에 놓여진 곧은자에 의하여 많은 점이 정해지므로 어느 정도까지는 자기 조절성이 있다. 일반적으로 정반의 측정에 사용된다.

공차역과 도시 예	검 증 방 법
0.08	방법 2.2 l_1 l_2 l_3 l_4 $l = l_1 = l_2 = l_3 = l_4 = l_5 = l_6$ l_5 l_6 3점식 직선 측정기를 정반에 놓고 눈금의 제로맞추기를 한다. 3방향에서 발의 길이 l마다 측정기를 이동하면서 누적선도로 평면도를 구한다. 이 방법은 주로 큰 피측정물에 사용한다. 최초의 제로맞추기 오차는 측정의 스텝 반복에 따라 누적된다.
0.08	**원리 3. 여러 방향에서 수평에서의 편차를 측정하여 평면도를 검증** 방법 3.1 조절식 수준기 l

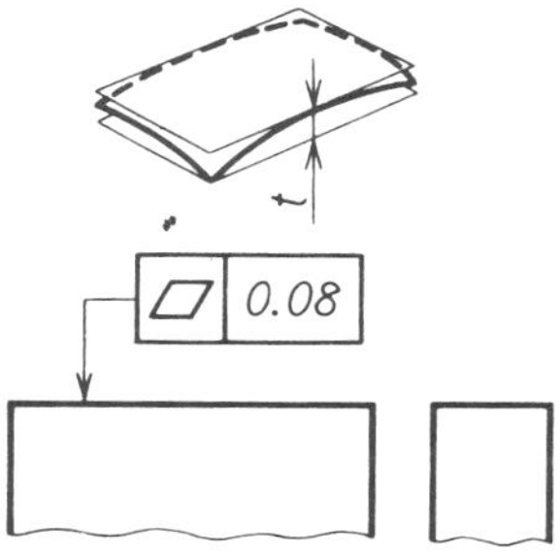

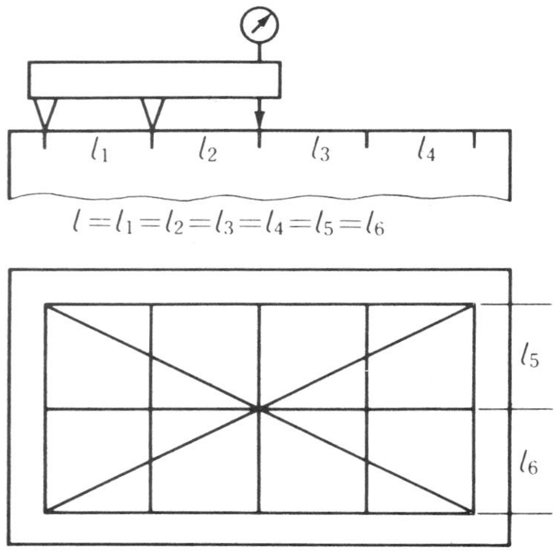

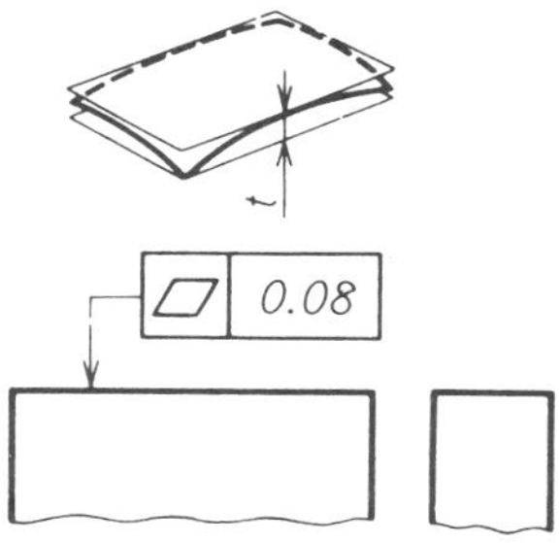

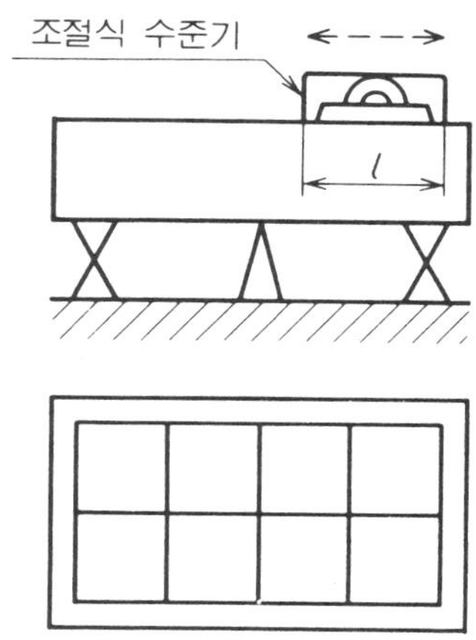

공차역과 도시 예	검 증 방 법
	다리 사이가 특정 길이 l인 수준기를 피측정물 위에 놓고 1방향으로 수 스텝씩 이동하면서 몇 개의 단면상에서 측정한다. 수평 편차를 누적선도에 기입한다. 다음에 이미 실시한 방향에 대하여 같은 측정을 하고 선도에 기록한다. 여기에서 스텝의 2점간의 높이차는 수준기의 각도 편차에 발 간격 l을 곱한 값이다. 이 방법은 주로 큰 표면의 측정에 사용된다. 수평내기는 조절 지지대나 조절식 수준기에 의하여 할 수 있다. 진자(흔들이)식 수준기도 사용할 수 있다. 측정은 많은 점에 대하여 2회까지 할 수 있으므로 자기 조절성이 있다.
공통 공차역 ▱ 0.1	방법 3.2 기구 b (이동) 게이지 a (고정) 딥스 마이크로미터 수위 수준기 깊이 마이크로미터부의 수위계 a와 연결된 계측부 b를 처음에는 그림과 같이 놓고 a의 제로점을 맞춘다. 이어서 b를 각 평면 부분에 이동하여 a의 판독치를 기록한다. 평면도는 선도에 의하여 평가한다. 이 방법은 주로 큰 표면에 사용한다. 수평의 표면에만 실용되고 있다.

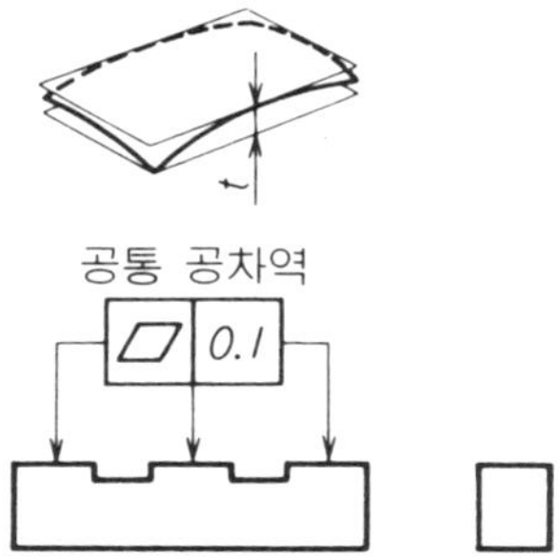

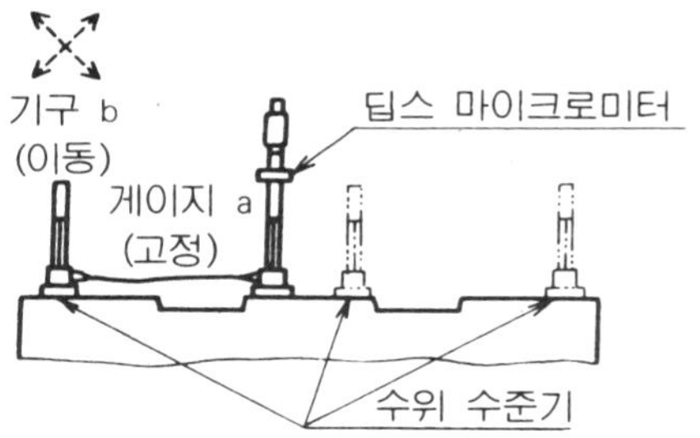

공차역과 도시 예	검 증 방 법
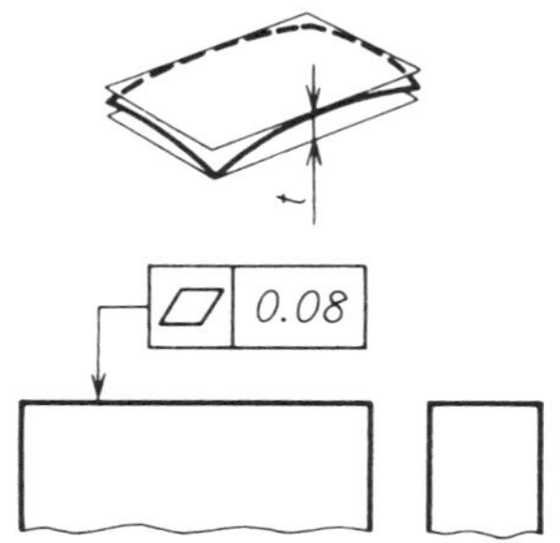	**원리 4. 여러 방향에서의 각도 편차의 측정에 의한 평면도의 검증** 방법 4.1 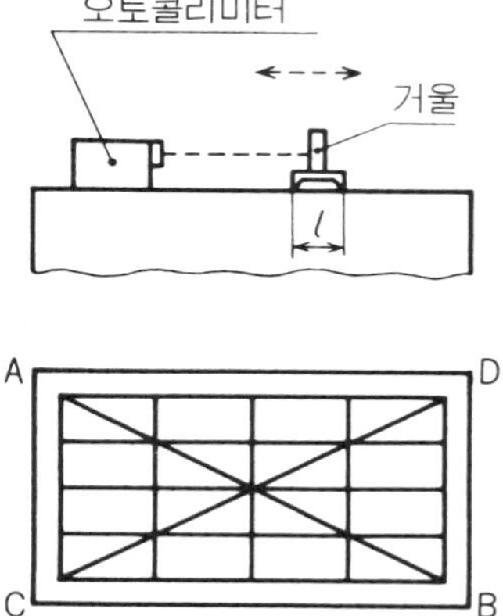 특정 간격 l의 발을 갖는 반사경을 피측정물의 한 구석에 놓는다. 오토콜리미터를 피측정면과 평행으로 설정한다. 소정 위치에 있어서의 기울기 측정을 대각선 A-B와 C-D에 따라서 반복하면 기준이 정해지므로 그것을 기준으로 적당한 발 간격을 사용한 측정으로 다른 격자점의 값을 정한다. 여기에서 스텝당의 편차는 l과 오토콜리미이터의 판독치를 곱한 값이 된다. 반사경은 연속적으로 이동시키면서 기록해도 되고 또 각도 측정용 레이저 장치를 사용해도 좋다. 이 측정은 많은 점을 여러 번 측정할 수 있으므로 어느 정도의 자기 조절성이 있다.

진원도

공차역과 도시 예	검 증 방 법
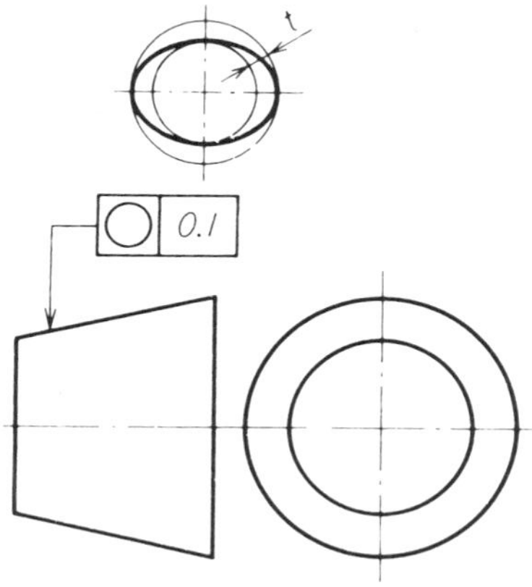 0.1	**원리 1. 고정 공통중심에서의 반경의 변화의 측정에 의한 진원도의 검증** 방법 1.1 최소 영역 중심법(Z_{min}) 1.2 최소 이승 중심법(Z_{is}) 1.3 외접원 중심법(Z_c) 1.4 내접원 중심법(Z_i) 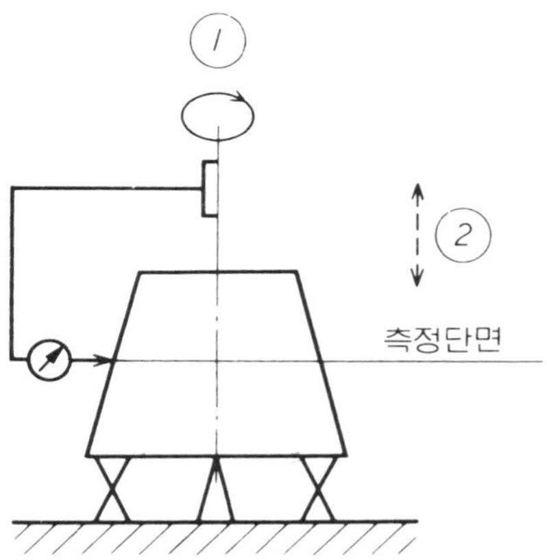 1 2 측정단면

피측정물의 축선을 측정기의 축선에 동축으로 고정하고 1회전에 걸쳐 반경의 변화를 기록한다[①]. 측정기는 전용의 진원도 측정기(테이블 회전형과 측정자 회전형이 있다) 외에 회전 테이블과 변위 측정기의 조합으로도 무방하다. 측정 결과는 극좌표선도에 기록하고 평가하든가 계산기로 처리한다. 측정은 소요수의 단면에서 반복한다[②]. 진직도의 평가에는 중심을 잡는 방법에 따라서 다음의 4가지가 있다.

(a) 최소 영역 중심 진원도 Z_{min}은 단면에 내외접하는 두 동심원의 최소 반경차로서 내외측의 양면에 사용된다.

(b) 최소 제곱 중심 진원도 Z_{is}는 단면의 최소 제곱 평균원의 중심을 중심으로 하는 내외접원의 반경차로서 내외측의 양면에 사용된다.

(c) 외접원 중심법 진원도 Z_c는 최소 외접원과 동심 내접원의 반경차로서 외측 면에 적용한다.

(d) 내접원 중심법 진원도 Z_1은 최대 내접원과 동심 내접원의 반경차로서 내측 면에 적용한다. 진직도의 공차 지정이 어떤 의미인가는 미리 밝혀 둘 필요가 있다.

공차역과 도시 예	검 증 방 법
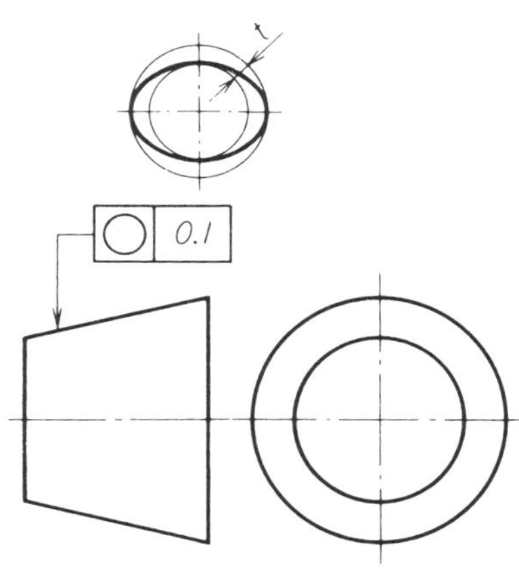 	**원리 2. 좌표의 측정에 의한 진원도의 검증** 방법 2.1 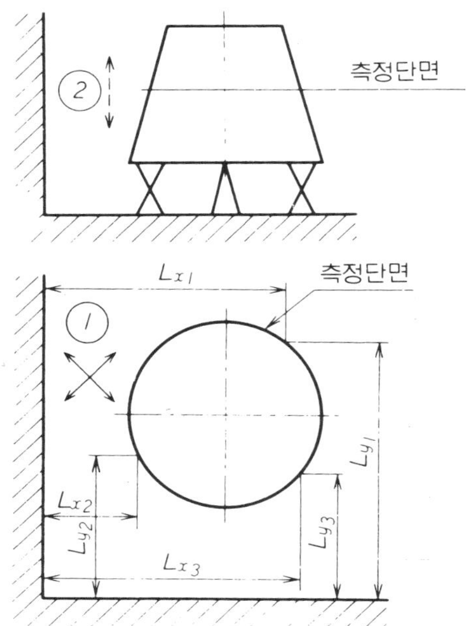 피측정물을 좌표 측정기상에 설정하고 2차원의 각 축에서 원 단면의 각 점까지의 거리 L을 측정한다. 진원도는 최소 제곱 중심법에 의하여 계산으로 구한다. 소요수의 단면에 대하여 측정을 반복한다. 내외측의 양 표면에 사용된다. 측정 현미경을 사용해도 같다.
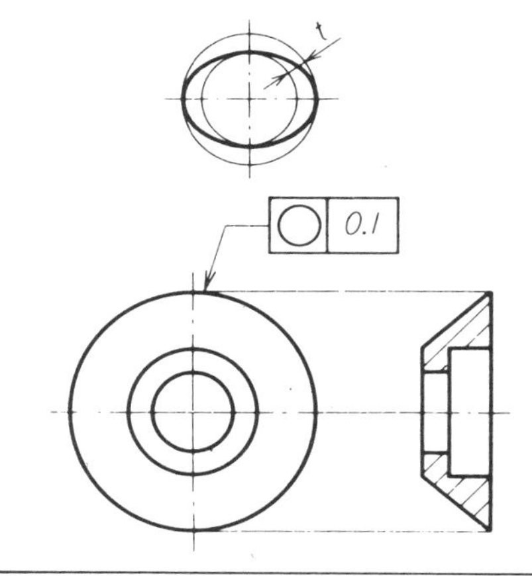 	**원리 3. 윤곽 투영법에 의한 진원도의 검증** 방법 3.1 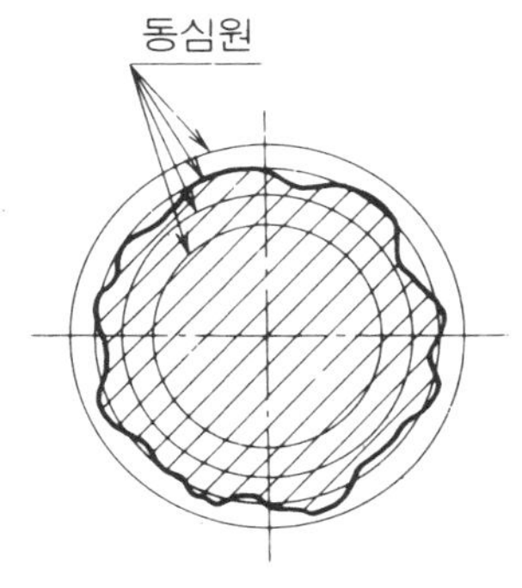

공차역과 도시 예	검 증 방 법
	피측정물의 윤곽을 투명한 템플레이트상의 각종 크기의 동심원과 비교하고 윤곽을 끼우는 동심원의 반경차로 진원도를 구한다. 윤곽의 투영에는 윤곽 투영기, 광 절단식 단면 투영기 등을 사용한다.
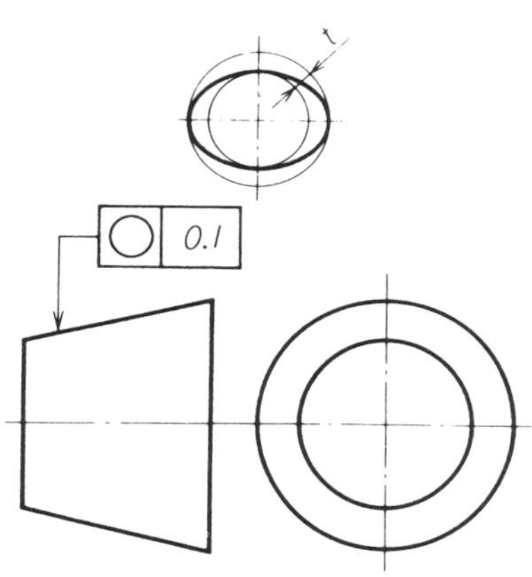 	**원리 4. 2점 및 3점 측정에 의한 진원도의 검증** 방법 4.1 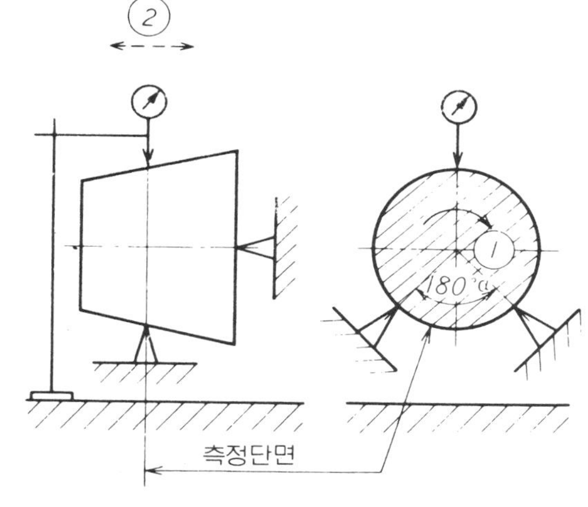 피측정물을 V 지지구와 단면 지지구로 지지하고 측정기기의 축선에 중심맞추기를 한다. 피측정물의 축선은 측정 방향에 수직으로 고정하지 않으면 안 된다. 1회전에 걸쳐 축과 직각 방향의 변위를 측정한다[①]. 측정은 소요수의 단면을 반복한다[②]. 진직도는 끼움각 α와 측정 단면의 형상 및 산수를 고려하여 구한다. 홀수 산의 형상 편차는 구해지나 짝수 산의 형상 편차에는 2점법을 사용할 필요가 있다. 가장 일반적인 끼움각 α는 90°와 120° 또는 72°와 108°이다. 측정에는 피측정물을 회전하거나 측정기기를 회전해도 좋다. 내외면 양쪽에 적용할 수 있다.

공차역과 도시 예	검 증 방 법
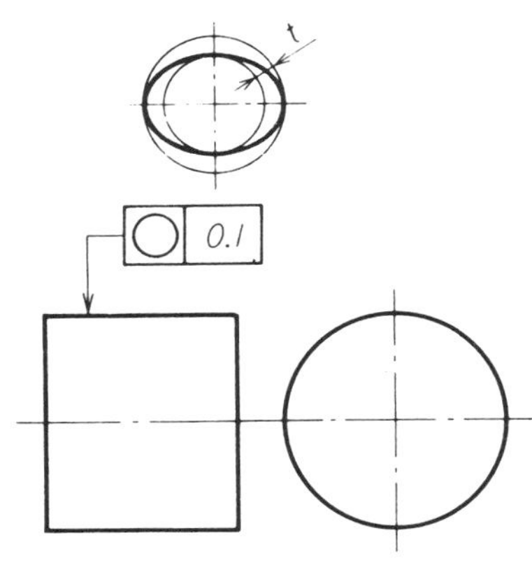	방법 4.2(3점법) 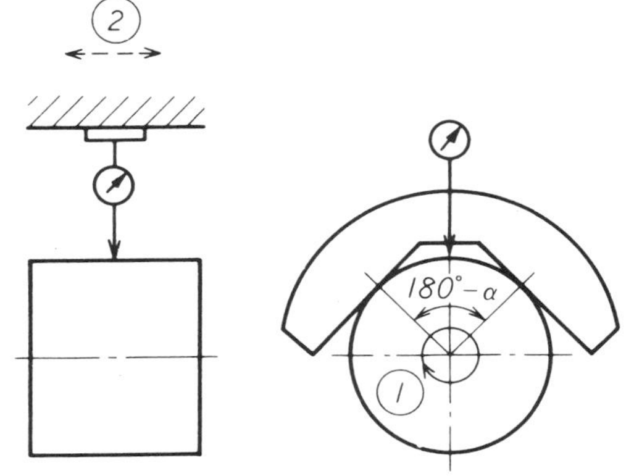 피측정물상에 측정기기를 놓는 점 이외는 방법 6과 똑 같다.
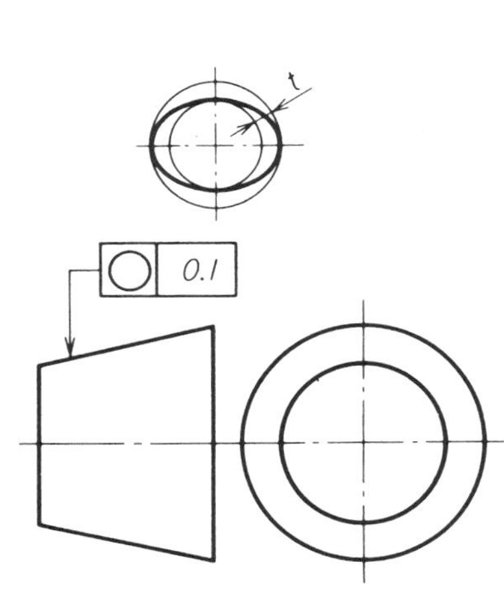	방법 4.3(2점법) 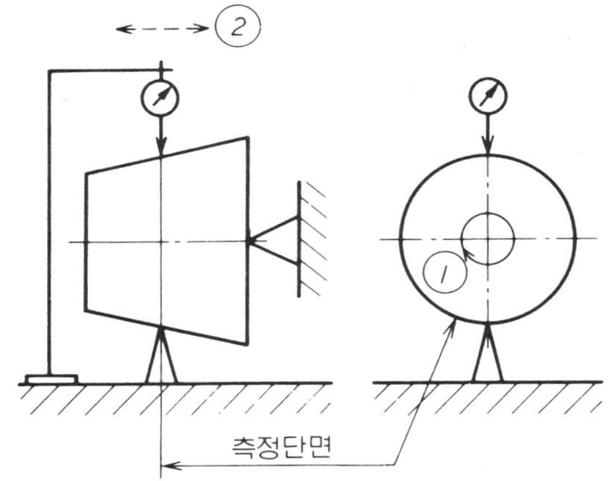 피측정물과 측정기기를 축맞춤하고 회전 센터의 위치에서 피측정물의 축선을 정반에 평행으로 설정한다. 1회전에 걸쳐 직경의 변화를 측정한다[①]. 소요수의 단면을 반복한다[②]. 진직도는 판독 최대차의 반이다. 이 측정은 짝수 산의 형상 편차에만 유효하고 홀수 산의 형상 편차에는 3점법을 사용할 필요가 있다. 측정에는 피측정물을 회전시켜도 좋고 측정기기를 회전시켜도 좋다. 내외면의 양쪽에 적용한다.

원통도

공차역과 도시 예	검 증 방 법
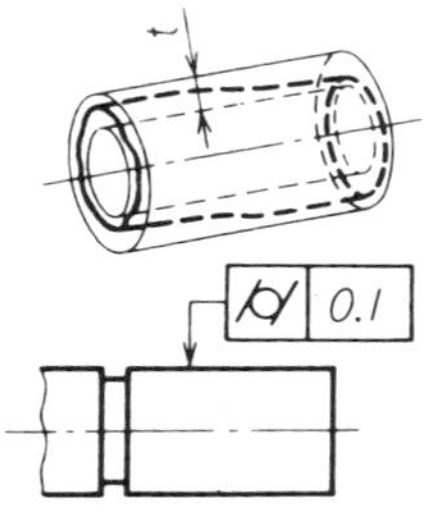 0.1	**원리 1. 고정 공통 중심축선에서의 반경 변화 측정에 의한 원통도의 검증** 방법 1.1 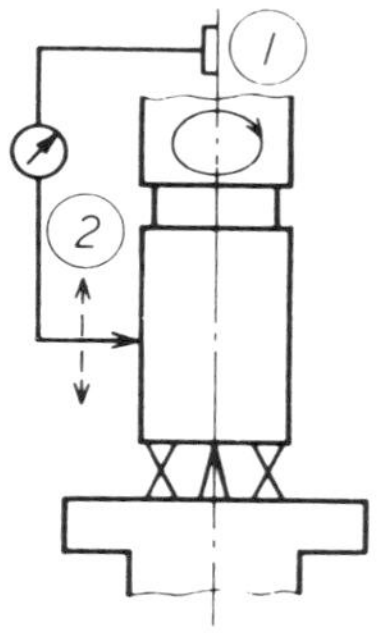 피측정물을 측정기와 동축에 설정하고 1회전에 걸쳐 반경의 변화를 기록한다[①]. 측정은 측정자를 반경 방향으로 이동하지 않고 또 지시값의 제로 리셋을 하지 않으며 소요수의 축직각 단면에서 반복한다[②]. 최소 영역 원통은 극좌표 선도 또는 계산기에 의하여 평정기 또는 Z축 붙이의 진원도 측정기로써 측정한다. 만약 세련되고 정교한 장치가 없으면 축선맞추기 등에 시간이 걸린다.
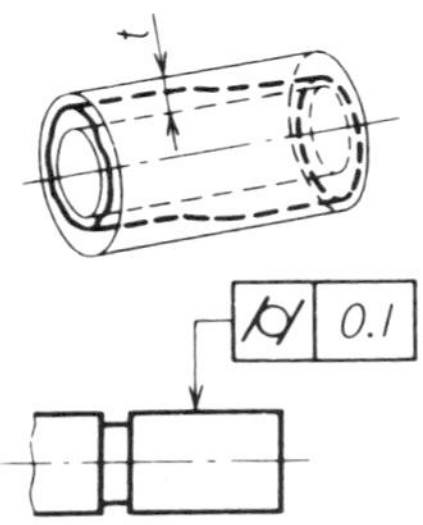 0.1	**원리 2. 좌표의 측정에 의한 원통도의 검증** 방법 2.1 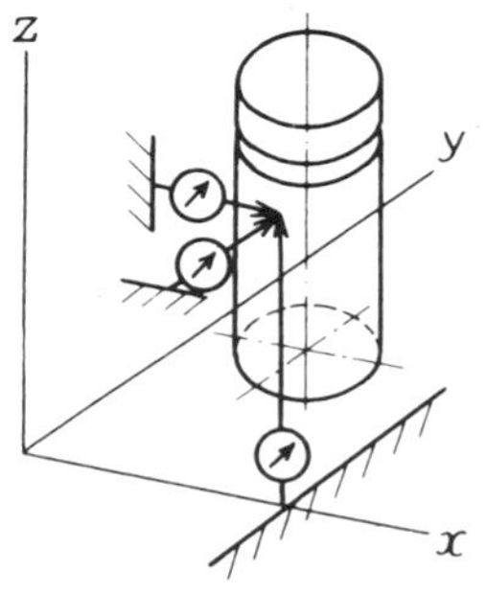 z y x

공차역과 도시 예	검 증 방 법
	피측정물을 3차원 좌표측정기 위에 설정하고 피측정 원통면상에서 소요수의 점에 대하여 3차원 좌표를 측정한다. 원통도는 최소 영역 원통의 반경차로 나타내고 선도 또는 계산기에 의하여 평가한다. 일반적으로 계산기와 기록계 붙이의 좌표 측정기가 필요하다.
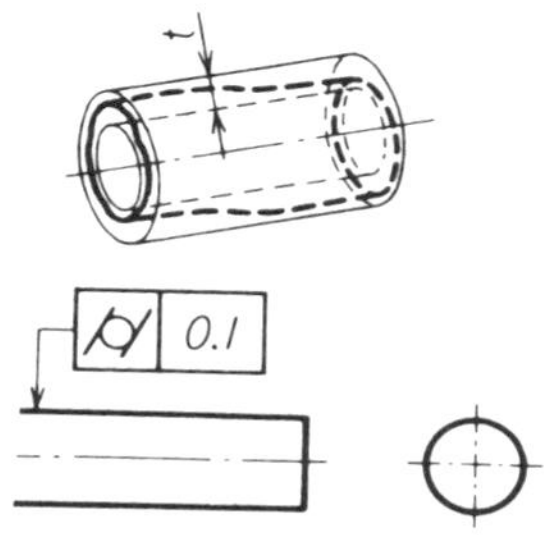 0.1	**원리 3. V 또는 L형 지지구상에서의 축직각 단면 측정에 의한 원통도의 검증** 방법 3.1 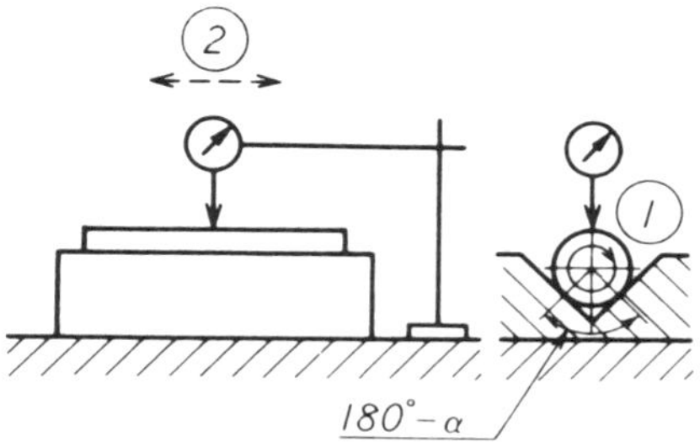 ② ① 180°-α 피측정물을 V블록 위에 놓고 한 축직각 단면에서 1회전에 걸쳐 꼭지점의 변화를 측정한다[①]. 인디케이터의 눈금 설정을 바꾸지 않고 소요수의 단면에 대하여 측정한다[②]. 원통도는 인디케이터의 판독으로 끼움각 α와 형상의 산수를 고려하여 구한다. 또한 V 블록은 피측정물보다 길어야 하며, 이 방법은 외측 표면의 홀수 산에 대한 형상 편차를 구할 때에 사용한다.
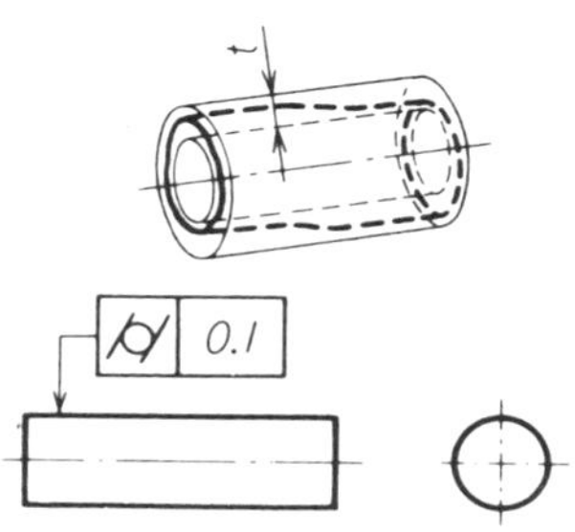 0.1	방법 3.2 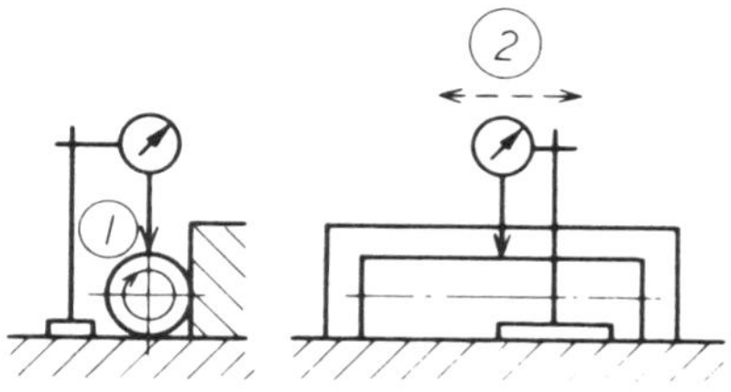 ① ②

공차역과 도시 예	검 증 방 법
	피측정물을 정반 위에 놓고 직각 정반으로 안내하면서 한 축직각 단면에서 1회전에 걸쳐 꼭지점의 위치 변화를 측정한다[①]. 앞에서와 마찬가지로 인디케이터의 눈금 설정을 바꾸지 않고 소요수의 단면에 대하여 측정을 반복한다[②]. 판독치의 최대차의 반분을 원통도로 한다. 이 방법에서는 짝수산의 형상 편차밖에 구할 수 없으므로 홀수산에 대해서는 3점법을 사용해야 한다. 외측 표면에만 사용한다.

◩ 선의 윤곽도

공차역과 도시 예	검 증 방 법
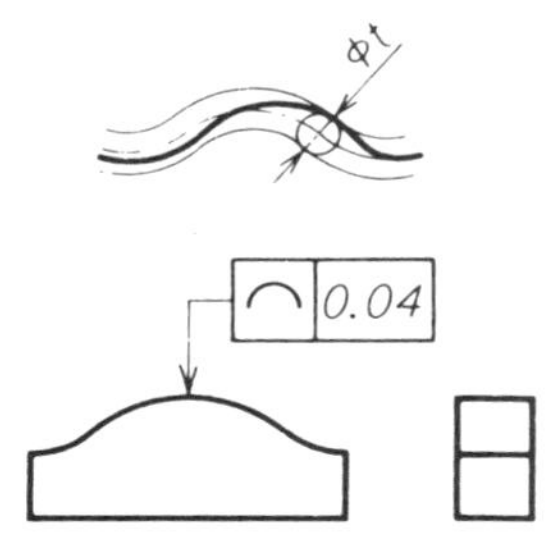	**원리 1. 정확한 형상 요소와의 비교에 의한 선의 윤곽도 검증** 방법 1.1 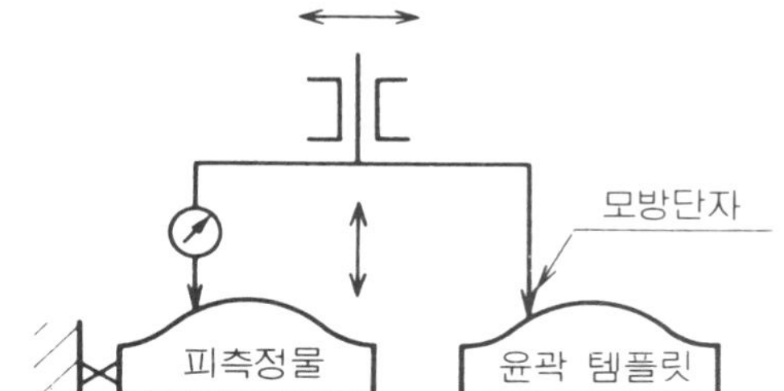 피측정물을 모방장치와 윤곽 템플릿에 정확히 맞추고 피측정물과 템플릿의 차를 기록한다. 모방 단자와 인디케이터의 측정자의 형상은 같아야 한다. 그 곡률반경은 윤곽의 최소 곡률 반경보다 작아야 한다. 편차의 최대치를 측정 방향으로 계산된 한계치와 비교한다. 즉 윤곽도는 이론적으로 정확한 형상의 법선 방향으로 환산한 최대 편차치이다. 측정자의 마모에 주의한다.

공차역과 도시 예	검 증 방 법

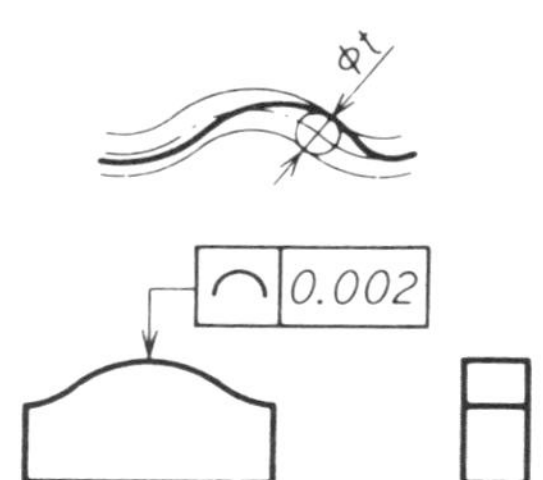

방법 1.2

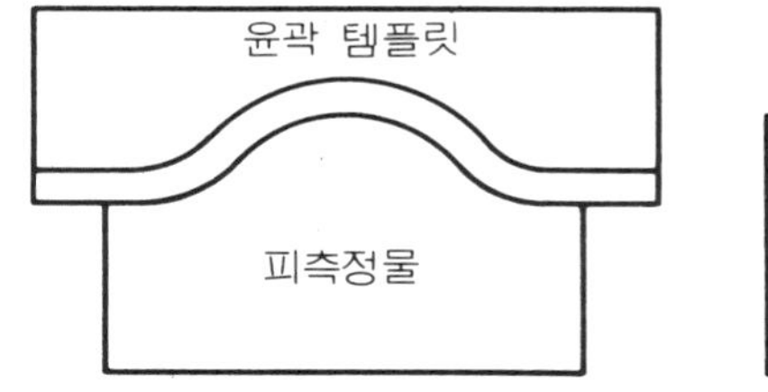

윤곽 템플릿을 피측정물에 대고 지정된 방향으로 맞추어 지정된 빛에 의하여 검사한다. 틈새에 빛이 보이지 않으면 형상 편차는 5μm 이상은 없다(수치적 평가는 어렵다.) 또 템플릿의 편차가 크면 피측정물에서 어느 거리만큼 떼어 설정하고 틈새를 핀 게이지 등으로 측정해도 무방하다. 윤곽 템플릿의 단면은 나이프 에지형이 바람직하다.

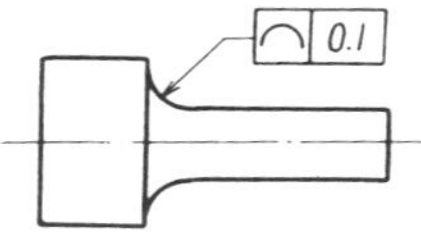

방법 1.3

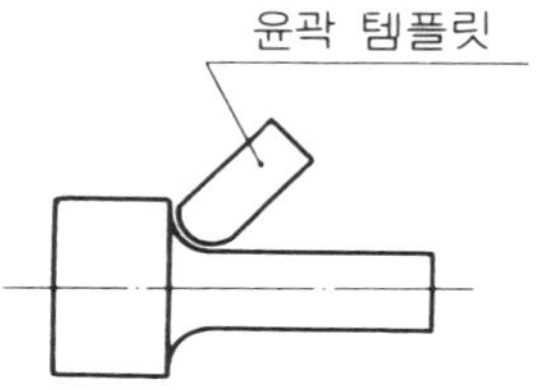

윤곽 템플릿을 피측정물에 대고 지정 방향으로 맞추어 피측정물의 윤곽 형상을 기준 템플릿과 비교하는 것으로서 방법 5.1.2의 특수한 경우이다. 상하의 한계 형상을 갖는 2개의 기준 템플릿을 사용하면 정밀도가 향상된다. 1개의 기준 템플릿만을 사용하면 실제의 편차치가 불확실하다.

공차역과 도시 예	검 증 방 법

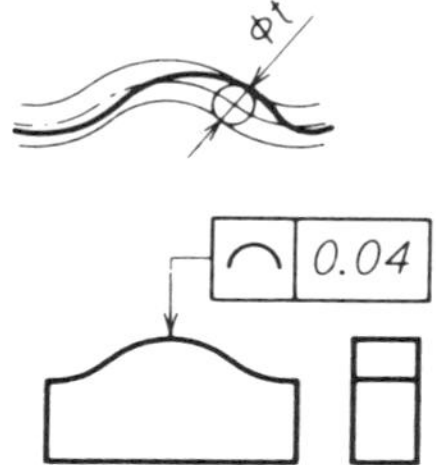

방법 1.4

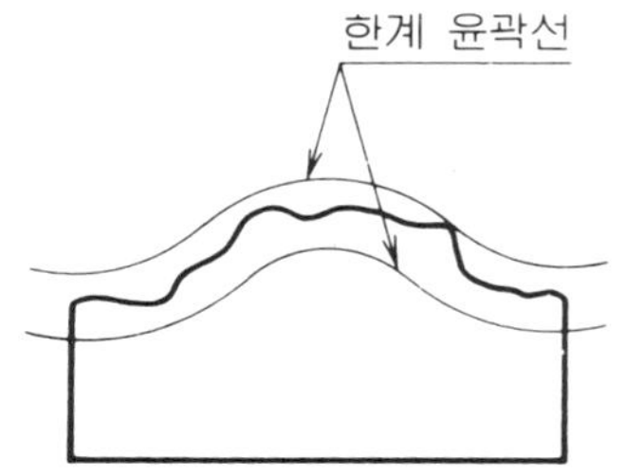

윤곽을 윤곽 투영기에 의하여 스크린상에 투영하고 한계 윤곽선과 비교한다. 실제의 윤곽은 2개의 한계 윤곽선 사이에 포함되어 있어야 한다.

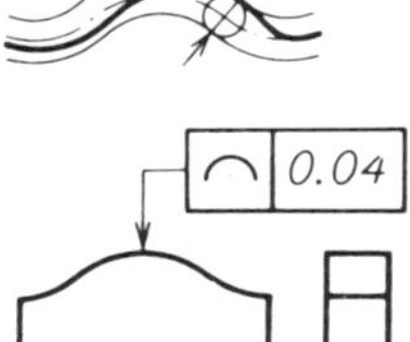

원리 2. 좌표 측정에 의한 선의 윤곽도 검증

방법 2.1

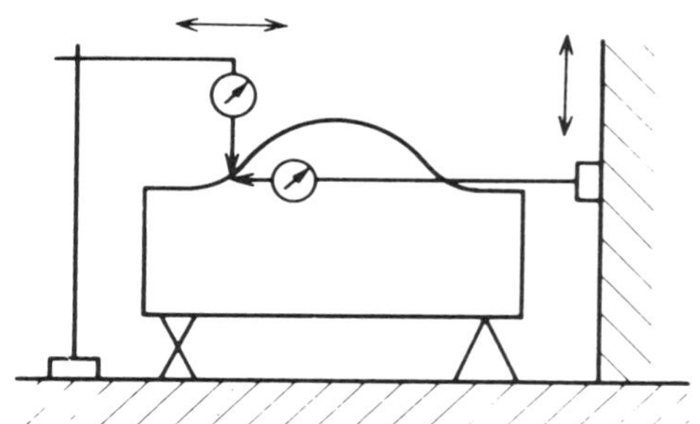

피측정물을 정반에 대하여 올바른 자세로 설정하고 윤곽상의 소요수에 대한 점의 2차원 좌표를 측정한다. 측정에는 보통, 좌표 측정기를 사용하고 측정치를 기록하여 한계 윤곽선과 비교한다. 또 계산에 의하여 윤곽의 한계와 비교한다. 측정자의 형상 및 크기를 고려할 필요가 있다.

◪ 면의 윤곽도

공차역과 도시 예	검 증 방 법
	원리 1. 정확한 형상 요소와의 비교에 의한 면의 윤곽도 검증 방법 1.1 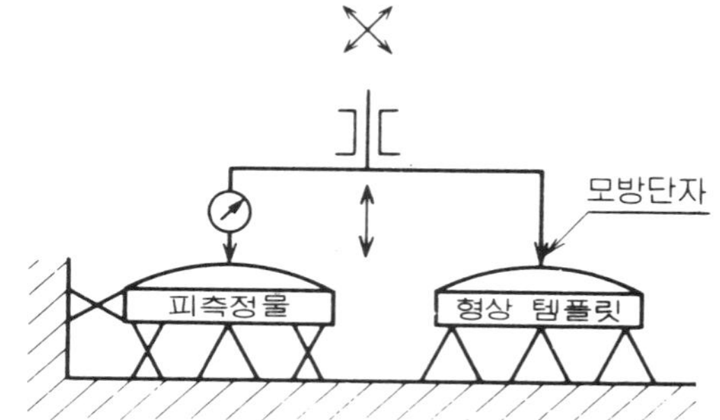 피측정물을 모방장치와 형상 템플릿에 정확히 맞추고 피측정물과 템플릿의 차를 기록한다. 기타는 방법 5.1.1의 경우에 준하면 된다.
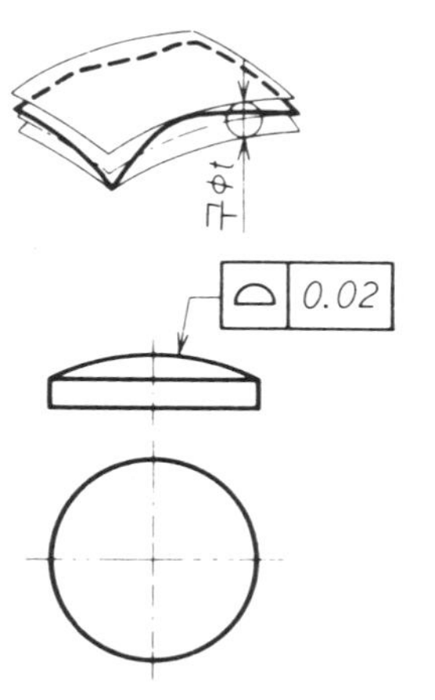 	방법 1.2 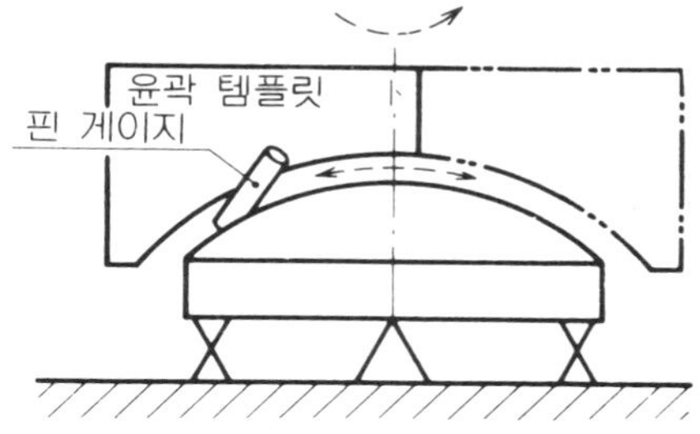 피측정물을 회전축에 맞추어 위치 결정하고 윤곽 템플릿을 피측정물에서 필요한 거리와 방향으로 설정한다. 소요수의 방향에 소요수의 점에서 양자의 간격을 핀 게이지를 사용하여 측정한다. 면의 윤곽도는 간격 측정치의 최대와 최소차이다. 이 방법은 회전면에만 적용되며 피측정물과 템플릿의 어느 쪽으로 회전시키든 무방하다.

<table>
<tr><th>공차역과 도시 예</th><th>검 증 방 법</th></tr>
<tr><td>
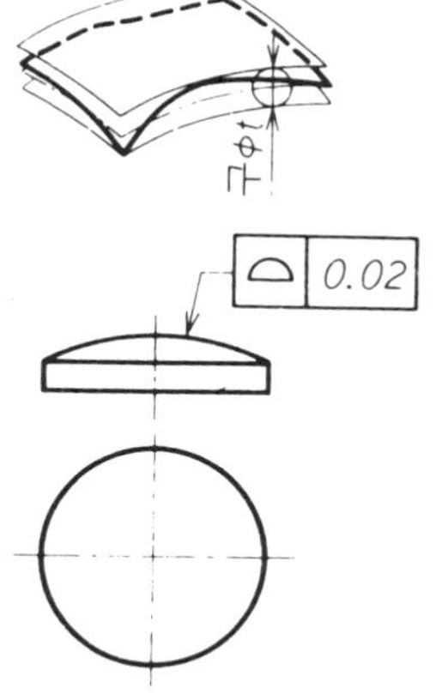

</td><td>
방법 1.3

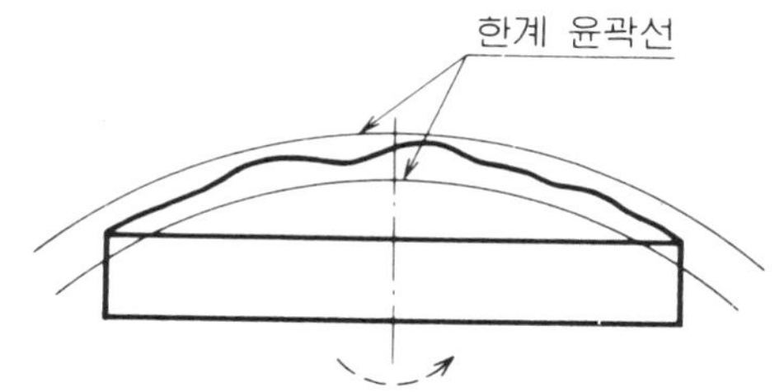

윤곽을 윤곽 투영기 또는 광절단식 단면 투영기에 의하여 스크린상에 투영하고 한계 윤곽선과 비교한다. 투영은 소요수의 단면에 대하여 실시한다. 이 방법은 凸면에만 적용할 수 있다.
</td></tr>
<tr><td>
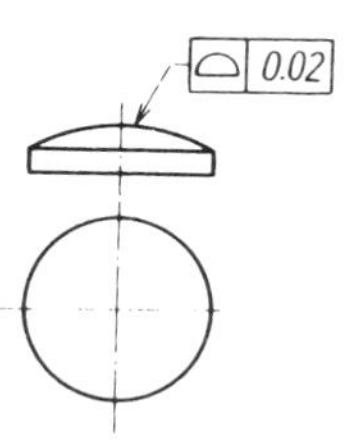

</td><td>
방법 1.4

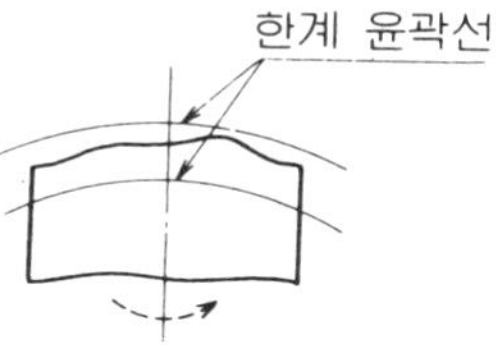

윤곽을 윤곽 투영기의 스크린 상에 투영하고 한계 윤곽선과 비교한다. 소요수의 단면에 대하여 투영한다. 이 방법은 凸면에만 적용된다.
</td></tr>
</table>

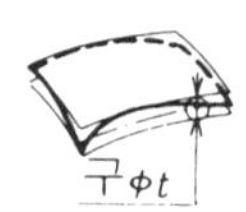

공차역과 도시 예	검 증 방 법
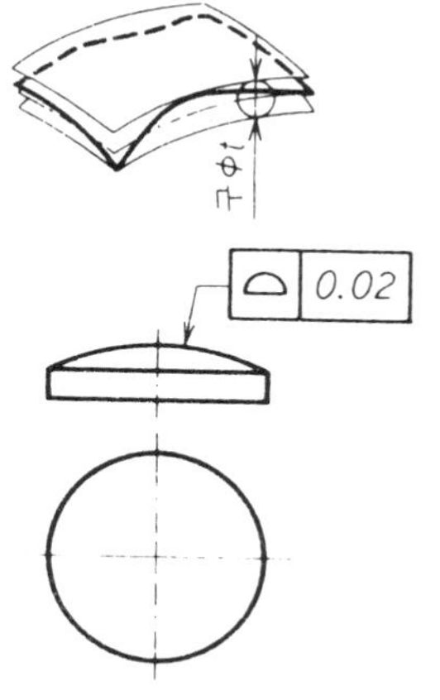 	**원리 2. 좌표의 측정에 의한 면 위의 윤곽도 검증** 방법 2.1 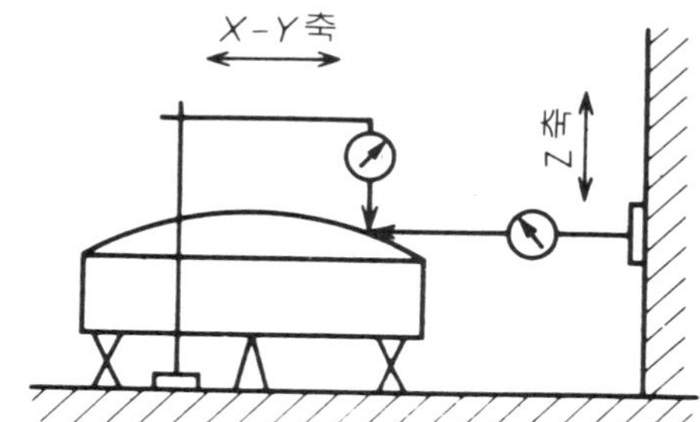 피측정물을 정반 위에 설정하고 윤곽면상의 소요수에 대한 점의 3차원 좌표를 측정한다. 측정치를 기록하고 한계 윤곽면의 좌표치와 비교한다. 기타는 방법 5.2.1에 준한다.

◪ 평행도

공차역과 도시 예	검 증 방 법
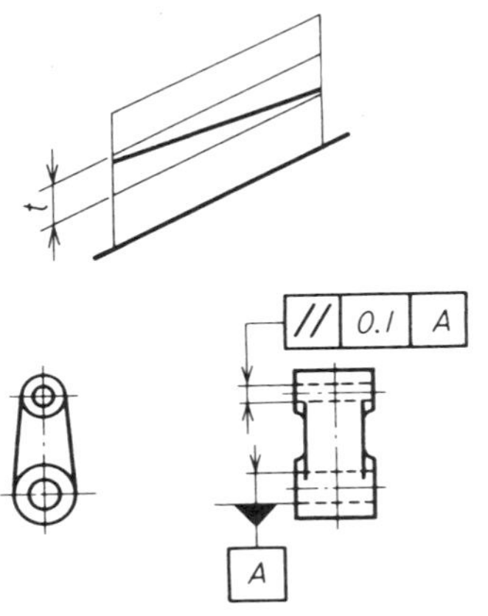 	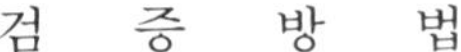 **원리 1. 거리와 측정에 의한 평행도 검증** 방법 1.1 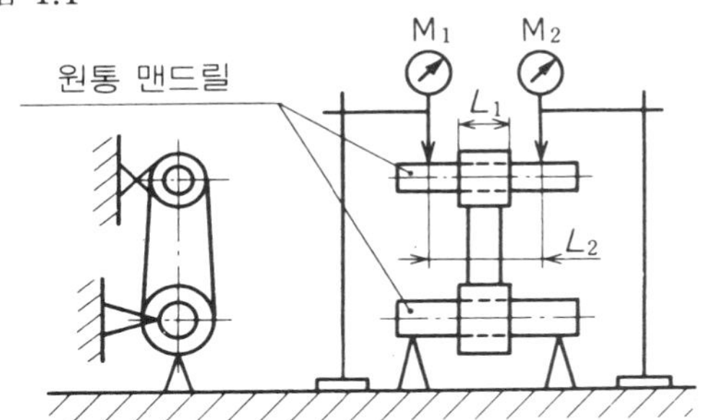 피측정 형체와 데이텀 축의 축선은 구멍의 최측으로 돌출한 내접 원통의 축직선에 의하여 시뮬레이트하고 올바른 방향으로 설정한다. 축의 측정 위치를 조정할 수 있도록 한다. 피측정물 형체를 시뮬레이트하는 축의 높이차 $M_1 - M_2$를 축방향의 소정 거리 L_1에서 측정하면 평행도 $P_d = \|M_1 - M_2\| \times L_1 / La_2$가 된다. 또한 원통 맨드릴은 구멍과 틈새가 없도록 팽창식의 것을 사용하든가 또는 적합한 것을 골라 사용한다. 만약 상측 맨드릴의 자세에 이상이 있을 때는 측정된 평행도가 최서로 되는 방위를 잡는다.
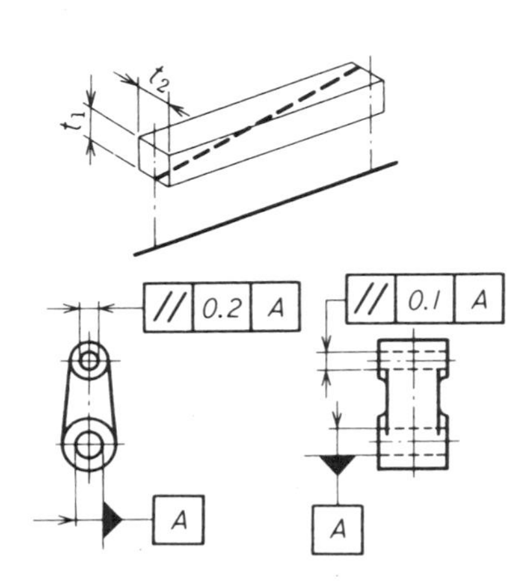 	방법 1.2 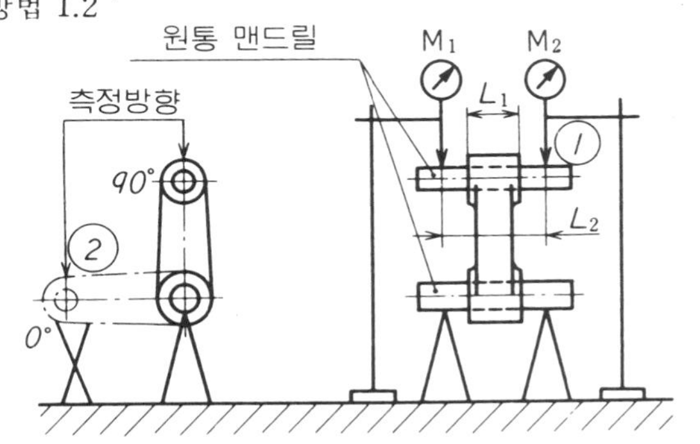 위 방법과 같은 측정을 도면에 지시된 서로 수직인 2방향에서 할 수 있도록 위치 결정하고 자세 ① 및 ②에서 측정한다. 평행도도 같은 방법으로 구한다.

공차역과 도시 예	검 증 방 법
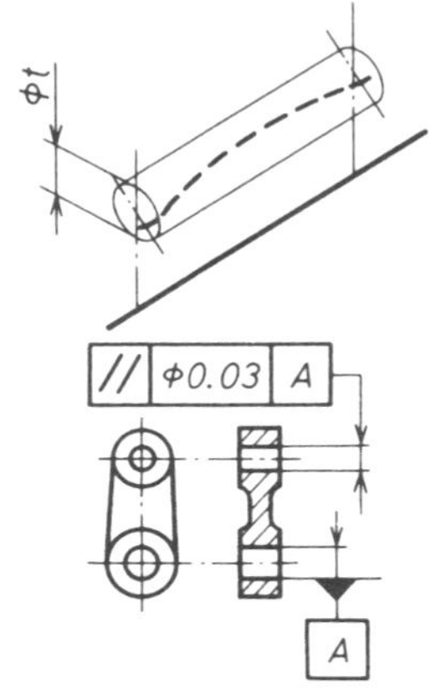	방법 1.3 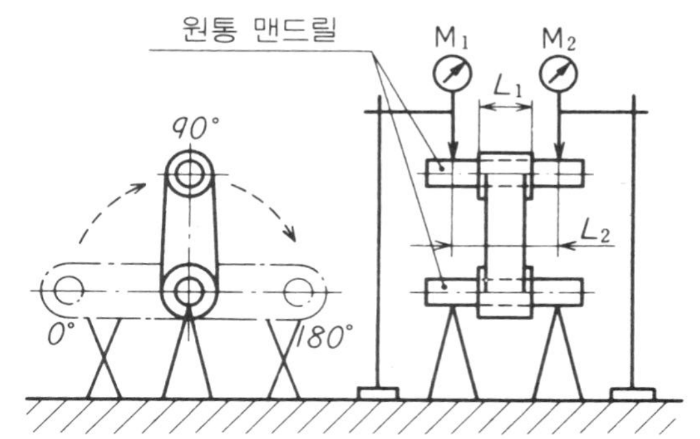 방법 7.1.1과 같은 측정을 0° 에서 180° 사이에서 소요수의 각도 위치에서 측정한다. 평행도도 위와 같은 방법으로 구한다. 측정을 서로 수직한 2방향으로 한정했다면 얻어진 두 편차의 제곱합의 평방근을 공차와 비교한다.
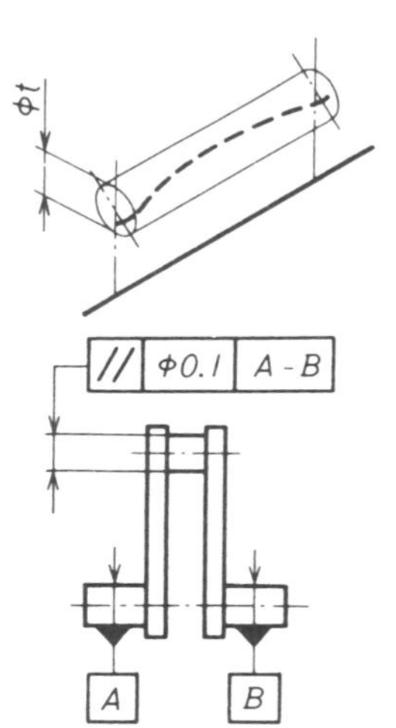	방법 1.4 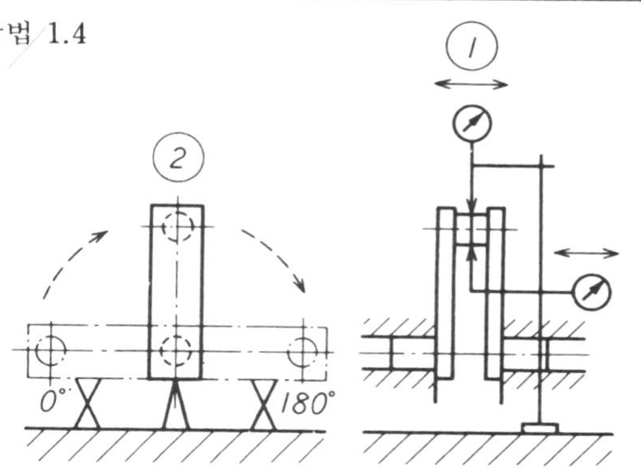 데이텀 축 직선은 정반과 평행으로 설정하고 동측 외접 원통의 축선에서 시뮬레이트한다. 정밀 척을 사용할 수 있다. 축직각 단면상의 두 인디케이터를 판독하고 그 차의 반을 기록한다. 그 값의 축방향 변화가 피측정 형체의 축선 편차를 나타낸다 [①]. 0°에서 180°까지의 사이에서 소요수의 각(角) 위치에서 반복 측정할 때 [②]의 최대 편차로써 평행도를 나타낸다. 두 방향만의 측정 결과를 사용할 때는 위 방법과 마찬가지로 두 편차의 제곱합의 평방근을 공차와 비교한다.

공차역과 도시 예	검 증 방 법
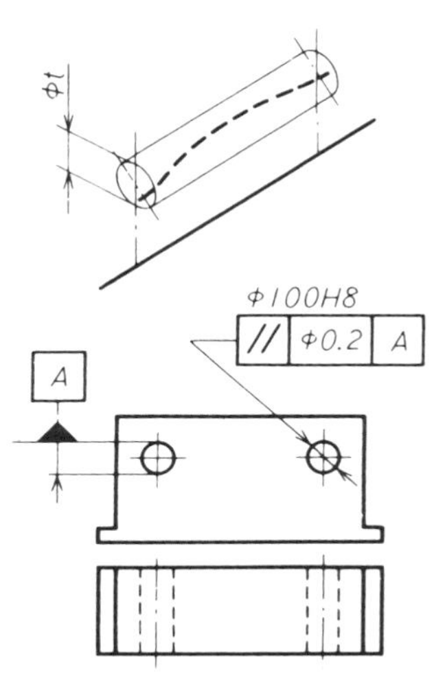 	방법 1.5 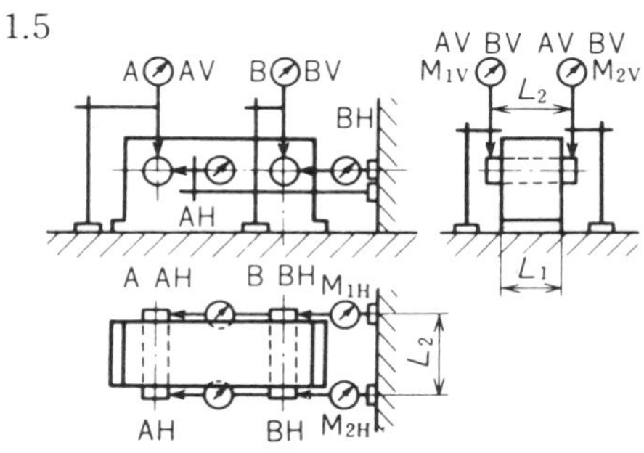 맨드릴의 사용방법과 측정방법은 방법 7.3에 준한다. 다만 축의 평행 편차를 각 방향에서 구하는 것은 곤란하기 때문에 그림에 나타내는 서로 수직인 2방향 V와 H를 대표로 삼는다. 평행도 P_d는 다음 식에 의하여 구해진다. $P_d = \{(\Delta_{BV} - \Delta_{AV})^2 + (\Delta_{BH} - \Delta_{AH})^2\}^{1/2} \times L_1 / L_2$ 여기에서 데이텀 A에 대하여 $\Delta_{AV} = M_{A1V} - M_{A2V}$, $\Delta_{AH} = M_{A1H} - M_{A2H}$ 원통 B에 대하여 $\Delta_{BV} = M_{B1V} - M_{B2V}$, $\Delta_{BH} = M_{B1H} - M_{B2H}$
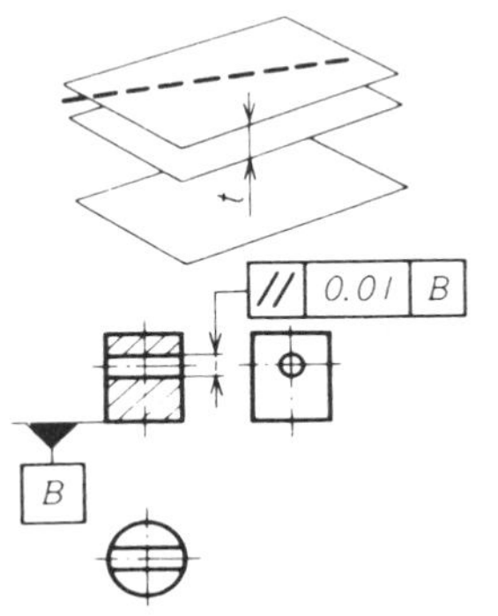 	방법 1.6 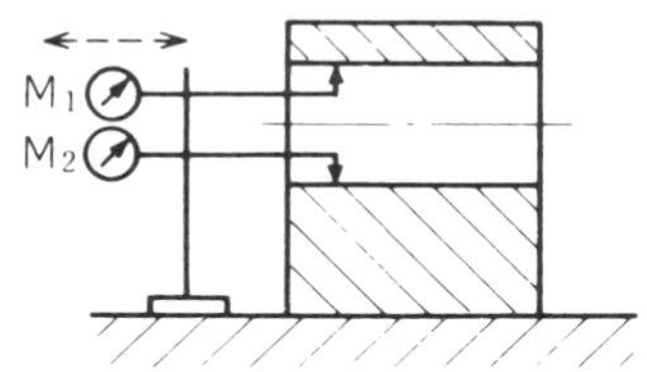 데이텀은 데이텀 평면 전체를 포함하는 실용 데이텀 평면으로 시뮬레이트하고 형체 축선은 상하의 모선 중앙선으로 시뮬레이트한다. 소요수의 축 위치에서 모선을 측정하면 각 위치에서의 두 인디케이터 판독치 차의 반, 즉 $(M_1 - M_2)/2$의 변화가 평행도의 편차를 나타내므로 선도에 기록한 상기 값의 최대차가 평행도로 된다.

공차역과 도시 예	검 증 방 법
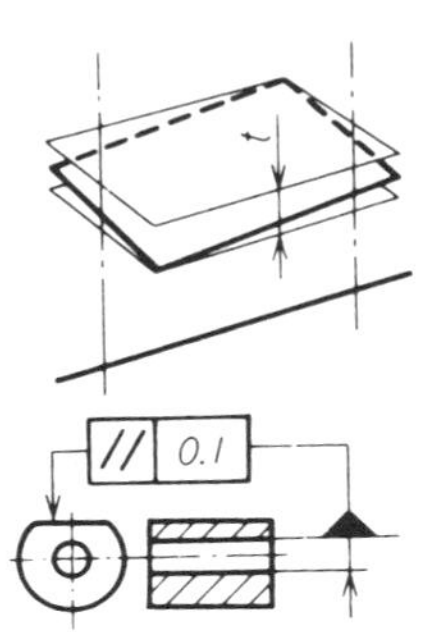	방법 1.7 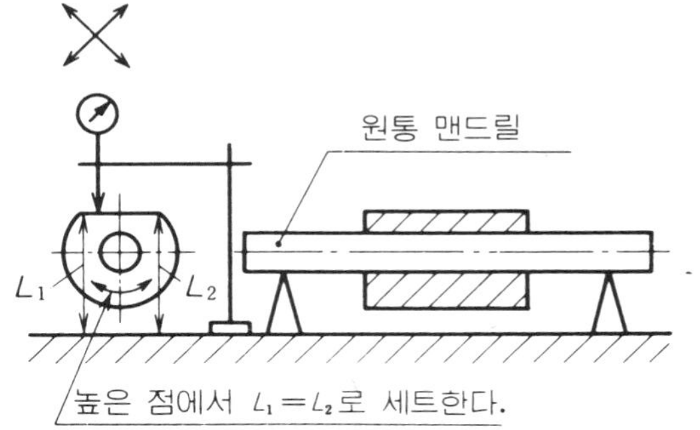 데이텀 축직선은 내접 원통의 축선으로 시뮬레이트한다. 측정에 앞서 피측정면을 정반에 평행하게 설정하고 인디케이터를 이동하여 판독의 최대차를 잡으면 그것이 평행도를 나타낸다. 원통 맨드릴은 구멍과 틈새가 없도록 팽창식의 것을 사용하든가, 다른 적합한 것을 골라 사용한다.
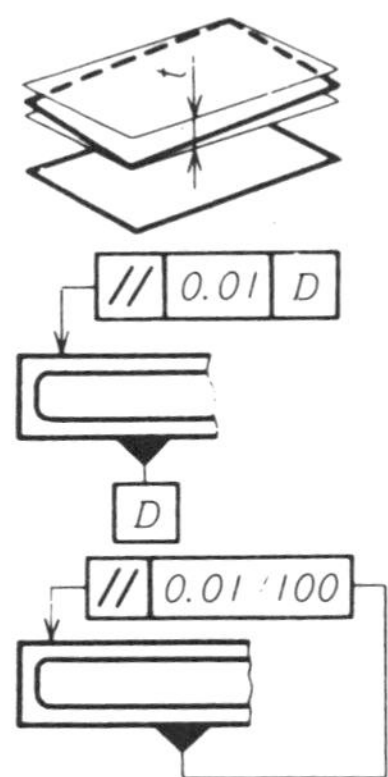	방법 1.8 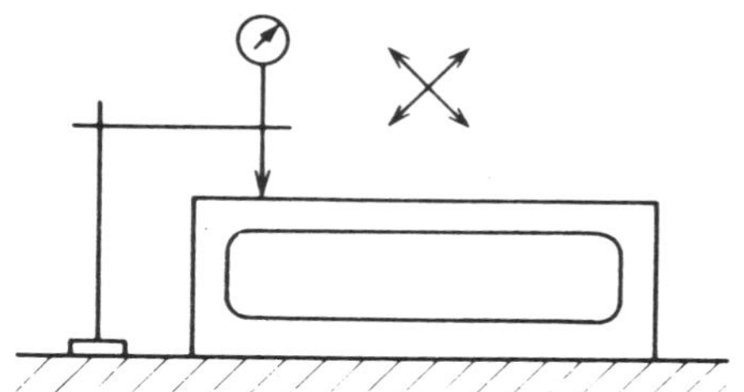 피측정물을 데이텀면 전체를 수용할 수 있는 정반에 올려 놓고 인디케이터로 피측정면 전체 높이의 변화를 측정한다. 아래 그림과 같이 지정된 경우에는 면 전체의 임의 방향에서 100mm 길이를 소요 수만큼 측정한다. 어느 경우도 고려한 길이에 걸친 평행도는 판독의 최대차이다.

공차역과 도시 예	검 증 방 법

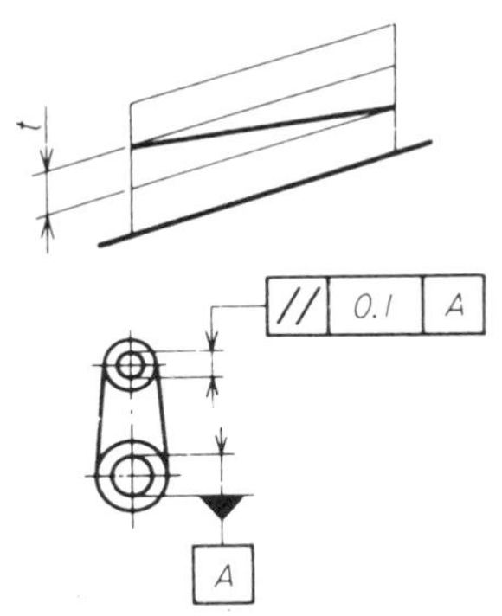

원리 2. 각도의 측정에 의한 평행도 검증

방법 1.9

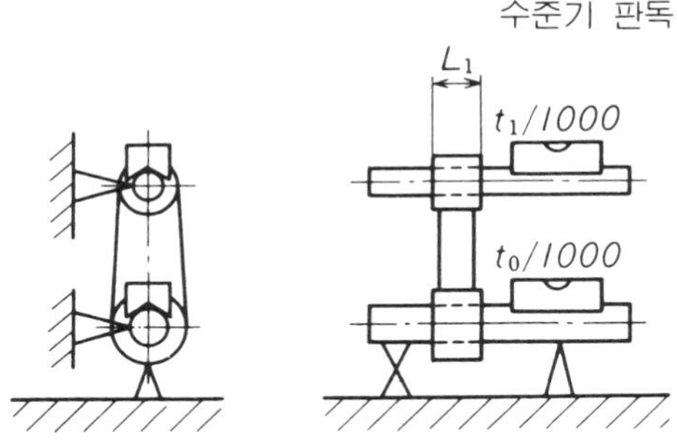

맨드릴에 대해서는 방법 7.1.1과 같다. 수준기의 판독을 양쪽 맨드릴 상에서 구하면 평행도 P_d는

$$P_d = |t_1 - t_0| \times L_1 / 1{,}000$$

이다. 또 수준기가 조정 가능하면 고정 지지라도 무방하다.

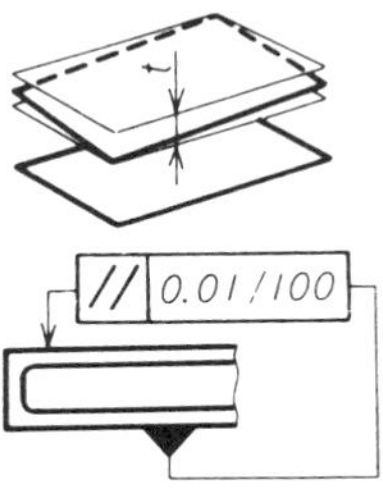

방법 1.10

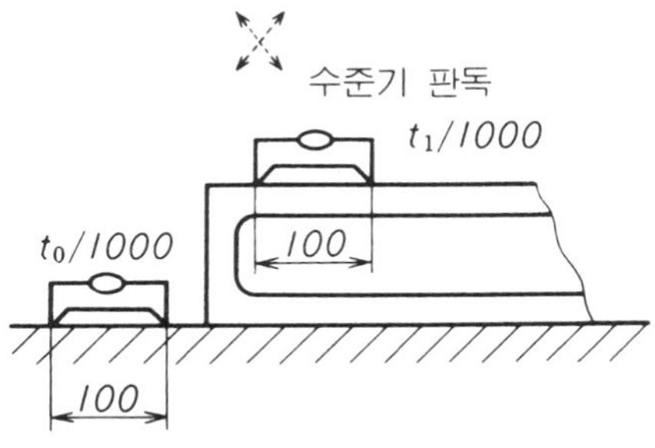

피측정물을 정반 위에 놓고 그림의 두 위치에 놓은 수준기를 판독한다(피측정물상에서는 소요수의 위치를 고른다.). 평행도 P_d는 다음 식으로 구해진다.

$$P_d = |t_1 - t_0| \times 100 / 1{,}000$$

◪ 직각도

공차역과 도시 예	검 증 방 법
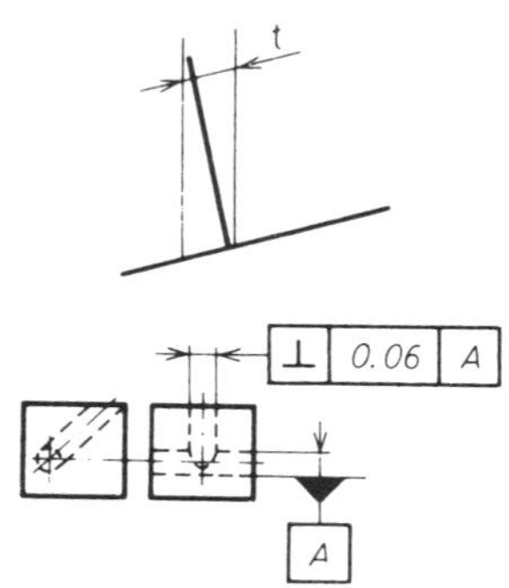	**원리 1. 거리의 측정에 의한 직각도의 검증** 방법 1.1 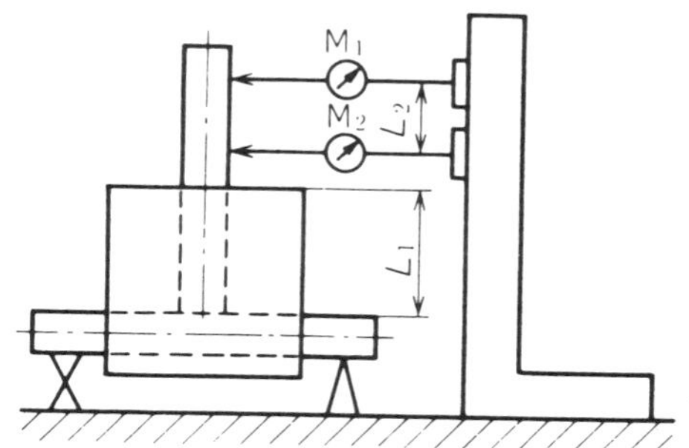 데이텀 축 직선은 정반과 평행한 내접 원통의 축선에 의하여, 또 공차가 주어진 형체의 축선은 구멍 밖에까지 돌출한 또 하나의 내접 원통에 의하여 시뮬레이트된다. 피측정물은 측정기에 대하여 올바른 위치에 설정하고 수직인 맨드릴과 직각자와의 거리를 L_2만큼 떨어진 2점에서 측정하면 직각도 P_d는 측정치를 M_1, M_2라 할 때, 다음식으로 구해진다. $P_d = \|M_1 - M_2\| \times L_1 / L_2$ 원통 맨드릴에 대하여는 평행도의 경우와 마찬가지로 구멍과 틈새가 없도록 팽창식을 사용하든가 또는 적절한 것을 골라 사용한다(이하 같다.).
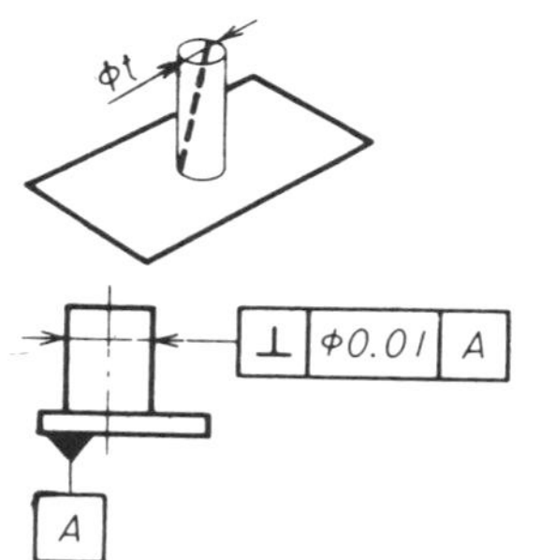	방법 1.2 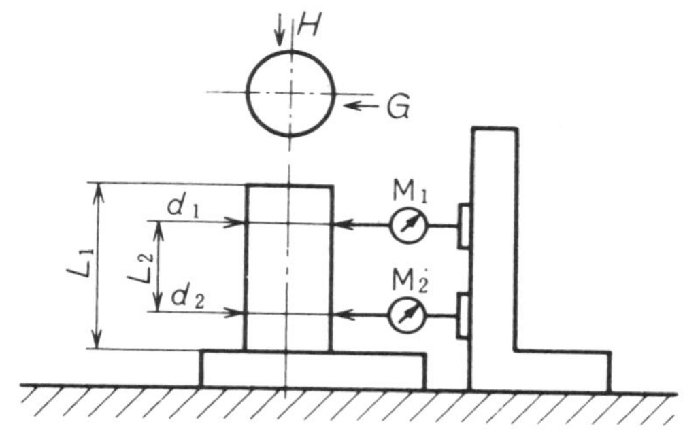

공차역과 도시 예	검 증 방 법
	피측정물을 정반 위에 놓고 원통 부분과 직각자의 거리를 L_2만큼 떨어진 2점에서 측정한다(M_1, M_2). 만약 공차가 주어진 원통 부분의 축선 직각도를 무시할 수 없다면 2개소 이상의 측정이 필요하다. 또 그 높이에서의 원통 직경 d_1, d_2도 측정한다. 이 방향의 G 직각도 P_{dG}는 다음 식으로 구해진다. $P_{dG}=[\|M_1-M_2\|-(d_2-d_1)/2)]\times L_1/L_2$ 다음에 G와 직각인 방향 H에 대하여 같은 요령으로 측정하고 P_{dH}를 구하면 공차가 주어진 형체의 직각도 P_d는 $P_d=(P_{dG}^2+P_{dH}^2)^{1/2}$ 이 된다. 공차가 주어진 형체가 구멍의 축선일 때는 원통 맨드릴에 의하여 시뮬레이트한다. 공차가 1방향에만 주어진 것이라면 방법 8.1.4에 의하여 P_{dG}가 직각도이다.
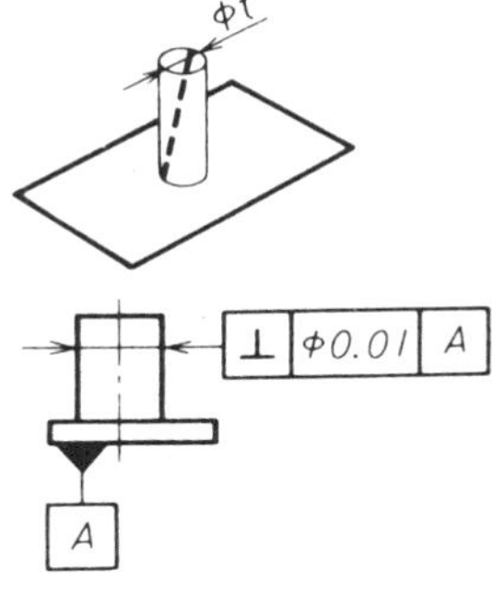 	방법 1.3 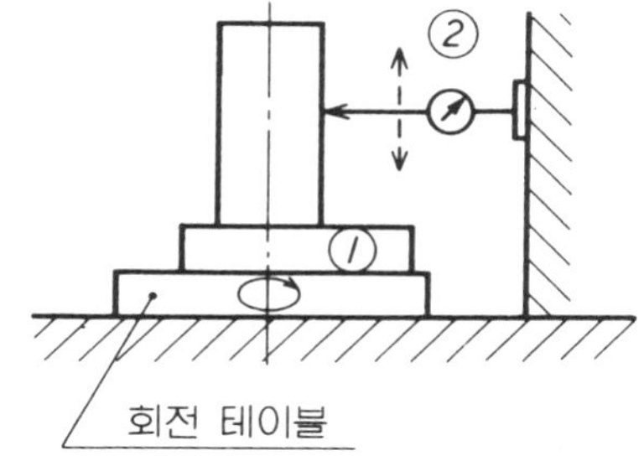 피측정물을 회전 테이블 위에 놓고 원통부의 일단, 보통은 최하부에서 회전축선에 축맞추기를 한다. 소요수의 단면에서 테이블의 1회전에 걸쳐 반경의 변화를 측정한다. 직각도는 판독 최대차의 반이다.

공차역과 도시 예	검 증 방 법
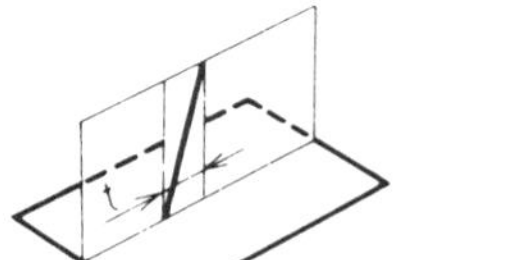 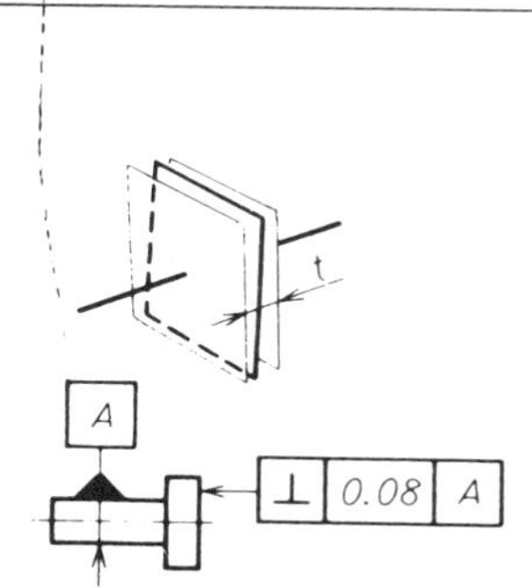 	방법 1.4 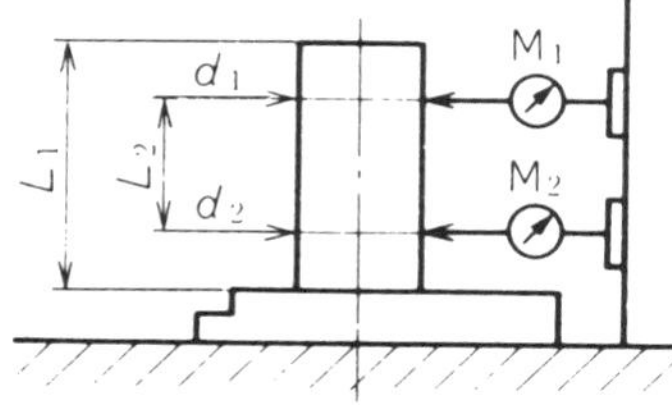 방법 8.2와 전적으로 같으나 공차 지정이 1방향이므로 그 방향으로 측정하고 진직도의 평가에는 *PdG*의 식을 그대로 사용한다.
	방법 1.5 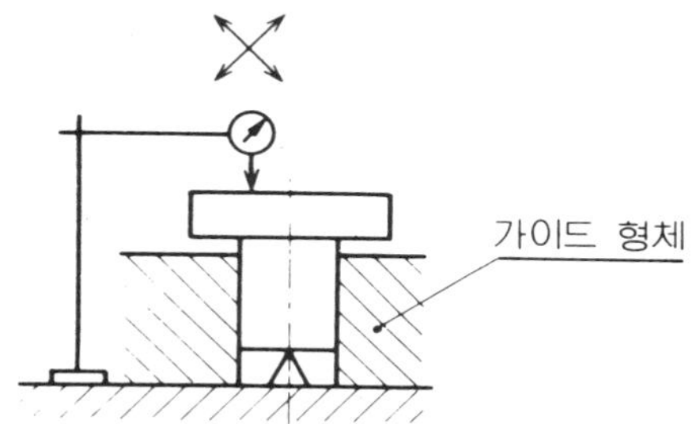 피측정물을 선택적으로 적합하는 안내 형체 내에 놓고 데이텀 축 직선을 정반과 직각으로 조정한다. 공차가 주어진 면과 정반과의 거리를 전면에 걸쳐 측정했을 때의 판독 최대차가 직각도이다.

공차역과 도시 예	검 증 방 법
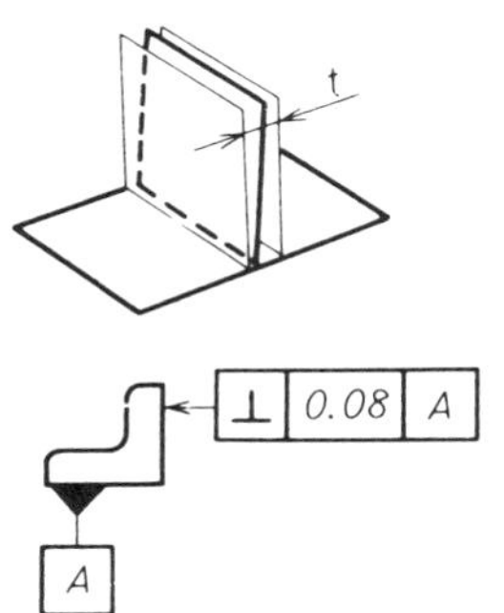	방법 1.6 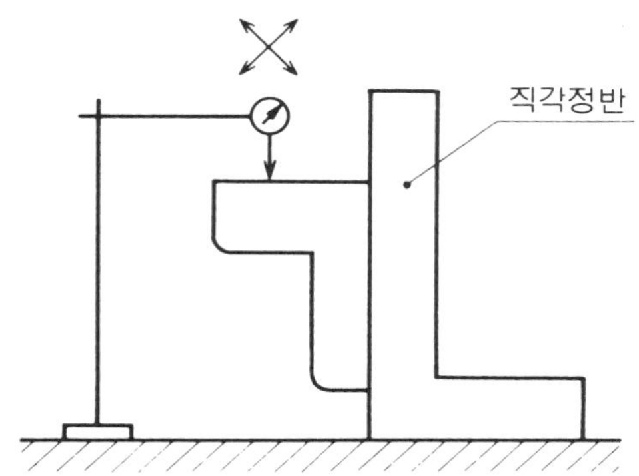 피측정물을 정반 위에 놓은 직각 정반에 고정하고 공차가 주어진 면을 정반과 평행으로 설정한 다음 전면에 걸쳐 높이의 변화를 측정한다. 직각도는 판독의 최대차이다.
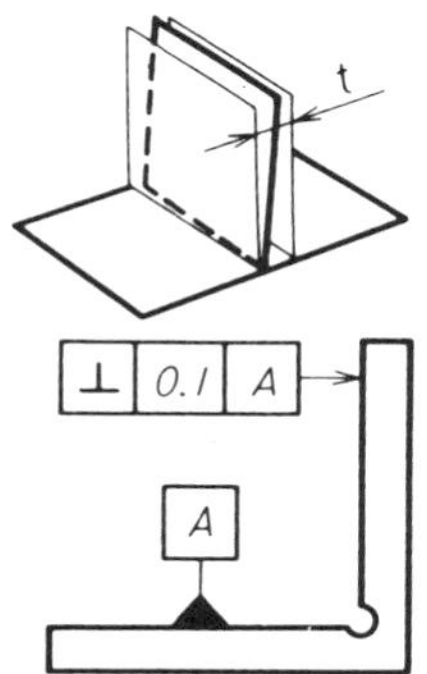	방법 1.7 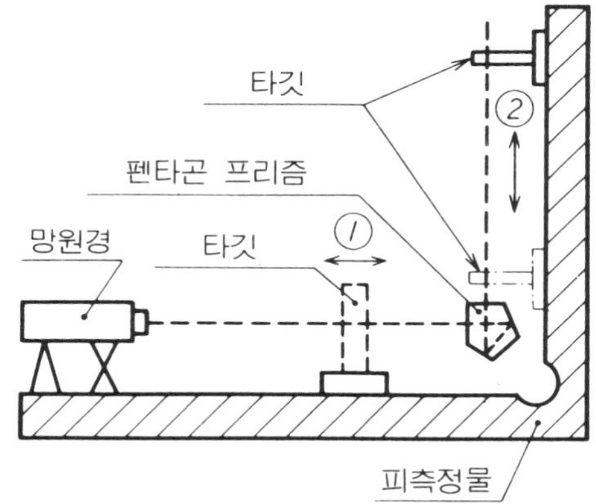 망원경을 피측정물의 데이텀 형체 부분과 평행하게 설정한다[①]. 타깃을 수직 방향의 공차가 주어진 면에 따라 이동하고 판독치를 기록한다[②]. 직각도는 기록한 값에 의하여 계산한다. 이 방법은 일반적으로 큰 피측정물에 적용한다.

공차역과 도시 예	검 증 방 법
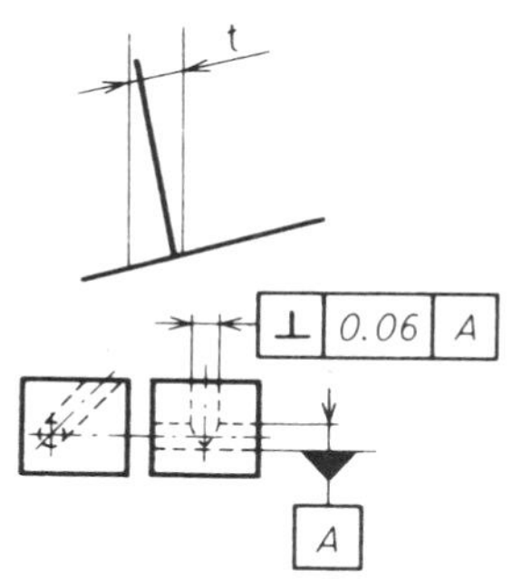	**원리 2. 각도의 측정에 의한 직각도 검증** 방법 2.1 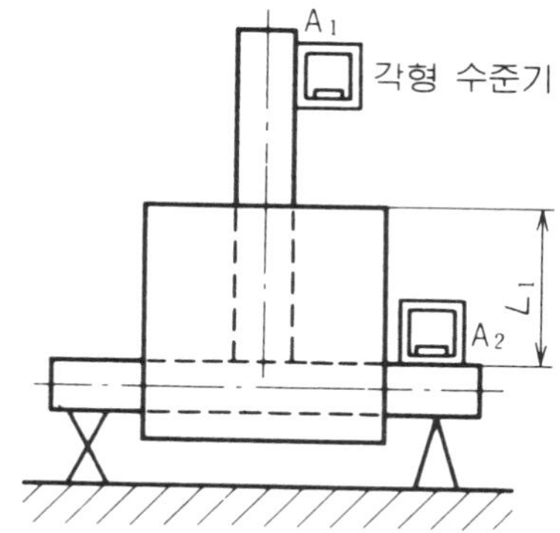 방법 8.1.1의 경우와 마찬가지로 원통 맨드릴에 의하여 구멍을 시뮬레이트 한다. 각형 수준기에 의하여 실용 데이텀 축의 기울기 A_2 및 공차가 주어진 형체의 돌출 맨드릴의 기울기 A_1을 측정하면 직각도 P_d는 $P_d = (A_1 - A_2) \times L$ 이 된다
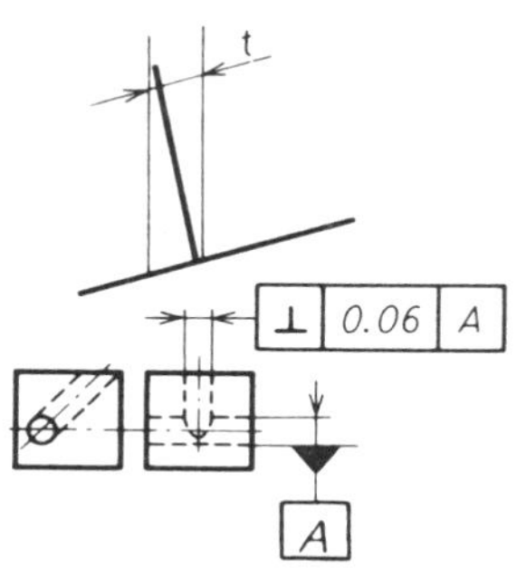	방법 2.2 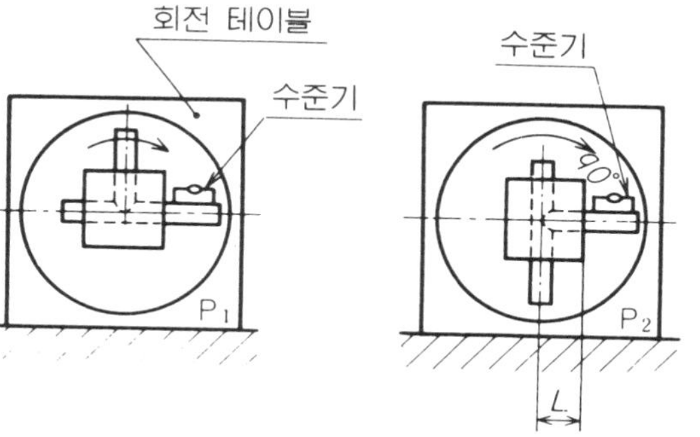 공차가 주어진 구멍 및 데이텀의 축선은 내접 원통 맨드릴의 돌출 부분의 축선으로 시뮬레이트한다. 피측정물은 회전 테이블에 고정하고 테이블의 수평축과 공차가 주어진 형체 및 데이텀 형체의 양

공차역과 도시 예	검 증 방 법
	축을 직각으로 한다. 두 맨드릴이 정반에 대하여 서로 같은 기울기를 나타낼 때의 테이블의 판독치 A_1, A_2를 구하면 직각도 P_d는 $P_d = \tan\|A_1 - A_2\| \times L$ 이 된다. 경사의 오토콜리미터와 V 블록을 다리로 하는 거울을 사용해도 된다. 방법 8.1.5 및 8.1.6에 제시한 측정물도 이 방법으로 검증할 수 있다.
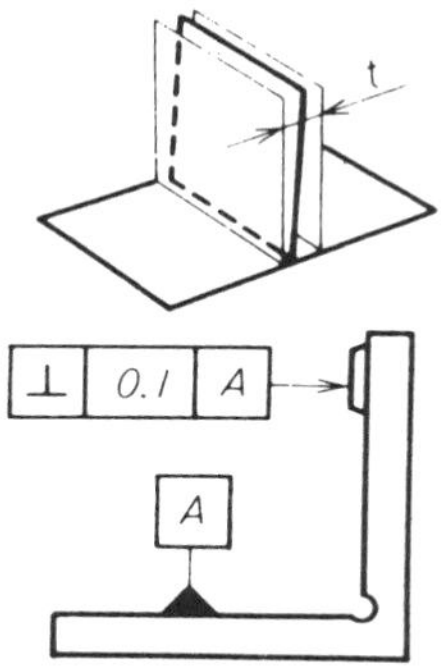 t ⊥ | 0.1 | A A	방법 2.3 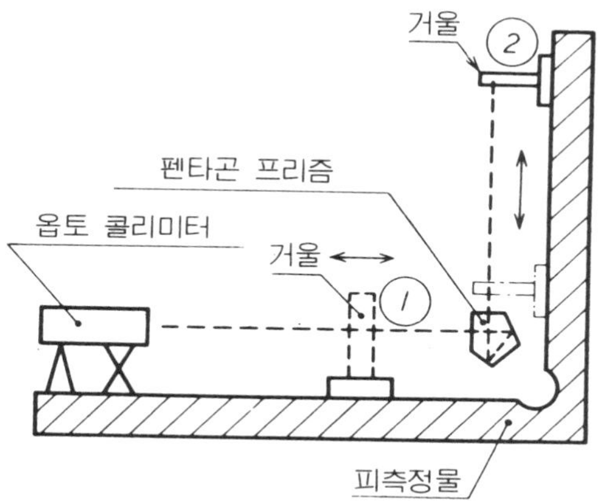 거울 ② 펜타곤 프리즘 옵토 콜리미터 거울 ① 피측정물 방법 8.1.7에서의 망원경과 타깃 대신에 오토콜리미터와 거울을 사용하면 판독한 각도의 변화로 계산하여 직각도를 구할 수 있다. 이 방법은 일반적으로 큰 피측정물에 사용된다.

◪ 경사도

공차역과 도시 예	검 증 방 법

원리 1. 거리의 측정에 의한 경사도

방법 1.1

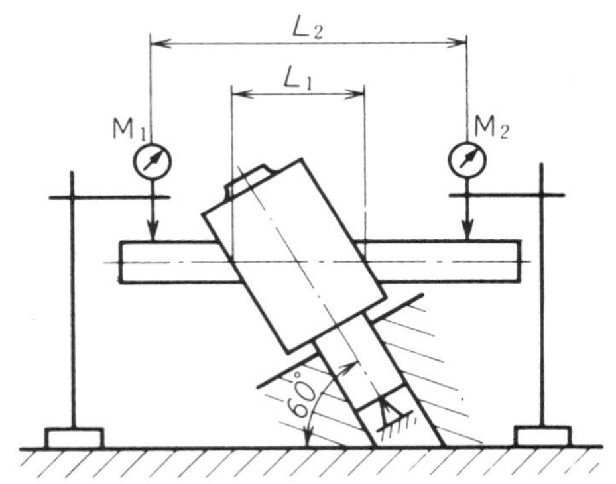

피측정물은 안내 형체를 갖는 지그를 사용하여 지정된 각도에 설정하고 조정한다. 공차가 주어진 구멍을 내접 원통 맨드릴로 시뮬레이트 하고 M_1, M_2의 판독차가 최소로 되는 방위에서 양쪽 높이의 차 M_1, M_2를 구한다. 경사도 P_d는

$$P_d = |M_1 - M_2| \times L_1 / L_2$$

이 된다. 원통 맨드릴에 대해서는 평행도, 직각도의 경우와 같다(이하 같다.).

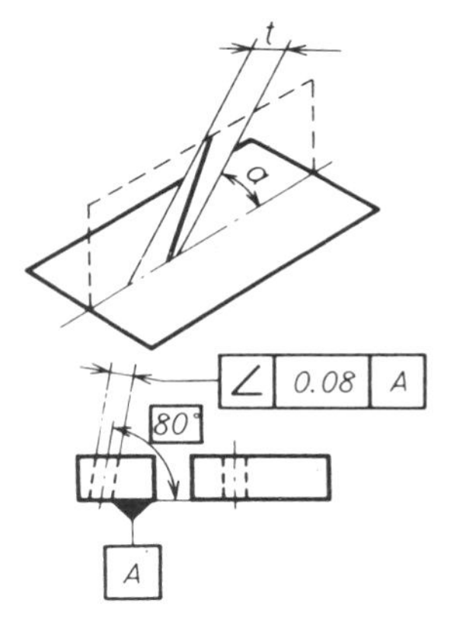

방법 1.2

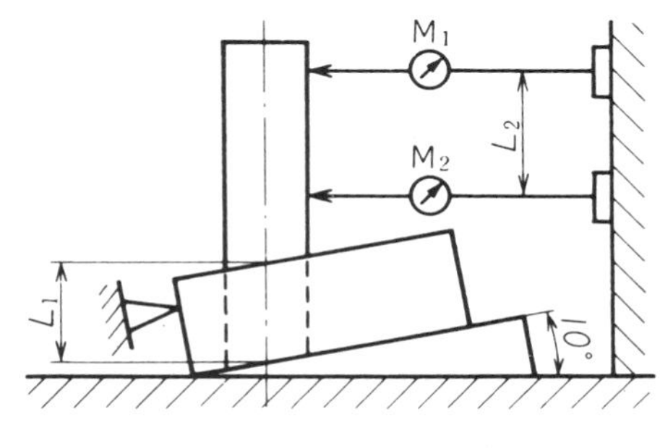

공차역과 도시 예	검　증　방　법
	피측정물을 지정된 각도의 각도 정반에 올려 놓고 구멍의 축선을 내접 원통 맨드릴로 시뮬레이트한다. L_2만큼 떨어진 두 높이에서 직각 정반으로부터의 거리 M_1과 M_2의 차가 최소로 되는 방향에 설정하고 그 거리 M_1, M_2의 차를 측정한다. 경사도 P_d는 방법 9.1.1과 같은 식으로 구해진다.
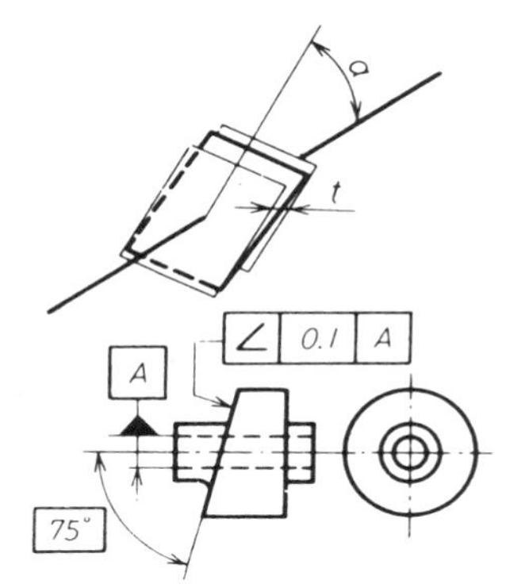	방법 1.3 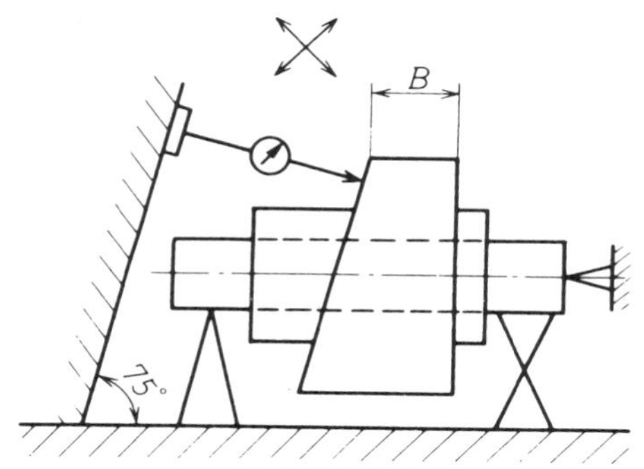 데이텀 축 직선을 내접 원통 맨드릴로 시뮬레이트하고 정반에 평행하게 설정한다. 피측정물은 인디케이터의 판독 최대차가 최소로 되도록 회전시켜 조정하고 각도 정반에서 공차가 주어진 면까지의 거리 변화를 전면에 걸쳐 측정한다. 경사도는 판독의 최대차이다.

<table>
<tr><th>공차역과 도시 예</th><th>검 증 방 법</th></tr>
<tr><td>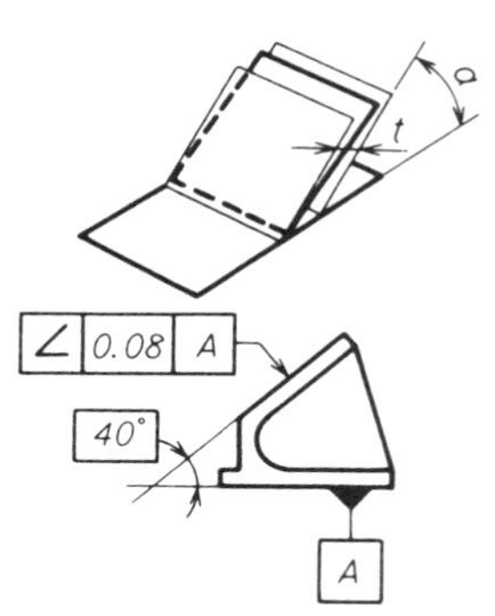
</td><td>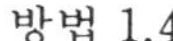
방법 1.4

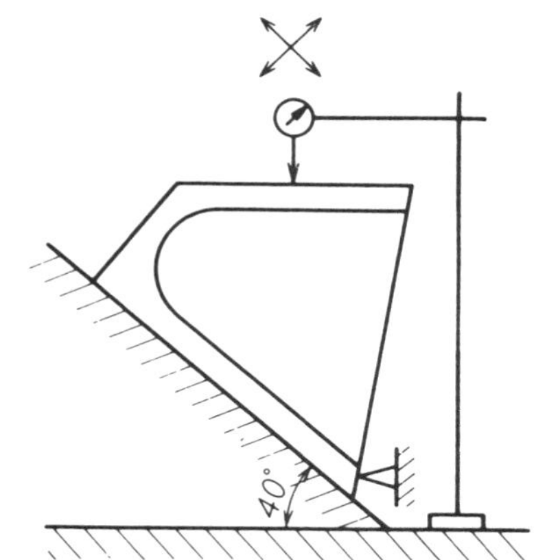

피측정물을 지정된 각도의 각도 정반 위에 올려 놓고 공차가 주어진 면을 인디케이터의 판독 최대차가 최소로 되도록 조정한다. 높이의 차를 전면에서 측정하면 경사도는 판독의 최대차로서 구해진다.</td></tr>
<tr><td>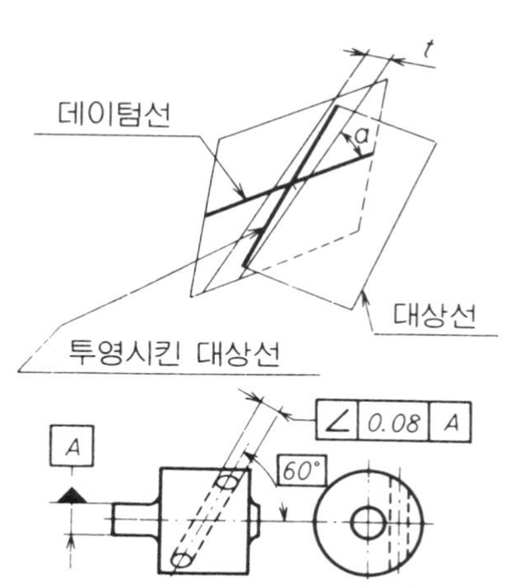
</td><td>**원리 2. 각도의 측정에 의한 경사도의 검증**

방법 2.1

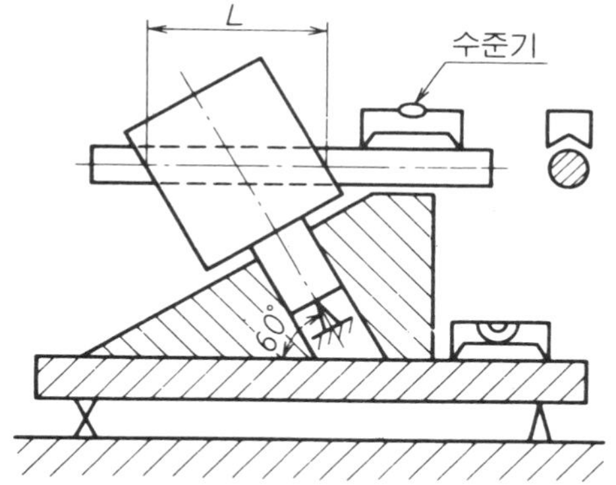

피측정물을 안내 형체를 갖는 지그를 사용하여 지정된 각도로 설정하고 그 지그 전체를 수평하게 조절한 정반 위에 올려 놓는다. 공차가 주어진 구멍을 시뮬레이트하는 원통 맨드릴의 우단이 좌단에 비하여 최고 위치가 되도록 피측정물을 회전시켜 설정한다. 그 다음 맨드릴의 기울기를 측정한다. 경사도는 기울기 각에 L을 곱한 값이다.</td></tr>
</table>

◩ 위치도

공차역과 도시 예	검 증 방 법
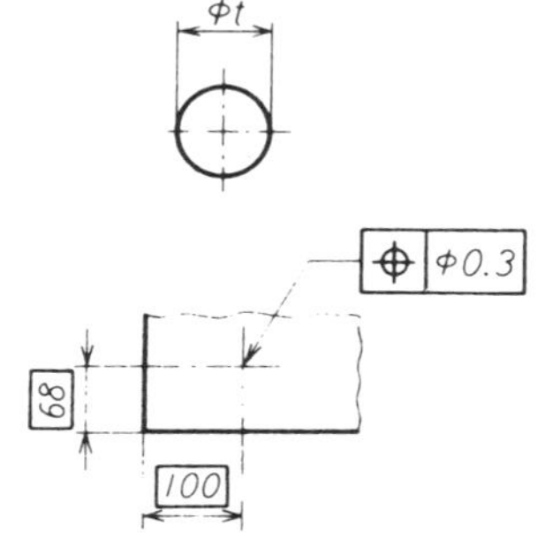	**원리 1. 좌표 또는 거리의 측정에 의한 위치도의 검증** 방법 1.1 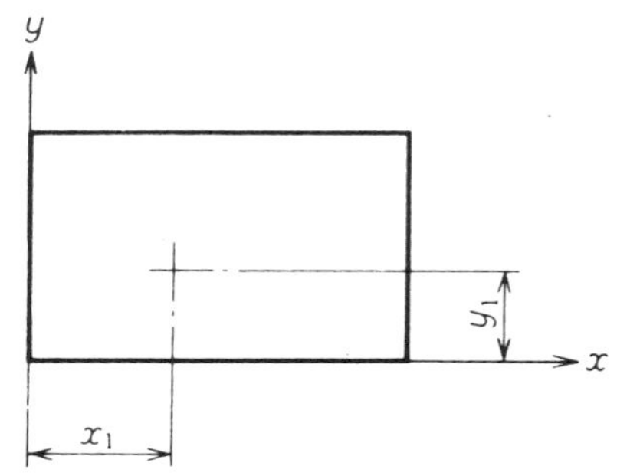 피측정물을 측정기의 좌표축에 맞추어 설정하고 좌표 x_1, y_1을 측정한다. 이 예의 경우, 위치도는 다음 식으로 구해진다. $Pd = \{(100-x_1)^2+(68-y_1)^2\}^{1/2}$ 위치도는 공차치의 1/2을 넘어서는 안된다.
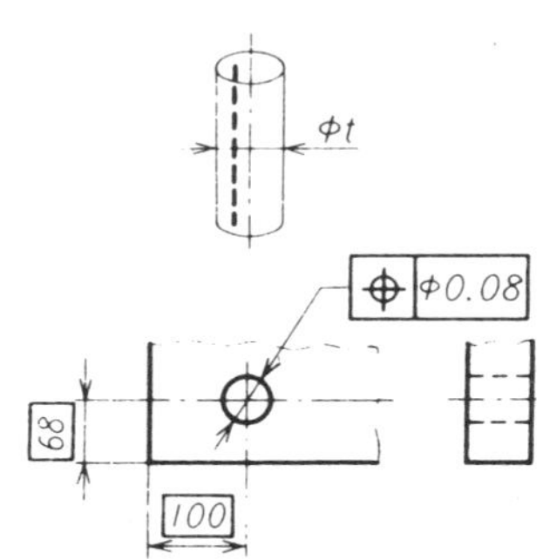	방법 1.2 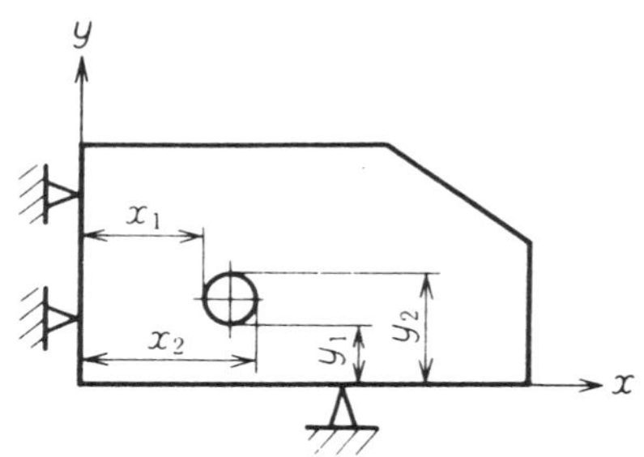 피측정물을 측정기의 좌표에 맞추어 설정하고 좌표 x_1, x_2, y_1, y_2를 측정한다. 구멍의 축 x 방향의 위치는 $X = (x_1 + x_2)/2$, y 방향은 $Y = (y_1 + {}_2)/2$이므로 위치도 Pd는 이 예의 경우 $Pd = \{(100-X)^2+(68-Y)^2\}^{1/2}$ 위치도는 공차의 1/2을 넘어서는 안된다.

공차역과 도시 예	검 증 방 법
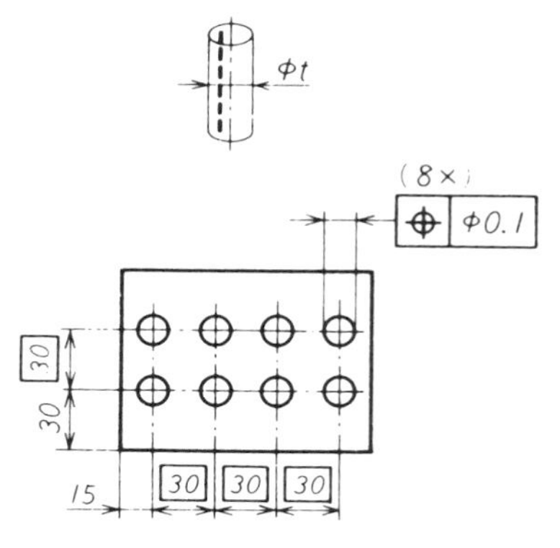	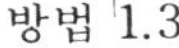방법 1.3 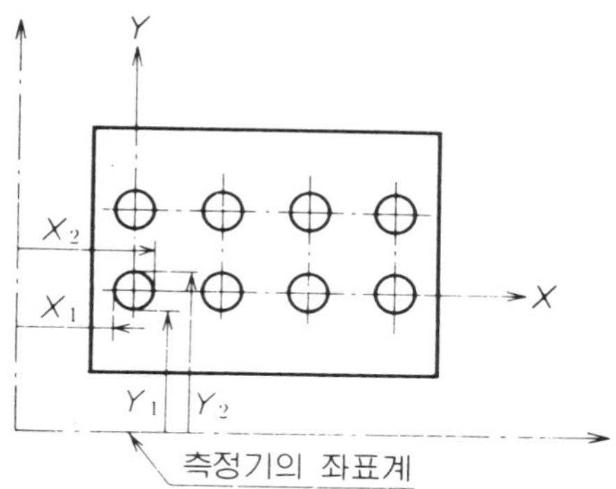 구멍이 하나보다 많을 경우는 각 구멍에 대하여 방법 10. 1.2에 제시한 측정과 계산을 반복한다. 피측정물을 이동시켜 가장 적합한 위치를 구할 필요가 있다(수학적으로 구할 수도 있다). 사용하는 측정기에 따라서 측정 플러그를 사용하여 구멍의 중심 위치를 측정해도 된다. 위치도는 공차치의 1/2을 넘어서는 안된다.
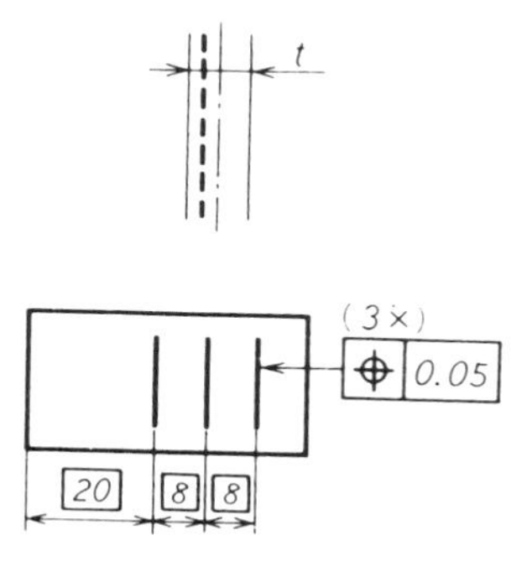	방법 1.4 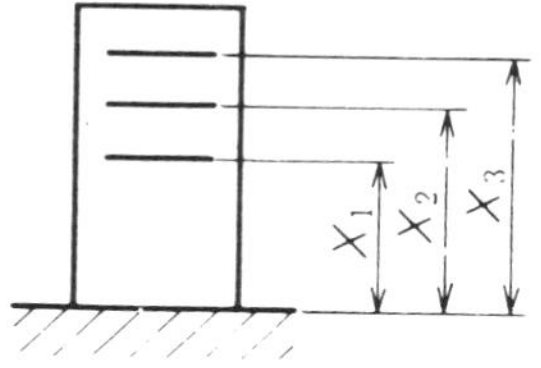 피측정물을 측정기의 좌표에 맞추어 설정하고 소정의 방향에 따라서 거리 X_1, X_2, X_3를 측정한다. 위치도는 규정 위치로부터 각 선의 편차에 대한 최대치와 최소치의 차이다. 위치도는 공차치의 1/2을 넘어서는 안된다.

공차역과 도시 예	검 증 방 법
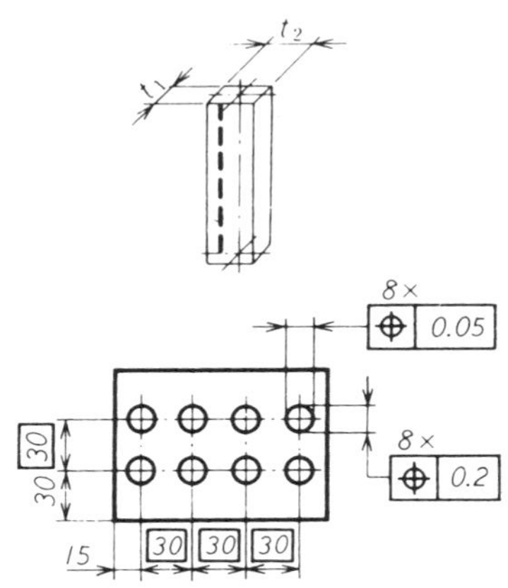	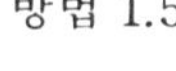방법 1.5 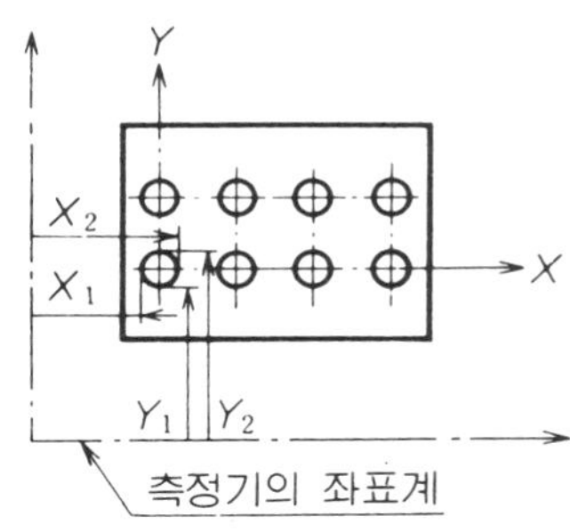 피측정물을 측정기의 좌표에 맞추어 설정한다. 각 구멍에는 내접원통 맨드릴(팽창시의 것이나 선택적으로)을 삽입하고 구멍마다 좌표 X_1, X_2, Y_1, Y_2를 측정한다. 피측정물을 이동시켜 가장 적합한 위치를 구할 필요가 있다(수학적으로 구할 수도 있다.). 또한 구멍의 형상편차를 무시할 수 있다면 구멍의 가장자리를 측정해도 된다. X 방향의 위치도는 $P_{dX} = \vert (X_1+X_2)/2 - X_{\text{이론식}} \vert$ Y 방향의 위치도는 $P_{dY} = \vert (Y_1+Y_2)/2 - Y_{\text{이론식}} \vert$ 위치도는 공차치의 1/2을 넘어서는 안된다.
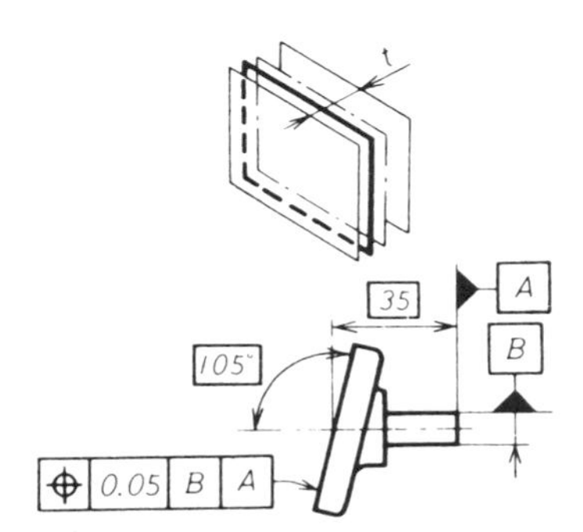	방법 1.6 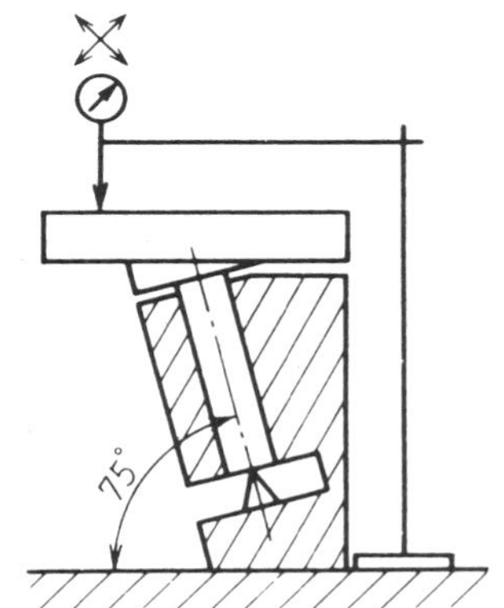

공차역과 도시 예	검 증 방 법
	피측정물을 지정된 각도를 갖고 안내 형체를 갖는 지그에 설정하고 게이지에 의하여 제로맞추기를 하는 한편, 피측정물을 회전시켜 지시하는 변화가 최소로 되는 방향으로 맞춘다. 공차가 주어진 면의 전체에 걸쳐 판독한 최대차가 위치도이다. 위치도는 공차치의 1/2을 넘어서는 안된다.
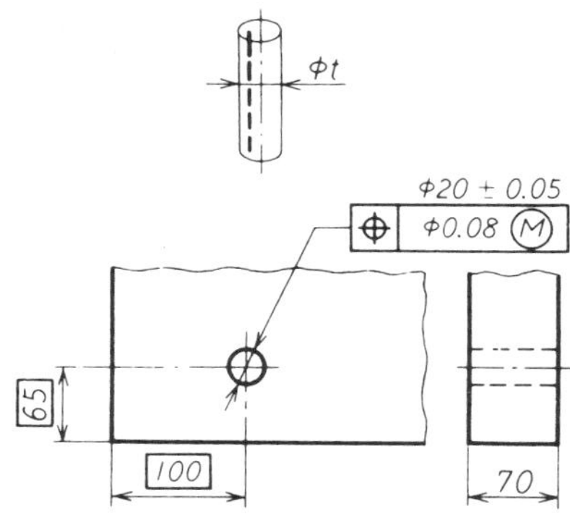 	**원리 2. 최대 실체 원리를 사용한 위치도의 검증** 방법 2.1 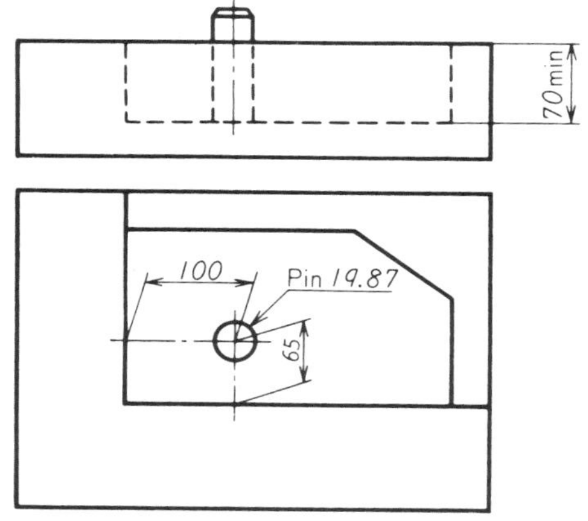 2면을 기준으로 하여 이론적으로 올바른 구멍 위치에 관계지워진 핀이 들어가는가의 여부를 검사하는 기능 게이지를 사용한다.

동심도

공차역과 도시 예	검 증 방 법
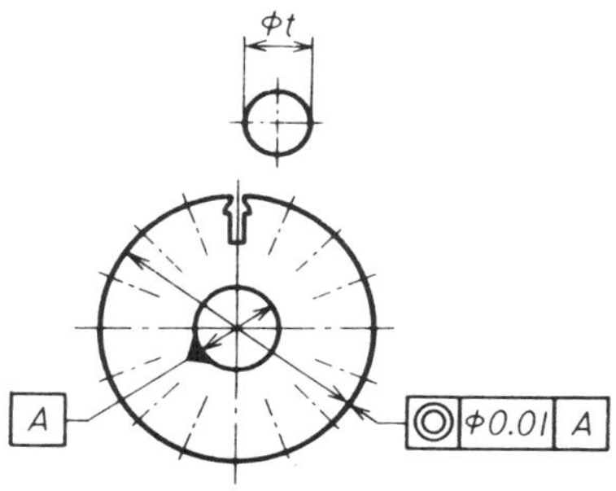	**원리 1. 고정 공통 중심의 반경 변화의 측정에 의한 동심도의 검증** 방법 1.1 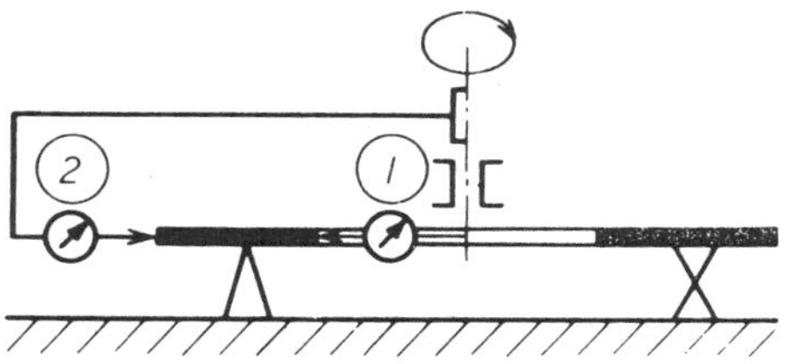 회전 센터나 회전 테이블을 사용하여 대상으로 하는 원형 형체를 측정기에 심맞추기를 한다. 측정에 필요한 단면은 회전축에 수직이어야 한다. 데이텀 형체 및 공차가 주어진 형체 두 가지에 대한 1회전 중의 반경 변화를 극좌표 선도에 기록한다. 두 기록 도형의 중심을 구하면 그 양 중심간의 거리가 동심도이다. 동심도는 공차치의 1/2을 넘어서는 안 된다.
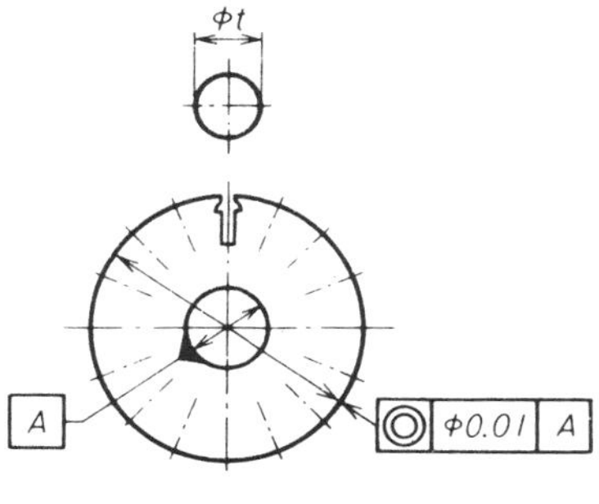	**원리 2. 좌표 또는 거리의 측정에 의한 동심도의 검증** 방법 2.1 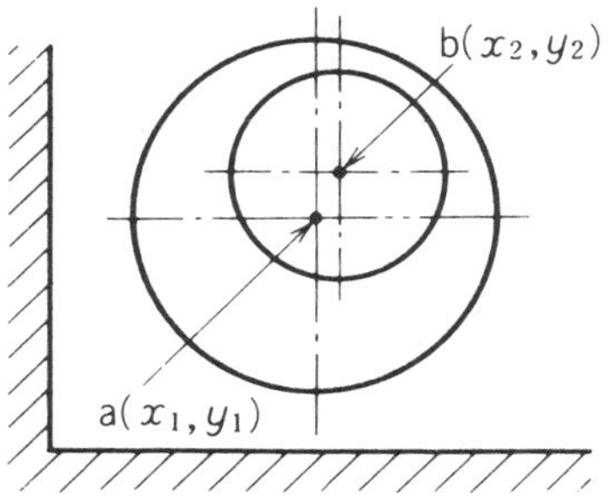

공차역과 도시 예	검 증 방 법
	대상으로 하는 원형 형체를 측정기상에 설정하고 되도록이면 등간격의 적어도 3점의 외주에서 측정자를 접촉시키되 각 원의 중심 좌표(x_1, y_1)과 (x_1, y_1)을 계산으로 구한다. 회전 테이블을 갖는 좌표 측정기 또는 측정 현미경을 사용한다. 또한 다른 점에 의한 측정을 n반복하면 형상편차의 영향을 적게 할 수 있는데, 이 경우 중심은 평균치를 취한다. 동심도는 $\{(x_1-x_2)^2+(y_1-y_2)^2\}^{1/2}$이고 이 값은 공차치의 1/2을 넘어서는 안된다.
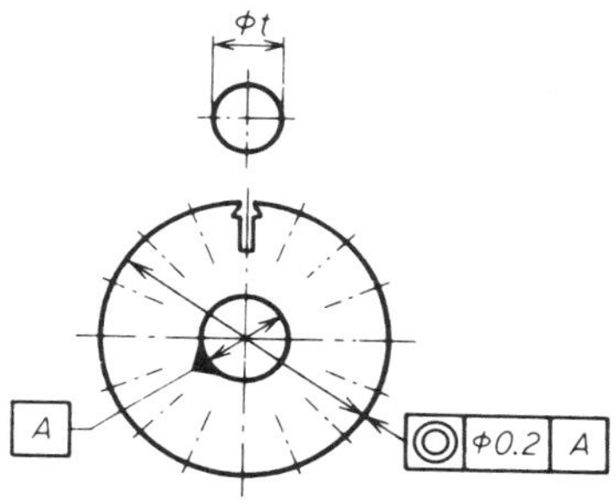	방법 2.2 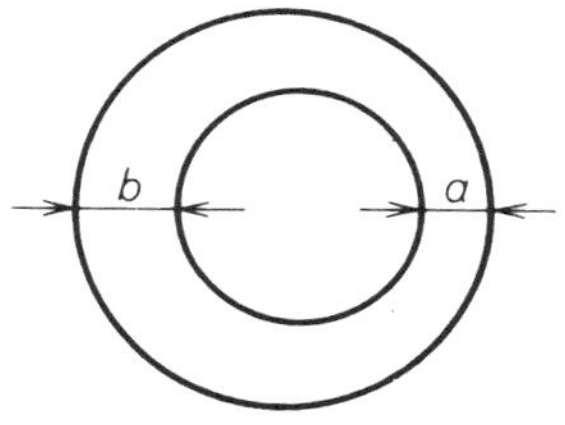 데이텀과 공차가 주어진 원주와의 최소 거리 a와 180° 떨어진 반대 위치에서의 거리 b를 측정한다. 동심도는 거리 a와 b의 차의 1/2로서 공차치의 1/2을 넘어서는 안된다. 이 방법은 형상편차를 무시할 수 있는 경우에 적용한다. 캘리퍼스 또는 마이크로미터를 사용한다.
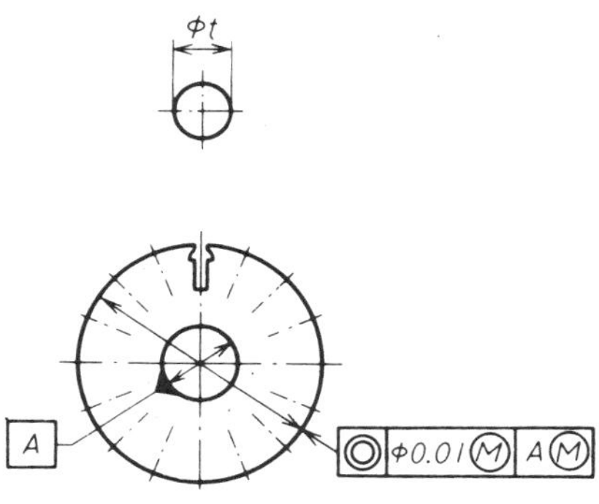	**원리 3. 최대 실체를 사용한 동심도의 검증** 방법 3.1 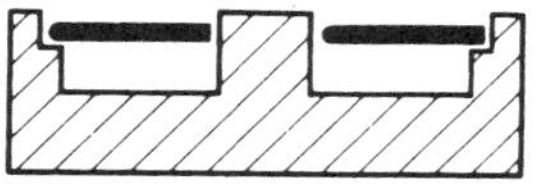

공차역과 도시 예	검　증　방　법
	피측정물을 기능 게이지로 검증한다. 기능 게이지는 동축의 내외 원통으로 이루어지고 데이텀 원통의 직경은 구멍의 최소 치수와 같아야 하며 또 공차가 주어진 형체를 위한 원통의 직경은 최대 허용 치수와 동심도 공차의 합이 되도록 만든다.

◩ 동축도

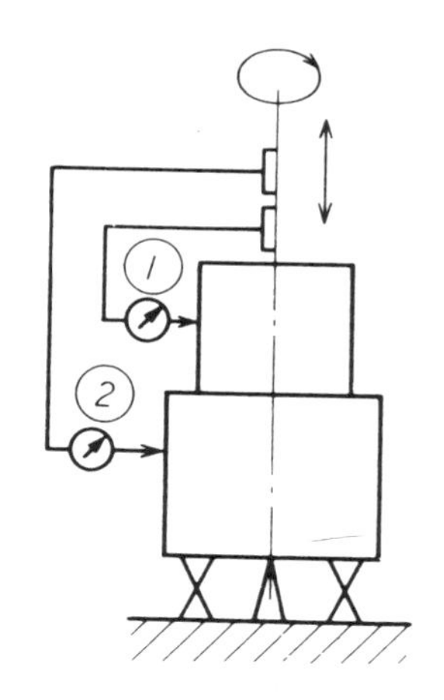

공차역과 도시 예	검　증　방　법
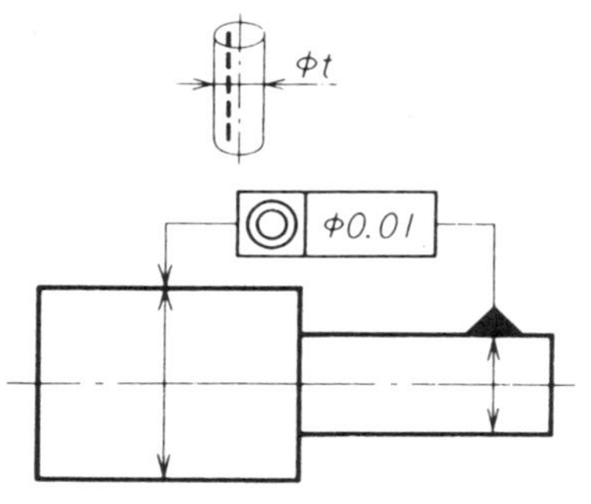 	**원리 1. 고정 공통축의 반경 변화의 측정에 의한 동축도의 검증** 방법 1.1 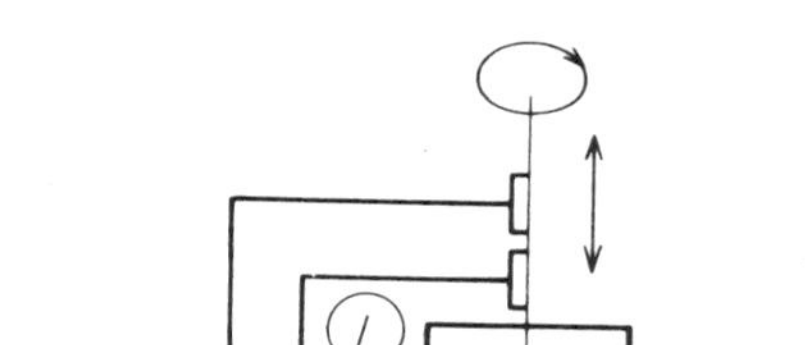 피측정물을 데이텀 원통의 축선이 회전축과 일치하도록 측정기상에 설정한다[①]. 공차가 주어진 형체 부분의 반경 변화를 소요수의 단면에서 측정 기록[②]하고 축선을 정한다. 축선상의 위치를 고려하면서 데이텀 원통의 축선을 나타내는 중심에서의 어긋남에 의하여 동축도를 산출한다. 평가는 극좌표선도 또는 계산기에 의한다. 동축도는 공차치의 1/2을 넘어서는 안된다. 외측, 내측의 양쪽면에 적용된다.

공차역과 도시 예	검 증 방 법
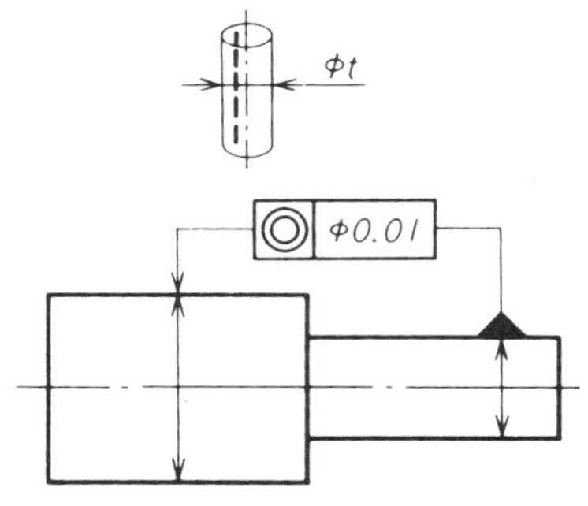	**원리 2. 좌표 또는 거리의 측정에 의한 동축도의 검증** 방법 2.1 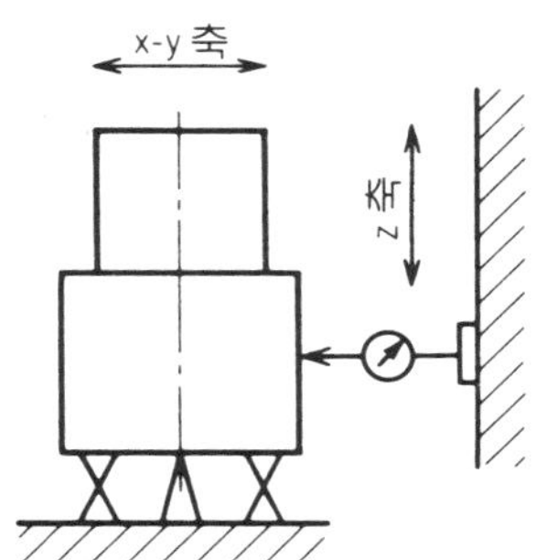 피측정물을 그 데이텀 원통의 축선이 측정기의 X 및 Y축에 수직이 되도록 설정한다. 공차가 주어진 형체의 각 단면에서의 X축 및 Y축 방향의 접촉점 좌표를 측정하고 내외접원을 계산하여 동축도를 산출한다. 간편하게는 4줄의 모선만을 구하면 된다. 동축도는 공차치의 1/2을 넘어서는 안된다. 내외측 양면에 적용된다.
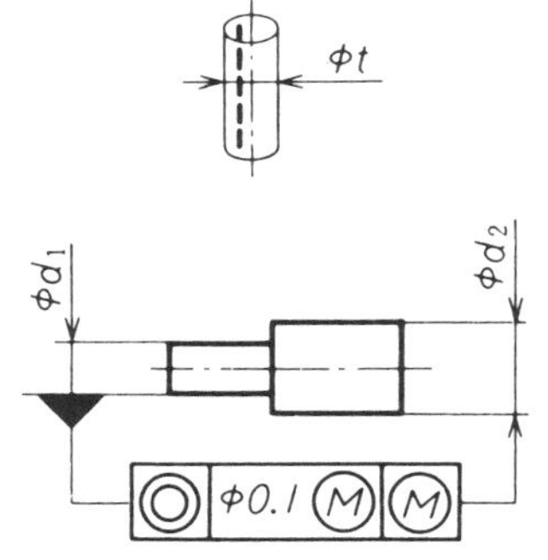	**원리 3. 최대 실체 원리를 사용한 동축도의 검증** 방법 3.1 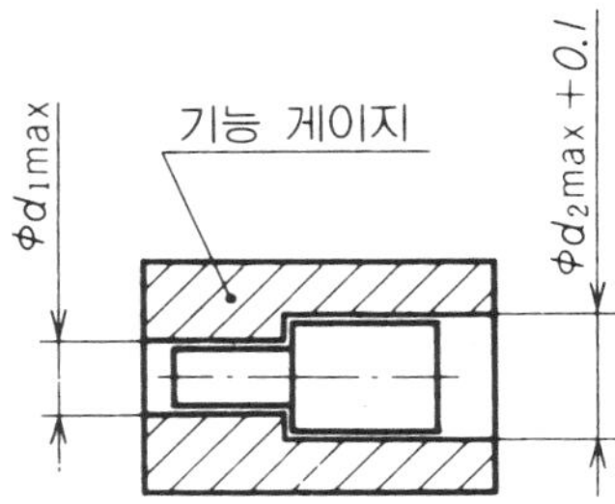 피측정물은 기능 게이지에 의하여 검사한다.

◩ 대칭도

공차역과 도시 예	검 증 방 법
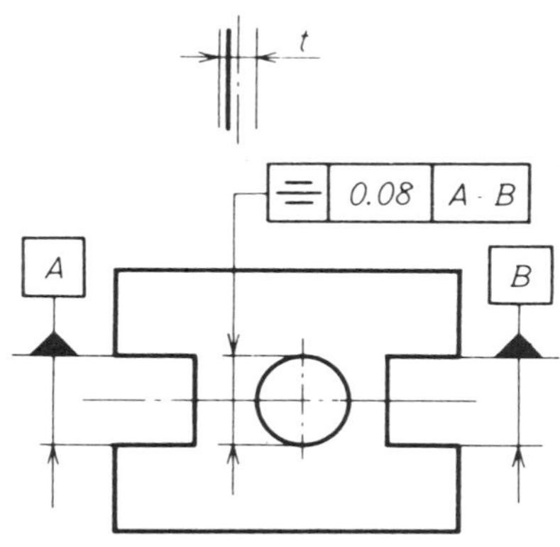	**원리 1. 좌표 또는 거리의 측정에 의한 대칭도의 검증** 방법 1.1 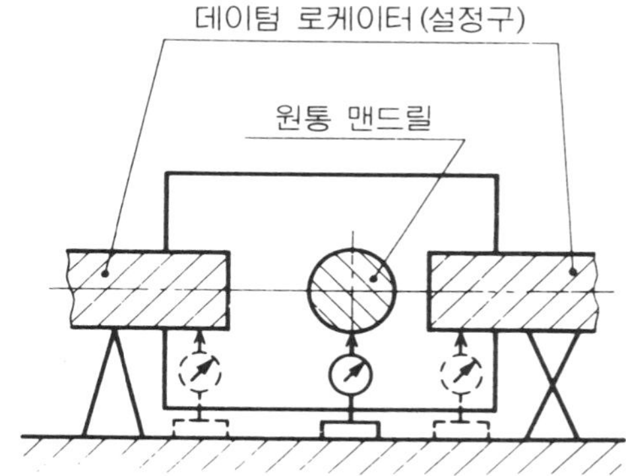 데이텀 평면은 두 설정구의 중앙면에서 공차가 주어진 구멍은 내접원통 맨드릴에 의하여 시뮬레이트된다. 설정구의 치수와 위치를 측정하고 공통 데이텀 평면을 정반과 평행으로 조정한다. 대칭도는 내접원통의 축선과 공통 데이텀 평면과의 거리이다. 측정은 대상으로 하는 형체의 외부에서 이루어지므로 실제 관련된 길이로 환산할 필요가 있다. 설정구 및 맨드릴과 각 형체와의 적합 및 이들의 사용법은 평행도, 직각도 등의 경우에 준한다(이하 같다). 대칭도는 공차치의 1/2을 넘어서는 안된다. 이 방법은 내외측의 양표면에 적용된다.

공차역과 도시 예	검 증 방 법

방법 1.2

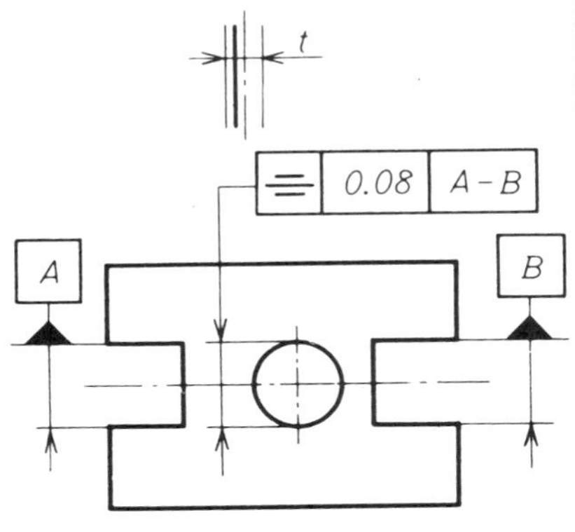

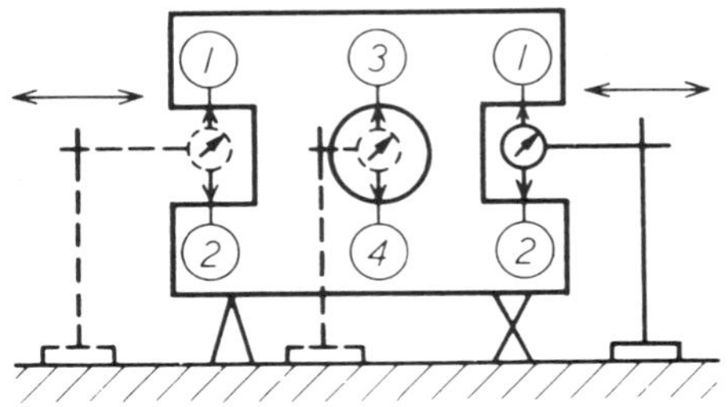

데이텀 형체의 위치 ①과 ②를 측정하고 그 중심 평면을 계산한 다음 이것이 정반과 평행이 되도록 조정한다. 대칭도는 공통 데이텀 평면과 ③ 및 ④의 위치 측정으로 산출된 구멍 축선과의 거리이다. 대칭도는 공차치의 1/2을 넘어서는 안된다. 측정에는 좌표 측정기 또는 측정현미경을 사용한다. 데이텀의 설정, 조정은 수학적인 취급에 의해서도 할 수 있다. 이 방법은 내외측의 양표면에 적용할 수 있다.

방법 1.3

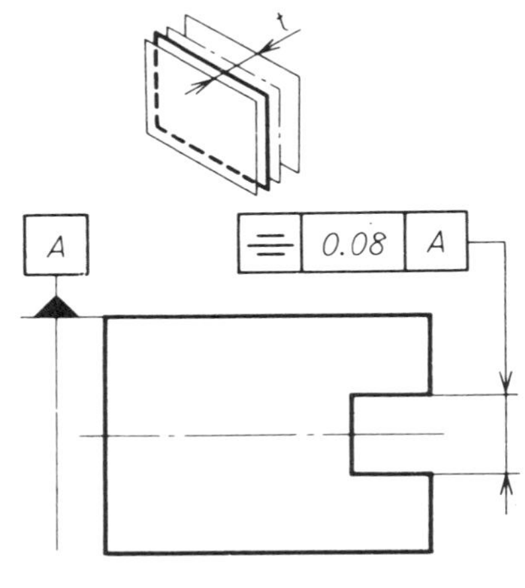

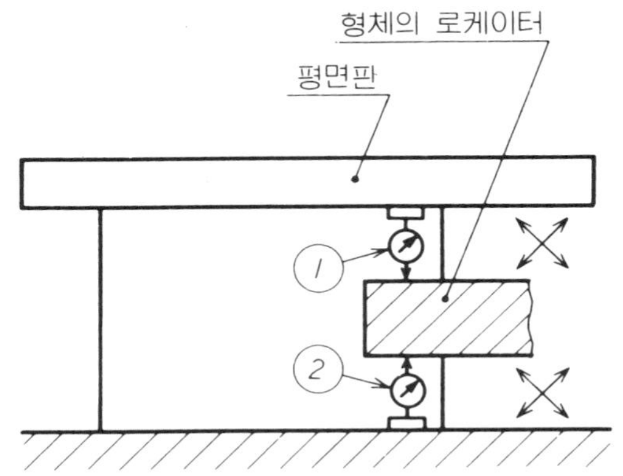

공차역과 도시 예	검 증 방 법
	피측정물을 정반상에 놓고 그 위에 평면판을 놓는다. 공차가 주어진 형체는 설정구의 중앙면에서 시뮬레이트 한다. 설정구의 상하면과 정반 및 평면판과의 거리 ①, ②를 측정하면 대칭도는 이들의 차의 반인데 공차치의 1/2을 넘어서는 안된다. 측정은 대상으로 하는 형체의 외부에서 하므로 실제 관련된 길이로 환산해야 한다. 이 방법은 내외의 양표면에 적용된다.
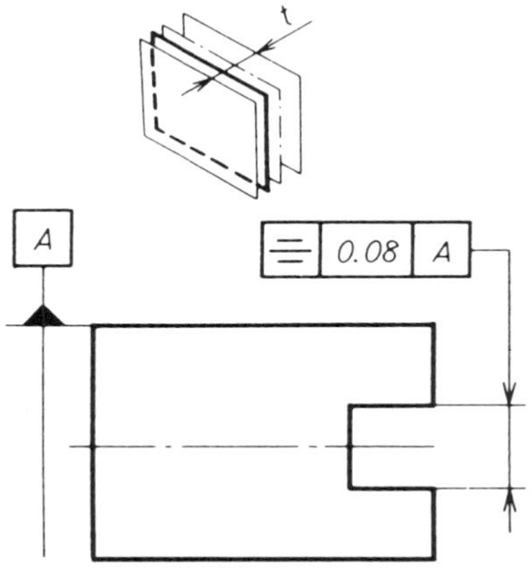 t A 0.08 A	방법 1.4 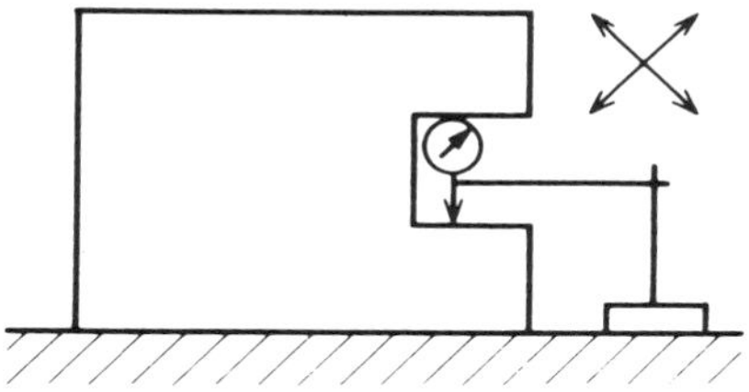 피측정물을 정반상에 놓고 공차가 주어진 형체까지의 거리를 측정한다. 다음에 피측정물을 반전시켜 같은 측정을 한다. 공차치의 1/2을 넘어서는 안된다. 이 방법은 내외의 양표면에 적용된다.

공차역과 도시 예	검 증 방 법
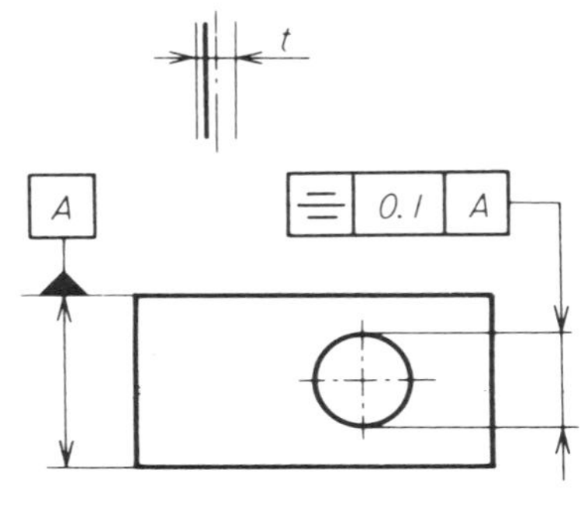	방법 1.5 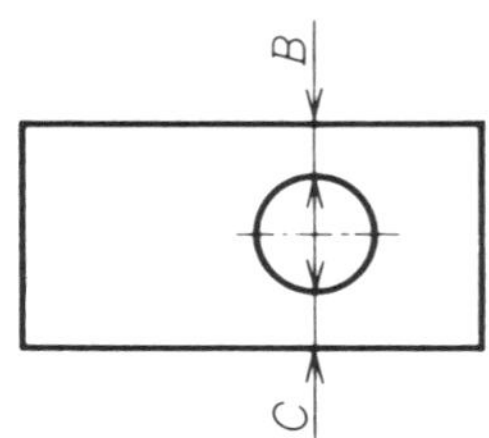 캘리퍼스 등을 사용하여 공차가 주어진 형체부터 데이텀면까지의 거리를 측정한다. 대칭도는 거리 B 및 C의 반으로서 공차치의 1/2을 넘어서는 안된다.
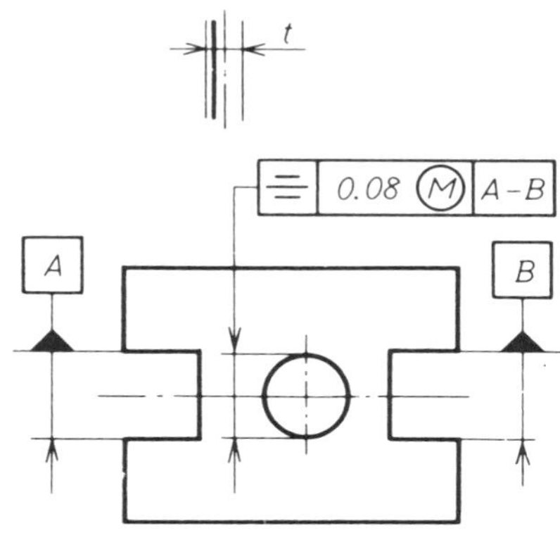	**원리 2. 최대 실체 원리를 사용한 대칭도의 검증** 방법 2.1 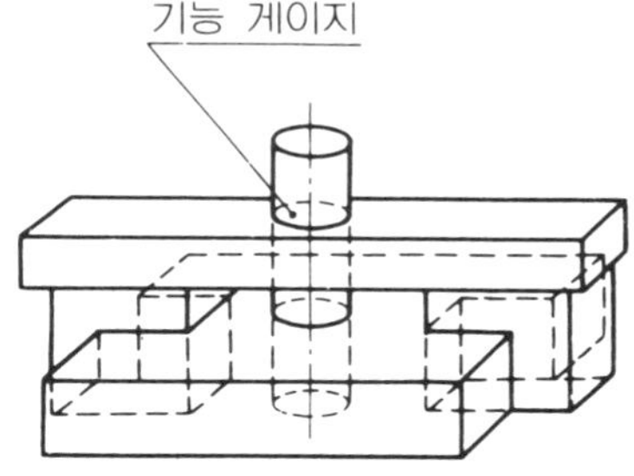 피측정물을 기능 게이지로 검사한다. 데이텀은 두 탭으로 시뮬레이트된다. 대칭도는 적절한 크기의 원통으로 검사한다. 이 원통 맨드릴은 구멍의 최소 치수에서 공차치를 뺀 것이어야 한다. 또 두 탭은 홈과 틈새가 없도록 팽창식의 것을 사용하든가 선택적으로 끼워 맞춘다.

공차역과 도시 예	검 증 방 법
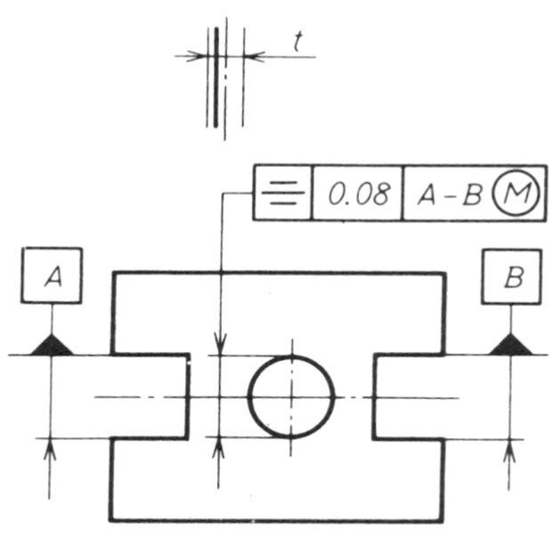	방법 2.2 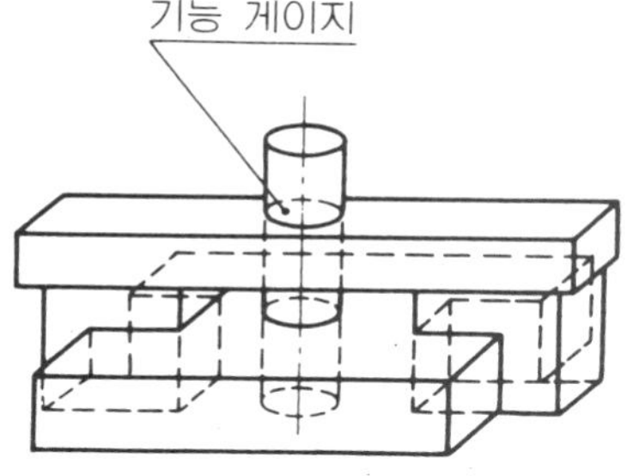 방법 13.2.1과 같지만, 이 경우에는 게이지의 두 탭 폭은 홈의 최대 실체 치수가 되고 원통은 구멍의 최소 치수에서 대칭도의 공차치를 뺀 것이어야 한다. 또한 원통 맨드릴은 구멍과 틈새가 없도록 팽창식의 것을 사용하든가, 선택적으로 끼워 맞춘다.
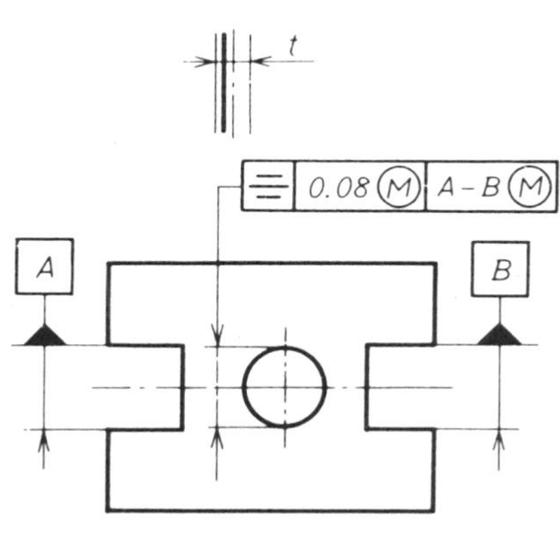	방법 2.3 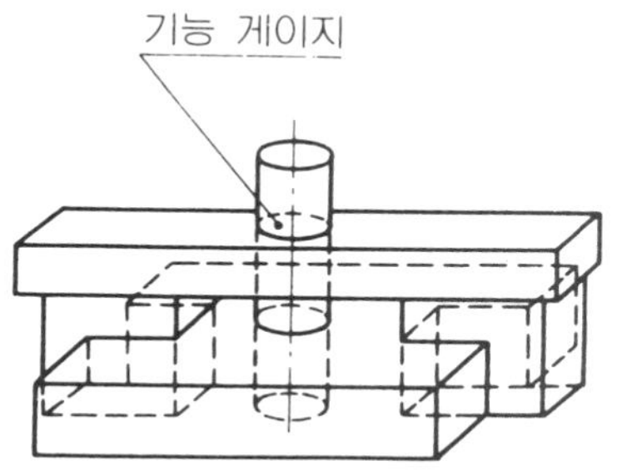 방법 13.2.1과 같지만 이 경우는 게이지의 두 탭의 폭은 홈의 최대 실체 치수로서 원통은 구멍의 최소 치수에서 대칭도의 공차를 뺀 것이어야 한다.

공차역과 도시 예	검 증 방 법
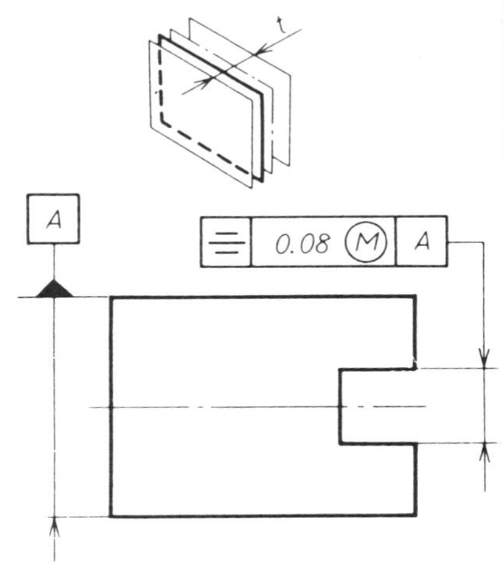	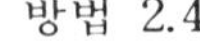 방법 2.4 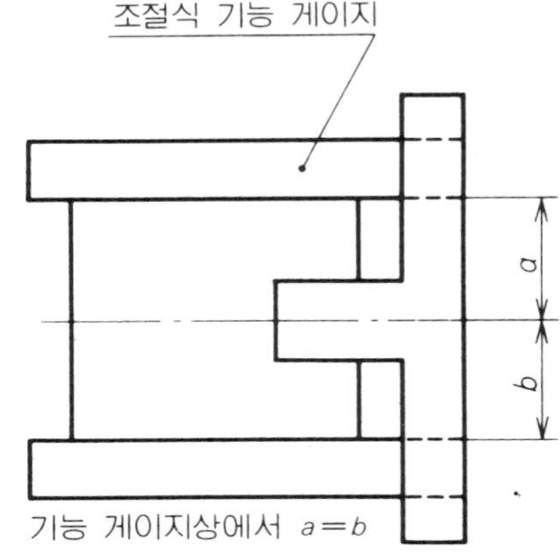 피측정물을 기능 게이지로 검사한다. 데이텀 면은 두 조정식 평판을 시뮬레이트 하고 대칭도는 탭으로 검사한다. 내측 면에 대해서는 탭의 폭이 홈의 최소 치수에서 대칭도의 공차치를 뺀 것이어야 한다. 이 방법은 내외의 양표면에 적용된다.

◪ 원주흔들림

공차역과 도시 예	검 증 방 법
공차가 주어진 표면 측정단면 0.1 A-B A B	**원리 1. 데이텀 축심 둘레에서 회전하는 동안의 고정점에서의 거리 변화를 측정하는 것에 의한 원주 흔들림의 검증** 방법 1.1 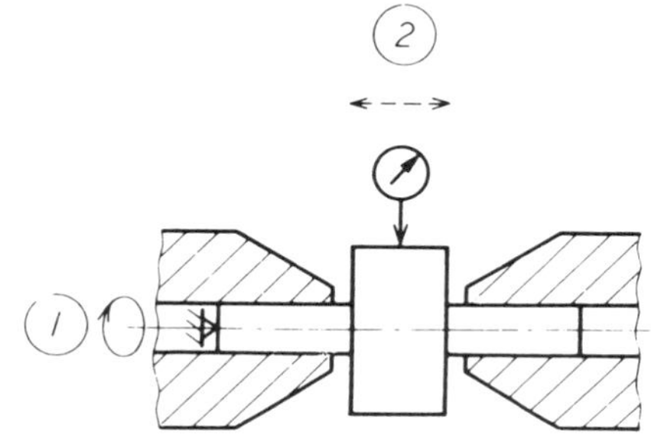 피측정물을 두 동축 외접원통 안내면에 설정하고 축방향으로 고정한다. 반경 방향의 원주 흔들림은 각 단면에서의 1회전에 대한 인디케이터의 판독 최대차이다[①]. 소요수의 단면에 대하여 측정한다[②].
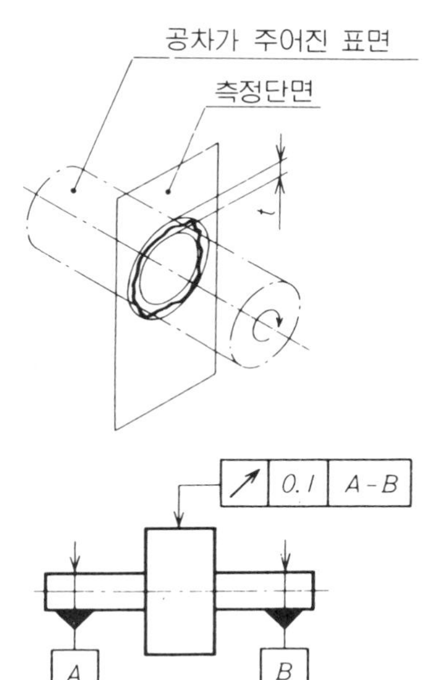 	방법 1.2 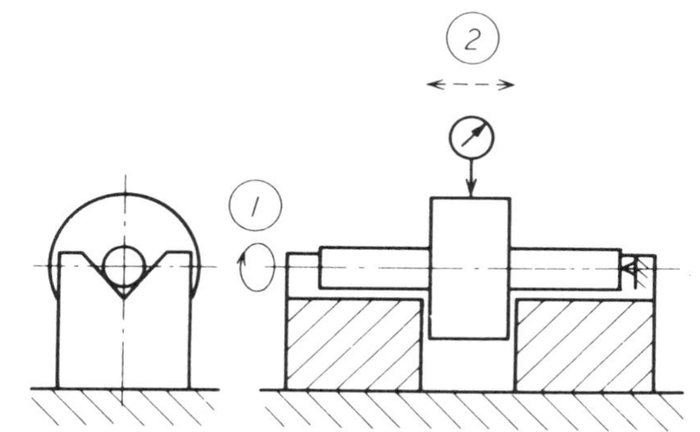 방법 14.1.2의 V 블록을 나이프 에지로 바꾼 것이다.

공차역과 도시 예	검 증 방 법
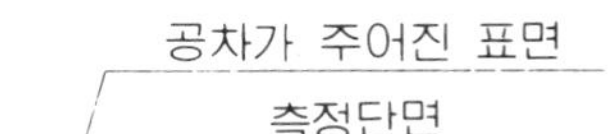 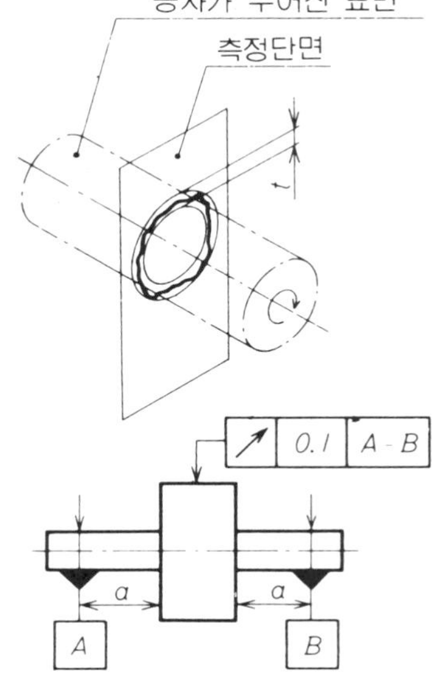 	방법 1.3 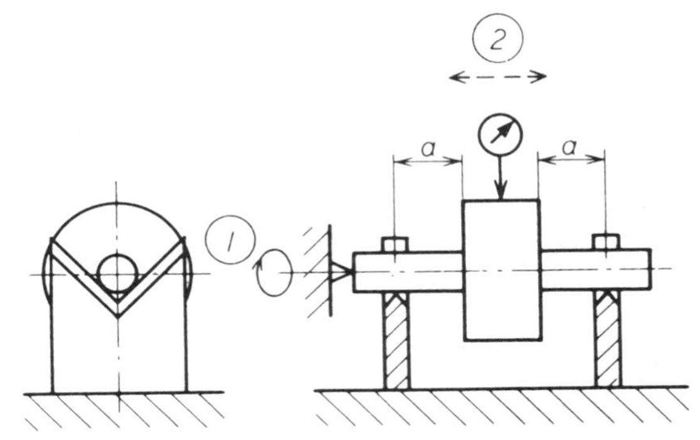 데이텀 축선을 두 동일한 V 블록으로 시뮬레이트하고 축 방향으로 고정한다. 반경 방향의 원주 흔들림은 각 단면에서의 1회전에 대한 인디케이터의 판독 최대차이다[①]. 소요수의 단면에 대하여 측정한다[②].
 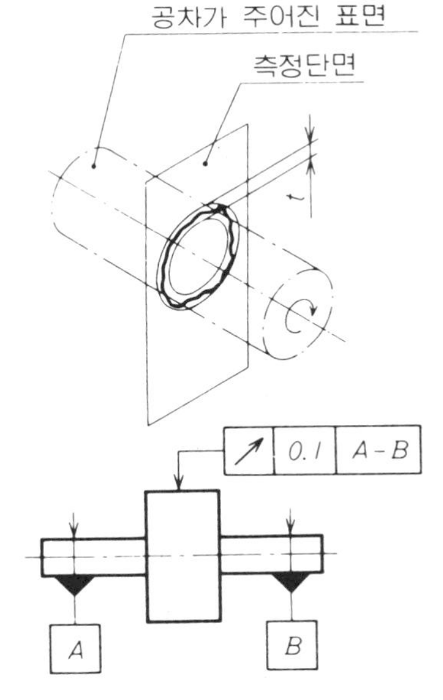 	방법 1.4 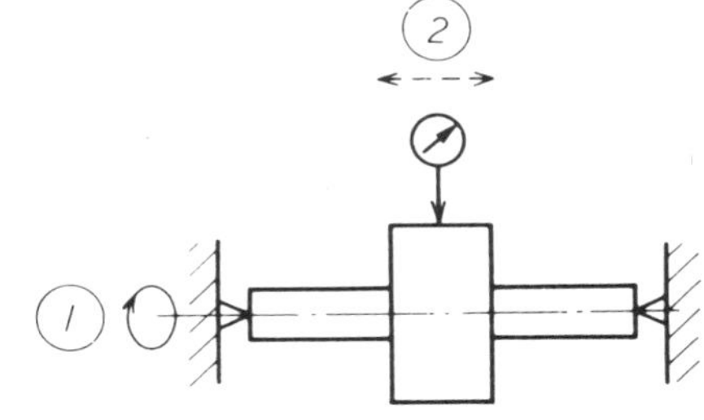 피측정물을 센터 간에 지지한다. 측정 방법은 14.1.1과 같지만 센터에 대한 데이텀 A와 B의 흔들림을 보정할 필요가 있다. 가공중에 측정할 수 있는 특징이 있다.

공차역과 도시 예	검 증 방 법
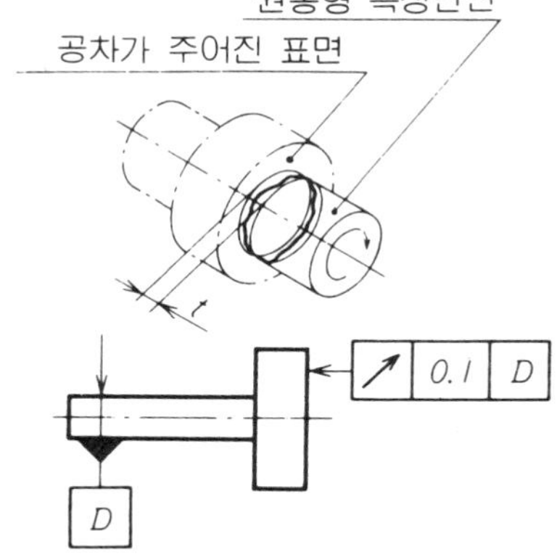	방법 1.5 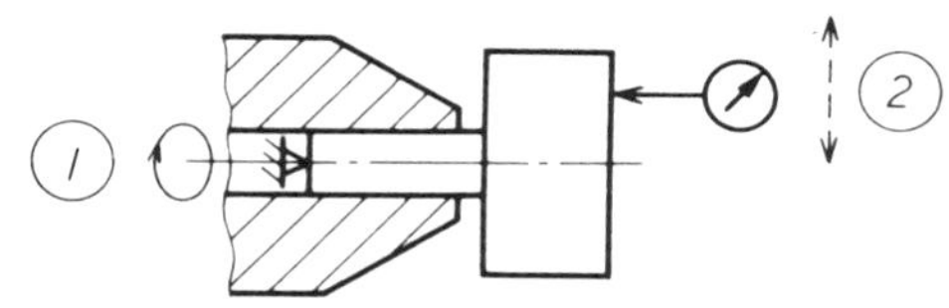 피측정물을 외접원통의 안내로 지지하고 축 방향에 고정한다. 축 방향의 원주 흔들림은 각 점에서의 1회전에 대한 판독의 최대차[①]이고 소요수의 점에서 이측정을 반복[②]한다.
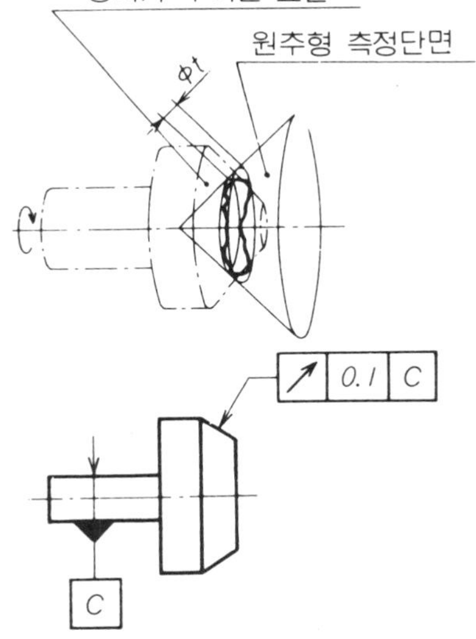	방법 1.6 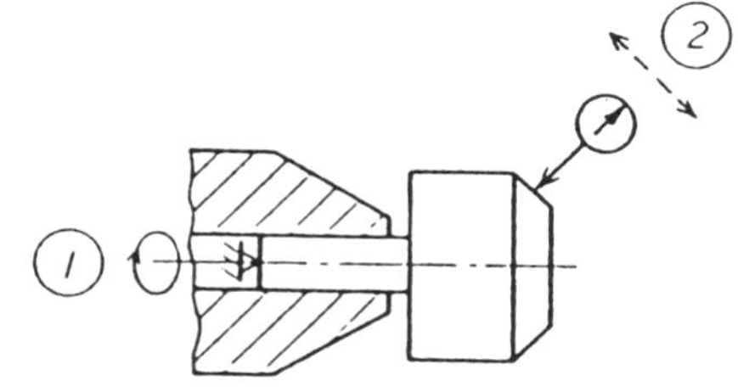 방법 14.1.5와 같으나 도면의 화살표 방향으로 측정한다. 시료의 지지에 처크를 사용해도 되나 그 오차의 영향을 받는다. 이 방법은 반경 방향 및 축 방향의 흔들림에도 적용된다.

◪ 전 흔들림

공차역과 도시 예	검 증 방 법
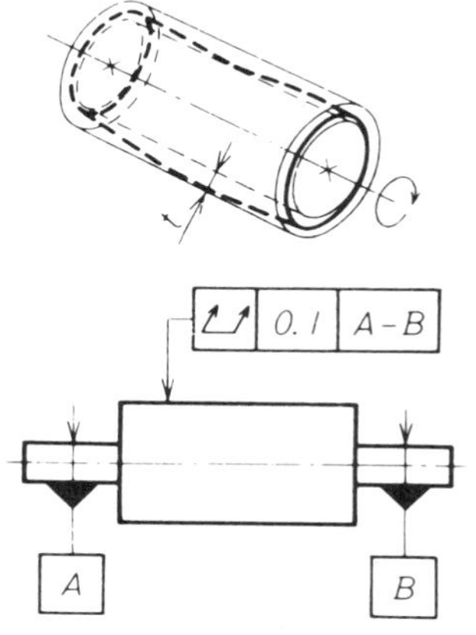	**원리 1. 데이텀 축선 둘레에서 회전하는 동안, 기하학적 기준의 거리 변화의 측정에 의한 전 흔들림의 검증** 방법 1.1 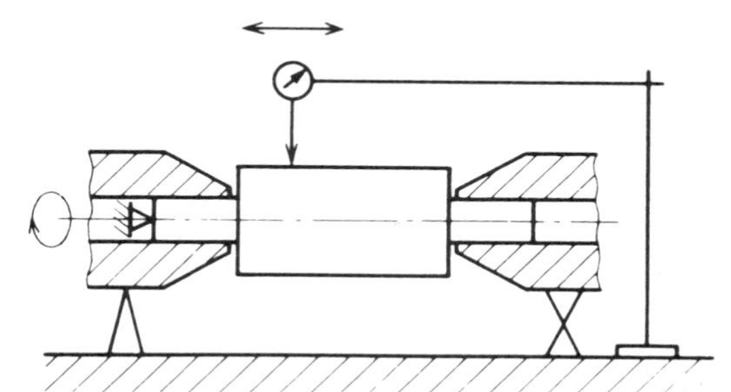 피측정물을 정반과 평행으로 설정하고 동축 외접 원통 안내에 의하여 지지한 다음 축 방향으로 고정한다. 반경 방향의 전 흔들림은 데이텀 축선에 관하여 이론적으로 정확한 기하학적 형상의 직선 요소에 따라 인디케이터를 이동하면서 피측정물을 회전시켰을 때의 판독 최대차이다. 간편하게는 데이텀을 V 블록 또는 양 센터 등의 방법으로 만들어도 된다.
0.1 D D	방법 1.2 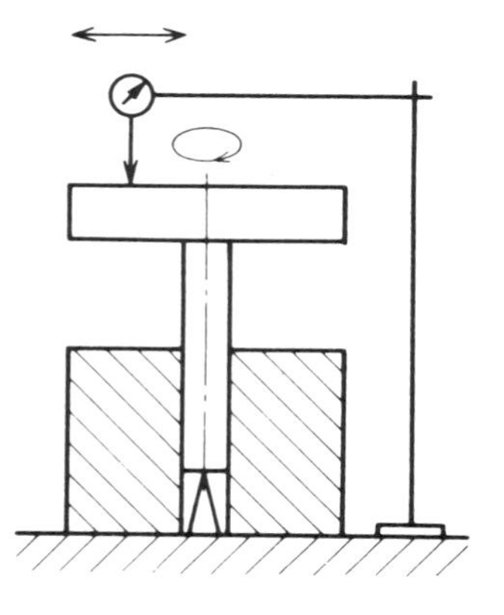

공차역과 도시 예	검 증 방 법
	피측정물을 정반에 대하여 수직한 외접원통의 안내중에 설정하고 축 방향으로 고정한다. 축 방향의 흔들림은 데이텀 축에 대하여 이론적으로 정확한 기하학적 형상의 직선 요소에 따라 한 반경 방향으로 인디케이터를 이동하면서 회전시켰을 때의 판독 최대차이다. 간편하게는 데이텀을 V 블록 또는 V 요크 등으로 만들어도 된다.

부록 2 : 제도자에게 필요한 JIS 규격표

표 4·1 상용하는 끼워맞춤의 구멍의 치수 허용차 (JIS B 0401) (단위 μm＝0.001mm)

치수의 구분 (mm)		B	C		D			E			F			G		H					
		B 10	C 9	C 10	D 8	D 9	D 10	E 7	E 8	E 9	F 6	F 7	F 8	G 6	G 7	H 5	H 6	H 7	H 8	H 9	H 10
을 넘어	이하	+	+	+	+	+	+	+	+	+	+	+	+	+	+	+	+	+	+	+	+
—	3	180 140	85 60	100	34	45 20	60	24	28 14	39	12	16 6	20	8 2	12	4	6	10 0	14	25	40
3	6	188 140	100 70	118	48	60 30	78	32	38 20	50	18	22 10	28	12 4	16	5	8	12 0	18	30	48
6	10	208 150	116 80	138	62	76 40	98	40	47 25	61	22	28 13	35	14 5	20	6	9	15 0	22	36	58
10	14	220 150	138 95	165	77	93 50	120	50	59 32	75	27	34 16	43	17 6	24	8	11	18 0	27	43	70
14	18																				
18	24	244 160	162 110	194	98	117 65	149	61	73 40	92	33	41 20	53	20 7	28	9	13	21 0	33	52	84
24	30																				
30	40	270 170	182 120	220	119	142 80	180	75	89 50	112	41	50 25	64	25 9	34	11	16	25 0	39	62	100
40	50	280 180	192 130	230																	
50	65	310 190	214 140	260	146	174 100	220	90	106 60	134	49	60 30	76	29 10	40	13	19	30 0	46	74	120
65	80	320 200	224 150	270																	
80	100	360 220	257 170	310	174	207 120	260	107	126 72	159	58	71 36	90	34 12	47	15	22	35 0	54	87	140
100	120	380 240	267 180	320																	
120	140	420 260	300 200	360	208	245 145	305	125	148 85	185	68	83 43	106	39 14	54	18	25	40 0	63	100	160
140	160	440 280	310 210	370																	
160	180	470 310	330 230	390																	
180	200	525 340	355 240	425	242	285 170	355	146	172 100	215	79	96 50	122	44 15	61	20	29	46 0	72	115	185
200	225	565 380	375 260	445																	
225	250	605 420	395 280	465																	
250	280	690 480	430 300	510	271	320 190	400	162	191 110	240	88	108 56	137	49 17	69	23	32	52 0	81	130	210
280	315	750 540	460 330	540																	
315	355	830 600	500 360	590	299	350 210	440	182	214 125	265	98	119 62	151	54 18	75	25	36	57 0	89	140	230
355	400	910 680	540 400	630																	
400	450	1010 760	595 440	690	327	385 230	480	198	232 135	290	108	131 68	165	60 20	83	27	40	63 0	97	155	250
450	500	1090 840	635 480	730																	

〔비고〕 표중의 각 단에서 윗측의 수치는 위의 치수허용차, 아래측의 치수는 밑의 치수허용차를 나타낸다.

(다음 페이지에 계속)

표 4·1 상용하는 끼워맞춤의 구멍의 치수 허용차 (JIS B 0401) (단위 $\mu m = 0.001mm$)

치수의 구 분 (mm)		Js			K			M			N		P		R	S	T	U	X
		Js 5	Js 6	Js 7	K 5	K 6	K 7	M 5	M 6	M 7	N 6	N 7	P 6	P 7	R 7	S 7	T 7	U 7	X 7
을 넘어	이하	±	±	±	+ −	+ −	+ −	−	−	−	−	−	−	−	−	−	−	−	−
—	3	2	3	5	0 4	0 6	0 10	2 6	2 8	2 12	4 10	4 14	6 12	6 16	10 20	14 24	—	18 28	20 30
3	6	2.5	4	6	0 5	2 6	3 9	3 8	1 9	0 12	5 13	4 16	9 17	8 20	11 23	15 27	—	19 31	24 36
6	10	3	4.5	7.5	1 5	2 7	5 10	4 10	3 12	0 15	7 16	4 19	12 21	9 24	13 28	17 32	—	22 37	28 43
10	14	4	5.5	9	2 6	2 9	6 12	4 12	4 15	0 18	9 20	5 23	15 26	11 29	16 34	21 39	—	26 44	33 51
14	18																		38 56
18	24	4.5	6.5	10.5	1 8	2 11	6 15	5 14	4 17	0 21	11 24	7 28	18 31	14 35	20 41	27 48	—	33 54	46 67
24	30																33 54	40 61	56 77
30	40	5.5	8	12.5	2 9	3 13	7 18	5 16	4 20	0 25	12 28	8 33	21 37	17 42	25 50	34 59	39 64	51 76	—
40	50																45 70	61 86	
50	65	6.5	9.5	15	3 10	4 15	9 21	6 19	5 24	0 30	14 33	9 39	26 45	21 51	30 60	42 72	55 85	76 106	—
65	80														32 62	48 78	64 94	91 121	
80	100	7.5	11	17.5	2 13	4 18	10 25	8 23	6 28	0 35	16 38	10 45	30 52	24 59	38 73	58 93	78 113	111 146	—
100	120														41 76	66 101	91 126	131 166	
120	140	9	12.5	20	3 15	4 21	12 28	9 27	8 33	0 40	20 45	12 52	36 61	28 68	48 88	77 117	107 147	—	—
140	160														50 90	85 125	119 159		
160	180														53 93	93 133	131 171		
180	200	10	14.5	23	2 18	5 24	13 33	11 31	8 37	0 46	22 51	14 60	41 70	33 79	60 106	105 151	—	—	—
200	225														63 109	113 159			
225	250														67 113	123 169			
250	280	11.5	16	26	3 20	5 27	16 36	13 36	9 41	0 52	25 57	14 66	47 79	36 88	74 126	—	—	—	—
280	315														78 130				
315	355	12.5	18	28.5	3 22	7 29	17 40	14 39	10 46	0 57	26 62	16 73	51 87	41 98	87 144	—	—	—	—
355	400														93 150				
400	450	13.5	20	31.5	2 25	8 32	18 45	16 43	10 50	0 63	27 67	17 80	55 95	45 108	103 166	—	—	—	—
450	500														109 172				

〔비고〕 표중의 각 단에서 윗측의 치수는 위의 치수허용차, 아래측의 수치는 밑의 치수허용차를 나타낸다.

표 4·2 상용하는 끼워맞춤의 축의 치수 허용차 (JIS B 0401) (단위 μm＝0.001mm)

치수의 구분 (mm)		b	c	d		e			f			g			h					
		b 9	c 9	d 8	d 9	e 7	e 8	e 9	f 6	f 7	f 8	g 4	g 5	g 6	h 4	h 5	h 6	h 7	h 8	h 9
을 넘어	이하	—	—	—	—	—	—	—	—	—	—	—	—	—	—	—	—	—	—	—
—	3	140 165	60 85	20 34	45	14 24	28	39	6 12	16	20	2 5	6	8	0 3	4	6	10	14	25
3	6	140 170	70 100	30 48	60	20 32	38	50	10 18	22	28	4 8	9	12	0 4	5	8	12	18	30
6	10	150 186	80 116	40 62	76	25 40	47	61	13 22	28	35	5 9	11	14	0 4	6	9	15	22	36
10	14	150 193	95 138	50 77	93	32 50	59	75	16 27	34	43	6 11	14	17	0 5	8	11	18	27	43
14	18																			
18	24	160 212	110 162	65 98	117	40 61	73	92	20 33	41	53	7 13	16	20	0 6	9	13	21	33	52
24	30																			
30	40	170 232	120 182	80 119	142	50 75	89	112	25 41	50	64	9 16	20	25	0 7	11	16	25	39	62
40	50	180 242	130 192																	
50	65	190 264	140 214	100 146	174	60 90	106	134	30 49	60	76	10 18	23	29	0 8	13	19	30	46	74
65	80	200 274	150 224																	
80	100	220 307	170 257	120 174	207	72 107	126	159	36 58	71	90	12 22	27	34	0 10	15	22	35	54	87
100	120	240 327	180 267																	
120	140	260 360	200 300	145 208	245	85 125	148	185	43 68	83	106	14 26	32	39	0 12	18	25	40	63	100
140	160	280 380	210 310																	
160	180	310 410	230 330																	
180	200	340 455	240 355	170 242	285	100 146	172	215	50 79	96	122	15 29	35	44	0 14	20	29	46	72	115
200	225	380 495	260 375																	
225	250	420 535	280 395																	
250	280	480 610	300 430	190 271	320	110 162	191	240	56 88	108	137	17 33	40	49	0 16	23	32	52	81	130
280	315	540 670	330 460																	
315	355	600 740	360 500	210 299	350	125 182	214	265	62 98	119	151	18 36	43	54	0 18	25	36	57	89	140
355	400	680 820	400 540																	
400	450	760 915	440 595	230 327	385	135 198	232	290	68 108	131	165	20 40	47	60	0 20	27	40	63	97	155
450	500	840 995	480 635																	

〔비고〕 표중의 각 단에서 윗측의 수치는 위의 치수허용차, 아래측의 수치는 밑의 치수허용차를 나타낸다.

(다음 페이지에 계속)

표 4·2 상용하는 끼워맞춤의 축의 치수 허용차 (JIS B 0401) (단위 μm＝0.001mm)

치수의 구분 (mm)		js				k			m			n	p	r	s	t	u	x
		js 4	js 5	js 6	js 7	k 4	k 5	k 6	m 4	m 5	m 6	n 6	p 6	r 6	s 6	t 6	u 6	x 6
을 넘어	이하	±	±	±	±	＋	＋	＋	＋	＋	＋	＋	＋	＋	＋	＋	＋	＋
—	3	1.5	2	3	5	3	4 0	6	5	6 2	8	10 4	12 6	16 10	20 14	—	24 18	26 20
3	6	2	2.5	4	6	5	6 1	9	8	9 4	12	16 8	20 12	23 15	27 19	—	31 23	36 28
6	10	2	3	4.5	7.5	5	7 1	10	10	12 6	15	19 10	24 15	28 19	32 23	—	37 28	43 34
10	14	2.5	4	5.5	9	6	9 1	12	12	15 7	18	23 12	29 18	34 23	39 28	—	44 33	51 40
14	18																	56 45
18	24	3	4.5	6.5	10.5	8	11 2	15	14	17 8	21	28 15	35 22	41 28	48 35	—	54 41	67 54
24	30															54 41	61 48	77 64
30	40	3.5	5.5	8	12.5	9	13 2	18	16	20 9	25	33 17	42 26	50 34	59 43	64 48	76 60	—
40	50															70 54	86 70	
50	65	4	6.5	9.5	15	10	15 2	21	19	24 11	30	39 20	51 32	60 41	72 53	85 66	106 87	—
65	80													62 43	78 59	94 75	121 102	
80	100	5	7.5	11	17.5	13	18 3	25	23	28 13	35	45 23	59 37	73 51	93 71	113 91	146 124	—
100	120													76 54	101 79	126 104	166 144	
120	140	6	9	12.5	20	15	21 3	28	27	33 15	40	52 27	68 43	88 63	117 92	147 122	—	—
140	160													90 65	125 100	159 134		
160	180													93 68	133 108	171 146		
180	200	7	10	14.5	23	18	24 4	33	31	37 17	46	60 31	79 50	106 77	151 122	—	—	—
200	225													109 80	159 130			
225	250													113 84	169 140			
250	280	8	11.5	16	26	20	27 4	36	36	43 20	52	66 34	88 56	126 94	—	—	—	—
280	315													130 98				
315	355	9	12.5	18	28.5	22	29 4	40	39	46 21	57	73 37	98 62	144 108	—	—	—	—
355	400													150 114				
400	450	10	13.5	20	31.5	25	32 5	45	43	50 23	63	80 40	108 68	166 126	—	—	—	—
450	500													172 132				

〔비고〕 표 중의 각 단에서 윗측의 수치는 위의 치수허용차, 아래측의 수치는 밑의 치수허용차를 나타낸다.

표 4·3 상용하는 구멍기준 끼워맞춤 표 (JIS B 0401)

(단위 μm=0.001㎜)

치수의 구분 (㎜)		H 7		기준 구멍 H7과 끼워맞추어지는 축																															
		위의 치수허용차 (+)	밑의 치수허용차	e		f			g		h			js				k		m		n		p		r		s		t		u		x	
을 넘어	이하			최대 틈새 e 7	최소 틈새	최대 틈새 f 6	최대 틈새 f 7	최소 틈새	최대 틈새 g 6	최소 틈새	최대 틈새 h 6	최대 틈새 h 7	최소 틈새	js 6 최대 틈새	js 6 최대 죔새	js 7 최대 틈새	js 7 최대 죔새	최대 틈새	최대 죔새 k6	최대 틈새	최대 죔새 m6	최대 틈새	최대 죔새 n 6	최소 죔새	최대 죔새 p 6	최소 죔새	최대 죔새 r 6	최소 죔새	최대 죔새 s 6	최소 죔새	최대 죔새 t 6	최소 죔새	최대 죔새 u 6	최소 죔새	최대 죔새 x 6
—	3	10	0	34	14	22	26	6	18	2	16	20	0	13	3	15	5	10	6	8	8	6	10	−4	12	0	16	4	20	—	—	8	24	10	26
3	6	12		44	20	30	34	10	24	4	20	24		16	4	18	6	11	9		12	4	16		20	3	23	7	27	—	—	11	31	16	36
6	10	15		55	25	37	43	13	29	5	24	30		19.5	4.5	22.5	7.5	14	10	9	15	5	19	0	24	4	28	8	32	—	—	13	37	19	43
10	14	18		68	32	45	52	16	35	6	29	36		23.5	5.5	27	9	17	12	11	18	6	23		29	5	34	10	39	—	—	15	44	22	51
14	18																																	27	56
18	24	21		82	40	54	62	20	41	7	34	42		27.5	6.5	31.5	10.5	19	15	13	21	6	28		35	7	41	14	48	—	—	20	54	33	67
24	30																													20	54	27	61	43	77
30	40	25		100	50	66	75	25	50	9	41	50		33	8	37.5	12.5	23	18	16	25	8	33	1	42	9	50	18	59	23	64	35	76	—	—
40	50																													29	70	45	86		
50	65	30		120	60	79	90	30	59	10	49	60		39.5	9.5	45	15	28	21	19	30	10	39	2	51	11	60	23	72	36	85	57	106	—	—
65	80																									13	62	29	78	45	94	72	121		
80	100	35		142	72	93	106	36	69	12	57	70		46	11	52.5	17.5	32	25	22	35	12	45		59	16	73	36	93	56	113	89	146	—	—
100	120																									19	76	44	101	69	126	109	166		
120	140	40		165	85	108	123	43	79	14	65	80		52.5	12.5	60	20	37	28	25	40	13	52	3	68	23	88	52	117	82	147	—	—	—	—
140	160																									25	90	60	125	94	159				
160	180																									28	93	68	133	106	171				
180	200	46		192	100	125	142	50	90	15	75	92		60.5	14.5	69	23	42	33	29	46	15	60	4	79	31	106	76	151	—	—	—	—	—	—
200	225																									34	109	84	159						
225	250																									38	113	94	169						
250	280	52		214	110	140	160	56	101	17	84	104		68	16	78	26	48	36	32	52	18	66		88	42	126	—	—	—	—	—	—	—	—
280	315																									46	130								
315	355	57		239	125	155	176	62	111	18	93	114		75	18	85.5	28.5	53	40	36	57	20	73	5	98	51	144	—	—	—	—	—	—	—	—
355	400																									57	150								
400	450	63		261	135	171	194	68	123	20	103	126		83	20	94.5	31.5	58	45	40	63	23	80		108	63	166	—	—	—	—	—	—	—	—
450	500																									69	172								

〔비고〕 최소 죔새가 부(—)의 값의 것은, 최대 틈새가 된다.

표 4·4 상용하는 축기준 끼워맞춤 표 (JIS B 0401)

(단위 $\mu m = 0.001mm$)

치수의 구분 (mm)		h6		기준축 h6과 끼워맞춰지는 구멍																										h7		기준축 h7과 끼워맞춰지는 구멍							
				K				M				N				P				R		S		T		U		X				E		F			H		
		위의 치수허용차	밑의 치수허용차 (−)	최대 틈새	최대 죔새	최대 틈새	최대 죔새	최대 틈새	최대 죔새	최대 틈새	최대 죔새	최대 틈새	최대 죔새	최대 틈새	최대 죔새	최소 죔새	최대 죔새	최소 죔새	최대 죔새	최소 죔새	최대 죔새	최소 죔새	최대 죔새	최소 죔새	최대 죔새	최소 죔새	최대 죔새	최소 죔새	최대 죔새	위의 치수허용차	밑의 치수허용차 (−)	최대 틈새	최소 틈새	최대 틈새		최소 틈새	최대 틈새		최소 틈새
넘어	이하			K6		K7		M6		M7		N6		N7		P6		P7		R7		S7		T7		U7		X7				E7		F7	F8		H7	H8	
—	3	0	6	6	6	6	10	4	8	4	12	2	10	2	14	0	12	0	16	4	20	8	24	—	—	12	28	14	30	0	10	34	14	26	30	6	20	24	0
3	6		8	10	6	11	9	7	9	8		3	13	4	16	1	17		20	3	23	7	27	—	—	11	31	16	36		12	44	20	34	40	10	24	30	
6	10		9	11	7	14	10	6	12	9	15	2	16	5	19	3	21		24	4	28	8	32	—	—	13	37	19	43		15	55	25	43	50	13	30	37	
10	14		11	13	9	17	12	7	15	11	18		20	6	23	4	26		29	5	34	10	39	—	—	15	44	22	51		18	68	32	52	61	16	36	45	
14	18																											27	56										
18	24		13	15	11	19	15	9	17	13	21		24		28	5	31	1	35	7	41	14	48	—	—	20	54	33	67		21	82	40	62	74	20	42	54	
24	30																							20	54	27	61	43	77										
30	40		16	19	13	23	18	12	20	16	25	4	28	8	33		37		42	9	50	18	59	23	64	35	76	—	—		25	100	50	75	89	25	50	64	
40	50																							29	70	45	86												
50	65		19	23	15	28	21	14	24	19	30	5	33	10	39	7	45	2	51	11	60	23	72	36	85	57	106	—	—		30	120	60	90	106	30	60	76	
65	80																			13	62	29	78	45	94	72	121												
80	100		22	26	18	32	25	16	28	22	35	6	38	12	45	8	52		59	16	73	36	93	56	113	89	146	—	—		35	142	72	106	125	36	70	89	
100	120																			19	76	44	101	69	126	109	166												
120	140		25	29	21	37	28	17	33	25	40	5	45	13	52	11	61	3	68	23	88	52	117	82	147	—	—	—	—		40	165	85	123	146	43	80	103	
140	160																			25	90	60	125	94	159														
160	180																			28	93	68	133	106	171														
180	200		29	34	24	42	33	21	37	29	46	7	51	15	60	12	70	4	79	31	106	76	151	—	—	—	—	—	—		46	192	100	142	168	50	92	118	
200	225																			34	109	84	159																
225	250																			38	113	94	169																
250	280		32	37	27	48	36	23	41	32	52		57	18	66	15	79		88	42	126	—	—	—	—	—	—	—	—		52	214	110	160	189	56	104	133	
280	315																			46	130																		
315	355		36	43	29	53	40	26	46	36	57	10	62	20	73		87	5	98	51	144	—	—	—	—	—	—	—	—		57	239	125	176	208	62	114	146	
355	400																			57	150																		
400	450		40	48	32	58	45	30	50	40	63	13	67	23	80		95		108	63	166	—	—	—	—	—	—	—	—		63	261	135	194	228	68	126	160	
450	500																			69	172																		

표 4·5 미터 보통나사 및 미니어처 나사 (JIS B 0205, JIS B 0201) (단위 mm)

우표는 미터 보통나사(JIS B 0205의 기준치수를 표시한 것이다.

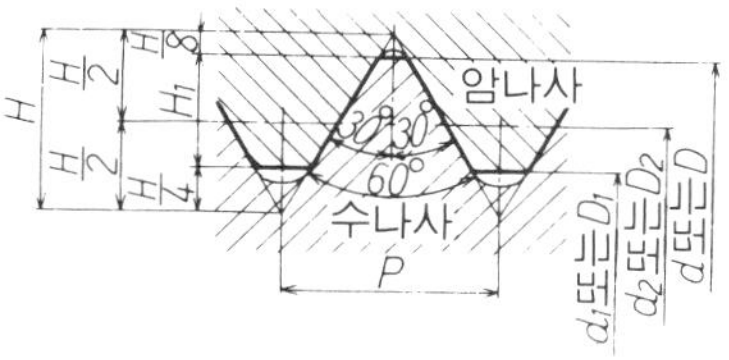

굵은 실선은 기준 산형을 표시한다.

$H = 0.866025P$
$H_1 = 0.541266P$
$d_2 = d - 0.649519P$
$d_1 = d - 1.082532P$
$D = d,\ D_2 = d_2,\ D_1 = d_1$

이 규격은 일반으로 사용하는 미터 보통나사에 대하여 규정한다. 그리고, 이 규격의 부속서에 표시되고 있는 M1.7, M2.3 및 M2.6을 제외하고, 150 R 261에 규정되어 있는 ISO 미터 나사의 보통나사와 일치하고 있다.

〔주〕 *순위는 1을 우선적으로 필요에 따라 2, 3의 순으로 선택한다.

나사의 호칭	순서*	피치 P	접촉 높이 H_1	암나사 골의 지름 D / 수나사 외경 d	암나사 유효경 D_2 / 수나사 유효경 d_2	암나사 내경 D_1 / 수나사 골의 지름 d_1
M 1	1	0.25	0.135	1.000	0.838	0.729
M 1.1	2	0.25	0.135	1.100	0.938	0.829
M 1.2	1	0.25	0.135	1.200	1.038	0.929
M 1.4	2	0.3	0.162	1.400	1.205	1.075
M 1.6	1	0.35	0.189	1.600	1.373	1.221
M 1.8	2	0.35	0.189	1.800	1.573	1.421
M 2	1	0.4	0.217	2.000	1.740	1.567
M 2.2	2	0.45	0.244	2.200	1.908	1.713
M 2.5	1	0.45	0.244	2.500	2.208	2.013
M 3	1	0.5	0.271	3.000	2.675	2.459
M 3.5	2	0.6	0.325	3.500	3.110	2.850
M 4	1	0.7	0.379	4.000	3.545	3.242
M 4.5	2	0.75	0.406	4.500	4.013	3.688
M 5	1	0.8	0.433	5.000	4.480	4.134
M 6	1	1	0.541	6.000	5.350	4.917
M 7	3	1	0.541	7.000	6.350	5.917
M 8	1	1.25	0.677	8.000	7.188	6.647
M 9	3	1.25	0.677	9.000	8.188	7.647
M 10	1	1.5	0.812	10.000	9.026	8.376
M 11	3	1.5	0.812	11.000	10.026	9.376
M 12	1	1.75	0.947	12.000	10.863	10.106
M 14	2	2	1.083	14.000	12.701	11.835
M 16	1	2	1.083	16.000	14.701	13.835
M 18	2	2.5	1.353	18.000	16.376	15.294
M 20	1	2.5	1.353	20.000	18.376	17.294
M 22	2	2.5	1.353	22.000	20.376	19.294
M 24	1	3	1.624	24.000	22.051	20.752
M 27	2	3	1.624	27.000	25.051	23.752
M 30	1	3.5	1.894	30.000	27.727	26.211
M 33	2	3.5	1.894	33.000	30.727	29.211
M 36	1	4	2.165	36.000	33.402	31.670
M 39	2	4	2.165	39.000	36.402	34.670
M 42	1	4.5	2.436	42.000	39.077	37.129
M 45	2	4.5	2.436	45.000	42.077	40.129
M 48	1	5	2.706	48.000	44.752	42.587
M 52	2	5	2.706	52.000	48.752	46.587
M 56	1	5.5	2.977	56.000	52.428	50.046
M 60	2	5.5	2.977	60.000	56.428	54.046
M 64	1	6	3.248	64.000	60.103	57.505
M 68	2	6	3.248	68.000	64.103	61.505

우표는 미니어처 나사(JIS B0201)의 기준치수를 표시한 것이다.

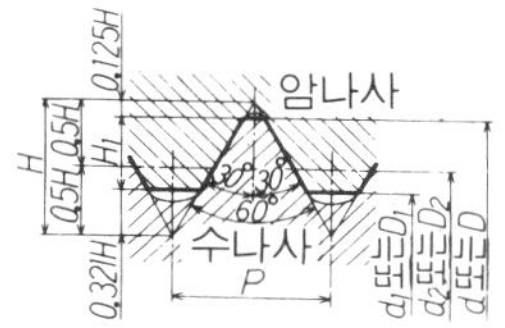

$H = 0.866025P,\ H_1 = 0.48P$
$d_2 = d - 0.649519P$
$d_1 = d - 0.96P$
$D = d,\ D_2 = d_2,\ D_1 = d_1$

나사의 호칭	순서*	피치 P	접촉 높이 H_1	D / d	D_2 / d_2	D_1 / d_1
S 0.3	1	0.08	0.0384	0.300	0.248	0.223
S 0.35	2	0.09	0.0432	0.350	0.292	0.264
S 0.4	1	0.1	0.0480	0.400	0.335	0.304
S 0.45	2	0.1	0.0480	0.450	0.385	0.354
S 0.5	1	0.125	0.0600	0.500	0.419	0.380
S 0.55	2	0.125	0.0600	0.550	0.469	0.430
S 0.6	1	0.15	0.0720	0.600	0.503	0.456
S 0.7	2	0.175	0.0840	0.700	0.586	0.532
S 0.8	1	0.2	0.0960	0.800	0.670	0.608
S 0.9	2	0.225	0.1080	0.900	0.754	0.684
S 1	1	0.25	0.1200	1.000	0.838	0.760
S 1.1	2	0.25	0.1200	1.100	0.938	0.860
S 1.2	1	0.25	0.1200	1.200	1.038	0.960
S 1.4	2	0.3	0.1440	1.400	1.205	1.112

표 4·6 미터 가는나사의 직경과 피치와의 조합 (JIS B 0207) (단위 mm)

호칭지름	순위	피치			
1	1		0.2		
1.1	2		0.2		
1.2	1		0.2		
1.4	2		0.2		
1.6	1		0.2		
1.8	2		0.2		
2	1		0.25		
2.2	2		0.25		
2.5	1		0.35		
3	1		0.35		
3.5	2		0.35		
4	1		0.5		
4.5	2		0.5		
5	1		0.5		
5.5	3		0.5		
6	1		0.75		
7	3		0.75		
8	1		1	0.75	
9	3		1	0.75	
10	1		1.25	1	0.75
11	3		1	0.75	
12	1		1.5	1.25	1
14	2		1.5	1.25	1
15	3		1.5	1	
16	1		1.5	1	
17	3		1.5	1	
18	2		2	1.5	1
20	1		2	1.5	1
22	2		2	1.5	1
24	1		2	1.5	1
25	3		2	1.5	1
26	3		1.5		
27	2		2	1.5	1
28	3		2	1.5	1
30	1	(3)	2	1.5	1
32	3		2	1.5	
33	2	(3)	2	1.5	
35	3			1.5	
36	1	3	2	1.5	
38	3			1.5	
39	2	3	2	1.5	
40	3	3	2	1.5	
42	1	4	3	2	1.5
45	2	4	3	2	1.5
48	1	4	3	2	1.5
50	3		3	2	1.5
52	2	4	3	2	1.5
55	3	4	3	2	1.5
56	1	4	3	2	1.5
58	3	4	3	2	1.5
60	2	4	3	2	1.5
62	3	4	3	2	1.5
64	1	4	3	2	1.5
65	3	4	3	2	1.5
68	2	4	3	2	1.5

호의 지름	순위	피치				
70	3	6	4	3	2	1.5
72	1	6	4	3	2	1.5
75	3		4	3	2	1.5
76	2	6	4	3	2	1.5
78	3				2	
80	1	6	4	3	2	1.5
82	3				2	
85	2	6	4	3	2	
90	1	6	4	3	2	
95	2	6	4	3	2	
100	1	6	4	3	2	
105	2	6	4	3	2	
110	1	6	4	3	2	
115	2	6	4	3	2	
120	2	6	4	3	2	
125	1	6	4	3	2	
130	2	6	4	3	2	
135	3	6	4	3	2	
140	1	6	4	3	2	
145	3	6	4	3	2	
150	2	6	4	3	2	
155	3	6	4	3		
160	1	6	4	3		
165	3	6	4	3		
170	2	6	4	3		
175	3	6	4	3		
180	1	6	4	3		
185	3	6	4	3		
190	2	6	4	3		
195	3	6	4	3		
200	1	6	4	3		
205	3	6	4	3		
210	2	6	4	3		
215	3	6	4	3		
220	1	6	4	3		
225	3	6	4	3		
230	3	6	4	3		
235	3	6	4	3		
240	2	6	4	3		
245	3	6	4	3		
250	1	6	4	3		
255	3	6	4			
260	2	6	4			
265	3	6	4			
270	3	6	4			
275	3	6	4			
280	1	6	4			
285	3	6	4			
290	3	6	4			
295	3	6	4			
300	2	6	4			

〔비고〕 1. 순위는 1을 우선적으로 필요에 따라 2를, 그 다음에 3을 고른다. 이것은 ISO 미터 나사의 호칭지름의 선택 기준과 일치하고 있다.
2. 호칭지름 14mm, 피치 1.25mm의 나사는 내연기관용 점화 플러그의 나사에 한하여 사용한다.
3. 호칭지름 35mm의 나사는 구름베어링을 고정하는 나사에 한하여 사용한다.
4. 괄호를 붙인 피치는 가급적 사용하지 않는다.
5. 윗 표에 표시된 나사보다 피치가 가는 나사가 필요한 경우에는 다음의 피치 중에서 고른다.

3 2 1.5 1 0.75 0.5 0.35 0.25 0.2

표 4·7 6각볼트·6각너트 (JIS B 1180, 1181) (단위 mm)

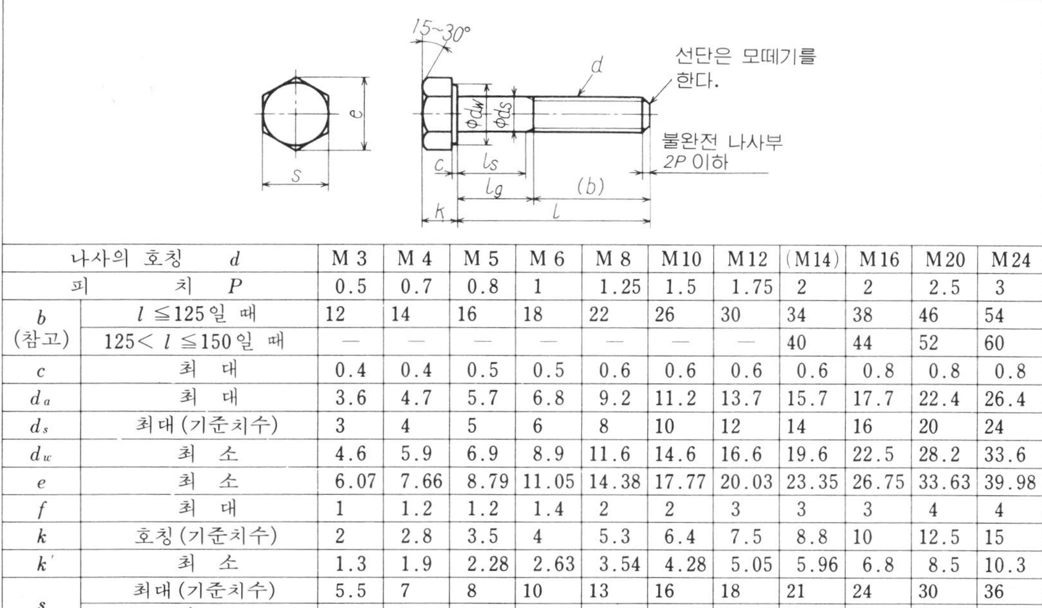

나사의 호칭 d		M 3	M 4	M 5	M 6	M 8	M10	M12	(M14)	M16	M20	M24
피 치 P		0.5	0.7	0.8	1	1.25	1.5	1.75	2	2	2.5	3
b (참고)	l ≦125일 때	12	14	16	18	22	26	30	34	38	46	54
	125< l ≦150일 때	—	—	—	—	—	—	—	40	44	52	60
c	최 대	0.4	0.4	0.5	0.5	0.6	0.6	0.6	0.6	0.8	0.8	0.8
d_a	최 대	3.6	4.7	5.7	6.8	9.2	11.2	13.7	15.7	17.7	22.4	26.4
d_s	최대(기준치수)	3	4	5	6	8	10	12	14	16	20	24
d_w	최 소	4.6	5.9	6.9	8.9	11.6	14.6	16.6	19.6	22.5	28.2	33.6
e	최 소	6.07	7.66	8.79	11.05	14.38	17.77	20.03	23.35	26.75	33.63	39.98
f	최 대	1	1.2	1.2	1.4	2	2	3	3	3	4	4
k	호칭(기준치수)	2	2.8	3.5	4	5.3	6.4	7.5	8.8	10	12.5	15
k'	최 소	1.3	1.9	2.28	2.63	3.54	4.28	5.05	5.96	6.8	8.5	10.3
s	최대(기준치수)	5.5	7	8	10	13	16	18	21	24	30	36
	최 소	5.32	6.78	7.78	9.78	12.73	15.73	17.73	20.67	23.67	29.67	35.38
l	호칭 길이 (기준치수)	20~30	25~40	25~50	30~60	35~80	40~100	45~110	50~130	55~150	65~150	80~150

〔비고〕 1. 나사의 호칭에 괄호를 붙인 것은 가급적 사용하지 않는다.
2. 나사의 호칭에 대하여 추천하는 호칭 길이(l)는 위 표의 범위에서 다음의 수치에서 골라서 사용한다. 20, 25, 30, 35, 40, 45, 50, 55, 60, 65, 70, 80, 90, 100, 110, 120, 130, 140, 150.
3. l_g 최대 및 l_s 최소는 다음의 식에 의한다.
l_g 최대=호칭길이(l)$-b$, l_s 최소$=l_g$ 최대$-5P$

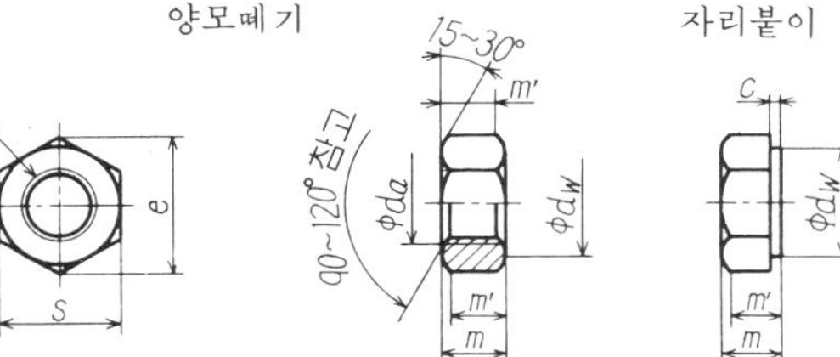

〔비고〕 1. 나사의 호칭에 괄호를 붙인 것은 가급적 사용하지 않는다.
2. 너트의 형상은 지정이 없는 한 모양 모떼기를 한다.
3. 스타일 1 및 스타일 2는 너트의 높이(m)가 다름을 나타내는 것으로 스타일 2의 높이는 스타일 1의 것보다 약 10 % 높다.

나사의 호칭 d			M 3	M 4	M 5	M 6	M 8	M10	M12	(M14)	M16	M20	M24
피 치 P			0.5	0.7	0.8	1	1.25	1.5	1.75	2	2	2.5	3
c		최 대	0.4	0.4	0.5	0.5	0.6	0.6	0.6	0.6	0.8	0.8	0.8
d_a		최소(기준치수)	3	4	5	6	8	10	12	14	16	20	24
d_w		최 소	4.6	5.9	6.9	8.9	11.6	14.6	16.6	19.6	22.5	27.7	33.2
e		최 소	6.01	7.66	8.79	11.05	14.38	17.77	20.03	23.35	26.75	32.95	39.55
스타일 1	m	최대(기준치수)	2.4	3.2	4.7	5.2	6.8	8.4	10.8	12.8	14.8	18	21.5
		최 소	2.15	2.9	4.4	4.9	6.44	8.04	10.37	12.1	14.1	16.9	20.2
	m'	최 소	1.72	2.32	3.52	3.92	5.15	6.43	8.3	9.68	11.28	13.52	16.16
스타일 2	m	최대(기준치수)	—	—	5.1	5.7	7.5	9.3	12	14.1	16.4	20.3	23.9
		최 소	—	—	4.8	5.4	7.14	8.94	11.57	13.4	15.7	19	22.6
	m'	최 대	—	—	3.84	4.32	5.71	7.15	9.26	10.7	12.6	15.2	18.1
s		최대(기준치수)	5.5	7	8	10	13	16	18	21	24	30	36
		최 소	5.32	6.78	7.78	9.78	12.73	15.73	17.73	20.67	23.67	29.16	35

표 4·8 볼트의 종류·재료에 의한 구분 (JIS B1180, 1181)

너트의 종류	재료에 의한 구분	등급		나사의 호칭 범위
		부품 등급	강도구분 또는 성상구분	
호칭지름 6각볼트	강	A	8.8	M3～M24[(3)]
		B		M5～M36
		C	4.6, 4.8	M5～M36
	스테인리스강	A	A 2 －70	M3～M24
		B		M5～M36
	비철금속	A	—	M3～M24[(3)]
		B		M5～M36
유효지름 6각볼트	강	B	5.8, 8.8	M3～M20
	스테인리스강		A 2 －70	
	비철금속		—	
전나사 6각볼트	강	A	8.8	M3～M24[(3)]
		B		M5～M36
		C	4.6, 4.8	M5～M36
	스테인리스강	A	A 2 －70	M3～M24[(3)]
		B		M5～M36
	비철금속	A	—	M3～M24[(3)]
		B		M5～M36

너트의 종류	형식		등급		나사의 호칭 범위
	스타일에 의한 구분	모떼기의 유무에 의한 구분	부품등급	강도구분[(1)]	
6각 너트	스타일 1	—	A	6, 8, 10	M1.6～M16
			B		M20 ～M36
	스타일 2	—	A	9, 12	M5 ～M16
			B		M20 ～M36
	—	—	C	4, 5	M5 ～M36
6각 저너트	—	양모떼기	A	04, 05	M1.6～M16
			B		M20 ～M36
	—	모떼기 없음	B	—	M1.6～M10

〔주〕 (1) 위 표에 있어서 강도구분의 4, 6, 4, 8…… 등 소수점을 붙인 숫자에 의한 기호(볼트의 경우) 혹은 1자리 또는 2자리의 숫자에 의한 기호(너트의 경우)의 의미는 다음의 예에 의한다.

예 : 4 · 6

- 6 — 항복점 또는 내력의 최소치가 인장강도의 최소치 400N/㎟의 60%인 것을 나타낸다.
- 4 — 인장강도의 최소치가 400N/㎟인 것을 나타낸다.

예 : 4

- 4 — 보증 하중응력이 400N/㎟인 것을 나타낸다.

(2) 스테인리스강제 볼트의 경우에는 강도구분 대신에 성상구분이 사용되고 있고, A2－70이라고 하는 성상구분을 적용하고 있다. A2란, 강종구분으로 오스테나이트계를 의미하고, 70은 강도구분(냉간가공, 인장강도 700N/㎟ 이상)을 의미한다.

(3) M3～M24의 것으로 호칭길이(l)가 나사의 호칭지름(d)의 10배($10d$) 또는 150㎜의 어느 것을 넘는 것은 부품 등급 B에 의한다.

표 4·9 스터드 볼트의 형상 및 치수 (JIS B 1173) (단위 mm)

박는 쪽 너트 쪽

호칭지름 (d)		4	5	6	8	10	12	(14)	16	(18)	20
피 치 P	보통나사	0.7	0.8	1	1.25	1.5	1.75	2	2	2.5	2.5
	가는나사	—	—	—	—	1.25	1.25	1.5	1.5	1.5	1.5
d_3		4	5	6	8	10	12	14	16	18	20
s		10	12	14	18	20	22	25	28	30	32
t	1 종	—	—	—	—	12	15	18	20	22	25
	2 종	6	7	8	11	15	18	21	24	27	30
	3 종	8	10	12	16	20	24	28	32	36	40
k (약)		0.8	0.8	1	1.2	1.5	2	2	2	2.5	2.5
l		12 14 16 18 20 22 25 28 30 32 35 38 40	12 14 16 18 20 22 25 28 30 32 35 38 40 45	12 14 16 18 20 22 25 28 30 32 35 38 40 45 50	12 14 16 18 20 22 25 28 30 32 35 38 40 45 50 55	16 18 20 22 25 28 30 32 35 38 40 45 50 55 60 65 70 80 90 100	20 22 25 28 30 32 35 38 40 45 50 55 60 65 70 80 90 100	25 28 30 32 35 38 40 45 50 55 60 65 70 80 90 100	32 35 38 40 45 50 55 60 65 70 80 90 100	32 35 38 40 45 50 55 60 65 70 80 90 100 110 120 140 160	32 35 38 40 45 50 55 60 65 70 80 90 100 110 120 140 160

〔비고〕 1. 호칭지름에 괄호를 붙인 것은 가급적 사용하지 않는다.
2. x는 불완전 나사부의 길이로 원칙으로 피치의 2배 이하로 한다.

〔제품을 부르는법〕 볼트를 부르는 법은, 규격번호 또는 규격명칭, 나사의 호칭지름× l, 기계적 성질의 강도구분, 박는 쪽의 피치계열 t의 종별, 너트 쪽의 피치계열 및 지정사항에 의한다.
그리고 너트쪽 나사의 등급을 특히 필요로 하는 경우에는 너트쪽 피치계열의 다음에 덧붙인다.

〔예〕

JIS B 1173 스터드 볼트	4×20 12×40	4.8 4 T	병 병	2종 2종	병 세	MFZn2
‖	‖	‖	‖	‖	‖	‖
(규격번호 또는 규격명칭)	(호칭지름× l)	(강도 구분)	(박는 쪽의 피치계열)	(t의 종별)	(너트 쪽의 피치계열)	(지정 사항)

표 4·10 평와셔(플레인 와셔) (JIS B 1256) (단위 mm)

소형 둥근(환), 광택 둥근(환)

보통 둥근(환)

호칭지름	소형 둥근(환)			광택 둥근(환)				보통 둥근(환)		
	d	D	t	d	D	t	C 약	d	D	t
1	1.1	2.5	0.3	—	—	—	—			
1.2	1.3	2.8	0.3							
1.4	1.5	3	0.3							
1.6, *1.7	1.8	3.8	0.3							
2	2.2	4.3	0.3	2.2	5	0.3	0.1	—	—	—
2.2, *2.3	2.5	4.6	0.5	2.5	6.5	0.5				
2.5, *2.6	2.8	5	0.5	2.8	6.5	0.5				
3	3.2	6	0.5	3.2	7	0.5				
(3.5)	3.7	7	0.5	3.7	9	0.5				
4	4.3	8	0.8	4.3	9	0.8	0.2			
(4.5)	4.8	9	0.8	4.8	10	0.8				
5	5.3	10	1.0	5.3	10	1				
6	6.4	11.5	1.6	6.4	12.5	1.6	0.3	6.6	12.5	1.6
8	8.4	15.5	1.6	8.4	17	1.6	0.5	9	17	1.6
10	10.5	18	2	10.5	21	2		11	21	2
12	13	21	2.5	13	24	2.5	0.8	14	24	2.3
(14)	15	24	2.5	15	28	2.5		16	28	3.2
16	17	28	3	17	30	3		18	30	3.2
(18)	19	30	3	19	34	3		20	34	3.2
20	21	34	3	21	37	3		22	37	3.2
(22)	23	37	3	23	39	3		24	39	3.2
24	25	39	4	25	44	4	1	26	44	4.5
(27)	28	44	4	28	50	4		30	50	4.5
30	31	50	4	31	56	4		33	56	4.5
(33)	34	56	5	34	60	5		36	60	6
36	37	60	5	37	66	5		39	66	6
(39)	40	66	6	40	72	6		42	72	6
42	—	—	—	43	78	7	2	45	78	7
(45)				46	85	7		48	85	7
48				50	92	8		52	92	8
(52)				54	98	8		56	98	8
56				58	105	9		62	105	9
(60)				62	110	9		66	110	9
64				66	115	9		70	115	9
(68)				70	120	10		74	120	10
72				74	125	10		78	125	10
(76)				78	135	10		82	135	10
80				82	140	12	3	86	140	12
호칭지름								↓	↓	↓
(85)								91	145	12
90								96	160	12
(95)								101	165	12
100								107	175	14
(105)								112	180	14
110								117	185	14
(115)								122	200	14
(120)								127	210	16
125								132	220	16
(130)								137	230	16
140								147	240	18
(150)								158	250	18

〔비고〕

1. 표 중의 호칭지름은 미터나사의 호칭지름과 일치한다.
2. 호칭지름에 괄호를 붙인 것은 가급적 사용하지 않는다.
3. 내경(d)의 기준치수는 소형 둥근, 광택 둥근에서는 JIS B 1001(볼트구멍지름 및 자리파기 지름)의 볼트 구멍지름의 1급에, 또 보통 둥근은 똑같이 2급에 일치되어 있다.

표 4·11 스프링 와셔(JIS B 1251)

단면

$C \doteqdot \frac{t}{4}$ ※

약 2t

〔주〕 면떼기 또는 라운딩

(단위 mm)

호칭	내경 d	단면치수(최소) 2 호 폭 b× 두께 t	3 호 폭 b× 두께 t	외경 D (최대) 2 호	3 호
2	2.1	0.9×0.5	—	4.4	—
2.5	2.6	1.0×0.6		5.2	
3	3.1	1.1×0.7		5.9	
(3.5)	3.6	1.2×0.8		6.6	
4	4.1	1.4×1.0		7.6	
(4.5)	4.6	1.5×1.2		8.3	
5	5.1	1.7×1.3		9.2	
6	6.1	2.7×1.5	2.7×1.9	12.2	12.2
(7)	7.1	2.8×1.6	2.8×2.0	13.4	13.4
8	8.2	3.2×2.0	3.3×2.5	15.4	15.6
10	10.2	3.7×2.5	3.9×3.0	18.4	18.8
12	12.2	4.2×3.0	4.4×3.6	21.5	21.9
(14)	14.2	4.7×3.5	4.8×4.2	24.5	24.7
16	16.2	5.2×4.0	5.3×4.8	28.0	28.2
(18)	18.2	5.7×4.6	5.9×5.4	31.0	31.4
20	20.2	6.1×5.1	6.4×6.0	33.8	34.4
(22)	22.5	6.8×5.6	7.1×6.8	37.7	38.3
24	24.5	7.1×5.9	7.6×7.2	40.3	41.3
(27)	27.5	7.9×6.8	8.6×8.3	45.3	46.7
30	30.5	8.7×7.5	—	49.9	—
(33)	33.5	9.5×8.2		54.7	
36	36.5	10.2×9.0		59.1	
(39)	39.5	10.7×9.5		63.1	

〔비고〕 1. 호칭에 괄호를 붙인 것은 가급적 사용하지 않는다.

2. 가공정도 "보통" 볼트의 머리쪽에 와셔를 사용하는 경우에는, 1단계 위의 호칭의 것을 사용한다.

표 4·12 슬리팅붙이 작은나사 (JIS B 1101)

(a) 슬리팅 붙이 납짝머리 작은 나사

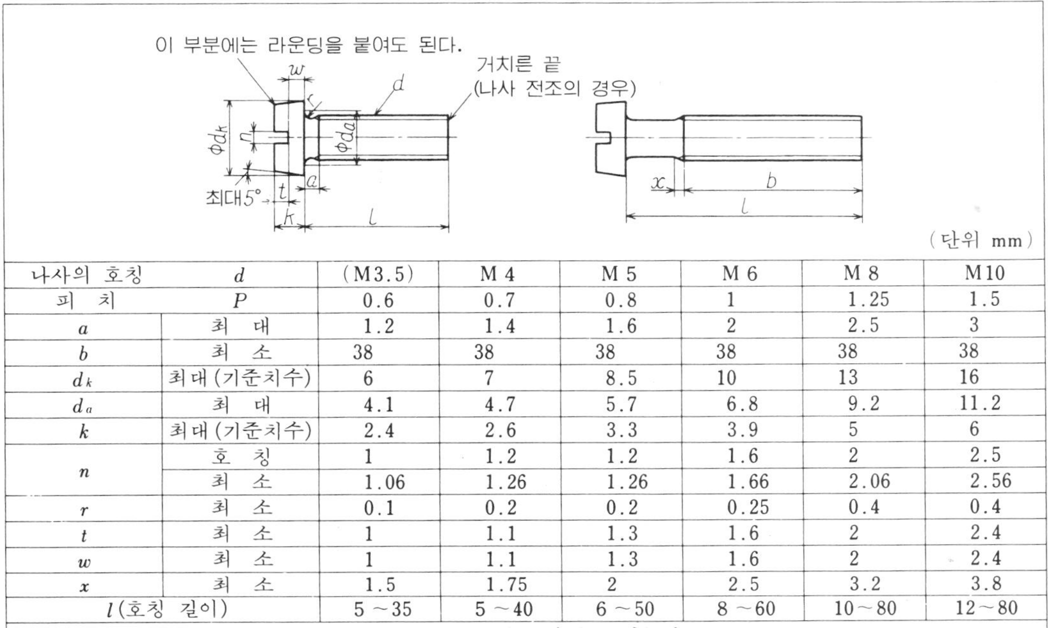

(단위 mm)

나사의 호칭	d	(M3.5)	M 4	M 5	M 6	M 8	M10
피 치	P	0.6	0.7	0.8	1	1.25	1.5
a	최 대	1.2	1.4	1.6	2	2.5	3
b	최 소	38	38	38	38	38	38
d_k	최대(기준치수)	6	7	8.5	10	13	16
d_a	최 대	4.1	4.7	5.7	6.8	9.2	11.2
k	최대(기준치수)	2.4	2.6	3.3	3.9	5	6
n	호 칭	1	1.2	1.2	1.6	2	2.5
	최 소	1.06	1.26	1.26	1.66	2.06	2.56
r	최 소	0.1	0.2	0.2	0.25	0.4	0.4
t	최 소	1	1.1	1.3	1.6	2	2.4
w	최 소	1	1.1	1.3	1.6	2	2.4
x	최 소	1.5	1.75	2	2.5	3.2	3.8
l (호칭 길이)		5 ~ 35	5 ~ 40	6 ~ 50	8 ~ 60	10 ~ 80	12 ~ 80

〔비고〕 1. 나사의 호칭에 괄호를 붙인 것은 가급적 사용하지 않는다.
2. 나사의 호칭에 대하여 추천하는 길이(l)는, 위 표의 범위에서 다음의 값 중에서 골라서 사용한다.
2, 2.5, 3, 4, 5, 6, 8, 10, 12, (14), 16 20, 25, 30, 35, 40, 45, 50, (55), 60, 70, (75), 80

(b) 슬리팅 붙이 냄비머리 작은 나사

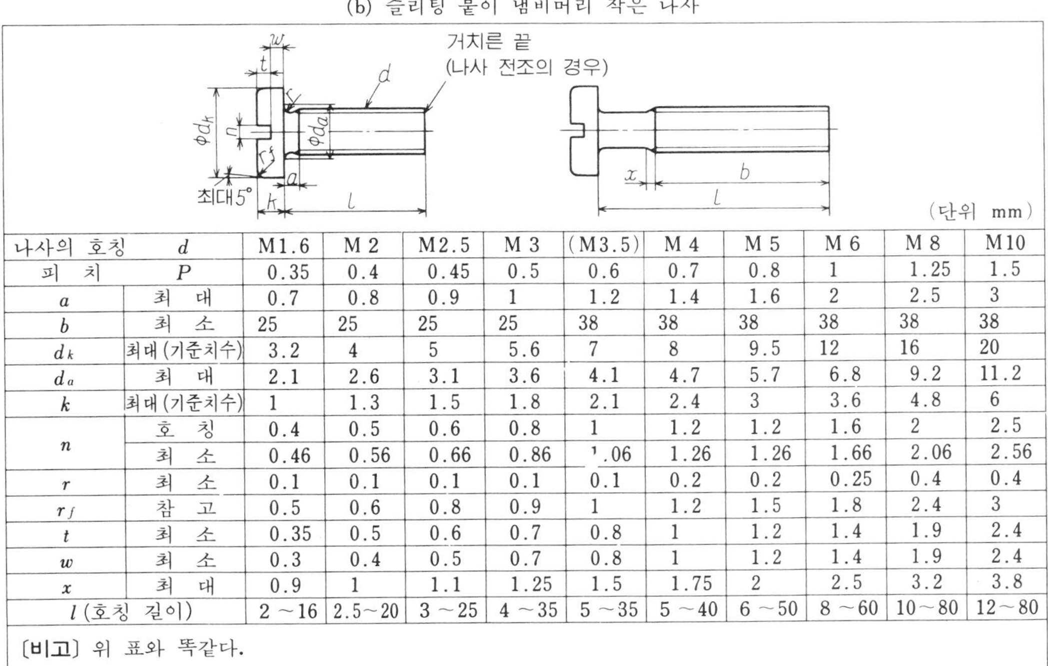

(단위 mm)

나사의 호칭	d	M1.6	M 2	M2.5	M 3	(M3.5)	M 4	M 5	M 6	M 8	M10
피 치	P	0.35	0.4	0.45	0.5	0.6	0.7	0.8	1	1.25	1.5
a	최 대	0.7	0.8	0.9	1	1.2	1.4	1.6	2	2.5	3
b	최 소	25	25	25	25	38	38	38	38	38	38
d_k	최대(기준치수)	3.2	4	5	5.6	7	8	9.5	12	16	20
d_a	최 대	2.1	2.6	3.1	3.6	4.1	4.7	5.7	6.8	9.2	11.2
k	최대(기준치수)	1	1.3	1.5	1.8	2.1	2.4	3	3.6	4.8	6
n	호 칭	0.4	0.5	0.6	0.8	1	1.2	1.2	1.6	2	2.5
	최 소	0.46	0.56	0.66	0.86	1.06	1.26	1.26	1.66	2.06	2.56
r	최 소	0.1	0.1	0.1	0.1	0.1	0.2	0.2	0.25	0.4	0.4
r_f	참 고	0.5	0.6	0.8	0.9	1	1.2	1.5	1.8	2.4	3
t	최 소	0.35	0.5	0.6	0.7	0.8	1	1.2	1.4	1.9	2.4
w	최 소	0.3	0.4	0.5	0.7	0.8	1	1.2	1.4	1.9	2.4
x	최 대	0.9	1	1.1	1.25	1.5	1.75	2	2.5	3.2	3.8
l (호칭 길이)		2 ~ 16	2.5 ~ 20	3 ~ 25	4 ~ 35	5 ~ 35	5 ~ 40	6 ~ 50	8 ~ 60	10 ~ 80	12 ~ 80

〔비고〕 위 표와 똑같다.

표 4·13 十자 구멍붙이 작은나사 (JIS B 1111)

(a) 十자 구멍붙이 냄비머리 작은 나사

(단위 mm)

나사의 호칭		d	M1.6	M 2	M2.5	M 3	(M3.5)	M 4	M 5	M 6	M 8	M10
피 치		P	0.35	0.4	0.45	0.5	0.6	0.7	0.8	1	1.25	1.5
a	최 대		0.7	0.8	0.9	1	1.2	1.4	1.6	2	2.5	3
b	최 소		25	25	25	25	38	38	38	38	38	38
d_a	최 대		2.1	2.6	3.1	3.6	4.1	4.7	5.7	6.8	9.2	11.2
d_k	최대(기준치수)		3.2	4	5	5.6	7	8	9.5	12	16	20
	최 소		2.9	3.7	4.7	5.3	6.64	7.64	9.14	11.57	15.57	19.48
k	최대(기준치수)		1.3	1.6	2.1	2.4	2.6	3.1	3.7	4.6	6	7.5
	최 소		1.16	1.46	1.96	2.26	2.46	2.92	3.52	4.30	5.70	7.14
r	최 소		0.1	0.1	0.1	0.1	0.1	0.2	0.2	0.25	0.4	0.4
r_f	약		2.5	3.2	4	5	6	6.5	8	10	13	16
x	최 대		0.9	1	1.1	1.25	1.5	1.75	2	2.5	3.2	3.8
十자 구멍의 번호			0		1		2			3	4	
H형 十자 구멍	m	참고	1.7	2.0	2.7	3.0	4.1	4.6	5.1	7.0	9.0	10.2
	q	최소	0.7	0.9	1.15	1.4	1.4	1.9	2.4	3.1	4	5.2
		최대	0.95	1.2	1.55	1.8	1.9	2.4	2.9	3.6	4.6	5.8
Z형 十자 구멍	m	참고	1.7	2.0	2.7	2.9	4.0	4.4	4.8	6.8	8.8	10.0
	q	최소	0.65	0.85	1.1	1.35	1.45	1.9	2.3	3.05	4.05	5.25
		최대	0.9	1.2	1.5	1.75	1.9	2.35	2.75	3.5	4.5	5.7
l (호칭 길이)			3~16	3~20	3~25	4~30	5~35	6~40	8~45	10~60	12~60	14~60

〔비고〕 1. 나사의 호칭에 괄호를 붙인 것은 가급적 사용하지 않는다.
2. 나사의 호칭에 대하여 추천하는 호칭길이(l)는, 위 표의 범위에서 다음의 값 중에서 골라서 사용한다. 그러나 괄호를 붙인 것은 가급적 사용하지 않는다.
2, 2.5, 3, 4, 5, 6, 8, 10, 12, (14), 16, 20, 25, 30, 35, 40, 45, 50, (55), 60, 70, (75), 80

(b) 十자 구멍붙이 둥근접시 작은 나사

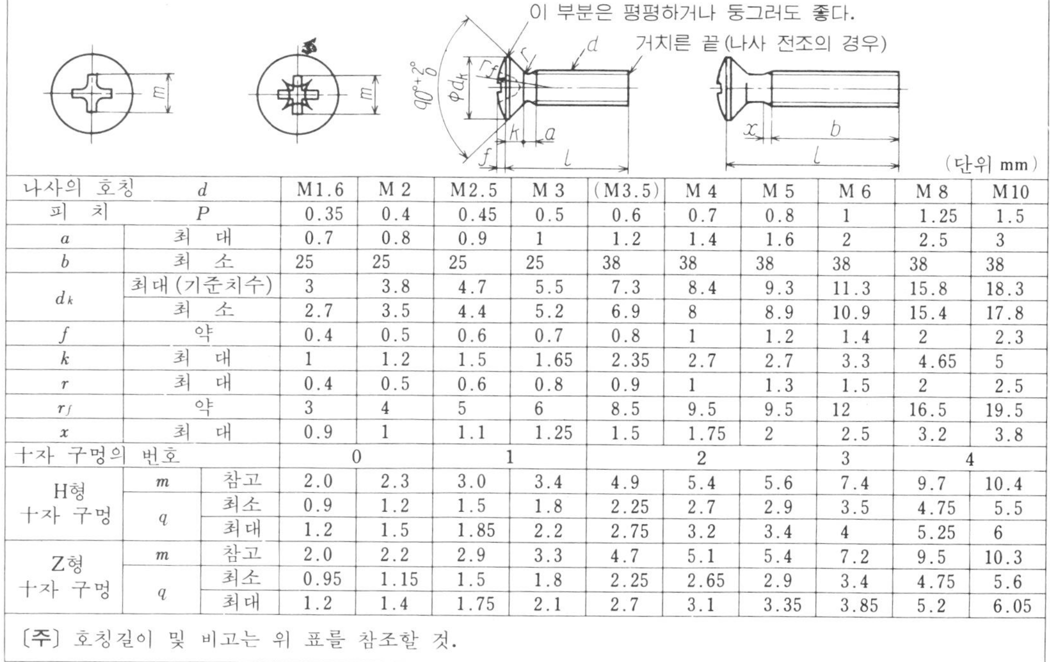

(단위 mm)

나사의 호칭		d	M1.6	M 2	M2.5	M 3	(M3.5)	M 4	M 5	M 6	M 8	M10
피 치		P	0.35	0.4	0.45	0.5	0.6	0.7	0.8	1	1.25	1.5
a	최 대		0.7	0.8	0.9	1	1.2	1.4	1.6	2	2.5	3
b	최 소		25	25	25	25	38	38	38	38	38	38
d_k	최대(기준치수)		3	3.8	4.7	5.5	7.3	8.4	9.3	11.3	15.8	18.3
	최 소		2.7	3.5	4.4	5.2	6.9	8	8.9	10.9	15.4	17.8
f	약		0.4	0.5	0.6	0.7	0.8	1	1.2	1.4	2	2.3
k	최 대		1	1.2	1.5	1.65	2.35	2.7	2.7	3.3	4.65	5
r	최 대		0.4	0.5	0.6	0.8	0.9	1	1.3	1.5	2	2.5
r_f	약		3	4	5	6	8.5	9.5	9.5	12	16.5	19.5
x	최 대		0.9	1	1.1	1.25	1.5	1.75	2	2.5	3.2	3.8
十자 구멍의 번호			0		1		2			3	4	
H형 十자 구멍	m	참고	2.0	2.3	3.0	3.4	4.9	5.4	5.6	7.4	9.7	10.4
	q	최소	0.9	1.2	1.5	1.8	2.25	2.7	2.9	3.5	4.75	5.5
		최대	1.2	1.5	1.85	2.2	2.75	3.2	3.4	4	5.25	6
Z형 十자 구멍	m	참고	2.0	2.2	2.9	3.3	4.7	5.1	5.4	7.2	9.5	10.3
	q	최소	0.95	1.15	1.5	1.8	2.25	2.65	2.9	3.4	4.75	5.6
		최대	1.2	1.4	1.75	2.1	2.7	3.1	3.35	3.85	5.2	6.05

〔주〕 호칭길이 및 비고는 위 표를 참조할 것.

4·14 볼트 구멍지름 및 자리파기 지름의 치수 (JIS B 1001)

(단위 mm)

나사의 호칭지름	볼트 구멍 지름 d_h [2] 1급 (H12)	2급 (H13)	3급 (H14)	4급 [1]	모떼기 e	자리파기 지름 D
1	1.1	1.2	1.3	–	0.2	3
1.2	1.3	1.4	1.5	–	0.2	4
1.4	1.5	1.6	1.8	–	0.2	4
1.6	1.7	1.8	2	–	0.2	5
※ 1.7	1.8	2	2.1	–	0.2	5
1.8	2.0	2.1	2.2	–	0.2	5
2	2.2	2.4	2.6	–	0.3	7
2.2	2.4	2.6	2.8	–	0.3	8
※ 2.3	2.5	2.7	2.9	–	0.3	8
2.5	2.7	2.9	3.1	–	0.3	8
※ 2.6	2.8	3	3.2	–	0.3	8
3	3.2	3.4	3.6	–	0.3	9
3.5	3.7	3.9	4.2	–	0.3	10
4	4.3	4.5	4.8	5.5	0.4	11
4.5	4.8	5	5.3	6	0.4	13
5	5.3	5.5	5.8	6.5	0.4	13
6	6.4	6.6	7	7.8	0.4	15
7	7.4	7.6	8	–	0.4	18
8	8.4	9	10	10	0.6	20
10	10.5	11	12	13	0.6	24
12	13	13.5	14.5	15	1.1	28
14	15	15.5	16.5	17	1.1	32
16	17	17.5	18.5	20	1.1	35
18	19	20	21	22	1.1	39
20	21	22	24	25	1.2	43
22	23	24	26	27	1.2	46
24	25	26	28	29	1.2	50
27	28	30	32	33	1.7	55
30	31	33	35	36	1.7	62
33	34	36	38	40	1.7	66
36	37	39	42	43	1.7	72
39	40	42	45	46	1.7	76
42	43	45	48	–	1.8	82
45	46	48	52	–	1.8	87
48	50	52	56	–	2.3	93
52	54	56	62	–	2.3	100
56	58	62	66	–	3.5	110
60	62	66	70	–	3.5	115
64	66	70	74	–	3.5	122
68	70	74	78	–	3.5	127
72	74	78	82	–	3.5	133
76	78	82	86	–	3.5	143
80	82	86	91	–	3.5	148
85	87	91	96	–	–	–
90	93	96	101	–	–	–
95	98	101	107	–	–	–
100	104	107	112	–	–	–
105	109	112	117	–	–	–
110	114	117	122	–	–	–
115	119	122	127	–	–	–
120	124	127	132	–	–	–
125	129	132	137	–	–	–
130	134	137	144	–	–	–
140	144	147	155	–	–	–
150	155	158	165	–	–	–

〔주〕 (1) 4급은 주로 주물빼기 구멍에 적용한다.

(2) 치수허용차의 기호에 대한 치수는, JIS B 0401(치수공차 및 끼워맞춤)에 의한다.

〔비고〕 1. 이 표에서 음영이 들어간 부분은, ISO 273에 규정되어 있지 않은 것이다.

2. 나사의 호칭지름에 ※표를 붙인 것은, ISO 261에 규정되어 있지 않은 것이다.

3. 구멍의 모떼기는, 필요에 따라서 하고 그의 각도는 원칙으로 90°로 한다.

4. 어느 나사의 호칭지름에 대하여, 이 표의 자리파기 지름보다 작은 것 또는 큰 것을 필요로 할 경우에는, 가급적 이 표의 자리파기 지름 계열에서 수치를 고르는 것이 좋다.

5. 자리파기면은, 구멍의 중심선에 대하여 직각이 되도록 자리파기의 깊이는 일반으로 흑피를 벗길 정도로 한다.

표 4·15 센터 구멍 (JIS B 1011) (단위 mm)

(a) 60° 센터 구멍

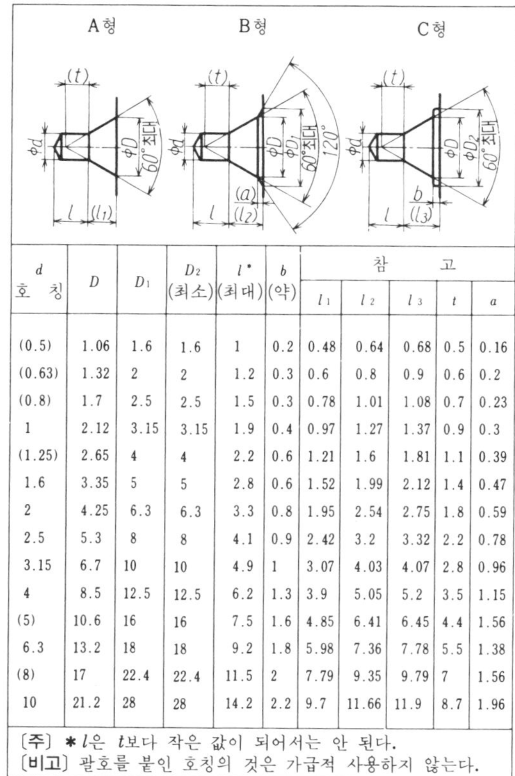

d 호 칭	D	D_1	D_2 (최소)	l* (최대)	b (약)	참고 l_1	l_2	l_3	t	a
(0.5)	1.06	1.6	1.6	1	0.2	0.48	0.64	0.68	0.5	0.16
(0.63)	1.32	2	2	1.2	0.3	0.6	0.8	0.9	0.6	0.2
(0.8)	1.7	2.5	2.5	1.5	0.3	0.78	1.01	1.08	0.7	0.23
1	2.12	3.15	3.15	1.9	0.4	0.97	1.27	1.37	0.9	0.3
(1.25)	2.65	4	4	2.2	0.6	1.21	1.6	1.81	1.1	0.39
1.6	3.35	5	5	2.8	0.6	1.52	1.99	2.12	1.4	0.47
2	4.25	6.3	6.3	3.3	0.8	1.95	2.54	2.75	1.8	0.59
2.5	5.3	8	8	4.1	0.9	2.42	3.2	3.32	2.2	0.78
3.15	6.7	10	10	4.9	1	3.07	4.03	4.07	2.8	0.96
4	8.5	12.5	12.5	6.2	1.3	3.9	5.05	5.2	3.5	1.15
(5)	10.6	16	16	7.5	1.6	4.85	6.41	6.45	4.4	1.56
6.3	13.2	18	18	9.2	1.8	5.98	7.36	7.78	5.5	1.38
(8)	17	22.4	22.4	11.5	2	7.79	9.35	9.79	7	1.56
10	21.2	28	28	14.2	2.2	9.7	11.66	11.9	8.7	1.96

〔주〕 * l은 t보다 작은 값이 되어서는 안 된다.
〔비고〕 괄호를 붙인 호칭의 것은 가급적 사용하지 않는다.

(b) 60° 센터 구멍 R형

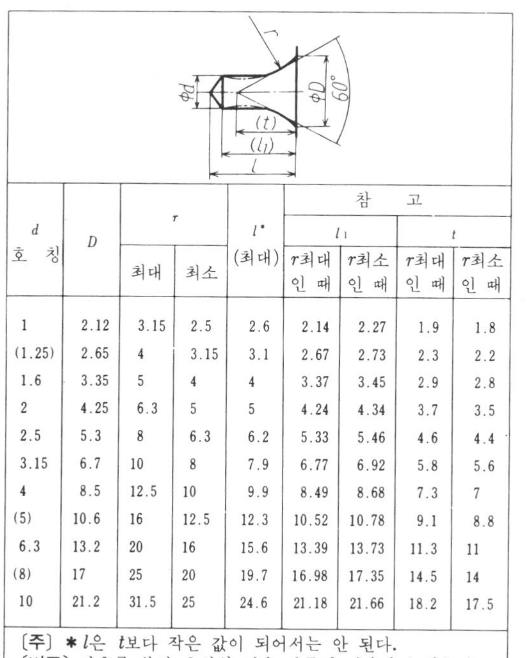

d 호 칭	D	r 최대	r 최소	l* (최대)	참고 l_1 r최대인 때	l_1 r최소인 때	t r최대인 때	t r최소인 때
1	2.12	3.15	2.5	2.6	2.14	2.27	1.9	1.8
(1.25)	2.65	4	3.15	3.1	2.67	2.73	2.3	2.2
1.6	3.35	5	4	4	3.37	3.45	2.9	2.8
2	4.25	6.3	5	5	4.24	4.34	3.7	3.5
2.5	5.3	8	6.3	6.2	5.33	5.46	4.6	4.4
3.15	6.7	10	8	7.9	6.77	6.92	5.8	5.6
4	8.5	12.5	10	9.9	8.49	8.68	7.3	7
(5)	10.6	16	12.5	12.3	10.52	10.78	9.1	8.8
6.3	13.2	20	16	15.6	13.39	13.73	11.3	11
(8)	17	25	20	19.7	16.98	17.35	14.5	14
10	21.2	31.5	25	24.6	21.18	21.66	18.2	17.5

〔주〕 * l은 t보다 작은 값이 되어서는 안 된다.
〔비고〕 괄호를 붙인 호칭의 것은 가급적 사용하지 않는다.

(c) 75° 센터 구멍

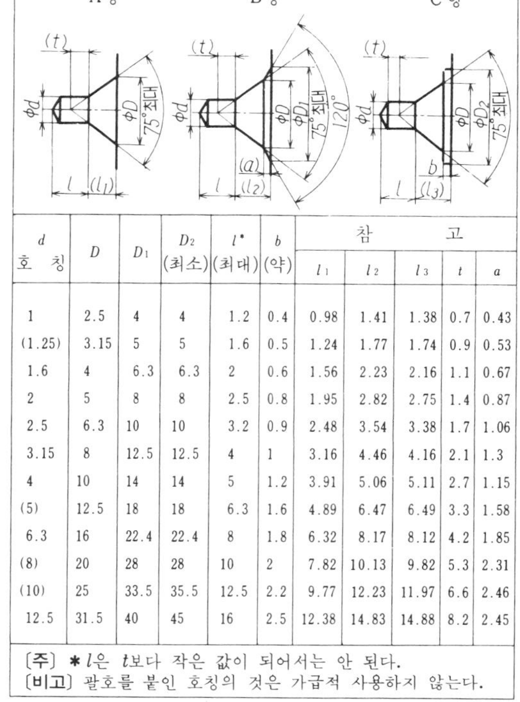

d 호 칭	D	D_1	D_2 (최소)	l* (최대)	b (약)	참고 l_1	l_2	l_3	t	a
1	2.5	4	4	1.2	0.4	0.98	1.41	1.38	0.7	0.43
(1.25)	3.15	5	5	1.6	0.5	1.24	1.77	1.74	0.9	0.53
1.6	4	6.3	6.3	2	0.6	1.56	2.23	2.16	1.1	0.67
2	5	8	8	2.5	0.8	1.95	2.82	2.75	1.4	0.87
2.5	6.3	10	10	3.2	0.9	2.48	3.54	3.38	1.7	1.06
3.15	8	12.5	12.5	4	1	3.16	4.46	4.16	2.1	1.3
4	10	14	14	5	1.2	3.91	5.06	5.11	2.7	1.15
(5)	12.5	18	18	6.3	1.6	4.89	6.47	6.49	3.3	1.58
6.3	16	22.4	22.4	8	1.8	6.32	8.17	8.12	4.2	1.85
(8)	20	28	28	10	2	7.82	10.13	9.82	5.3	2.31
(10)	25	33.5	35.5	12.5	2.2	9.77	12.23	11.97	6.6	2.46
12.5	31.5	40	45	16	2.5	12.38	14.83	14.88	8.2	2.45

〔주〕 * l은 t보다 작은 값이 되어서는 안 된다.
〔비고〕 괄호를 붙인 호칭의 것은 가급적 사용하지 않는다.

(d) 90° 센터 구멍

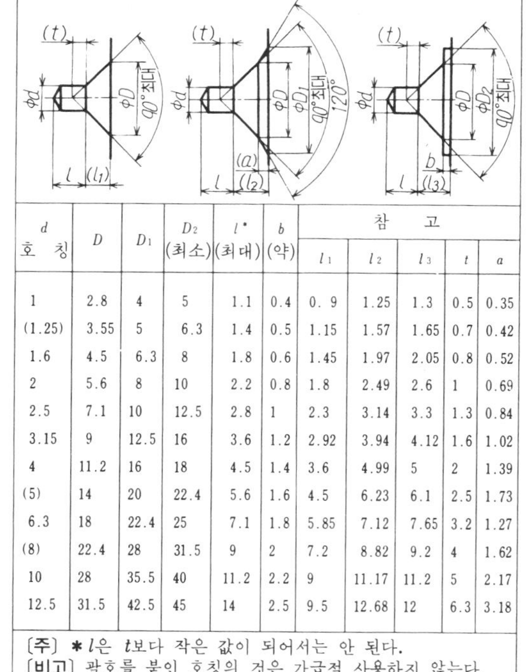

d 호 칭	D	D_1	D_2 (최소)	l* (최대)	b (약)	참고 l_1	l_2	l_3	t	a
1	2.8	4	5	1.1	0.4	0. 9	1.25	1.3	0.5	0.35
(1.25)	3.55	5	6.3	1.4	0.5	1.15	1.57	1.65	0.7	0.42
1.6	4.5	6.3	8	1.8	0.6	1.45	1.97	2.05	0.8	0.52
2	5.6	8	10	2.2	0.8	1.8	2.49	2.6	1	0.69
2.5	7.1	10	12.5	2.8	1	2.3	3.14	3.3	1.3	0.84
3.15	9	12.5	16	3.6	1.2	2.92	3.94	4.12	1.6	1.02
4	11.2	16	18	4.5	1.4	3.6	4.99	5	2	1.39
(5)	14	20	22.4	5.6	1.6	4.5	6.23	6.1	2.5	1.73
6.3	18	22.4	25	7.1	1.8	5.85	7.12	7.65	3.2	1.27
(8)	22.4	28	31.5	9	2	7.2	8.82	9.2	4	1.62
10	28	35.5	40	11.2	2.2	9	11.17	11.2	5	2.17
12.5	31.5	42.5	45	14	2.5	9.5	12.68	12	6.3	3.18

〔주〕 * l은 t보다 작은 값이 되어서는 안 된다.
〔비고〕 괄호를 붙인 호칭의 것은 가급적 사용하지 않는다.

표 4·16 키 단면 및 키 홈의 단면 (JIS B 1301)

(a) 평행 키 및 키 홈의 형상과 치수

(단위 mm)

키의 단면 키홈의 단면

키의 호칭 치수 $b \times h$	키의 치수							키홈의 치수								참 고
	b		h			c	l [1]	b_1, b_2의 기준치수	정 급	보 통 급		r_1 및 r_2	t_1의 기준치수	t_2의 기준치수	t_1, t_2의 허용차	적응하는 축지름 [2] d
	기준치수	허용차 (h9)	기준치수	허용차					b_1 및 b_2 허용차 (P9)	b_1 허용차 (N9)	b_2 허용차 (Js9)					
2× 2	2	0 -0.025	2	0 -0.025	h 9	0.16 ~ 0.25	6~ 20	2	-0.006 -0.031	-0.004 -0.029	±0.0125	0.08 ~ 0.16	1.2	1.0	+0.1 0	6~ 8
3× 3	3		3				6~ 36	3					1.8	1.4		8~ 10
4× 4	4	0 -0.030	4	0 -0.030			8~ 45	4	-0.012 -0.042	0 -0.030	0 ±0.0150		2.5	1.8		10~ 12
5× 5	5		5			0.25 ~ 0.40	10~ 56	5				0.16 ~ 0.25	3.0	2.3		12~ 17
6× 6	6		6				14~ 70	6					3.5	2.8		17~ 22
(7× 7)	7	0 -0.036	7	0 -0.036			16~ 80	7	-0.015 -0.051	0 -0.036	±0.0180		4.0	3.0	+0.2 0	20~ 25
8× 7	8		7	0 -0.090	h11		18~ 90	8					4.0	3.3		22~ 30
10× 8	10		8			0.40 ~ 0.60	22~110	10				0.25 ~ 0.40	5.0	3.3		30~ 38
12× 8	12	0 -0.043	8				28~140	12	-0.018 -0.061	0 -0.043	±0.0215		5.0	3.3		38~ 44
14× 9	14		9				36~160	14					5.5	3.8		44~ 50
(15×10)	15		10				40~180	15					5.0	5.0		50~ 55
16×10	16		10				45~180	16					6.0	4.3		50~ 58
18×11	18		11				50~200	18					7.0	4.4		58~ 65
20×12	20	0 -0.052	12	0 -0.110		0.60 ~ 0.80	56~220	20	-0.022 -0.074	0 -0.052	±0.0260	0.40 ~ 0.60	7.5	4.9		65~ 75
22×14	22		14				63~250	22					9.0	5.4		75~ 85
(24×16)	24		16				70~280	24					8.0	8.0		80~ 90
25×14	25		14				70~280	25					9.0	5.4		85~ 95
28×16	28		16				80~320	28					10.0	6.4		95~110
32×18	32		18				90~360	32	-0.026 -0.088	0 -0.062	±0.0310		11.0	7.4		110~130
(35×22)	35	0 -0.062	22	0 -0.130		1.00 ~ 1.20	100~400	35				0.70 ~ 1.00	11.0	11.0	+0.3 0	125~140
36×20	36		20				—	36					12.0	8.4		130~150
(38×24)	38		24				—	38					12.0	12.0		140~160
40×22	40		22				—	40					13.0	9.4		150~170
(42×26)	42		26				—	42					13.0	13.0		160~180
45×25	45		25				—	45					15.0	10.4		170~200
50×28	50		28				—	50					17.0	11.4		200~230
56×32	56	0 -0.074	32	0 -0.160		1.60 ~ 2.00	—	56	-0.032 -0.106	0 -0.074	±0.0370	1.20 ~ 1.60	20.0	12.4		230~260
63×32	63		32				—	63					20.0	12.4		260~290
70×36	70		36				—	70					22.0	14.4		290~330
80×40	80		40			2.50 ~ 3.00	—	80				2.00 ~ 2.50	25.0	15.4		330~380
90×45	90	0 -0.087	45				—	90	-0.037 -0.124	0 -0.087	±0.0435		28.0	17.4		380~440
100×50	100		50				—	100					31.0	19.5		440~500

〔주〕(1) l은 표의 범위 내에서, 다음 중에서 고른다.
그리고 l의 치수 허용차는 원칙으로 JIS B 0401의 h12로 한다.
6, 8, 10, 12, 14, 16, 18, 20, 22, 25, 28, 32, 36, 40, 45, 50, 56, 63, 70, 80, 90, 100, 110, 125, 140, 160, 180, 200, 220, 250, 280, 320, 360, 400.

(2) 적응하는 축지름은, 키의 강도에 대응하는 토크에 적응하는 것으로 한다.

〔비고〕 괄호를 붙인 치수법은 그다지 사용하지 않는다.

(다음 페이지에 계속)

표 4·16 키 단면 및 키 홈의 단면 (JIS B 1301)

(b) 경사 키, 머리붙이 경사 키, 경사 키, 머리붙이 경사 키 및 키 홈의 형상 및 치수 (단위 mm)

경사 키 / 머리붙이 경사 키 / 키의 단면 / 키 홈의 단면

$h_2 = h$, $f \fallingdotseq h$, $e = b$

키의 호칭 치수 $b \times h$	키의 치수 b 기준 치수	b 허용차 (h 9)	h 기준 치수	h 허용 차		h_1	c	l [3]	키 홈의 치수 b_1 및 b_2 기준 치수	b_1 및 b_2 허용차 (D 10)	r_1 및 r_2	t_1의 기준 치수	t_2의 기준 치수	t_1, t_2의 허용차	참고 적응하는 축지름[4] d
2 × 2	2	0 −0.025	2	0 −0.025	h 9	—	0.16 ~ 0.25	6 ~ 20	2	+0.060 +0.020	0.08 ~ 0.16	1.2	0.5	+0.1 0	6 ~ 8
3 × 3	3		3			—		6 ~ 36	3			1.8	0.9		8 ~ 10
4 × 4	4	0 −0.030	4	0 −0.030		7		8 ~ 45	4	+0.078 +0.030		2.5	1.2		10 ~ 12
5 × 5	5		5			8	0.25 ~ 0.40	10 ~ 56	5		0.16 ~ 0.25	3.0	1.7		12 ~ 17
6 × 6	6		6			10		14 ~ 70	6			3.5	2.2		17 ~ 22
(7 × 7)	7	0 −0.036	7.2	0 −0.036		10		16 ~ 80	7	+0.098 +0.040		4.0	3.0		20 ~ 25
8 × 7	8		7	0 −0.090	h 11	11		18 ~ 90	8			4.0	2.4	+0.2 0	22 ~ 30
10 × 8	10		8			12	0.40 ~ 0.60	22 ~ 110	10		0.25 ~ 0.40	5.0	2.4		30 ~ 38
12 × 8	12	0 −0.043	8			12		28 ~ 140	12	+0.120 +0.050		5.0	2.4		38 ~ 44
14 × 9	14		9			14		36 ~ 160	14			5.5	2.9		44 ~ 50
(15 × 10)	15		10.2	0 −0.110		15		40 ~ 180	15			5.0	5.0	+0.1 0	50 ~ 55
16 × 10	16		10	0 −0.090		16		45 ~ 180	16			6.0	3.4	+0.2 0	50 ~ 58
18 × 11	18		11	0 −0.110		18		50 ~ 200	18			7.0	3.4		58 ~ 65
20 × 12	20	0 −0.052	12			20	0.60 ~ 0.80	56 ~ 220	20	+0.149 +0.065	0.40 ~ 0.60	7.5	3.9		65 ~ 75
22 × 14	22		14			22		63 ~ 250	22			9.0	4.4		75 ~ 85
(24 × 16)	24		16.2			24		70 ~ 280	24			8.0	8.0	+0.1 0	80 ~ 90
25 × 14	25		14			22		70 ~ 280	25			9.0	4.4	+0.2 0	85 ~ 95
28 × 16	28		16			25		80 ~ 320	28			10.0	5.4		95 ~ 110
32 × 18	32	0 −0.062	18			28		90 ~ 360	32	+0.180 +0.080		11.0	6.4		110 ~ 130
(35 × 22)	35		22.3	0 −0.130		32	1.00 ~ 1.20	100 ~ 400	35		0.70 ~ 1.00	11.0	11.0	+0.15 0	125 ~ 140
36 × 20	36		20			32		—	36			12.0	7.1	+0.3 0	130 ~ 150
(38 × 24)	38		24.3			36		—	38			12.0	12.0	+0.15 0	140 ~ 160
40 × 22	40		22			36		—	40			13.0	8.1	+0.3 0	150 ~ 170
(42 × 26)	42		26.3			40		—	42			13.0	13.0	+0.15 0	160 ~ 180
45 × 25	45		25			40		—	45			15.0	9.1	+0.3 0	170 ~ 200
50 × 28	50		28			45		—	50			17.0	10.1		200 ~ 230
56 × 32	56	0 −0.074	32	0 −0.160		50	1.60 ~ 2.00	—	56	+0.220 +0.100	1.20 ~ 1.60	20.0	11.1		230 ~ 260
63 × 32	63		32			50		—	63			20.0	11.1		260 ~ 290
70 × 36	70		36			56		—	70			22.0	13.1		290 ~ 330
80 × 40	80		40			63	2.50 ~ 3.00	—	80		2.00 ~ 2.50	25.0	14.1		330 ~ 380
90 × 45	90	0 −0.087	45			70		—	90	+0.260 +0.120		28.0	16.1		380 ~ 440
100 × 50	100		50			80		—	100			31.0	18.1		440 ~ 500

〔주〕 (3) l은, 표의 범위 내에서, 다음 중에서 고른다.
그리고 l의 치수허용차는 원칙으로 JIS B 0401의 h12로 한다.
6, 8, 10, 12, 14, 16, 18, 20, 22, 25, 28, 32, 36, 40, 45, 50, 56, 63, 70, 80, 90, 100, 125, 125, 140, 160, 180, 200, 220, 250, 280, 320, 360, 400.
(4) 적응하는 축지름은 키의 강도에 대응하는 토크에 적응하는 것으로 한다.

〔비고〕 1. 괄호를 붙인 호칭치수의 것은 가급적 사용하지 않는다.
2. 보스의 홈에는 일반으로 1/100의 경사를 붙인다.

표 4·17 플랜지형 휨축 계수 (JIS B 1451) (단위 mm)

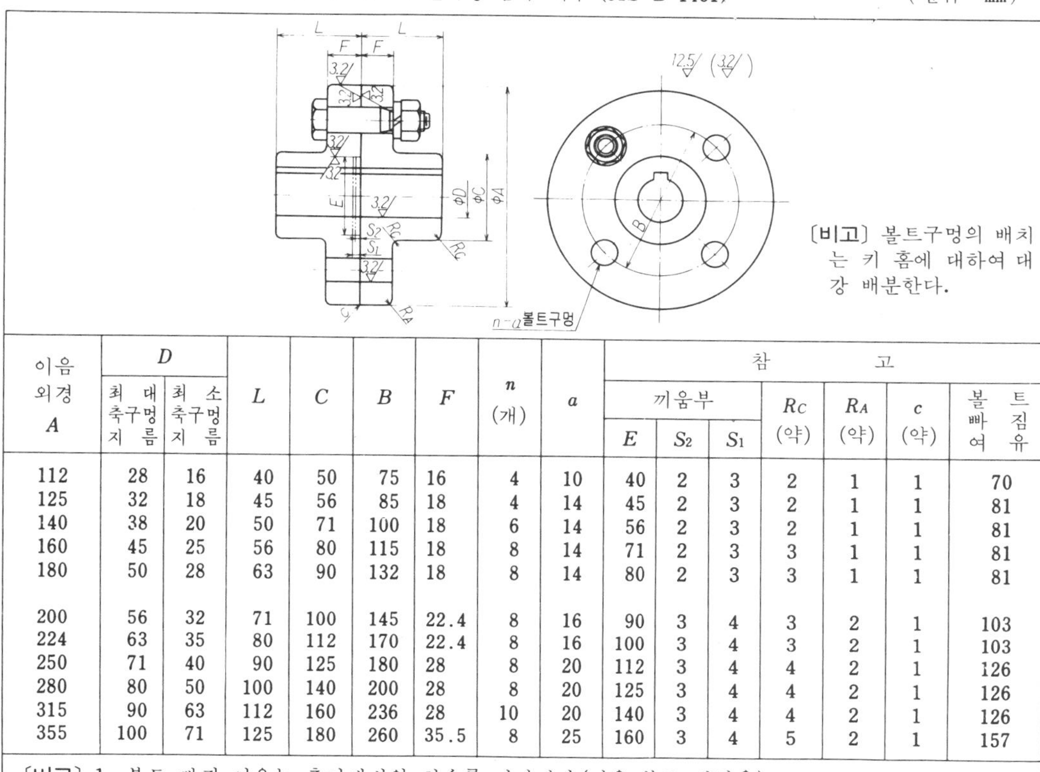

〔비고〕 볼트구멍의 배치는 키 홈에 대하여 대강 배분한다.

이음 외경 A	D 최대 축구멍 지름	D 최소 축구멍 지름	L	C	B	F	n (개)	a	참고 끼움부 E	참고 끼움부 S_2	참고 끼움부 S_1	참고 R_C (약)	참고 R_A (약)	참고 c (약)	참고 볼트 빠짐 여유
112	28	16	40	50	75	16	4	10	40	2	3	2	1	1	70
125	32	18	45	56	85	18	4	14	45	2	3	2	1	1	81
140	38	20	50	71	100	18	6	14	56	2	3	2	1	1	81
160	45	25	56	80	115	18	8	14	71	2	3	3	1	1	81
180	50	28	63	90	132	18	8	14	80	2	3	3	1	1	81
200	56	32	71	100	145	22.4	8	16	90	3	4	3	2	1	103
224	63	35	80	112	170	22.4	8	16	100	3	4	3	2	1	103
250	71	40	90	125	180	28	8	20	112	3	4	4	2	1	126
280	80	50	100	140	200	28	8	20	125	3	4	4	2	1	126
315	90	63	112	160	236	28	10	20	140	3	4	4	2	1	126
355	100	71	125	180	260	35.5	8	25	160	3	4	5	2	1	157

〔비고〕 1. 볼트 빠짐 여유는 축단에서의 치수를 나타낸다(이음 볼트 착탈용).
2. 이음을 축에서 빠지기 쉽게 하기 위한 나사 구멍은 적당히 마련하여도 상관없다.

표 4·18 플랜지형 고정축 계수용 계수 볼트 (JIS B 1451) (단위 mm)

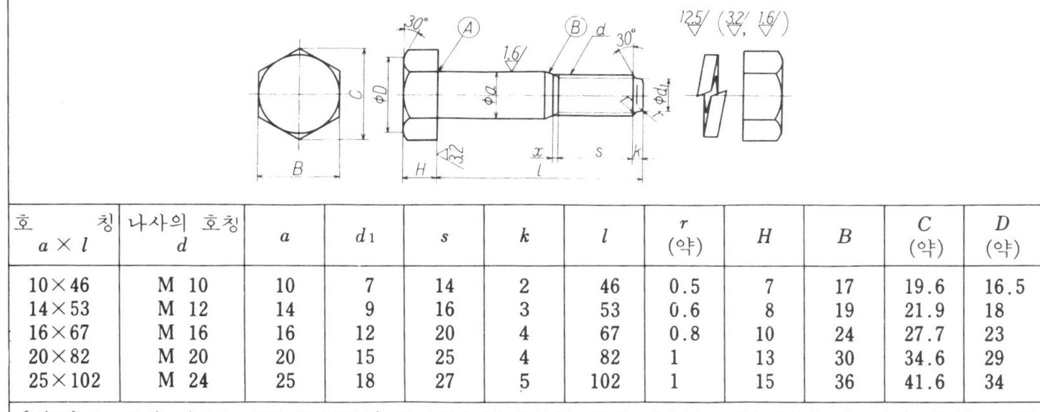

호칭 a × l	나사의 호칭 d	a	d_1	s	k	l	r (약)	H	B	C (약)	D (약)
10×46	M 10	10	7	14	2	46	0.5	7	17	19.6	16.5
14×53	M 12	14	9	16	3	53	0.6	8	19	21.9	18
16×67	M 16	16	12	20	4	67	0.8	10	24	27.7	23
20×82	M 20	20	15	25	4	82	1	13	30	34.6	29
25×102	M 24	25	18	27	5	102	1	15	36	41.6	34

〔비고〕 1. 6각 너트는 JIS B 1181의 스타일 1 (부품등급 A)의 것으로, 강도구분은 6, 나사 정도는 6H로 한다.
2. 스프링 와셔는 JIS B 1251의 2호 S에 의한다.
3. 2면 폭의 치수는 JIS B 1002에 의하고 있다. 그의 치수허용차는 2종에 의한다.
4. 나사끝의 형상, 치수는 JIS B 1003의 반 막대 끝에 의하고 있다.
5. 나사부의 정도는 JIS B 0209의 6g에 의한다.
6. Ⓐ부에는 연삭용 릴리프를 하여도 된다. Ⓑ부는 테이퍼나 단붙이도 된다.
7. x는 불완전 나사부거나 나사절삭용 릴리프라도 된다. 그러나 불완전 나사부일 때에는 그 길이를 약 2산으로 한다.

표 4·19 플런지형 휨축 계수 (JIS B 1452) (단위 mm)

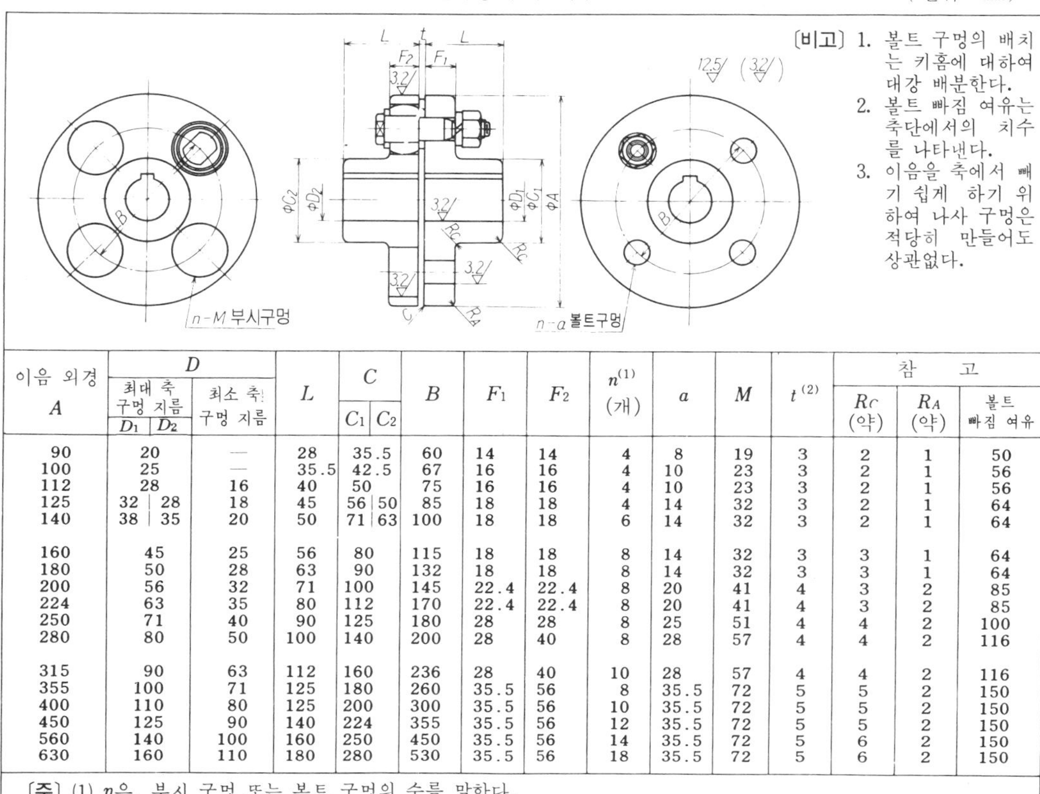

〔비고〕 1. 볼트 구멍의 배치는 키홈에 대하여 대강 배분한다.
2. 볼트 빠짐 여유는 축단에서의 치수를 나타낸다.
3. 이음을 축에서 빼기 쉽게 하기 위하여 나사 구멍은 적당히 만들어도 상관없다.

이음 외경 A	D 최대 축 구멍 지름 D_1	D_2	최소 축 구멍 지름	L	C C_1	C_2	B	F_1	F_2	n[(1)] (개)	a	M	t[(2)]	참고 R_C (약)	R_A (약)	볼트 빠짐 여유
90	20		—	28	35.5		60	14	14	4	8	19	3	2	1	50
100	25		—	35.5	42.5		67	16	16	4	10	23	3	2	1	56
112	28		16	40	50		75	16	16	4	10	23	3	2	1	56
125	32	28	18	45	56	50	85	18	18	4	14	32	3	2	1	64
140	38	35	20	50	71	63	100	18	18	6	14	32	3	2	1	64
160	45		25	56	80		115	18	18	8	14	32	3	3	1	64
180	50		28	63	90		132	18	18	8	14	32	3	3	1	64
200	56		32	71	100		145	22.4	22.4	8	20	41	4	3	2	85
224	63		35	80	112		170	22.4	22.4	8	20	41	4	3	2	85
250	71		40	90	125		180	28	28	8	25	51	4	4	2	100
280	80		50	100	140		200	28	40	8	28	57	4	4	2	116
315	90		63	112	160		236	28	40	10	28	57	4	4	2	116
355	100		71	125	180		260	35.5	56	8	35.5	72	5	5	2	150
400	110		80	125	200		300	35.5	56	10	35.5	72	5	5	2	150
450	125		90	140	224		355	35.5	56	12	35.5	72	5	5	2	150
560	140		100	160	250		450	35.5	56	14	35.5	72	5	6	2	150
630	160		110	180	280		530	35.5	56	18	35.5	72	5	6	2	150

〔주〕 (1) n은, 부시 구멍 또는 볼트 구멍의 수를 말한다.
(2) t는, 조립하였을 때의 이음 본체의 틈새로서 이음 볼트의 와셔의 두께에 해당한다.

표 4·20 플런지형 휨축 계수용 계수 볼트 (JIS B 1452) (단위 mm)

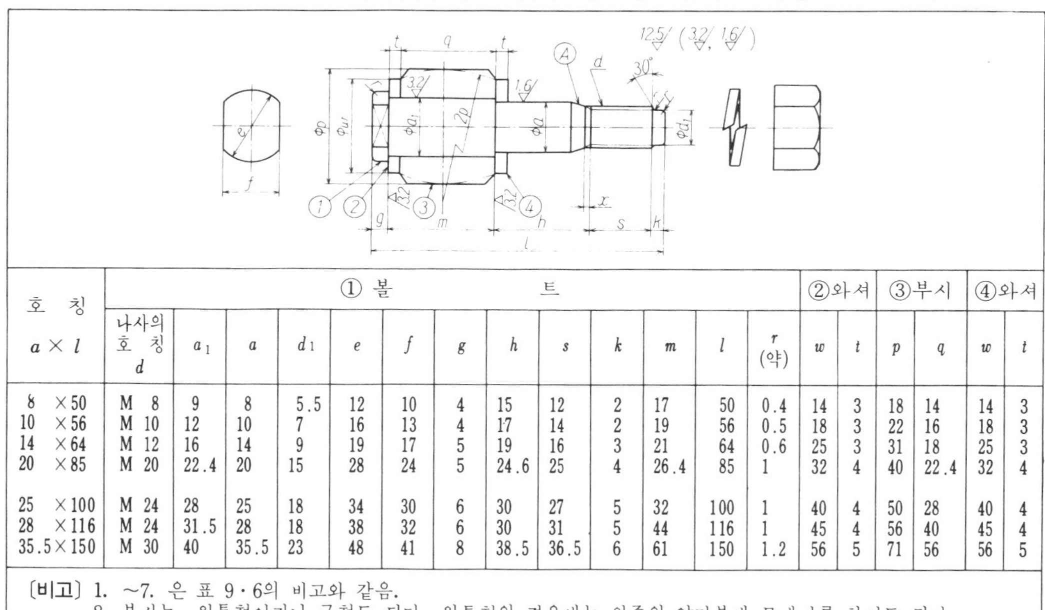

호칭 $a \times l$	① 볼트 나사의 호칭 d	a_1	a	d_1	e	f	g	h	s	k	m	l	r (약)	②와셔 w	t	③부시 p	q	④와셔 w	t
8 ×50	M 8	9	8	5.5	12	10	4	15	12	2	17	50	0.4	14	3	18	14	14	3
10 ×56	M 10	12	10	7	16	13	4	17	14	2	19	56	0.5	18	3	22	16	18	3
14 ×64	M 12	16	14	9	19	17	5	19	16	3	21	64	0.6	25	3	31	18	25	3
20 ×85	M 20	22.4	20	15	28	24	5	24.6	25	4	26.4	85	1	32	4	40	22.4	32	4
25 ×100	M 24	28	25	18	34	30	6	30	27	5	32	100	1	40	4	50	28	40	4
28 ×116	M 24	31.5	28	18	38	32	6	30	31	5	44	116	1	45	4	56	40	45	4
35.5×150	M 30	40	35.5	23	48	41	8	38.5	36.5	6	61	150	1.2	56	5	71	56	56	5

〔비고〕 1. ~7. 은 표 9·6의 비고와 같음.
8. 부시는, 원통형이거나 구형도 된다. 원통형의 경우에는 외주의 양단부에 모떼기를 하여도 된다.
9. 부시는, 금속라이너를 가진 것도 된다.

표 4·21 용접기호의 기재 예(JIS Z 3021)

양 플랜지형	기호	 八	2개의 1/4원을 마주보도록 그린다.
용 접 부	**실 형**		**기호 표시**
화살쪽 또는 바로 앞쪽	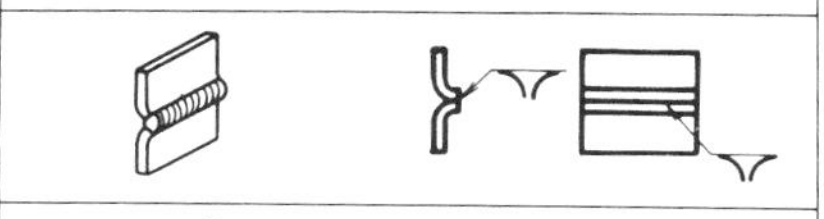		
화살의 반대쪽 또는 맞은편쪽	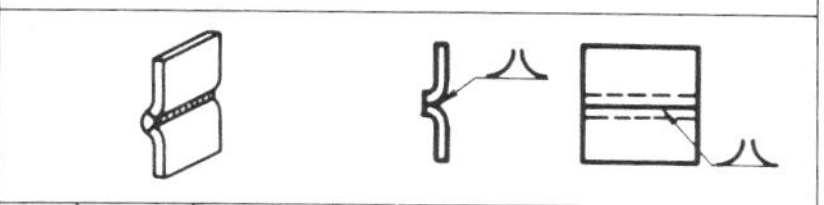		

한쪽 플랜지형	기호		1/4원과 그 원의 반지름과 같은 직선을 마주보도록 그린다.
용 접 부	**실 형**		**기호 표시**
화살쪽 또는 반대쪽	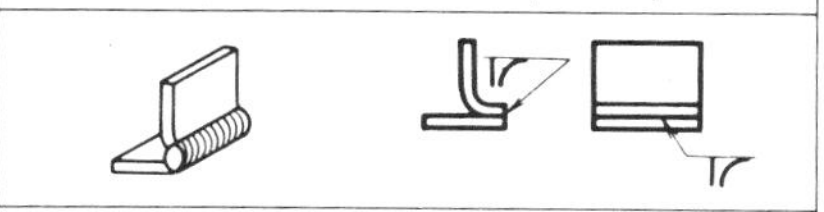		
화살 반대쪽 또는 맞은편쪽	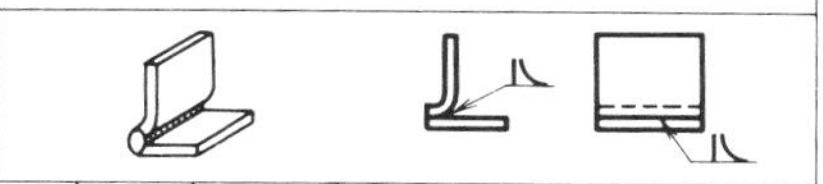		

I 형	기호	 ‖	기선에 대하여 90°로 평행선을 그린다.
용 접 부	**실 형**		**기호 표시**
화살쪽 또는 바로 앞쪽			
화살의 반대쪽 또는 맞은편쪽			
양 쪽			
루트 간격 2mm의 경우			
루트 간격 2mm의 경우			
루트 간격 0 mm의 경우			

V 형	기호	 ∨	기호의 각도는 90°로 한다.
용 접 부	**실 형**		**기호 표시**
화살쪽 또는 바로 앞쪽			
화살의 반대쪽 또는 맞은편쪽			
판두께 19mm 개선각도 60° 개선깊이 16mm 루트간격 2mm 의 경우			
완전용입 용접 배킹메탈 사용 판두께 12mm 개선각도 45° 루트간격 4.8mm 다듬방법 절삭 의 경우	 이부분을 절삭다듬질		

X 형	기호	 ×	기호의 각도는 90°로 한다.
용 접 부	**실 형**		**기호 표시**
양 쪽			
개선깊이 화살쪽 16mm 화살의 반대쪽 9mm 개선각도 화살쪽 60° 화살의 반대쪽 90° 루트간격 3mm의 경우			

형	기호	 ∨	수직선과 그것에 45°로 교차하는 직선으로 하여 머리를 가지런히 한다.
용 접 부	**실 형**		**기호 표시**
화살쪽 또는 바로 앞쪽			
화살의 반대쪽 또는 맞은편쪽			
T이음, 배킹메탈 사용 개선각도 45° 루트간격 6.4mm 의 경우			

K 형	기호	 K	∨형 기호를 기선에 대칭으로 그린다.
용 접 부	**실 형**		**기호 표시**
양 쪽	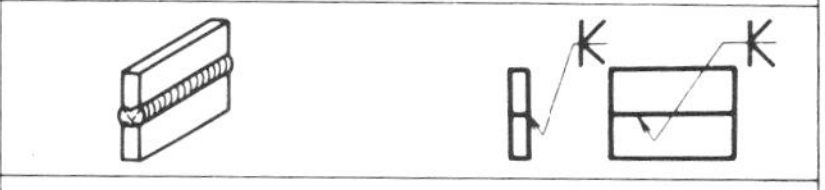		
화살쪽 개선깊이 16mm 개선각도 45° 화살의 반대쪽 개선깊이 9mm 개선각도 45° 루트간격 2mm의 경우	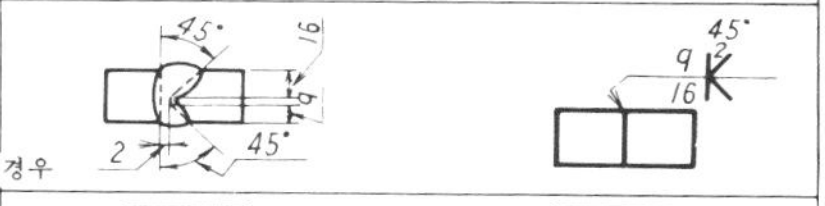		
T이음 개선깊이 10mm 개선각도 45° 루트간격 2mm의 경우			

J 형	기호		1/4원을 그리고, 다리의 길이는 반지름의 약 1/2로 한다.
용 접 부	**실 형**		**기호 표시**
화살쪽 또는 바로 앞쪽			
화살의 반대쪽 또는 맞은편쪽			
개선깊이 28mm 개선각도 35° 루트 반지름 13mm 루트간격 2mm의 경우			

양 면 J 형	기호		J형 기호를 기선에 대칭으로 그린다.
용 접 부	**실 형**		**기호 표시**
양 쪽			
개선깊이 24mm 개선각도 35° 루트 반지름 13mm 루트간격 3mm 의 경우	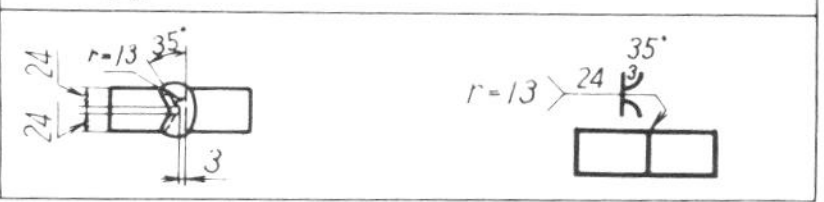		

(다음 페이지에 계속)

표 4·21 용접기호의 기재 예 (JIS Z 3021)

U 형	기호		반원으로 하고 발의 길이는 반경의 약 1/2로 한다.
용접부	실형	기호 표시	
화살쪽 또는 바로 앞쪽			
화살 반대쪽 또는 맞은편쪽			
개선깊이 27mm의 경우	27	27	
개선각도 25° 루트 반지름 6mm 루트간격 0mm의 경우	r=6, 0, 25°	0, 25°, r=6	
H 형	기호		U형 기호를 기선에 대칭으로 그린다.
용접부	실형	기호 표시	
양 쪽			
개선깊이 25mm 개선각도 25° 루트 반지름 6mm 루트간격 0mm의 경우	25, 25°, r=6, r=6, 25, 25	25°, 25, 0, r=6	
플레어 V형 플레어 X형	기호		플레어 V형은 2개의 1/4원을 마주보도록 그린다. 플레어 X형은 2개의 반원을 마주보도록 그린다.
용접부	실형	기호 표시	
화살쪽 또는 바로 앞쪽			
화살의 반대쪽 또는 맞은편쪽			
양 쪽			
플레어 V형 플레어 K형	기호		플레어 V형은 직선과 1/4원을 그린다. 플레어 K형은 직선과 반원을 그린다.
용접부	실형	기호 표시	
화살쪽 또는 바로 앞쪽			
화살의 반대쪽 또는 맞은편쪽			
양 쪽			

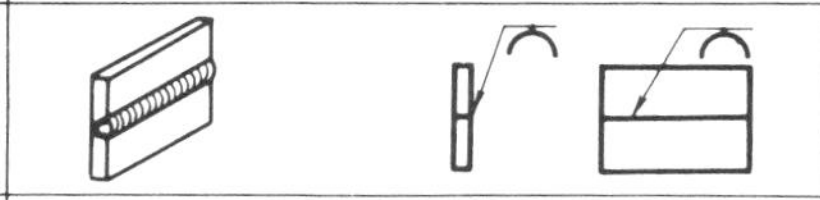

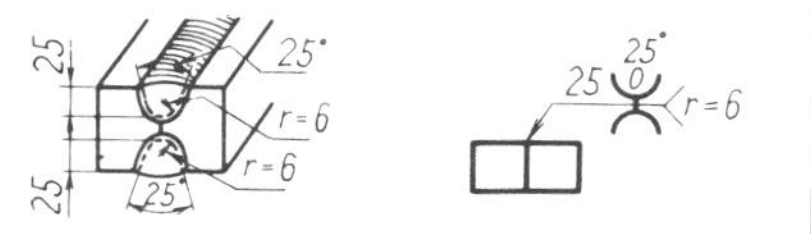

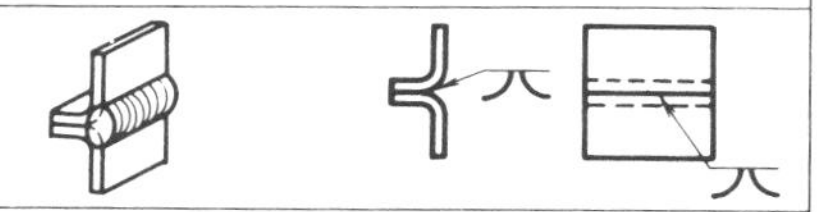

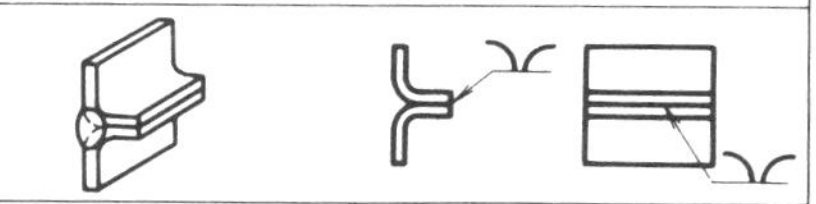

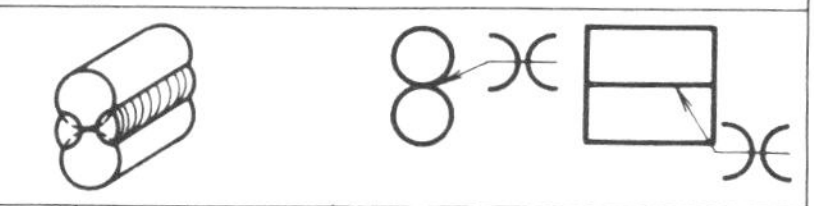

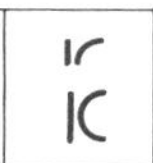

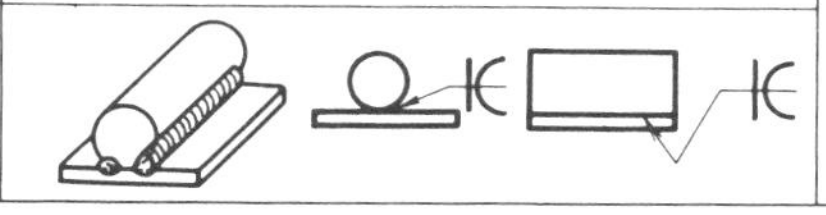

구석살 용접	연속 (1)	기호	직각 2등변 삼각형을 그린다.
용접부	실형	기호 표시	
화살쪽 또는 바로 앞쪽			
화살의 반대쪽 또는 맞은편쪽			
양 쪽			
다리 길이 6mm의 경우	6, 6	6, 6	
부등각의 경우, 작은 다리의 치수를 먼저, 큰 다리를 다음에 그리고 괄호로 묶는다.	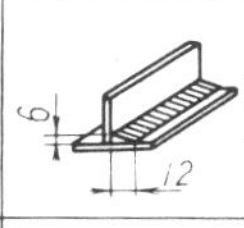 6, 12	단면의 표시가 가능한 경우는, 부등각의 방향이 알 수 있도록 기입한다. 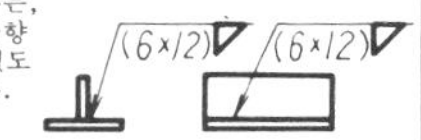 (6×12) (6×12)	
용접길이 500mm의 경우	500	500, 500	
구석살 용접	연속 (2)	기호	직각 2등변 삼각형을 그린다.
용접부	실형	기호 표시	
양쪽 다리 길이 6mm의 경우	6, 6, 6	6, 6	
양쪽 다리 길이가 다른 경우	6, 9	6/9, 6/9	
구석살 용접	단속 기호	병렬: L(n)-P / 지그재그: L(n)-P	직각 2등변 삼각형에서 L(용접길이), n(용접수), P(피치)를 기입한다. 양쪽의 구석살이 같은 경우는 의 기호를 사용하여도 된다.
용접부	실형	기호 표시	
화살쪽 또는 바로 앞쪽	L, P, L, P, L	L(n)-P, L(n)-P	
화살의 반대쪽 또는 맞은편쪽	L, P, L, P, L	L(n)-P, L(n)-P	
양 쪽	L, P, L, P, L	L(n)-P, L(n)-P	
병렬용접 용접길이 50mm 용접수 3 피치 150mm의 경우	50, 50, 50, 150, 150	50(3)-150, 50(3)-150	
지그재그 용접 바로 앞쪽 다리 길이 6mm, 맞은편쪽 다리길이 9mm 용접길이 50mm 용접수 화살쪽 2 화살의 반대쪽 2 피치 300mm의 경우	6, 50, 50, 300, 50, 9	9, 6, 50(2)-300; 9, 6, 50(2)-300	
지그재그 용접 양쪽 다리길이 6mm 용접길이 50mm 용접수 화살쪽 3 화살의 반대쪽 2 피치 300mm의 경우	6, 6, 50, 50, 300	6, 50(2)-300, 50(3)-300; 6, 50(2)-300, 50(3)-300	

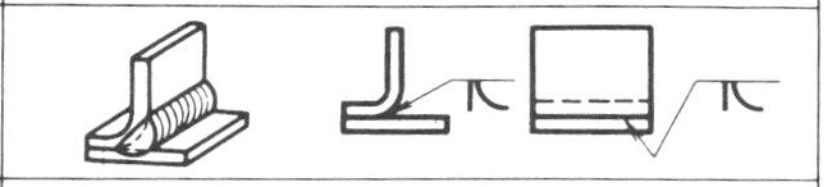

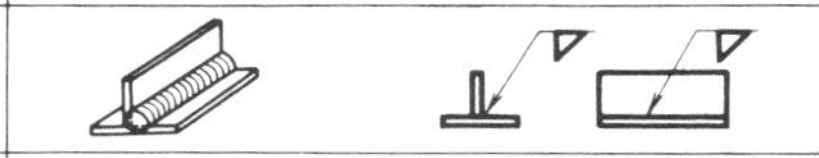

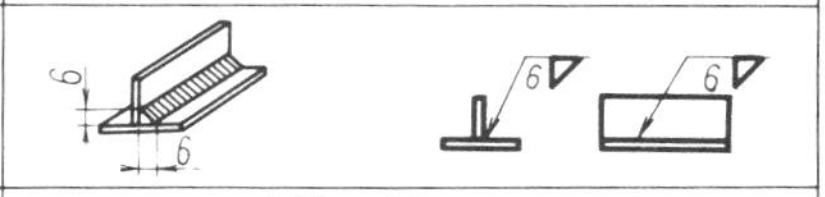

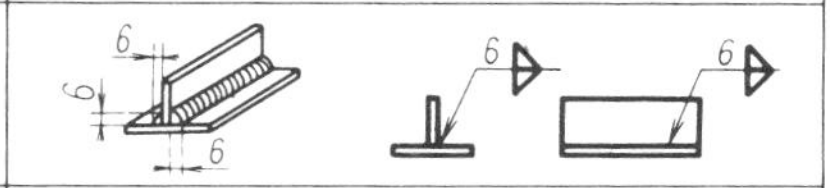

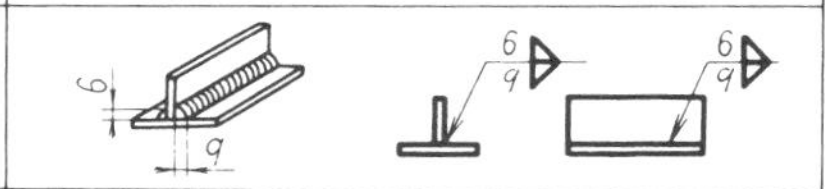

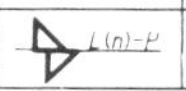

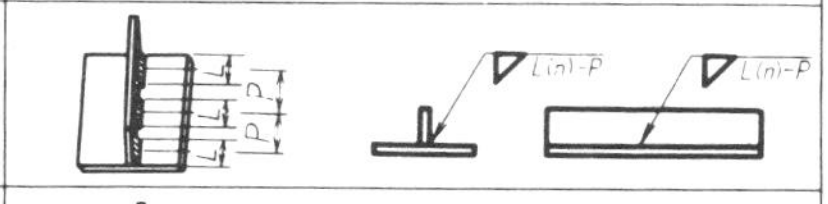

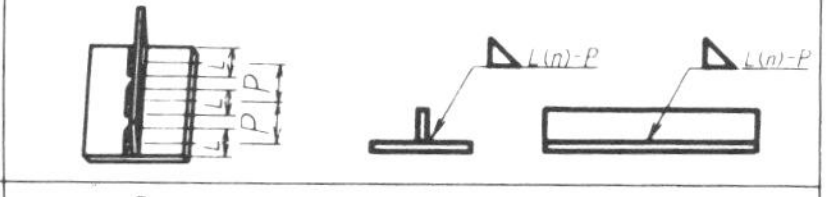

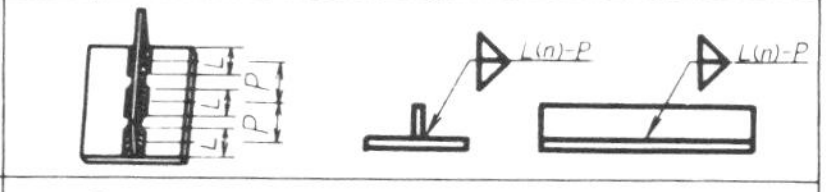

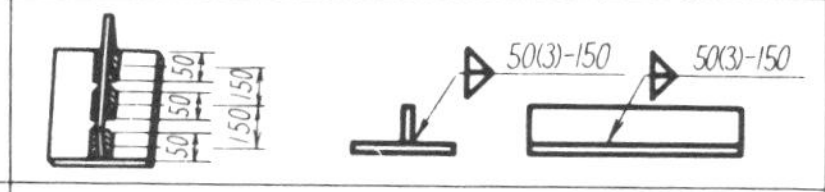

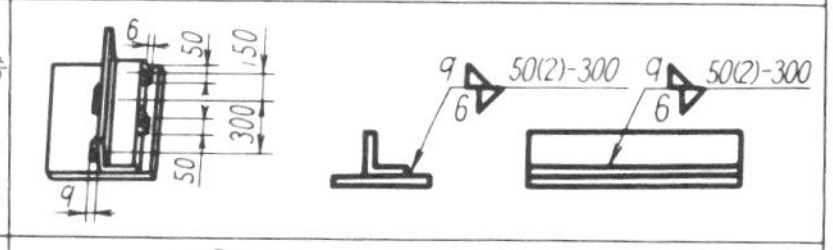

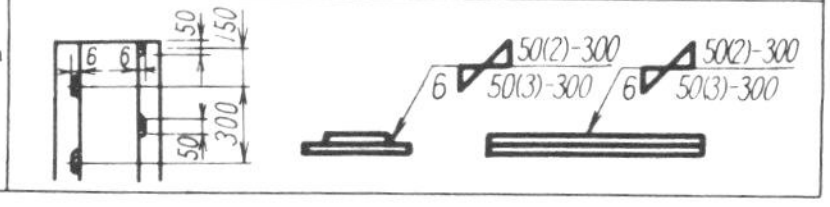

(다음 페이지에 계속)

표 4·21 용접기호의 기재 예 (JIS Z 3021)

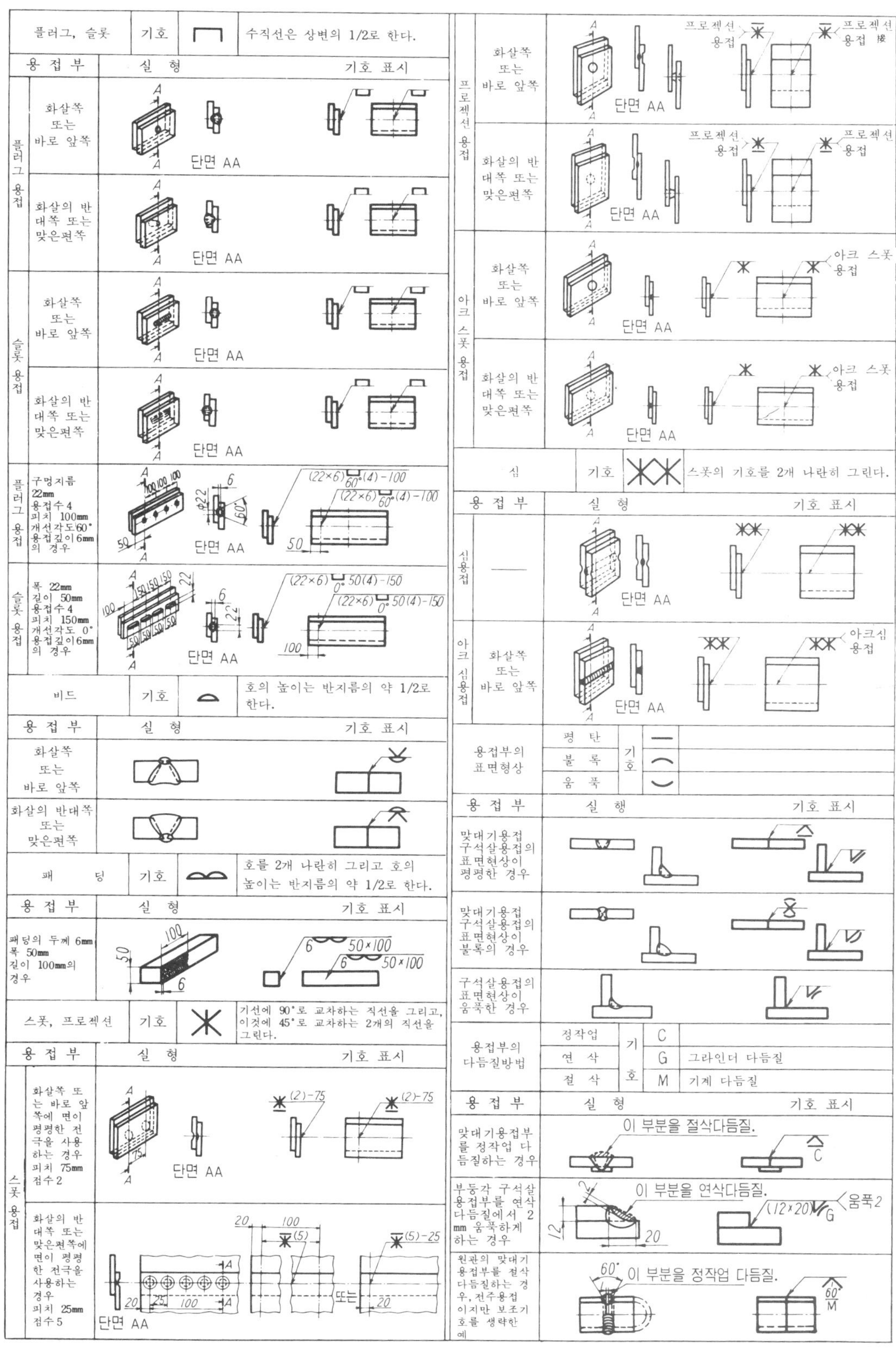

플러그, 슬롯	기호		수직선은 상변의 1/2로 한다.
용접부		**실형**	**기호 표시**
플러그 용접	화살쪽 또는 바로 앞쪽	A A 단면 AA	
플러그 용접	화살의 반대쪽 또는 맞은편쪽	A A 단면 AA	
슬롯 용접	화살쪽 또는 바로 앞쪽	A A 단면 AA	
슬롯 용접	화살의 반대쪽 또는 맞은편쪽	A A 단면 AA	
플러그 용접	구멍지름 22mm 용접수 4 피치 100mm 개선각도 60° 용접깊이 6mm의 경우	A 100 100 100 50 φ22 6 60° 단면 AA	(22×6) 60° (4)−100 / (22×6) 60° (4)−100 50
슬롯 용접	폭 22mm 길이 50mm 용접수 4 피치 150mm 개선각도 0° 용접깊이 6mm의 경우	A 50 150 150 22 100 50 50 50 50 6 22 A 단면 AA	(22×6) 0° 50(4)−150 / (22×6) 0° 50(4)−150 100

비드	기호		호의 높이는 반지름의 약 1/2로 한다.
용접부	**실형**		**기호 표시**
화살쪽 또는 바로 앞쪽			
화살의 반대쪽 또는 맞은편쪽			

패딩	기호		호를 2개 나란히 그리고 호의 높이는 반지름의 약 1/2로 한다.
용접부	**실형**		**기호 표시**
패딩의 두께 6mm 폭 50mm 길이 100mm의 경우	100 50 6		6 50×100 / 6 50×100

스폿, 프로젝션	기호		기선에 90°로 교차하는 직선을 그리고, 이것에 45°로 교차하는 2개의 직선을 그린다.
용접부		**실형**	**기호 표시**
스폿 용접	화살쪽 또는 바로 앞쪽에 면이 평평한 전극을 사용하는 경우 피치 75mm 점수 2	A 75 A 단면 AA	(2)−75 / (2)−75
스폿 용접	화살의 반대쪽 또는 맞은편쪽에 면이 평평한 전극을 사용하는 경우 피치 25mm 점수 5	단면 AA 20 25 100 A A	20 100 (5) 또는 (5)−25 20

용접부		**실형**	**기호 표시**
프로젝션 용접	화살쪽 또는 바로 앞쪽	A A 단면 AA	프로젝션 용접 / 프로젝션 용접
프로젝션 용접	화살의 반대쪽 또는 맞은편쪽	A A 단면 AA	프로젝션 용접 / 프로젝션 용접
아크 스폿 용접	화살쪽 또는 바로 앞쪽	A A 단면 AA	아크 스폿 용접
아크 스폿 용접	화살의 반대쪽 또는 맞은편쪽	A A 단면 AA	아크 스폿 용접

심	기호		스폿의 기호를 2개 나란히 그린다.
용접부		**실형**	**기호 표시**
심 용접	—	A A 단면 AA	
아크 심 용접	화살쪽 또는 바로 앞쪽	A A 단면 AA	아크심 용접

용접부의 표면형상	평탄	기호	—
	볼록		⌒
	움푹		‿
용접부	**실행**		**기호 표시**
맞대기용접 구석살용접의 표면현상이 평평한 경우			
맞대기용접 구석살용접의 표면현상이 불룩의 경우			
구석살용접의 표면현상이 움푹한 경우			

용접부의 다듬질방법	정작업	기호	C	
	연삭		G	그라인더 다듬질
	절삭		M	기계 다듬질
용접부	**실형**			**기호 표시**
맞대기용접부를 정작업 다듬질하는 경우	이 부분을 절삭다듬질.			C
부등각 구석살 용접부를 연삭 다듬질에서 2mm 움푹하게 하는 경우	2 이 부분을 연삭다듬질. 12 20			(12×20) G 움푹2
원관의 맞대기 용접부를 절삭 다듬질하는 경우, 전주용접이지만 보조기호를 생략한 예	60° 이 부분을 정작업 다듬질.			60° M

표 4・22 JIS 금속재료 기호

규격번호 명 칭	종 류	기 호	인장강도 (N/mm²) 기타
JIS G 3101 일반구조용 압연강재	구기호 S S 34 S S 41 S S 50 S S 55	 S S 330 S S 400 S S 490 S S 540	 330~430 400~510 490~610 ≧540
JIS G 3106 용접구조용 압연강재	구기호 S M41 A S M41 B S M41 C	 S M400 A S M400 B S M400 C	400~510
	S M50 A S M50 B S M50 C	S M490 A S M490 B S M490 C	490~610
	SM50YA SM50YB	S M490 Y A S M490 Y B	490~610
	S M53 B S M53 C	S M520 B S M520 C	520~640
	S M58	S M570	570~720
JIS G 3108 광택봉강용 일반강재	A 종 B 종	S G D A S G D B	290~390 400~510
	1 종 ~4 종	S G D 1 ~ S G D 4	—
JIS G 4051 기계구조용 탄소강강재	10, 12, 15, 17, 20, 22, 25, 28, 30, 33, 35, 38, 40, 43, 45, 48, 50, 53, 55, 58의 각종	S 10 C S 12 C 기타 (숫자는 탄소 함유량 (C%×100)을 나타냄)	≧315 ~ ≧780
JIS G 4052 담금질성을 보증한 구 조용강강재 (H강)	420, 415, 220 기타 각종	SMn-H SMnC-H SCr-H SCM-H SNC-H SNCM-H	—

규격번호 명 칭	종 류	기 호	인장강도 (N/mm²) 기타
JIS G 4102 니켈크롬강 강재	—	S N C 236 S N C 415 S N C 631 S N C 815 S N C 836	≧735 ≧780 ≧835 ≧980 ≧930
JIS G 4104 크롬강강재	—	S C r 415 S C r 420 S C r 430 S C r 435 S C r 440 S C r 445	≧780 ≧835 ≧785 ≧885 ≧930 ≧980
JIS G 4105 크롬몰리브덴 강강재	—	S C M415 418, 420, 421, 430, 432, 435, 440, 445, 822	≧83 ≧88 ~ ≧1030
JIS G 4106 기계구조용 망간강강재 및 망간 크 롬강강재	—	S M n 420 433, 438, 443 S M n C 420 443	≧690 ~ ≧785 ≧835 ~ ≧930
JIS G 4202 알루미늄 크 롬 몰리브덴 강강재	—	S A C M645	—
JIS G 4801 스프링강강재	3, 6, 7, 9, 9A, 10, 11A, 12, 13의 각종	S U P 3 S U P 6 외	≧1080 1 ~ ≧1230
JIS G 4804 유황 및 유황 복합쾌삭강강 재	11, 12, 21, 22, 23, 24, 25, 31, 32, 41, 42, 43 의 각종	S U M11 S U M12 외	—
JIS G 3506 경강선재	—	S W R H57 他	—

(다음 페이지에 계속)

표 4·22 JIS 금속재료 기호

규격번호 명칭	종류	기호	인장강도 (N/mm²) 기타
JIS G 4401 탄소공구강 강재	1～7종	SK1 SK2 외	—
JIS G 4403 고속도공구강 강재	2, 3, 4, 10의 각종	SKH2 SKH3 SKH4 외	텅스텐계 (절삭성을 요하는 공구용)
	51, 52, 53, 54, 55, 56, 57, 58, 59의 각종	SKH51 SKH52 SKH53 SKH54 외	몰리브덴계 (인성을 요하는 공구용)
JIS G 4404 합금공구강 강재	S11종 외	SKS11외	주로절삭 공구용
	S4종 외	SKS4 외	주로 내충격 공구용
	S3종, D1종외	SKS3 SKD1외	주로냉간 금형용
	D4종, T3종외	SKD4 SKT3 외	주로열간 금형용
JIS G 4303 스테인리스 강봉	오스테나이트계	SUS201 ~ SUS347 SUSXM7 SUSXM15J1	≧480 ~ ≧690 ≧480 ≧520
	오스테나이트·페라이트계	SUS329J1	≧590
	페라이트계	SUS405 ~ SUS434 외	≧410 ~ ≧450
	마르텐사이트계	SUS403 ~ SUS440F	≧590 ~ ≧780
	석출경화계	SUS630 SUS631	≧1310 ≧1030

규격번호 명칭	종류	기호	인장강도 (N/mm²) 기타
JIS G 3201 탄소강단강품	구기호 SF35A SF40A SF45A SF50A SF55A SF60A	SF340A SF390A SF440A SF490A SF540F SF590A	340～440 390～490 440～540 490～590 540～640 590～690
JIS G 5101 탄소강주강품	구기호 SC37 SC42 SC46 SC49	SC360 SC410 SC450 SC480	≧360 ≧410 ≧450 ≧480
JIS G 5121 스테인리스강 주강품	1～6 10～24의 각종	SCS1 SCS11 외	≧540 ~ ≧1240
JIS G 5501 회색주철품	구기호 FC10 FC15 FC20 FC25 FC30 FC35	FC100 FC150 FC200 FC250 FC300 FC350	≧100 ≧150 ≧200 ≧250 ≧300 ≧350
JIS G 5502 구상흑연주철품	구기호 FCD37 FCD40 외	FCD370 FCD400 외	≧370 ~ ≧800
JIS G 5702 흑심가단주철품	구기호 FCMB28 FCMB32 외	FCMB270 FCMB310 외	≧270 ~ ≧360
JIS G 5703 백심가단주철품	구기호 FCMW34 FCMW38 외	FCMW330 FCMW370 외	≧310 ~ ≧540
JIS G 5704 펄라이트 가단주철품	구기호 FCMP45 FCMP50 외	FCMP440 FCMP490 외	≧440 ~ ≧690

(다음 페이지에 계속)

표 4·22 JIS 금속재료 기호

규격번호 명 칭	종 류	기 호	인장강도 (N/mm²) 외
JIS H 3100 동 및 동합금의 판 및 스트립	무산소동 터프피치동 인탈산동 청동 황동 쾌속황동 네이벌황동 특수알루미늄 청동 백동	C 1020 C 1100 C 1201 他 C 2100 他 C 2600 他 C 3560 他 C 4621 他 C 6161 他 C 7060 他	이러한 기호 다음에 판에는 P, 조에는 R 기호를 붙인다.
JIS H 3250 동 및 동합금봉	유별, 기호는 상기 JIS H 3100과 같으며, 이들의 기호 다음에 압출봉에는 BE, 인발봉에는 BD를 붙인다.		
JIS H 4000 알루미늄 및 알루미늄합금의 판 및 스트립	순 Al Al-Cu 계 Al-Cu 계 Al-Mg 계 Al-Mg-Si 계 Al-Zn 계	A 1080 외 A 2014 외 A 3003 외 A 5005 외 A 6061 외 A 7075 외	이들의 기호에, 판에는 P, 조에는 R, 원판에는 E의 기호를 붙인다.
JIS H 5101 황동주물	1 종 2 종 3 종	YBsC 1 YBsC 2 YBsC 3	≧150 ≧200 ≧250
JIS H 5102 고력 황동주물	1 종 2 종 3 종	HBsC 1 HBsC 2 HBsC 3	≧430 ≧490 ≧640
JIS H 5111 청동주물	1 종 2 종 3 종 6 종 7 종	BC 1 BC 2 BC 3 BC 6 BC 7	≧170 ≧250 ≧250 ≧200 ≧220
JIS H 5112 실진청동주물	1 종 2 종 3 종	SzBC 1 SzBC 2 SzBC 3	≧350 ≧440 ≧395
JIS H 5113 인청동주물	2종 A 2종 B 2종 C 3종 B 3종 C	PBC 2 A PBC 2 B PBC 2 C PBC 3 B PBC 3 C	≧200 ≧300 ≧300 ≦270 ≦300

규격번호 명 칭	종 류	기 호	인장강도 (N/mm²) 외
JIS H 5114 알루미늄청동주물	1 종 1 종 C 2 종 2 종 C 3 종 3 종 C 4 종	AlBC 1 AlBC 1 C AlBC 2 AlBC 2 C AlBC 3 AlBC 3 C AlBC 4	≧440 ≧490 ≧490 ≧540 ≧590 ≧610 ≧590
JIS H 5202 알루미늄합금주물	1 종 A ~ 9 종 B	AC 1 A AC 1 B AC 2 A AC 2 B 他	≧140 ≧160 ≧160 ≧140
JIS H 5203 마그네슘합금주물	1 ~ 3 종 5 ~ 8 종	MC 1 ~ MC 8	≧180 ~ ≧140
JIS H 5401 화이트메탈	1 종 ~ 10 종	WJ 1 ~ WJ 10	—
JIS H 5115 연청동주물	2 ~ 5 종	LBC 2 LBC 3 LBC 3 C 他	—
JIS H 5301 아연합금 다이캐스트	1 종 2 종	ZDC 1 ZDC 2	≧325 ≧285
JIS H 5302 알루미늄합금 다이캐스트	1 종 ~ 12 종	ADC 1 他	—
JIS H 5501 초경합금	S 종	S F S 1 S 2 S 3	강의 정밀 절삭용
	G 종	G 1 G 2 G 3	주물등의 절삭용 외
	D 종	D 1 D 2 D 3	잡아늘이는 공구용 외

표 4·23 금속재료의 개요

(일반적으로 자주 사용되는 금속재료에 대하여 알파벳순으로 표시한다.)

재료기호	기호의 의미	재료명, 종별, 형상등	인장강도 (kgf / mm^2) {N/mm^2}	적용 (특성, 용도예, 제조법 등)	JIS 규격 번호
BC 6	Bronze Casting	청동주물, 6종	20 이상 {196} 이상	내압성, 내마모성, 피삭성, 주조성이 좋고 밸브, 콕류, 베어링, 슬리브, 부시 기타 기계부품 등	H 5111
C 1020 BE	Copper Bar Extruded	동 및 동합금봉, 무산소동, 압출봉	20 이상 {196} 이상	전기, 열의 전도성, 전연성에 우수하고, 용접성, 내식성, 내후성이 좋다. 환원성의 분위기중에서 고온으로 가열하여도 수소 취화를 이르킬 염려가 없다. 전기용,화학공업용 등	H 3250
C 1201 T	Copper Tube	동 및 동합금 이음매 없는 관, 인탈산동	21 이상 {206} 이상	확관성, 굽힘성, 조림성, 용접성, 내식성, 열전도성이 좋다. 열교환기용, 화학공업용, 급수, 급탕용, 가스관 등	H 3300
C 1201 W	Copper Wire	동 및 동합금선, 인탈산동	35 이상 {343} 이상	전연성, 용접성, 내식성, 내후성, 전기전도성이 좋다. 작은 나사, 못, 철망 등	H 3260
C 2600 P	Copper Plate	동 및 동합금의 판 및 스트립, 황동	33~42 {342~412}	전연성, 조림 가공성이 우수하고, 도금성이 좋다. 자동차용 라디에이터, 약협 등의 큰 조림용 등	H 3100
C 2600 W	Copper Wire	동 및 동합금선, 황동	40~52 {392~510}	전연성, 냉간단조성, 전조성이 좋다. 리벳, 작은 나사, 핀, 열쇠, 바늘, 스프링, 철망 등	H 3260
C 2700 BD	Copper Bar Draw	동 및 동합금봉, 황동	36 이상 {353} 이상	냉간단조성, 전조성이 좋다. 기계부품, 전기부품 등	H 3250
C 3602 BE	Copper Bar Extruded	동 및 동합금봉, 쾌삭황동	32 이상 {314} 이상	피삭성이 우수하다. 전연성이 좋다. 볼트, 너트, 작은 나사, 스핀들, 기어, 밸브, 라이터, 시계, 카메라부품 등	H 3250
C 3771 BD	Copper Bar Draw	동 및 동합금봉, 단조용 황동	32 이상 {314} 이상	열간단조성, 피삭성이 좋다. 밸브, 기계부품 등	H 3250
FC 20	Ferrum Casting	회색주철품, 3종	평균20 이상 {196} 이상	파면 회색, 경도평균 232HB 이하. 큐폴라, 반사로, 전기로, 도가니로 등의 용해로에 의하여 제조하고 주조응력을 제거하기 위하여 풀림을 한다.	G 5501
FC 25	Ferrum Casting	회색주철품, 4종	평균25 이상 {245} 이상	경도평균 246HB 이하 이하 위와 같음.	G 5501
FCMB 28	Ferrum Casting Malleable Black	흑심가단주철품, 1종	28 이상 {275} 이상 내력17 이상 {167} 이상	백선주철로 주조한 다음, 이것에 끈기 강도를 갖게 하기 위하여, 주로 흑연화를 목적으로 열처리를 한다.	G 5702

(다음 페이지에 계속)

표 4·23 금속재료의 개요

재료기호	기호의 의미	재료명, 종별, 형상등	인장강도 (kgf/mm²) {N/mm²}	적요 (특성, 용도별, 제조법 등)	JIS 규격 번호
FCMW 34	Ferrum Casting Malleable White	백심가단주철품, 1종	평균34이상 {333}이상 내력17이상 {167}이상	백선주물로 주조한다음 끈질긴 성질을 갖게 하기 위하여, 표준형에서는 탈탄을, 펄라이트형에서는 탈탄 및 펄라이트 조직의 조정을 목적으로 한 열처리를 한다.	G 5703
PBC 2	Phosphor Bronze Casting	인청동주물, 2종	20 이상 {196}이상	내식성, 내마모성이 좋고, 기어, 웜기어, 베어링, 부시, 슬리브, 날개차, 기타 일반 기계부품용	H 5113
S 20 C	Steel Carbon	기계구조용 탄소강강재	41 이상 {402} 이상	킬드 강괴에서 제조한다. Carbon을 0.18~0.23% 포함한다.	G 4051
S 45 C	동 상	동 상	70 이상 {686} 이상	킬드 강괴에서 제조한다. Carbon을 0.42~0.48% 포함한다.	G 4051
S 20 C-D	Steel Carbon Drawing	기계구조용 탄소강강재, 냉간인발 (광택봉강)	41 이상 {402} 이상	S20C와 같음.	G 4051
S 45 C-D	동 상	동 상	70 이상 {686} 이상	S45C와 같음.	G 4051
SCM 415	Steel Chromium Molybdenum	크롬몰리브덴강강재	85 이상 {834} 이상	킬드 강괴에서 제조 C=0.13~0.18%, Cr=0.90~1.20% Mo=0.15~0.30%, Mn=0.60~0.85%	G 4105
SF 35 A	Steel Forging	탄소강단강품, 35A종	35~45 {343~441}	킬드 강괴에서 제조. A종의 열처리는 풀림, 불림, 불림 뜨임	G 3201
SF 45 A	동 상	탄소강단강품, 45A종	45~55 {441~539}	동 상	G 3201
SFB 3	Steel Forging Bloom	탄소강단강품용강편, 3종	—	강괴는 킬드 강괴에서 제조하고, 강편은 강괴에서 단조, 단조와 압연의 조합 또는 압연에 의하여 열간 가공을 한다.	G 3251
SGP	Steel Gas Pipe	배관용탄소강강관	30 이상 {294} 이상	단접 또는 전기저항 용접에 의하여 제조. 냉간 다듬질의 관은 제조 후, 풀림처리를 한다.	G 3452
SS 34	Steel Structure	일반구조용 압연강재, 34종	34~44 {333~431}	강판, 강띠, 평강, 봉강 건축, 교량, 선박, 차량, 기타 구조용	G 3101
SS 41	동 상	동상, 41종	41~52 {402~510}	강판, 강띠, 평강, 봉강, 형강 이하 동상	G 3101
SUM 31	Steel Use Machiner-bility	유황 및 유황 복합 쾌속강강재	—	열간 압연 또는 단조에 의하여 제조. 특히 피삭성을 향상시키기 위하여, 탄소강에 유황을 첨가하였다.	G 4804

(다음 페이지에 계속)

표 4 · 24 표준수 (JIS Z 8601)

기본수열의 표준수				배 열 번 호			계 산 값	특별수열의 표준수	계 산 값
R 5	R 10	R 20	R 40	0.1 이상 1 미 만	1 이 상 10 미 만	10 이 상 100 미만		R 80	
1.00	1.00	1.00	1.00	−40	0	40	1.0000	1.00 1.03	1.0292
			1.06	−39	1	41	1.0593	1.06 1.09	1.0902
		1.12	1.12	−38	2	42	1.1220	1.12 1.15	1.1548
			1.18	−37	3	43	1.1885	1.18 1.22	1.2232
	1.25	1.25	1.25	−36	4	44	1.2589	1.25 1.28	1.2957
			1.32	−35	5	45	1.3335	1.32 1.36	1.3725
		1.40	1.40	−34	6	46	1.4125	1.40 1.45	1.4538
			1.50	−33	7	47	1.4962	1.50 1.55	1.5399
1.60	1.60	1.60	1.60	−32	8	48	1.5849	1.60 1.65	1.6312
			1.70	−31	9	49	1.6788	1.70 1.75	1.7278
		1.80	1.80	−30	10	50	1.7783	1.80 1.85	1.8302
			1.90	−29	11	51	1.8836	1.90 1.95	1.9387
	2.00	2.00	2.00	−28	12	52	1.9953	2.00 2.06	2.0535
			2.12	−27	13	53	2.1135	2.12 2.18	2.1752
		2.24	2.24	−26	14	54	2.2387	2.24 2.30	2.3041
			2.36	−25	15	55	2.3714	2.36 2.43	2.4406
2.50	2.50	2.50	2.50	−24	16	56	2.5119	2.50 2.58	2.5852
			2.65	−23	17	57	2.6607	2.65 2.72	2.7384
		2.80	2.80	−22	18	58	2.8184	2.80 2.90	2.9007
			3.00	−21	19	59	2.9854	3.00 3.07	3.0726
	3.15	3.15	3.15	−20	20	60	3.1623	3.15 3.25	3.2546
			3.35	−19	21	61	3.3497	3.35 3.45	3.4475
		3.55	3.55	−18	22	62	3.5481	3.55 3.65	3.6517
			3.75	−17	23	63	3.7584	3.75 3.87	3.8681
4.00	4.00	4.00	4.00	−16	24	64	3.9811	4.00 4.12	4.0973
			4.25	−15	25	65	4.2170	4.25 4.37	4.3401
		4.50	4.50	−14	26	66	4.4668	4.50 4.62	4.5973
			4.75	−13	27	67	4.7315	4.75 4.87	4.8697
	5.00	5.00	5.00	−12	28	68	5.0119	5.00 5.15	5.1582
			5.30	−11	29	69	5.3088	5.30 5.45	5.4639
		5.60	5.60	−10	30	70	5.6234	5.60 5.80	5.7876
			6.00	− 9	31	71	5.9566	6.00 6.15	6.1306
6.30	6.30	6.30	6.30	− 8	32	72	6.3096	6.30 6.50	6.4938
			6.70	− 7	33	73	6.6834	6.70 6.90	6.8786
		7.10	7.10	− 6	34	74	7.0795	7.10 7.30	7.2862
			7.50	− 5	35	75	7.4989	7.50 7.75	7.7179
	8.00	8.00	8.00	− 4	36	76	7.9433	8.00 8.25	8.1752
			8.50	− 3	37	77	8.4140	8.50 8.75	8.6596
		9.00	9.00	− 2	38	78	8.9125	9.00 9.25	9.1728
			9.50	− 1	39	79	9.4406	9.50 9.75	9.7163

표 4·25 단위 환산표

(1) 힘

N	dyn	kgf	〔주〕 N : 뉴턴 $1\,N=1\,kg\cdot m/s^2$ (1 kg의 질량에 $1\,m/s^2$의 가속도를 주는 힘) $1\,dyn=1\,g\cdot cm/s^2$
1	1×10^5	$1.019\,72\times10^{-1}$	
1×10^{-5}	1	$1.019\,72\times10^{-6}$	
9.806 65	$9.806\,65\times10^5$	1	

(2) 압력

Pa	bar	kgf/cm^2	atm	mmH_2O	mmHg 또는 Torr
1	1×10^{-5}	$1.019\,72\times10^{-5}$	$9.869\,23\times10^{-6}$	$1.019\,72\times10^{-1}$	$7.500\,62\times10^{-3}$
1×10^5	1	1.019 72	$9.869\,23\times10^{-1}$	$1.019\,72\times10^4$	$7.500\,62\times10^2$
$9.806\,65\times10^4$	$9.806\,65\times10^{-1}$	1	$9.678\,41\times10^{-1}$	$1.000\,0\times10^4$	$7.355\,59\times10^2$
$1.013\,25\times10^5$	1.013 25	1.033 23	1	$1.033\,23\times10^4$	$7.600\,00\times10^2$
9.806 65	$9.806\,65\times10^{-5}$	$1.000\,0\times10^{-4}$	$9.678\,41\times10^{-5}$	1	$7.355\,59\times10^{-2}$
$1.333\,22\times10^2$	$1.333\,22\times10^{-3}$	$1.359\,51\times10^{-3}$	$1.315\,79\times10^{-3}$	$1.359\,51\times10$	1

〔주〕 $1\,Pa=1\,N/m^2$

(3) 응력

Pa	MPa 또는 N/mm^2	kgf/mm^2	kgf/cm^2	〔주〕 Pa : 파스칼 $1\,Pa=1\,N/m^2$ $1\,MPa=1\,N/mm^2$
1	1×10^{-6}	$1.019\,72\times10^{-7}$	$1.019\,72\times10^{-5}$	
1×10^6	1	$1.019\,72\times10^{-1}$	$1.019\,72\times10$	
$9.806\,65\times10^6$	9.806 65	1	1×10^2	
$9.806\,65\times10^4$	$9.806\,65\times10^{-2}$	1×10^{-2}	1	

(4) 일 · 에너지량 · 열량

J	kW·h	kgf·m	kcal	〔주〕 J : 줄 $1\,J=1\,N\cdot m$ $1\,J=1\,W\cdot s$, $1\,W\cdot h=3\,600\,W\cdot s$ $1\,cal=4.186\,05\,J$ (계량법 칼로리의 경우)
1	$2.777\,78\times10^{-7}$	$1.019\,72\times10^{-1}$	$2.388\,89\times10^{-4}$	
3.600×10^6	1	$3.670\,98\times10^5$	$8.600\,0\times10^2$	
9.806 65	$2.724\,07\times10^{-6}$	1	$2.342\,70\times10^{-3}$	
$4.186\,05\times10^3$	$1.162\,79\times10^{-3}$	$4.268\,58\times10^2$	1	

(5) 일율 (공율 · 동력)

kW	kgf·m/s	PS
1	$1.019\,72\times10^2$	1.359 62
$9.806\,65\times10^{-3}$	1	$1.333\,33\times10^{-2}$
7.355×10^{-1}	7.5×10	1

〔주〕 $1\,W=1\,J/s$, PS : 전마력
$1\,PS=0.735\,5\,kW$ (계량법시행법)

(6) 열전도율

$W/(m\cdot K)$	kcal*/(m·h·℃)
1	$8.600\,0\times10^{-1}$
1.162 79	1

〔주〕 *계량법 칼로리의 경우

(7) 열전달계수

$W/(m^2\cdot K)$	kcal*/$(m^2\cdot h\cdot ℃)$
1	8.6000×10^{-1}
1.162 79	1

〔주〕 *계량법 칼로리의 경우

구멍 가공용 공구의 모든 것

툴엔지니어 편집부 편저 | 김하룡 역 | 4 · 6배판 | 288쪽 | 25,000원

이 책은 드릴, 리머, 보링공구, 탭, 볼트 등 구멍가공에 관련된 공구의 종류와 사용 방법 등을 자세히 설명하였습니다. 책의 구성은 제1부 드릴의 종류와 절삭 성능, 제2부 드릴을 선택하는 법과 사용하는 법, 제3부 리머와 그 활용, 제4부 보링공구와 그 활용, 제5부 탭과 그 활용, 제6부 공구 홀더와 그 활용으로 이루어져 있습니다.

지그 · 고정구의 제작 사용방법

툴엔지니어 편집부 편저 | 서병화 역 | 4 · 6배판 | 248쪽 | 25,000원

이 책은 공작물을 올바르게 고정하는 방법 외에도 여러 가지 절삭 공구를 사용하는 방법에 대해서 자세히 설명하고 있습니다. 제1부는 지그 · 고정구의 역할, 제2부는 선반용 고정구, 제3부는 밀링 머신 · MC용 고정구, 제4부는 연삭기용 고정구로 구성하였습니다.

절삭 가공 데이터 북

툴엔지니어 편집부 편저 | 김진섭 역 | 4 · 6배판 | 176쪽 | 25,000원

이 책은 절삭 가공에 있어서의 가공 데이터의 설정과 동향을 자세히 설명하였습니다. 크게 제2편으로 나누어 절삭 가공 데이터의 읽는 법과 사용하는 법, 밀링 가공의 동향과 가공 데이터의 활용, 그리고 공구 가공상의 트러블과 대책 등을 제시하였습니다.

선삭 공구의 모든 것

툴엔지니어 편집부 편저 | 심증수 역 | 4 · 6배판 | 220쪽 | 25,000원

이 책은 선삭 공구의 종류와 공구 재료, 선삭의 메커니즘, 공구 재료 종류와 그 절삭 성능, 선삭 공구 활용의 실제, 선삭의 주변 기술을 주내용으로 선삭 공구의 기초에서부터 현장실무까지 모든 부분을 다루었습니다.

기계도면의 그리는 법 · 읽는 법

툴엔지니어 편집부 편저 | 김하룡 역 | 4 · 6배판 | 264쪽 | 25,000원

도면의 기능과 역할, 제도 용구의 종류와 사용법, 그리는 법, 읽는 법 등 도면의 모든 것을 다루었습니다.

- 기계 제도에 대한 접근
- 형상을 표시
- 치수를 표시
- 가공 정밀도를 표시
- 기계 도면의 노하우
- 자동화로 되어 가는 기계 제도

엔드 밀의 모든 것

툴엔지니어 편집부 편저 | 김하룡 역 | 4 · 6배판 | 244쪽 | 25,000원

- 엔드 밀은 어떤 공구인가
- 엔드 밀은 어떻게 절삭할 수 있는가
- 엔드 밀 활용의 노하우
- 엔드 밀을 살리는 주변 기술

BM 주식회사 도서출판 성안당
www.cyber.co.kr
04032 서울시 마포구 양화로 127 첨단빌딩 3층(출판기획 R&D센터) TEL_02.3142.0036
10881 경기도 파주시 문발로 112 출판문화정보산업단지(제작 및 물류) TEL_도서:031.950.6300 I 동영상:031.950.6332

연삭기 활용 매뉴얼

툴엔지니어 편집부 편저 | 남기준 역 | 4 · 6배판 | 224쪽 | 25,000원

최신 연삭 기술을 중심으로 가공의 기본에서부터 트러블에 대한 대책에 이르기까지 상세히 해설하였습니다.

- 제1장 연삭 가공의 기본
- 제2장 연삭 숫돌
- 제3장 숫돌의 수정
- 제4장 연삭 가공의 실제
- 제5장 트러블과 대책

공구 재종의 선택법 · 사용법

툴엔지니어 편집부 편저 | 이종선 역 | 4 · 6배판 | 216쪽 | 25,000원

제1편 절삭 공구와 공구 재종의 기본에서는 고속도 강의 의미와 고속도 공구강의 변천, 공구 재종의 발달사 등에 대해 설명하였으며, 제2편 공구 재종의 특징과 선택 기준에서는 각 공구 재종의 선택 기준과 사용 조건의 선정 방법을 소개하였습니다. 또, 제3편 가공 실례와 적응 재종에서는 메이커가 권장하는 절삭 조건과 여러 가지 문제점에 대한 해결 방법을 소개하였습니다.

머시닝 센터 활용 매뉴얼

툴엔지니어 편집부 편저 | 심증수 역 | 4 · 6배판 | 240쪽 | 25,000원

이 책은 MC의 생산과 사용 상황, 수직 수평형 머시닝 센터의 특징과 구조 등 머시닝 센터의 기초적 이론을 설명하고 프로그래밍과 가공 실례, 툴 홀더와 시스템 제작, 툴링 기술, 준비 작업과 고정구 등 실제 이론을 상세히 기술하였습니다.

금형설계

이하성 저 | 4 · 6배판 | 292쪽 | 23,000원

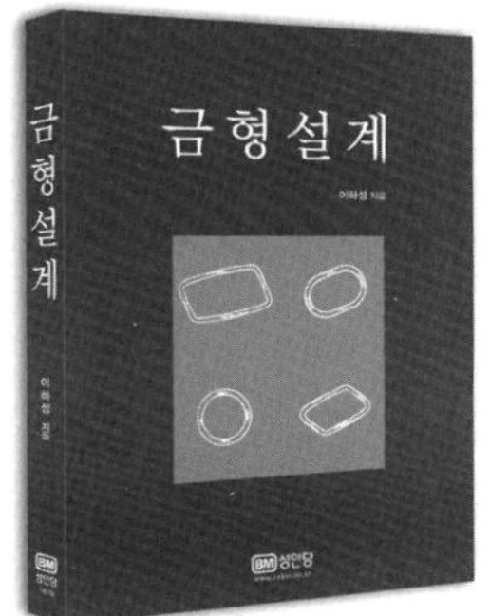

우리 나라 금형 공업 분야의 실태를 감안하여 기초적인 이론과 설계 순서에 따른 문제점 분석 및 응용과제 순으로 집필하여 금형을 처음 대하는 사람이라도 쉽게 응용할 수 있도록 하였습니다. 부록에는 도해식 프레스 용어 해설을 수록하였습니다.

머시닝센타 프로그램과 가공

배종외 저 | 윤종학 감수 | 4 · 6배판 | 432쪽 | 20,000원

이 책은 NC를 정확하게 이해할 수 있는 하나의 방법으로 프로그램은 물론이고 기계구조와 전자장치의 시스템을 이해할 수 있도록 저자가 경험을 통하여 확인된 내용들을 응용하여 기록하였습니다. 현장실무 경험을 통하여 정리한 이론들이 NC를 배우고자 하는 독자에게 도움을 줄 것입니다.

CNC 선반 프로그램과 가공

배종외 저 | 윤종학 감수 | 4 · 6배판 | 392쪽 | 19,000원

이 책은 저자가 NC 교육을 담당하면서 현장실무 교재의 필요성을 절감하고 NC를 처음 배우는 분들을 위하여 국제기능올림픽대회 훈련과정과 후배선수 지도과정에서 터득한 노하우를 바탕으로 독자들이 쉽게 익힐 수 있도록 강의식으로 정리하였습니다. 이 책의 특징은 NC를 정확하게 이해할 수 있는 프로그램은 물론이고 기계구조와 전자장치의 시스템을 이해할 수 있도록 경험을 통하여 확인된 내용들을 응용하여 기록하였다는 것입니다.

BM 주식회사 도서출판 성안당
www.cyber.co.kr
04032 서울시 마포구 양화로 127 첨단빌딩 3층(출판기획 R&D센터)
10881 경기도 파주시 문발로 112 출판문화정보산업단지(제작 및 물류)
TEL_02.3142.0036
TEL_도서:031.950.6300 I 동영상:031.950.6332

집필진 소개

지은이 고마치 히로시
- 1995년 니혼대학 이공학부 기계공학과 졸업
- 전, 일본설계공학회 평의위원
- 도쿄도립구로다공업고등학교
- 현, 도쿄도립공업고등전문학교

옮긴이 김하룡
- 일본 요코하마공업전문학교 기계과 졸업
- 서울시 장학사
- 성동기계공업고등학교 교감
- 서울기계공업고등학교 교감
- 서울직업학교 교장
- 대림중학교 교장(정년퇴임)

현장 기술자를 위한

도면 보는 법·그리는 법

1994. 5. 24. 초 판 1쇄 발행
2019. 11. 26. 초 판 15쇄 발행

지은이 | 고마치 히로시
옮긴이 | 김하룡
펴낸이 | 이종춘
펴낸곳 | BM (주)도서출판 성안당
주소 | 04032 서울시 마포구 양화로 127 첨단빌딩 3층(출판기획 R&D 센터)
10881 경기도 파주시 문발로 112 출판문화정보산업단지(제작 및 물류)
전화 | 02) 3142-0036
031) 950-6300
팩스 | 031) 955-0510
등록 | 1973. 2. 1. 제406-2005-000046호
출판사 홈페이지 | **www.cyber.co.kr**
ISBN | 978-89-315-3870-0 (93550)
정가 | **23,000원**

이 책을 만든 사람들
기획 | 최옥현
진행 | 이희영
교정·교열 | 류지은
전산편집 | 이지연
표지 디자인 | 박원석
홍보 | 김계향
국제부 | 이선민, 조혜란, 김혜숙
마케팅 | 구본철, 차정욱, 나진호, 이동후, 강호묵
제작 | 김유석

■ 도서 A/S 안내

성안당에서 발행하는 모든 도서는 저자와 출판사, 그리고 독자가 함께 만들어 나갑니다.
좋은 책을 펴내기 위해 많은 노력을 기울이고 있습니다. 혹시라도 내용상의 오류나 오탈자 등이 발견되면 **"좋은 책은 나라의 보배"**로서 우리 모두가 함께 만들어 간다는 마음으로 연락주시기 바랍니다. 수정 보완하여 더 나은 책이 되도록 최선을 다하겠습니다.
성안당은 늘 독자 여러분들의 소중한 의견을 기다리고 있습니다. 좋은 의견을 보내주시는 분께는 성안당 쇼핑몰의 포인트(3,000포인트)를 적립해 드립니다.
잘못 만들어진 책이나 부록 등이 파손된 경우에는 교환해 드립니다.